MANUEL PRATIQUE

D'ÉDUCATION

DES ANIMAUX DOMESTIQUES

DE CHIRURGIE ET DE MÉDECINE

VÉTÉRINAIRES

FORMANT UN TRAITÉ COMPLET DE TOUTES LES CONNAISSANCES QUI SE RATTACHENT
A L'ART D'ÉLEVER LES BESTIAUX, D'EN TIRER LE MEILLEUR PARTI POSSIBLE;
DE PRÉVENIR LES ACCIDENTS AUXQUELS ILS SONT SUJETS
ET DE LES SOIGNER DANS LEURS MALADIES

Avec 20 planches

Ouvrage indispensable aux Eleveurs, aux Fermiers, aux Maréchaux, aux Vétérinaires, etc.

DEUXIÈME ÉDITION, REVUE ET CORRIGÉE

SOMMAIRE

<table>
<tr><td valign="top">

Tome I.

Classification des animaux domestiques. — Hygiène. — Alimentation. — Multiplication. — Introduction en France de races exotiques. — La race en économie rurale. — Des croisements. — De l'accouplement. — Périodes de la vie des animaux. — Élève des animaux domestiques. — De l'engraissement. — De l'âge des animaux. — Considéra ions particulières aux diverses espèces d'animaux domestiques. — Le cheval. — L'âne et le mulet. — Bêtes bovines. — Bêtes ovines. — La chèvre. — Le porc. — Le lapin. — Le chien. — Le chat. — De la basse-cour. — Culture et considérations complémentaires. — L'apiculture. — La sériciculture. — La pisciculture. — Acclimatation des nouvelles espèces d'animaux domestiques, etc. — Mémorial zootechnique.

</td><td valign="top">

Tome II.

Moyens propres à prévenir les maladies. — Pathologie. — Thérapeutique. — Médecine opératoire. — Opérations diverses. — Gestation. — Parturition. — Avortem nt. — Malad es communes à la plupart des quadrupèdes domestiques. — Maladies chirurgicales. — Maladies particulières aux chevaux et autres solipèdes. — Soins à donner aux chevaux en voyage. — Maladies particulières aux bêtes à cornes, aux bêtes à laine, aux cochons, chiens et animaux de basse-cour. — Épizooties. — Empoisonnements. — Observations, recettes et faits divers — Pharmacopée vétérinaire. — Plantes médicinales. — Législation et jurisprudence relatives aux animaux domestiques. — Code rural.

</td></tr>
</table>

Par HENRI DE ROZIÈRES,

Ancien élève de l'École impériale d'Alfort.

TOME DEUXIÈME

PARIS

LIBRAIRIE DES VILLES ET DES CAMPAGNES

RUE D'ULM PROLONGÉE

—

1858

Paris. — Imprimerie WALDER, rue Bonaparte, 44.

MANUEL PRATIQUE

D'ÉDUCATION

DES ANIMAUX DOMESTIQUES

DE CHIRURGIE ET DE MÉDECINE

VÉTÉRINAIRES

FORMANT UN TRAITÉ COMPLET DE TOUTES LES CONNAISSANCES QUI SE RATTACHENT
A L'ART D'ÉLEVER LES BESTIAUX, D'EN TIRER LE MEILLEUR PARTI POSSIBLE;
DE PRÉVENIR LES ACCIDENTS AUXQUELS ILS SONT SUJETS
ET DE LES SOIGNER DANS LEURS MALADIES

Avec 20 planches

**Ouvrage indispensable aux Éleveurs, aux Fermiers, aux Maréchaux,
aux Vétérinaires, etc.**

DEUXIÈME ÉDITION, REVUE ET CORRIGÉE

SOMMAIRE

<table>
<tr><th>Tome I.</th><th>Tome II.</th></tr>
<tr><td>Classification des animaux domestiques. — Hygiène. — Alimentation. — Multiplication. — Introduction en France de races exotiques. — La race en économie rurale. — Des croisements. — De l'accouplement. — Périodes de la vie des animaux. — Élève des animaux domestiques. — De l'engraissement. — De l'âge des animaux. — Considéra ions particulières aux diverses espèces d'animaux domestiques. — Le cheval. — L'âne et le mulet. — Bètes bovines. — Bètes ovines. — La chèvre. — Le porc. — Le lapin. — Le chien. — Le chat. — De la basse-cour. — Culture et considérations complémentaires. — L'apiculture. — La sériciculture. — La pi-ciculture. — Acclimatation des nouvelles espèces d'animaux domestiques, etc. — Mémorial zootechnique.</td><td>Moyens propres à prévenir les maladies. — Pathologie. — Thérapeutique. — Médecine opératoire. — Opérations diverses. — Gestation. — Parturition. — Avortem nt. — Maladies communes à la plupart des quadrupèdes domestiques. — Maladies chirurgicales. — Maladies particulières aux chevaux et autres solipèdes. — Soins à donner aux chevaux en voyage. — Maladies particulières aux bètes à cornes, aux bètes à laine, aux cochons, chiens et animaux de basse-cour. — Épizooties. — Empoisonnements. — Observations, recettes et faits divers — Pharmacopée vétérinaire. — Plantes médicinales. — Législation et jurisprudence relatives aux animaux domestiques. — Code rural.</td></tr>
</table>

Par Henri de Rozières,

Ancien élève de l'École impériale d'Alfort.

TOME DEUXIÈME

PARIS

LIBRAIRIE DES VILLES ET DES CAMPAGNES

RUE D'ULM PROLONGÉE

1858

LES

ANIMAUX DOMESTIQUES

DEUXIÈME PARTIE

L'ANIMAL EN MALADIE

LIVRE Ier

INTRODUCTION

Il vaut mieux prévenir le mal que de le guérir. — Cet axiôme rigoureusement vrai n'est pas assez compris des cultivateurs et des personnes qui s'occupent de l'élève des bestiaux. La brutalité, la négligence, le défaut de soins sont presque toujours les causes originelles des épizooties ou des accidents qui affligent trop souvent les campagnes.

Viennent en seconde ligne les remèdes des charlatans et des empiriques que les gens crédules acceptent avec confiance, emploient sans discernement, et paient toujours fort cher. On ne saurait trop prémunir les habitants des communes rurales contre les savants de village, qui, ne possédant aucune notion de médecine vétérinaire et d'anatomie, se mêlent d'indiquer le régime à suivre et pratiquent aveuglément des opérations devant lesquelles, dans les accidents les plus simples, reculerait souvent l'homme instruit et exercé.

Soyez avares de remèdes! car tout remède est un mal. Des soins bien entendus, un bon régime sont préférables à la science du vétérinaire. Vous croyez bien souvent que vos remèdes ont amené une guérison, quand la nature seule a opéré et a guéri, au contraire, *malgré vos remèdes.* C'est que la nature a bien de la puissance dans un animal fortement constitué, et dont les organes sont sains! aussi le premier conseil qu'on doit donner à un fermier, à un cultivateur, à quiconque en un mot attache quelque prix à son bétail, c'est d'observer, d'étudier, de tâcher de découvrir les causes qui ont produit le mal, et les moyens pour le faire disparaître. Plus vous aimerez vos bêtes, plus vous sentirez le besoin de suivre ces conseils, plus votre coup-d'œil sera exercé, plus il acquerra d'expérience, et l'expérience en toute chose est le meilleur guide.

Dès qu'on voit un animal malade, la première précaution à prendre, c'est de diminuer sa nourriture ordinaire, puis, si le mal persiste, de la retrancher tout à fait, sauf la boisson qui semble ne devoir jamais être nuisible. Dans les maladies inflammatoires qui frappent plus particulièrement les bêtes à cornes, la saignée, dans beaucoup de cas, devient indispensable.

Ainsi la pharmacie d'une ferme devrait toujours contenir : un bistouri, une lancette ou flamme à saigner, une seringue, un trocar, — sel de nitre, — alcali volatil, — sel de Glober, une paire de ciseaux courbes et une aiguille à sétons. Ces différents objets peuvent suffire pour le traitement des indispositions ou maladies peu sérieuses qui surviennent fréquemment. Quant aux maladies graves, il est indispensable de recourir aux soins d'un homme de l'art, et le plus tôt est le mieux.

La médecine vétérinaire, longtemps restée à l'état de métier, et pratiquée par des hommes ignorants, ne s'est élevée à la dignité de science, que lors de la fondation des écoles vétérinaires par notre célèbre Bourgelat.

Commencée si tard, elle s'est développée rapidement parce qu'elle a emprunté toutes ses idées fondamentales à la médecine humaine et qu'elle n'a fait que les appliquer à des organisations moins parfaites que celles de l'homme, mais qui n'en diffèrent pas, au fond, pour les conditions générales matérielles.

La médecine vétérinaire est définie : la partie de la médecine des animaux, qui s'occupe des médicaments sous les différents rapports qui peuvent en éclairer le choix, en faire connaître la puissance et en diriger l'emploi.

On divise les médicaments en *simples* et en *composés, internes* et *externes*.

Les *simples* ne sont formés que d'une substance. Les *composés* résultent de l'association de plusieurs médicaments simples, et par ce mélange, acquièrent plus d'action ou des propriétés nouvelles.

Les médicaments *internes* sont ceux que l'on introduit dans le corps des animaux, par le canal alimentaire, le rectum, etc. Les breuvages, les lavements, les électuaires.

Les médicaments *externes* ne s'appliquent que sur les surfaces apparentes. Ce sont les onguents, les liniments, les catapïasmes, etc.

Il est important de ne faire usage que d'un médicament à la fois, car il est fort difficile d'apprécier l'action d'un grand nombre de remèdes employés simultanément.

Les effets sont très-variés par leur nature et leur intensité; ils ne se développent que d'une manière successive et se déduisent souvent les uns des autres.

Il est très-nécessaire d'étudier soigneusement les résultats obtenus de l'administration de tel ou tel remède, car comme ces effets naissent des modifications organiques et vitales des sujets, on aura, dans l'appréciation qu'on en fera, un guide sûr dans des cas pathologiques analogues.

Il est des circonstances qui modifient l'action des médicaments. Les unes dépendent de la qualité, de la quantité, les autres du mode, de la forme d'administration des substances, d'autres enfin, des conditions, dans lesquelles est placé l'animal malade.

La *dose* est la plus importante de ces circonstances. On conçoit les effets qu'un médicament employé à faible dose a une influence relative. La dose plus élevée obtient des résultats plus satisfaisants dans certains cas. Mais il faut prendre garde d'exciter ou de surcharger l'appareil gastro-intestinal. Si au contraire la quantité à été sagement réglée, de manière à ne pas donner lieu à des phénomènes sensibles, alors on finit par obtenir plus sûrement les effets qu'on attend.

La *qualité* mérite plus d'attention qu'on n'en met généralement. Comment vonlez-vous qu'une substance dénaturée, décomposée par la sophistication ou par une autre cause, puisse produire de bons résultats? Meilleures seront les substances que vous emploierez, meilleurs seront leurs effets.

L'*âge* modifiant la disposition des organes doit modifier également le degré d'aptitude à recevoir l'action des médicaments. Bourgelat, fort compétent dans ces sortes de matières, dit, par exemple, que pour le poulain d'un an la quantité du médicament à employer, doit être environ le tiers de celle qui est convenable pour un cheval adulte, de la moitié pour un poulain de deux ans et des deux tiers pour un poulain de trois. Il pense qu'on doit, en général, calculer sur ces bases pour les autres animaux, et il a soin de faire remarquer que ce n'est là qu'un des éléments de la question et qu'il ne faut pas négliger de faire entrer en ligne de compte pour la fixation des doses, toutes les considérations qui s'y rattachent.

L'*organisation* et le *mode de sensibilité* propres à chaque animal ont une influence aussi grande que l'âge, sur l'action médicamenteuse.

Par exemple les herbivores n'ont pas l'estomac disposé à recevoir les substances qui conviennent à celui des carnivores. Les agents pharmacologiques ont peu de prise dans la panse constamment pleine des ruminants. D'où suit la nécessité de les administrer de manière à les faire parvenir le mieux possible à leur destination réelle. D'autres n'ont besoin que d'application externe. Les purgatifs violents pour les carnivores, sont pour le cheval, le bœuf d'une parfaite innocuité. — Le porc mange impunément la jusquiame; la chèvre, la ciguë, et la noix vomique en très-petite dose donne sûrement la mort au chien.

Quant au *sexe* auquel on prête moins d'attention qu'il serait utile, il a sur les remèdes beaucoup plus d'influence qu'on ne le pense. Les femelles sont plus faibles, plus accessibles à l'action des médicaments, il en est de même des mâles qui ont subi la castration et qui, sous le rapport dont il s'agit, se rapprochent beaucoup des femelles.

L'*habitude*, comme on dit vulgairement, est une seconde nature, elle influe d'une façon telle, qu'elle change souvent et complètement l'action des médicaments. L'expérience démontre que telle substance que l'animal ne pouvait supporter à la dose de quelques grammes, sans danger, est absorbée plus tard sans inconvénient à la dose de plusieurs gros.

D'où résulte la nécessité d'augmenter graduellement la dose des médicaments que l'on doit employer pendant quelque temps, de mettre des intervalles dans leur administration et d'en varier la forme.

La *nature* et le *caractère* des maladies, en modifiant les organes, ajoutent à leur sensibilité, ou diminuent leur activité. Les médicaments suivent cette progression et agissent selon la condition qu'ils rencontrent Tel remède guérira un sujet malade qui le tuerait à plus petite dose, en état de santé.

On comprend, d'après ce qui précède, quel intérêt doivent avoir les propriétaires, les fermiers à étudier avec soin toutes les circonstances que nous indiquons, à se conformer aux conseils que nous leur donnons, conseils qui résultent d'une longue pratique et d'une étude approfondie de la matière.

CHAPITRE Ier.

MOYENS PROPRES A PRÉVENIR LES MALADIES DES BESTIAUX.

L'alimentation a pour objet de fournir au corps des matériaux nécessaires à la réparation des pertes occasionnées par le développement des diverses fonctions vitales. La quantité et la nature des aliments à donner aux animaux ne peut pas être invariable; elle doit toujours être subordonnée à la taille, à l'âge, au sexe, au tempérament, à la saison et au climat.

Les deux causes principales des maladies des bestiaux, nous pourrions même dire les causes premières, sont le *vice de nutrition* et de *malpropreté*.

L'alimentation joue le rôle le plus important dans l'économie animale, c'est un sujet digne d'attirer au plus haut degré l'attention des praticiens, par rapport à l'influence qu'elle exerce sur les animaux en général, et particulièrement sur la production du lait et sur ses qualités. Les expériences sur cette matière sont tout à fait concluantes. Elles ont été répétées plusieurs fois sur une grande échelle, seul mode d'établir une compensation convenable entre les diverses causes d'erreurs qui peuvent provenir des variations inévitables dans l'état physiologique et dans l'appétit de chaque animal. Elles ont constamment réussi. Il est nécessaire, toutes les fois qu'on change la nourriture, de laisser écouler une dizaine de jours avant de tirer aucune induction exclusivement applicable à l'influence de cette nourriture.

DE L'ALIMENTATION DITE DU VERT. — Il est d'usage annuel de *donner le vert* aux chevaux. Cet usage est dirigé dans plusieurs pays par une routine contraire aux règles de l'hygiène, elle est féconde en accidents de toute espèce.

On entend par régime du vert l'usage de l'herbe fraîche qu'on donne temporairement aux chevaux dans le but de les maintenir en santé, de prévenir ou de guérir les maladies, ou d'autres fois dans le seul but d'économie.

Ce régime, auquel on soumet les chevaux, n'est autre chose, généralement parlant, que l'objet d'un traitement diététique comparable aux eaux minérales si souvent prescrites dans la médecine humaine.

QUELLE EST L'ÉPOQUE LA PLUS FAVORABLE? — C'est ordinairement au printemps, à l'époque de la floraison des prairies, moment ou les tiges et les feuilles de ces plantes jouissent au plus haut degré de leurs sucs nutritifs, que le *vert* doit se donner. Dans tous les pays on choisit les mois de mai et de juin.

On ne peut établir une règle fixe pour sa durée. Celle d'après laquelle on doit se guider, c'est de discontinuer l'emploi du *vert* aussitôt qu'il a produit l'effet désiré, c'est-à-dire le rétablissement de la santé et de l'embonpoint. Néanmoins; la nature du *vert*, la méthode de le donner, la constitution du cheval, son âge et ses travaux sont autant de points à considérer pour faire cesser ou continuer cette nourriture dont la durée, terme moyen, peut être fixée de quinze à vingt jours.

Règle générale, cette nourriture est inutile et même nuisible aux chevaux qui sont habitués au sec, qui conservent à un degré convenable leur embonpoint, leur santé, et font bien leur service; car les animaux de travail mis au vert n'ont pas autant d'haleine et de jarret que de coutume. Il font des déperditions plus abondantes par les voies urinaires et respiratoires. Cependant les chevaux pris dans cette classe, qui, dégoutés, maigrissent sans cause apparente, réclament la nourriture verte. Elle est encore indispensable à ceux chez lesquels le travail de la dentition se complète, à ceux qui ont fait de longs voyages, et qui n'ont eu pour toute nourriture que des aliments mal choisis et grossiers. Dans ces cas là, l'utilité du *vert* se reconnaît aux crotins secs et brûlés, aux urines rares, à la sécheresse de la peau, à son adhérence aux surfaces osseuses, à la physionomie de l'animal, à la chaleur et à la sécheresse de la bouche, au peu d'amplitude de son ventre, enfin, au désir que le cheval manifeste pour la nourriture verte.

DU CHOIX DU VERT. — Le choix de cette nourriture doit encore être basé sur certaines règles. Il est utile de s'assurer de la composition du pâturage qu'on veut donner pour *vert*. Il faut éviter celui des prairies inondées et marécageuses, surtout celui provenant de certains engrais, tels que la poudrette, le plâtre, la chaux, les boues, les fumiers des boucheries, et d'autres matières animales qui communiquent aux herbes une saveur et une odeur pénétrantes, qu'elles perdent plus tard par le fauchage et la fenaison.

L'expérience n'a que trop prouvé que l'usage de cette espèce de fourrages peut avoir les plus graves inconvénients pour les chevaux qui y sont soumis.

Parmi les différents fourrages que nous offrent les prairies artificielles ou naturelles, il faut donner la préférence au trèfle, au sainfoin et à l'herbe des prés, qui sont à l'abri des inondations.

Le *vert* de l'orge est celui qui conviendrait le mieux pour la santé des chevaux.

Quant au *vert* que procure la luzerne, il faut autant que possible en éloigner les chevaux. C'est à ce suc trop âcre, trop nutritif, et trop stimulant, qu'il faut attribuer les affections gastriques, intestinales et cérébrales (vertige abdominal), qui enlèvent en quelques instants un grand nombre de chevaux.

CHANGEMENT DE RÉGIME. — Un point essentiel, est celui de bien ménager la transition du régime du sec au vert. Tout changement brusque répugne à l'économie vivante, et surtout dans le régime alimentaire auquel nous soumettons les animaux herbivores. Il est bien vrai que l'herbe verte est l'aliment que la nature leur a destiné, mais l'état de domesticité auquel nous les avons soumis, doit nous faire un devoir de la contrarier, et on en trouve aisément la raison dans le tempérament de ces mêmes animaux, dans leurs habitudes, et dans les travaux auxquels nous les soumettons.

D'après ces données, il faut, pendant les premiers jours du *vert*, donner quelques poignées d'avoine soir et matin, et mêler à l'herbe, du bon foin et de la bonne paille. On diminuera graduellement la quantité de ces fourrages secs, de façon qu'au bout de quatre jours ils aient complétement disparu. Il faudra opérer de la même manière lorsqu'on remettra les animaux au sec.

MÉTHODES SUIVIES. QUELLE EST LA PRÉFÉRABLE? — Il y a plusieurs méthodes de faire prendre le *vert*, et ces méthodes peuvent se réduire à quatre : 1° on abandonne le cheval en liberté dans la prairie ; 2° on divise la prairie en plusieurs parties, et les chevaux y sont placés successivement; 3° on le leur donne sous un hangar établi dans la prairie même; 4° enfin dans l'écurie, et celle-ci est la meilleure sous le rapport de l'hygiène et de l'économie. En effet, le vert donné à l'écurie, rien ne se perd, toutes les plantes sont mangées quand on a soin d'en donner en petite quantité ; les chevaux ne commettent pas de dégâts, ne foulent pas l'herbe, ils sont à l'abri de l'ardeur du soleil, de la fraîcheur des nuits, de l'orage, des coups de pieds, des contusions, et des plaies qu'ils se font en sautant les fossés et les haies qui bordent les prairies. Bien plus, comment apporter quelques modifications au régime des animaux qui paissent en liberté? comment bien diriger l'administration du sel? comment surveiller et distinguer ceux auxquels le *vert* est utile ou nuisible, et ceux qui ont besoin d'être saignés? Néanmoins, il est des cas ou le *vert* en liberté aide puissamment à la guérison : par exemple les maladies du pied, — les engagements tendineux, — les articulations fatiguées, — l'application du feu aux membres et diverses boîteries anciennes ou nouvelles.

Après avoir choisi l'herbe que l'on veut donner pour *vert*, à l'écurie, il faut avoir soin de couper cette herbe dix à douze heures avant de la distribuer , surtout quand c'est de la luzerne ou du trèfle. Il ne faut jamais la rentrer quand elle est humide ou chargée de la rosée du matin.

C'est une erreur grossière de croire que l'herbe bien chargée de cette rosée purge les chevaux et leur est salutaire, car il est de toute évidence que l'herbe humectée par la rosée est aussi insalubre pour les chevaux et les bœufs que pour les brebis. C'est fort souvent à cette cause qu'il faut attribuer le grand nombre de maladies qui déciment le bétail telles que la *pourriture*, — les météorisations, — les diarrhées, — les dyssenteries, — les fièvres typhoïdes etc., etc.

Il faut en outre éviter d'amonceler l'herbe, prévenir par là sa fermentation, la donner en petites quantités. A ces soins il faut joindre le pansement régulier à la main, une promenade de deux heures au moins chaque jour, ou mieux un léger travail, quelques bains de rivière dans les belles journees, la propreté de l'écurie, et enfin l'usage du sel.

EFFETS IMMÉDIATS. — Les effets immédiats du *vert* varient suivant qu'il est utile ou nuisible.

Il est utile et convient au cheval lorsque la peau s'assouplit, se couvre d'une poussière grasse, alors le poil devient plus luisant, les urines coulent avec abondance, elles sont sédimenteuses, la physionomie de l'animal devient plus vive et plus gaie, il mange avec plus d'appétit, son ventre est souple et arrondi, sa fiente, d'abord liquide les premiers jours , devient plus consistante et plus élaborée ; à la promenade, l'animal bondit ou marche avec assurance. Tout enfin dénote un état pléthorique qui réclame la saignée.

Le *vert* est nuisible quand le cheval reste faible et triste ; son poil est hérissé, la peau est sèche et tendue , sa bouche est pâle, les urines sont claires, rares ; le ventre est balloné et tendu. l'animal mange avec lenteur et perd l'appétit, sa mastication est accompagnée d'un bruit particulier, les jambes et le fourreau s'infiltrent et s'engorgent ; une diarrhée fétide survient, on y distingue des grains d'herbes non altérés par la digestion et nageant dans un liquide de couleurs variées. On remarque ordinairement ces symptômes sur les vieux chevaux et sur ceux qu'on a soumis brusquement à l'usage de l'herbe verte, usage encore pernicieux pour les chevaux affectés de maladies chroniques de poitrine, — de la morve, — du farcin, — de vieux ulcères, — d'hydropisie.

Effets consécutifs. — Quant aux effets consécutifs du *vert*, on les reconnaît facilement : il refait les jeunes chevaux quand ils ont eu à souffrir d'une nourriture malsaine, il contribue non-seulement à la guérison des maladies vermineuses, mais surtout à la guérison de plusieurs maladies cutanées comme la gale et les dartres. Il suffit quelques fois pour faire disparaître les poux dont les chevaux sont atteints. Il rétablit les aplombs dans les jeunes chevaux dont les jambes sont engorgées, les tendons et les articulations fatigués, et hâte les avantages de la cautérisation des membres.

Les chevaux poussifs mis au *vert*, après des évacuations copieuses que les nouvelles herbes ont provoquées, ont la respiration plus libre, l'haleine plus étendue et le mouvement plus régulier, d'où peu résulter un effet curatif à la maladie faible et récente.

Enfin, conclut le savant praticien, M. Roche, dont les expériences ont obtenu des résultats en tout point conformes aux nôtres, le *vert*, donné d'après ces considérations générales, est utile aux chevaux dans une infinité de cas, surtout quand ils relèvent de maladies aiguës, inflammatoires, il est indispensable pour rafraîchir et maintenir en santé les animaux qui n'offrent aucun signe maladif, ou qui, l'ayant pris plusieurs années consécutives, en ont conctracté l'habitude.

Remplacement de l'avoine par le seigle cuit dans l'alimentation des chevaux. — Les premières expériences précises et suivies sur ce sujet sont dues à M. Guénié, et les succès qu'il a obtenus ont provoqué de nouvelles expériences qui ont confirmé les premiers résultats. Le seigle et l'orge, simplement gonflés dans l'eau, n'occupent point encore assez de volume dans l'estomac des chevaux, et sont, par cette raison, d'une digestion difficile. Dans cet état, les sucs féculents ne sont pas brisés, mais dans le travail de la digestion cet effet a lieu pour une partie, et leur substance gommeuse, en se coagulant, détermine dans le canal digestif un nouveau gonflement qui lui devient à charge.

M. Guénié débuta par les employer sous cette forme, mais des indigestions et des attaques de fourbure se montrèrent plus souvent qu'avec l'avoine. En donnant des grains concassés, les mêmes inconvénients se montrèrent encore : c'est que la quantité de substance nutritive était toujours trop considérable pour le volume. Le seigle contient douze pour cent de gluten ou matière azotée, presque point de matière fibreuse, pendant que l'avoine ne contient point de gluten et renferme dans son développement vingt-quatre pour cent de matière pailleuse.

Toutefois le régime au grain concassé se continua; les chevaux semblèrent s'y habituer, mais il reparut des fourbures, dans le cours de l'été, et nous remarquerons, en passant, avec M. Guénié, que les saignées abondantes rétablissent beaucoup plus promptement les chevaux fourbus que les saignées faibles.

Continuant ses expériences, il essaya de mêler avec son grain moitié de grains cuits, et, apercevant le bon effet du mélange, il fit cuire toute la ration. Il retira alors toute l'avoine. La vigueur et l'énergie que montrèrent les chevaux soumis à ce nouveau régime, le décidèrent à l'adopter pour tous. Depuis ce moment leur santé est parfaite, et il n'y a plus d'indigestions.

Depuis mon nouveau mode d'alimentation, dit M. Guénié, les fluxions de poitrine, les maux d'yeux, désignés sous le nom de fluxions périodiques, tout a déserté la maison; et, avec cette nourriture, mes chevaux sont gras, ont le poil frais, sont gais, et je puis assurer que leur vigueur est augmentée d'un tiers, au moins. Il est bien évident que c'est à la cuisson et à l'accroissement de volume qu'est due la digestion plus facile, et par suite la puissance alimentaire plus grande des grains employés. — C'est ce que l'expérience a prouvé, car, ayant cessé ce mode d'alimentation pendant quatre jours, et l'ayant remplacé par une même proportion de grains crus et concassés, cinq chevaux tombèrent fourbus.

La fécule crue est généralement d'une digestion difficile pour les animaux de toute espèce. En la faisant cuire, la petite enveloppe cristalline de fécule se brise et verse la gomme nutritive qu'elle contient. Cette gomme se coagule et se modifie, le volume s'accroît, la digestion est plus faible, et le grain, sous sa nouvelle forme et dans ses nouvelles combinaisons, devient plus nutritif.

L'orge, mélangée au seigle, offre beaucoup d'avantage.

Le volume de seigle cuit devient deux fois et demi à trois fois celui du seigle cru, pendant que celui de l'orge ne fait que doubler.

Le procédé pour faire cuire le grain consiste à en remplir aux deux cinquièmes une chaudière, à le couvrir d'eau, et à faire chauffer jusqu'à ce qu'il soit crevé. On le retire ensuite de la chaudière pour le faire refroidir.

Dans beaucoup de localités, les chevaux sont sujets aux maux d'yeux. Le mode d'alimentation par le grain cuit a l'avantage de prévenir et même de diminuer la fourbure, les indigestions, et surtout le mal d'yeux. Ces cruels accidents, alors même qu'ils n'ôtent pas la vue, affaiblissent l'organe, et rendent la vente du cheval difficile et peu avantageuse.

Un quart peut-être des jeunes élèves éprouve cet accident, et il est rare que ceux qui l'ont éprouvé ne perdent pas plus tard un œil au moins. Devenus adultes, jusqu'à l'âge de 7 à 8 ans, et quelquefois au-delà, beaucoup de chevaux conservent la vue tendre et sont attaqués de fluxions.

Le régime du grain cuit offre donc les plus grands avantages.

La paille serait un aliment parfait si elle était mélangée avec des grains concassés, avec de la farine, des racines, telles que carottes, navets, pommes de terre, feuilles de chêne hachées, etc. Comme dans son état naturel elle contient moins de parties nutritives que le foin, il faut produire toutes celles qui, au moyen de l'art, peuvent être développées, ou remplacer ce qui lui manque par une addition d'autres substances qui contiennent une plus grande quantité alimentaire.

Parmi les pailles de céréales qui sont les plus nutritives pour les bestiaux, la paille d'avoine paraît être la meilleure, puis celles d'orge, de froment et de seigle ; mais celles des pois, des légumineuses, des vesces, sont plus substantielles.

Lorsqu'on veut donner aux bestiaux de la vigueur pour le travail, ou leur faire produire du lait en abondance, une des préparations les plus nutritives serait le mélange de la paille avec les tourteaux de graines oléagineuses réduits en poudre. Un cultivateur américain a donné un bon engrais à ses bœufs en mélangeant, avec une décoction de farine de lin, de la paille échaudée dans l'eau bouillante, des tourteaux de colza et de la farine d'avoine, le tout assaisonné avec un peu de sel.

D'autres expériences ont été faites en Angleterre avec de la graine de lin concassée, qu'on faisait bouillir et qu'on mélangeait avec la paille, ou bien on mélangeait deux mesures de graine de lin, trois d'orge, qu'on faisait bouillir et qu'on mêlait ensuite avec quatre mesures de paille.

Il est prouvé que des grains donnés aux bestiaux sans être concassés produisent, par le fait, une perte d'un dixième dans la nutrition, par la raison qu'une dixième partie n'est pas digérée.

On écrase les grains en les passant entre deux cylindres. Humectés et conduits à la germination, ainsi que le pratiquent les brasseurs, ils deviendraient plus nourrissants. Dans le cas où l'on ne pourrait pas concasser les grains, on les rendrait plus digestifs en les laissant tremper dans l'eau pendant une demi-journée. Le son contient peu de substance alimentaire, mais on peut augmenter sa qualité en l'humectant avec de l'eau et en le laissant fermenter jusqu'à ce qu'il prenne une pointe d'aigre.

Lorsqu'il s'agira de bien nourrir les bestiaux sans les pousser à l'engrais, on diminuera , dans le mélange avec la paille, la quantité des substances qui viennent d'être indiquées, ou on les remplacera par d'autres , selon les produits de chaque localité. Ainsi les pois, les vesces, les lupins, les féverolles, le sarrasin et le maïs surtout, fourniront, après avoir été macérés dans l'eau, ou concassés, ou mélangés avec la paille, une excellente nourriture.

Les feuilles des choux, et de différents légumes, celles des arbres, de l'orme, du peuplier, du frêne, du chêne, donneront un mélange avantageux. Les racines, surtout les betteraves , les carottes, les navets , les pommes de terre, ne seront pas moins profitables. On emploiera enfin toutes les ressources que peut offrir une exploitation rurale.

Il est une plante fort commune et qu'on néglige trop, pour l'alimentation du bétail, c'est la *chicorée*, qui vient naturellement sur les bords des routes et des sentiers de presque toutes les contrées de la France. Des prairies naturelles et artificielles, il n'en est aucune dont on puisse comparer les produits à ceux de la chicorée.

On peut donner cette nourriture aux bestiaux pendant huit mois de l'année. Les vaches s'en accommodent fort bien. Les chevaux, qu'on veut remettre au *vert*, éprouvent, par l'usage de cette plante , des effets salutaires. On la donne aux moutons en la leur faisant pâturer sur place.

Le fourrage de chicorée est fin, appétissant, et les bestiaux le mangent avec avidité. Après la récolte on peut l'abandonner aux moutons. Une pièce d'un hectare et demi, est plus profitable à un troupeau que cinq hectares de la meilleure luzerne.

En Prusse , on emploie avec succès la pomme de terre pour l'alimentation des bestiaux. Voici comment on procède :

Les pommes de terre sont cuites à la vapeur, dans un appareil spécial. Après leur coction et quand elles sont tout-à-fait refroidies, on les coupe par tranches, on les mêle ensuite avec la moitié ou le tiers de leur poids de paille hachée, bien sèche, et c'est dans cet état qu'on les place dans les crèches sans la moindre addition d'eau.

A partir du mois de mai, on substitue progressivement les grains de seigle ou d'avoine concassés aux pommes de terre.

A la fin de janvier et d'avril on donne pour boisson aux chevaux une légère eau de graine de lin, qui les rafraîchit et rend à leurs intestins la souplesse qui leur est nécessaire.

Avec ce régime, on est assuré de conserver les animaux bien portants et vigoureux, sans que leurs formes soient altérées par l'obésité.

Ainsi, l'emploi de la pomme de terre, sous le rapport économique et hygiénique, mérite une attention sérieuse ; toutefois, nous insistons pour l'accomplissement rigoureux des dispositions ci-après indiquées :

1° La plus grande propreté dans la manipulation des tubercules ;

2° Ne les employer que secs et refroidis ;

3° Nettoyer les crèches à chaque repas;

4° Laver de temps en temps les crèches et le pavé des écuries avec de l'eau de chaux ;

5° Ne substituer que progressivement les grains aux pommes de terre.

Du chiendent. — Le bétail affectionne particulièrement cette plante ; mais c'est surtout le cheval et l'âne qui ont un goût prononcé pour elle. Ils la recherchent avec avidité et se complaisent à la brouter. Le gros chiendent est celui qu'ils préfèrent.

Il est aisé de se rendre compte de ce goût. Le chiendent contient de la matière mucoso-sucrée qui, de tout temps, lui a assigné un rang utile dans les pharmacies.

Pour être présenté au bétail en nourriture, le chiendent a besoin d'être propre et exempt de toute terre, sable, etc. Lorsque le temps est pluvieux, on peut arriver aisément à cette propreté en le lavant avec soin.

De l'usage du chiendent comme fourrage résulterait l'avantage de donner plus de zèle et d'application au cultivateur pour l'extraire des terres.

Le chiendent est susceptible d'une dessication facile, et, à cet état, pourrait être emménagé comme du foin.

Du sel et de ses qualités hygiéniques. — L'usage du sel pour les bestiaux est un moyen puissant d'entretenir leur santé ; il suffit, pour s'en convaincre, de comparer l'état des animaux auxquels on peut donner une bonne ration de sel par semaine avec l'état de ceux qui en sont privés. Ces derniers, quoique nourris avec la même quantité et la même qualité de fourrage, sont maigres, souffrants et dévorés d'obstructions pendant l'hiver ; la peau des bœufs et des vaches est dépouillée de poil, les toisons des moutons se détachent de l'animal et tombent par flocons, tandis que les premiers présentent tous les caractères d'une parfaite santé et assurent à leurs propriétaires un meilleur service et une plus abondante récolte de laine.

Le bétail mange avec plus d'avidité le mélange de foin et de paille salés, que le meilleur fourrage non salé, et cette nourriture lui profite mieux. La manière la plus profitable pour administrer le sel aux bestiaux est de le répandre sur le foin bien pilé, et au moyen d'un tamis, au moment où on l'entasse ; de cette manière toutes les particules du sel se trouvent dissoutes par la fermentation sans qu'il y en ait de perdues. Ce foin, ainsi salé, convient fort aux moutons lorsqu'on leur fait manger des turneps de bonne heure dans la saison ; il prévient les fâcheux effets de la météorisation produite par la succulence des feuilles. A cette époque, les moutons mangent avec avidité le sel ou le foin salé que leur instinct leur indique comme remède.—Lord Sommerville, qui a usé du moyen que nous indiquons, nous a affirmé n'avoir pas perdu une seule bête par la météorisation, quoique l'automne eût été très pluvieux et défavorable.

Le sel rend les fourrages grossiers plus nourrissants et les fourrages humides moins nuisibles.

Les anciens préparaient la paille pour la nourriture du bétail en l'arrosant de saumure, la faisant sécher et la liant ainsi en bottes.

M. Curwen observe que lorsqu'on mêle du sel avec de la paille ou avec des fourrages de qualité inférieure, les vaches s'en accommodent fort bien. Le sel, donné avec des turneps, augmente la quantité du lait et corrige, jusqu'à un certain point, le mauvais goût qu'il contracte alors. Son expérience l'a convaincu qu'on pourrait, au moyen de l'emploi du sel, faire usage de la paille pour la nourriture du bétail dans une beaucoup plus grande portion qu'on ne le fait ordinairement.

En Flandre, on a observé qu'une petite quantité de sel réduit en poudre convient aux chevaux, lorsqu'ils mangent de l'avoine nouvelle ou encore humide.

Le sel entretient la santé des bestiaux.

Pour les chevaux. — En Amérique, la race des chevaux du pays soutient aisément de longs voyages à raison de quarante milles par jour, parce que, en outre de leur nourriture ordinaire, on leur donne du sel deux fois par semaine.

Dans les salines de Droitwitch, on tire des chevaux un excellent service en les nourrissant de paille hachée, dans laquelle on mélange, trois fois la semaine, quatre onces de sel.

Pour les bêtes à cornes. — Le sel augmente la quantité et améliore la qualité du lait ; il prévient la *météorisation* ou l'enflure. — M. Curwen a fait à ce sujet des expériences fort importantes. Pendant les trois mois d'hiver, il a donné du sel à son bétail, au nombre de 142 têtes, dans les proportions suivantes: à ses bœufs de travail et à ses vaches laitières quatre onces par jour ; à ses bœufs à l'engrais, trois onces ; aux veaux, une once ; tous se sont maintenus dans le meilleur état de santé, et aucun n'a été attaqué d'inflammation ou d'obstruction comme ils l'étaient souvent auparavant.

Aux Indes orientales, on donne tous les jours aux bœufs deux ou trois onces de sel, et l'on regarde cet accessoire comme presque aussi utile et nécessaire aux animaux, que les aliments euxmêmes.

Pour les bêtes à laine.—On sait combien le sel leur convient, et combien les pâturages salins leur sont avantageux. En Espagne, on donne 128 livres de sel par mille moutons pendant cinq mois. Il faut le leur donner le matin, afin de prévenir les mauvais effets de la rosée. Lorsque le temps est sec on peut en mettre une poignée sur une tuile ou une pierre plate. Une douzaine de ces tuiles placées à quelque distance les unes des autres, suffit pour cent bêtes. On peut faire cette distribution deux ou trois fois par semaine.

Pour les porcs.—L'usage du sel convient à l'engraissement des porcs. On mêle le sel à leur nourriture, à la dose d'une bonne cuillerée par jour, ou même plus, si l'on trouve que cela ne les purge pas trop; on remarque que ce procédé si simple et si facile à mettre en pratique exige, pour l'engraissement de ces animaux, la moitié du temps nécessaire lorsqu'on ne fait pas usage du sel.

Pour la volaille.—Le sel la préserve de quelques-unes des maladies auxquelles ces animaux sont sujets. On connaît l'avidité des pigeons pour le sel.

L'expérience enseigne donc que l'usage du sel convient à presque tous les animaux domestiques en donnant du ton à leur estomac. Il améliore la qualité du fumier et rend les animaux plus dociles et plus apprivoisés. L'habitude de cette distribution leur ôte leur sauvagerie naturelle et ils viennent volontiers lécher le sel dans la main de l'homme. En Amérique lorsqu'on craint que les vaches ne s'égarent dans les immenses pâturages où elles sont abandonnées, on les accoutume à des distributions de sel qui leur donnent l'habitude d'un retour régulier à la maison.

Quant à la manière de le donner, quelques personnes le distribuent en poudre, sur des tuiles, des pierres plates, ou des étoffes grossières. D'autres placent des pierres de sel dans les mangeoires ou les suspendent de manière à ce que les animaux puissent les lécher. Quelques-uns y mêlent du soufre comme salutaire pour les troupeaux sujets aux maladies cutanées. On y mêle aussi des baies de laurier et de l'ail comme préservatif contre les vers et la cachexie.

Nous ne saurions trop recommander aux agriculteurs fermiers et propriétaires, de porter une attention incessante sur la nourriture de leurs troupeaux. Combien de maladies subites sont occasionnées tous les jours par l'ingestion de substances malfaisantes?

Dernièrement, une épizootie très-grave a frappé toutes les étables et les écuries du bourg de Gowrie et a fait nombre de victimes. Eh bien! on a découvert que cette maladie, désignée, dans le pays, sous le nom de *Caking*, y a été apportée par les animaux qui avaient mangé beaucoup de faux seigles (ray-grass) sur des terres nouvellement ensemencées !

Le *sarrasin*, dit-on, est nuisible aux moutons quand ils le pâturent aux champs, et cependant cette plante, donnée aux vaches et aux porcs, ne leur est pas contraire. Les moutons qui en mangent à la bergerie n'ont pas à en redouter de suites fâcheuses,

D'où vient donc le malaise qu'ils éprouvent en le mangeant sur pied, et qui leur occasionne une enflure brûlante à la poitrine, à la tête et surtout aux oreilles ?

J'ai examiné, étudié, et voici le résultat que j'ai constaté: Je fis conduire dans un champ de sarrasin des moutons, des vaches et des porcs.

Au bout de vingt-quatre heures, une enflure intense se manifesta sur plusieurs sujets. Je recommençai l'expérience et je restai moi-même dans le champ de sarrasin pendant tout le temps que j'y laissai les animaux. Je remarquai, au bout de quelques heures, que les moutons étaient très-agités, qu'ils se frottaient l'un contre l'autre et paraissaient en proie à une violente démangeaison. Tous les moutons dont la tête était bien garnie de laine souffraient moins que les autres. Je les fis rentrer à la bergerie et je leur administrai quelques frictions avec de l'huile. L'enflure et les démangeaisons disparurent promptement.

Dans la pièce de *sarrasin*, dont les fleurs étaient épanouies, des myriades d'insectes ailés faisaient ample récolte, entr'autres une espèce de petite abeille y fourmillait et s'attachait aux moutons avec acharnement. Elle est, j'en ai la conviction, la seule cause du mal attribué au *sarrasin*. Car depuis, j'ai fait distribuer très-souvent du sarrasin à l'étable, et jamais je n'ai rien remarqué d'extraordinaire. D'où je conclus que la piqûre des insectes dont je parle plus haut est seule à redouter. Mes expériences se trouvent confirmées par celles qu'a faites un agronome distingué, M. Chaillon, et dont les résultats ont été parfaitement identiques.

M. Schmager, vétérinaire à Lahr, dans le duché de Bade, est appelé pour donner ses soins à deux vaches atteintes tout-à-coup de symptômes semblables à ceux d'une épilepsie. Il trouve ces animaux tremblant de tout leur corps, avec les lèvres souillées d'écume, et ayant perdu toute sensibilité. Des signes de convulsions se manifestaient même déjà aux yeux, aux extrémités, au cou et à la tête. De temps à autre ces symptômes cessaient; les animaux redevenaient calmes et semblaient dormir, mais les accès recommençaient bientôt avec plus de force et d'énergie, et duraient jusqu'à l'épuisement presque complet des forces.

En examinant les aliments qui se trouvaient dans la mangeoire de ces animaux, M. Schmager s'apperçut qu'ils consistaient, à l'exception de quelques herbes de prairies, en tiges de coquelicots presque toutes en fleurs. Quelques-unes de ces tiges avaient déjà formé leurs capsules, et on pouvait par la pression en exprimer un liquide laiteux et épais. L'idée qui se présenta naturellement à son esprit fut que ce liquide laiteux possédait, sans doute, des propriétés analogues à celles du suc du *papaver somniferum* ou pavot oriental, dont on extrait l'opium, que ce liquide avait agi de même que cette drogue, et que les symptômes étaient évidemment ceux d'un empoisonnement par un narcotique. Il fit, en conséquence, administrer à ces vaches un mélange de vinaigre, de vin pur avec de l'huile, puis, de temps à autre, des infusions de café très-chargées. En douze heures, les symptômes les plus alarmants avaient cessé, et, au bout de vingt-quatre heures, ils avaient complétement disparu. Alors les animaux recommencèrent à manger, et, à l'exception d'un regard un peu abattu et d'un peu de faiblesse dans les membres, on ne remarquait plus en eux de traces d'indisposition.

Il est une plante très-nuisible que beaucoup de cultivateurs donnent en fourrage à leurs animaux. Cette plante, désignée vulgairement sous le nom de *foirolle*, *ramberge*, *chiole*, est connue en botanique sous le nom de *mercuriale annuelle*. M. Chorlet, vétérinaire à Saint-Aignan, cite à ce sujet un fait qui vient à l'appui de nos propres observations. « J'eus occasion, dit M. Chorlet, de voir à Lude (Sarthe), deux vaches qui, depuis six jours, étaient nourries abondamment à l'écurie avec des sarclures de jardin. Après avoir examiné ces animaux, je visitai le fourrage. On me fit voir un tas d'herbes vertes dans lequel je vis dominer la *mercuriale*, au milieu d'autres plantes, telles que le *panicum*, le *senecio vulgaris*, la *brassica oleracca*, etc.

« D'après le dire du propriétaire, ce n'est qu'au bout de trois jours de l'usage de ce fourrage, que les animaux parurent éprouver de la douleur à se laisser traire, que les mamelles devinrent dures, que la sécrétion du lait fut diminuée.

« Voici les symptômes que je notai : Elles avaient les muqueuses apparentes très-colorées, le mufle sec, la température du corps plus élevée que de coutume, la peau sèche, le pouls dur, plein, accéléré, les mamelles flétries. Il y avait grande sensibilité de la région lombaire et une tympanite légère. La rumination ne se faisait plus ; les bêtes ne mangeaient plus ; elles trépignaient ; leur fiente était dure et sèche.

« Je fis supprimer l'usage du fourrage ci-dessus ; je donnai

4 gros d'ammoniaque dans une bouteille d'eau froide. La tympanite parut augmenter, alors je prescrivis une diète sévère, des boissons et des lavements émollients et légèrement acidulés, des lotions émollientes sur les reins et les mamelles. Le lendemain, la prostration des forces étant plus grande, je fis une saignée de six livres, j'employai un régime rafraîchissant, des boissons et lavements émollients, des sétons au fanon.

« Quatre ou cinq jours après, la maladie parut s'amender un peu ; au bout de la semaine, ils entraient en pleine convalescence. »

La mercuriale appartient à une famille et à un genre dont les principes sont vénéneux. Oliver de Serres la proscrit de l'alimentation animale ; M. Feneuille, de Cambrai, en a fait l'analyse chimique et y a rencontré un principe *amer purgatif*, une *huile volatile âcre*.

D'après ces faits et leurs conséquences, il est certain que la mercuriale est une des mauvaises herbes trop communes dans les endroits cultivés, et qu'elle doit être proscrite des fourrages de nos animaux domestiques.

Nous pourrions multiplier les exemples d'imprudences ou d'inattentions, sources les plus ordinaires des maladies des bestiaux. Nos lecteurs ne doivent jamais perdre de vue cet axiôme dont la vérité est chaque jour confirmée par l'expérience : *Bien nourrir coûte ; mais mal nourrir coûte encore plus*.

Donc, bien soigner son bétail, c'est soigner sa bourse

Nous conseillerons, en outre, de faire entrer dans toutes les préparations alimentaires des bestiaux un mélange, en petite quantité, de sel commun. L'attrait qu'ils ont pour cette substance prouve combien elle est utile à leur santé. C'est le préservatif le plus efficace contre la pourriture des moutons, et, en général, contre les maladies provenant des voies digestives.

DE L'INFLUENCE DE LA NOURRITURE SUR LA SANTÉ DES ANIMAUX DOMESTIQUES D'UN ORDRE INFÉRIEUR. — Comme nous venons de le voir, la nourriture exerce une influence remarquable sur l'état sanitaire du cheval, du bœuf. Cette influence est la même pour tous les animaux d'un ordre inférieur, tels que l'âne, le mulet, etc. On doit tenir compte à chaque espèce de ses goûts, de ses instincts, de sa nature.

Ainsi, les bœufs aiment les terrains bas et les prairies grasses ; leur taille y prend plus de développement ; dans les prairies élevées, ils sont plus médiocres.

En général, les bêtes à cornes sont friandes de graminées précoces.

Les chèvres périssent dans les lieux marécageux ; elles se plaisent sur les montagnes, où elles font leurs délices des muguets, lichens, lierres, etc.

Les collines conviennent aux brebis; elles y trouvent les thyms qu'elles recherchent beaucoup. Les vallées et les prairies les rendent hydropiques. Elles y gagnent des vers au foie. Outre ces inconvénients, les lieux bas rendent la laine des brebis très-grossière; il faut donc les en éloigner le plus possible.

DE LA CHÈVRE. — Dans la plupart des climats chauds, on nourrit des chèvres en grande quantité, et on ne leur donne pas d'étable. En France, on doit les mettre à l'abri pendant l'hiver. Comme l'humidité leur est très-nuisible, on leur donnera chaque jour de la litière fraîche, On les fait sortir de grand matin pour les mener paître. L'herbe chargée de rosée, qui fait du mal aux moutons fait grand bien aux chèvres.

Pendant les neiges, elles restent à l'étable, où on les nourrit d'herbes, de petites branches cueillies en automne, ou de choux, navets et autres légumes. Plus elles mangent, plus la qualité de leur lait augmente. Pour entretenir ou augmenter cette abondance, on les fait beaucoup boire et on leur donne quelquefois du salpêtre ou de l'eau salée.

DES BREBIS ET MOUTONS. — On les nourrit, pendant l'hiver, à l'étable, de son, de navets, de paille, de luzerne, de sainfoin, de feuilles d'orme, de frêne, etc. On ne les conduit aux champs qu'à dix heures, jusqu'à trois heures après-midi. Ce n'est que pendant l'été qu'ils doivent prendre aux champs toute leur nourriture. Comme la trop grande chaleur leur est nuisible, on fera bien de choisir les lieux opposés au soleil. Les meilleurs pacages sont ceux où le serpolet et les autres herbes odoriférantes abondent, ou bien encore les plaines sablonneuses voisines de la mer où toutes les herbes sont salées.

DES PORCS. — La voracité des porcs dépend apparemment du besoin continuel qu'ils ont de remplir la grande capacité de leur estomac, et la grossièreté de leurs appétits, de l'hébétation des sens, du goût et du toucher.

L'orge, le gland, les choux, la vesce, le sarrasin, des légumes cuits et beaucoup d'eau mêlée de son, sont les seuls aliments préférables à leur donner. Dans les campagnes où il y a beaucoup de glands, on doit les mener dans les forêts pendant l'automne, lorsque les glands tombent et que les châtaignes et la faîne quittent leurs enveloppes. Le soir, à leur retour, il est utile de leur donner de l'eau tiède mêlée de son et de farine d'ivraie. Cette boisson les fait dormir et augmente l'embonpoint. Ils engraissent aussi beaucoup plus promptement en automne, tant à cause de l'abondance des nourritures que, parce qu'alors, la transpiration est moindre qu'en été.

Les *cochons de lait* doivent recevoir, pendant le sevrage, une nourriture à la fois agréable et substantielle, telle que du grain, pour que la privation du lait qui les a jusqu'alors soutenus en grande partie, ne les fasse pas maigrir ou ne les rende pas malades.

A mesure que les cochons se développent, on augmente leur nourriture. Un pâturage naturel ne peut fournir une nourriture suffisante aux porcs qui ne reçoivent rien à l'étable, qu'autant qu'il est bien garni d'herbages. Le fourrage vert ne suffit pas aux truies qui allaitent et aux cochons nouvellement sevrés; il faut y ajouter des racines cuites, avec des recoupes, du lait aigre ou du petit lait.

De la volaille. — De la mie de pain, des jaunes d'œufs, de la soupe, du millet, sont la première nourriture des petits *poulets*. — A mesure qu'ils grossissent on peut ajouter la navette, le chenevis, des pois, des fèves, des lentilles, du riz, de l'orge, de l'avoine mondée, du maïs écrasé, du blé noir. Il convient, et c'est même une économie, de faire crever dans l'eau bouillante la plupart de ces graines avant de les leur donner. Enfin on peut leur donner de tout ce que nous mangeons nous-mêmes, excepté des amandes amères et le marc du café.

Les baies de sureau sont mortelles pour les poules.

Les *dindons* aiment mieux prendre leur nourriture dans la main que de toute autre manière. On leur donne à manger quatre ou cinq fois par jour : leur premier aliment est de l'eau et du vin qu'on leur soufle dans le bec; on y mêle ensuite un peu de mie de pain; vers le quatrième jour on leur donnera les œufs gâtés de la couvée, cuits et hachés d'abord avec de la mie de pain, et ensuite avec des orties. Ces œufs gâtés, soit des dindes, soit des poules, sont pour eux une nourriture salutaire. Au bout de dix à douze jours on supprime les œufs, et on mêle les orties hachées avec du millet ou avec la farine de maïs, d'orge, de froment ou de sarrazin, ou bien encore avec le lait caillé, la bardane, un peu de camomille puante, de graine d'ortie et du son. Dans la suite on se contentera de leur donner toutes sortes de fruits pourris coupés par morceaux, surtout des fruits de ronces et de mûriers blancs, etc. Lorsqu'on leur verra l'air languissant, on leur mettra le bec dans du vin pour leur en faire boire un peu, et on leur fera avaler aussi un grain de poivre. Quelquefois ils sont étourdis et sans mouvement lorsqu'ils ont été surpris par une pluie froide, et ils mourraient certainement si on n'avait soin de les envelopper de linges chauds, et de leur souffler dans le bec à plusieurs reprises des bouffées d'air chaud.

Il faut les visiter de temps en temps, leur percer les petites vessies qui leur viennent sous la langue et autour du croupion, et leur donner de l'eau de rouille; on doit même leur laver la tête avec cette eau pour prévenir certaines maladies auxquelles ils sont sujets; mais alors il ne faut pas manquer de les sécher exactement, car toute humidité leur est fatale dans le premier âge.

C'est spécialement à l'âge de six semaines ou deux mois, quelque temps avant de pousser le rouge, qu'il faut mêler le vin à leur nourriture pour les fortifier; c'est pour eux une époque critique comme la dentition pour les enfants.

La grande digitale à fleurs rouges est un vrai poison pour ces oiseaux.

L'*oie* mange le trèfle, le fenugue, la vesce, la chicorée, la laitue. L'ortie hachée et mêlée avec de la farine est une des meilleures nourritures qu'on puisse leur donner.

L'excès d'embonpoint que l'oie est sujette à prendre et qu'on cherche à lui donner, doit causer dans sa constitution des altérations qui nuisent à la génération.

En général, les animaux très-gros sont peu féconds; la graisse trop abondante change la qualité du sang et celle de la liqueur séminale. Une oie très-grasse, à qui on coupa la tête, ne rendit qu'une liqueur blanche, et, quand elle fut ouverte, on ne lui trouva pas une goutte de sang rouge. Le foie surtout se grossit de cet embonpoint d'obstruction, d'une manière étonnante : souvent une oie engraissée aura le foie plus gros que tous les autres viscères ensemble. Ces foies gras ont été et sont encore de nos jours fort recherchés des gourmands. Il n'est pas de supplice qu'on ait imaginé de faire subir à ces malheureux animaux pour satisfaire la gourmandise de quelques individus. Communément on se contente de les enfermer pendant un mois, et il ne faut guère qu'un boisseau d'avoine pour engraisser une oie au point de la rendre excellente. Une pelotte de graisse très-apparente, qui leur vient sous chaque aile, est le signe qu'elles sont assez grasses, et qu'on peut cesser de leur donner tant de nourriture.

Voici comment on engraisse ces animaux dans le midi de la France : on y préfère le maïs à tout autre grain. Après qu'ils ont pris leur accroissement, et qu'ils ont amassé dans les champs les grains qui y restent après les moissons, on les enferme douze par douze, dans des loges obscures et éloignées du bruit; on les nourrit en leur donnant tout le maïs cuit qu'ils peuvent consommer, et de l'eau abondante et fréquemment renouvelée. Ils mangent beaucoup dans les premiers jours, mais leur appétit diminue sensiblement, et au bout de vingt jours on commence à les souffler ou gorger, en leur mettant dans le jabot, par le moyen d'un entonnoir de fer-blanc, autant qu'il peut contenir de grains de maïs bouillis dans l'eau. Il ne leur faut alors que vingt autres jours pour leur faire acquérir une graisse prodigieuse, puisqu'ils pèsent alors jusqu'à 50 et 60 livres la paire; leur foie pèse une livre ou une livre et demie, et leur cœur prend le volume d'une petite pomme.

Le premier aliment qu'on donne aux jeunes oisons est une pâte de retrait de mouture ou de son gros pétri avec des chicorées ou des laitues et des orties hachées. On les entretient avec la même nourriture jusqu'à ce que leurs ailes commencent à se croiser sur le dos ; mais à mesure qu'ils acquièrent de la grosseur, on peut leur donner des plantes grasses, comme la chicorée, les choux, la blette, le cresson alénois, etc., de même que la criblure de blé, de l'avoine, de l'orge, de la folle avoine et d'autres grains, du son, du gros pain, des pommes de terre, des navets, des glands, etc.

Le *canard* a besoin, pour s'élever convenablement comme les oies, d'être établi dans un lieu voisin des eaux, afin qu'il puisse vivre dans son élément. Ainsi, lorsque le lieu ne fournit pas naturellement quelque courant ou nappe d'eau, il faut y creuser une mare dans laquelle les canards puissent barbotter, nager, se laver, et se plonger, exercices absolument nécessaires à leur vigueur et à leur santé.

La meilleure nourriture dans les premiers jours est du pain émietté, imbibé de lait, d'eau, d'un peu de vin ou de cidre. Quelques jours après, on leur prépare une pâte faite avec une pincée de feuilles d'orties tendres, cuites, hachées bien menues, et un tiers de farine de maïs, de sarrasin ou d'orge; on y ajoute les œufs de rebut préalablement cuits. On leur donne ensuite de l'orge ou du pain bouilli, du gland et des herbages hachés menus, du marc de raisin, des pommes de terre cuites, de la mie de pain, des rebuts d'étang, comme des petits poissons et des écrevisses. Leur voracité naturelle se manifeste presque en naissant: jeunes ou adultes, ils ne sont jamais rassasiés ; ils avalent tout ce qui se rencontre comme tout ce qu'on leur présente; ils déchirent les herbes, ramassent les graines, gobent les insectes, et pêchent les petits poissons, le corps plongé perpendiculairement et la queue seule hors de l'eau.

Dans les contrées méridionales, on les gorge de nourriture, on leur crève les yeux, afin que, par ces cruautés, leur foie se gonfle et acquière le plus gros volume possible. On tue la malheureuse victime quand on la voit près de succomber.

Les *Pigeons* sont des hôtes fugitifs qui ne restent au gîte qu'on leur offre qu'autant qu'ils s'y plaisent, qu'autant qu'ils y trouvent une nourriture abondante, toutes les aisances et commodités de la vie. Il faut leur donner à manger deux fois par jour et tenir constamment de l'eau fraîche dans le colombier. On les nourrit de sarrasin, de vesces, dont ces oiseaux sont très-friands. Du reste, après l'éclosion des premiers petits, ils vont eux-mêmes dans les champs pourvoir à leur nourriture et rentrent régulièrement au colombier chaque jour. Cet oiseau exige peu de soins; il est sujet à peu de maladies et n'a besoin que d'une grande propreté. Ce sont les parents qui se chargent de la nourriture des petits. Cette nourriture ne doit être d'abord qu'une bouillie liquide, qui devient peu à peu plus consistante à mesure qu'ils grandissent.

On engraisse les pigeons de la même manière que la volaille. Quelques auteurs recommandent le moyen suivant :

Au moment où les plumes des ailes commencent à pousser, on prend un pigeonneau et on l'enferme dans l'obscurité, dans un pannier couvert, par exemple; on lui fourre alors dans le bec, le soir et le matin, des grains de mais qu'on a eu la précaution de faire tremper pendant vingt-quatre heures dans l'eau, et l'on obtient ainsi des pigeons d'une qualité supérieure.

Du lapin. — Le *lapin* doit recevoir sa nourriture deux fois par jour. Les heures les plus convenables sont le matin et le soir. Il faut éviter de lui donner des herbes mouillées. Les aliments qui conviennent sont : le serpolet, le thym, le cerfeuil, le persil, la traînasse, le céleri, les carottes, les betteraves, le sainfoin, la luzerne et le trèfle sec ou vert; toutes les graines, le son, l'avoine; mais on aura soin de proscrire du clapier : le chou, le navet, la pomme de terre crue. C'est une erreur de croire qu'il faille distribuer aux lapins, à midi, une nourriture plus substantielle ; il faut, au contraire, les laisser reposer à cette heure, car ils sont presque toujours endormis, et c'est la nuit surtout qu'ils mangent avec le plus d'avidité.

L'usage du sel leur est aussi très-avantageux et leur donne de l'appétit. Il est très bon de varier leur nourriture. Leur clapier doit être propre et leur litière fréquemment renouvellée.

Du chien. — Le *chien*, dit Linnée, se nourrit de charogne et de végétaux farineux. Il digère les os et se purge en mangeant du chiendent qui le fait vomir.

La nourriture des chiens, employés soit à la conduite, soit à la garde des troupeaux, est fort simple. Elle consiste en gros pain de seigle, d'avoine ou d'orge, ou bien encore de résidus de la fonte des suifs, etc. Il ne faut jamais leur donner à manger de la viande. On ne doit pas donner non plus de nourriture substantielle aux chiens de basse-cour. Les eaux grasses dans lesquelles on met tremper du pain sont suffisantes. On doit mettre de l'eau fraîche constamment à leur portée.

Du chat. — Le *chat* aime passionnément le poisson, mais il faut éviter de lui en donner à cause des arêtes qui pourraient occasionner des désordres dans l'œsophage. Il se nourrit de rats, de souris, d'oiseaux, de jeunes lapins, et généralement des débris de la table. Il est difficile d'assigner un genre particulier de nourriture à cet animal qui a l'amour de l'indépendance, de la guerre, court çà et là, sur les toits, dans les greniers, et prend les aliments qui flattent son goût, tue souvent, sans nécessité, les animaux plus faibles que lui, alors même qu'il est le plus délicatement nourri.

Boissons. — L'eau, qui en général est le plus sain des liquides, présente cependant quelque fois des inconvénients, quand son usage n'est pas réglé avec discernement; à ce que nous avons dit à ce sujet, t. 1ᵉʳ, pag. 82, nous ajouterons les indications suivantes.

Le moyen d'aérer et d'échauffer les eaux lourdes et froides consiste à les laisser exposées quelque temps dans des auges ou des sceaux, et à les y agiter. L'eau froide détermine une irritation plus ou moins forte sur l'estomac et l'intestin, et par suite des indigestions et des tranchées. L'eau stagnante des mares, celle même qui s'écoule des fumiers, sont regardées comme très-convenables à la boisson des animaux dans beaucoup de fermes; souvent on n'en a pas d'autres, et les bestiaux semblent fréquemment les préférer à celles qui sont claires et limpides, probablement parce qu'elles tiennent en dissolution quelques sels qui peuvent les leur rendre plus agréables et plus sapides. Il faut convenir qu'elles peuvent quelquefois leur être utiles, lorsque les matières qu'elles contiennent ne sont pas parvenues à un haut degré de putridité; mais il faut ajouter qu'elles deviennent parfois une cause très-active de maladie, surtout dans les temps chauds, époques où elles sont basses, très-putrides, et où les animaux ont le plus pressant besoin d'une boisson saine et abondante. Elles ont en outre l'inconvénient très-grave de communiquer à la chair des animaux une saveur très-désagréable. Lorsqu'on abreuve les animaux dans l'écurie, on doit, en hiver, avoir grand soin de faire boire sur-le-champ l'eau qui vient d'être tirée, et avant qu'elle ait acquis un grand degré de froid. En été, pour ôter à l'eau son excessive fraîcheur, on la laissera exposée quelque temps à l'action de l'air, ou on l'agitera avec la main ou avec une poignée de foin.

CHAPITRE II

PATHOLOGIE. — THÉRAPEUTIQUE.

La pathologie est la partie de la médecine qui traite des généralités propres aux maladies, à leurs causes, à leurs symptômes. La *pathologie* se divise en *pathologie interne* ou médecine proprement dite, et en *pathologie externe*, ou chirurgie. Sous la première désignation on comprend généralement toutes les maladies qui affectent les organes internes et dont les causes sont générales ou cachées; sous la seconde, on range toutes les maladies qui affectent les organes extérieurs, ou dont les effets apparaissent à nos yeux.

On divise aussi la pathologie en *générale* et *spéciale*. La *pathologie générale* a pour objet les maladies considérées comme abstraites, et dans ce qu'elles offrent de commun; elle les embrasse toutes dans le même cadre, où l'on voit le point de contact qu'elles ont entre elles et les liens qui les unissent. La *pathologie spéciale* les comprend toutes également; mais elle les présente dans une série de cadres particuliers, où chaque affection est dessinée avec la physionomie qui lui est propre, et qui sert à la distinguer de toutes les autres.

La thérapeutique est la partie de la médecine qui s'occupe du traitement des maladies. — Elle doit chercher, en remontant à la source des choses, à connaître les causes des lésions survenues dans l'économie afin de détruire leur influence. — La plupart des affections sont susceptibles de guérir sans aucun traitement actif, par la seule action de la nature : aucune ne peut guérir par les seuls secours de l'art; les médicaments les plus actifs sont sans effets dès que la nature ne répond pas à leur action. — La thérapeutique n'est donc, à proprement parler, que l'art de modifier l'action intime des organes pour obtenir la guérison des malades, en se fondant sur l'observation et l'expérience. Dans ce cas, l'air, l'habitation, le régime, l'exercice, etc., sont, comme nous l'avons dit, des moyens efficaces, aussi bien que les remèdes proprement dits.

Les maladies des animaux sont plus simples que celles de l'espèce humaine. On y remarque rarement des complications morales, et l'on peut parfois faire en médecine vétérinaire ce qui peut être trop dangereux en médecine humaine. Mais le défaut de la parole chez les animaux, ne venant pas aider le diagnostic, on est souvent frappé, dans l'exercice de cet art, d'une soudaineté d'invasion qu'on ne remarque pas chez l'homme. Une autre difficulté grave, c'est la promptitude que l'intérêt du maître exige dans les guérisons, afin que les soins donnés à l'animal n'absorbent pas sa valeur. Malgré tous ces inconvénients, l'art vétérinaire conserve un grand avantage sur la médecine, en ce qu'il est principalement une science expérimentale, et que celui qui l'exerce, au lieu d'être réduit, comme le médecin, à attendre le fait pour le reconnaître, peut, sans manquer à la morale, souvent le faire naître sous telles circonstances qu'il désire.

On distingue les maladies à raison des parties qu'elles affectent : maladies de la tête, de la poitrine, du ventre, des jambes.

CAUSES DES MALADIES. — Les causes générales des maladies sont de plusieurs sortes; les causes *déterminantes* sont celles qui agissent d'une manière manifeste et produisent toujours les mêmes effets; tels sont les poisons, le contact de l'animal avec certains corps, comme le feu, la glace, etc. C'est aux causes déterminantes que sont dues les maladies contagieuses.

On appelle causes *prédisposantes* celles qui prédisposent à contracter des maladies, comme la trop grande fatigue, le froid excessif, l'humidité, etc. Les causes prédisposantes peuvent être aussi héréditaires. Ainsi, le poulain né d'une jument atteinte de la morve, sera prédisposé à cette maladie.

Les causes *occasionnelles* sont celles qui déterminent la maladie à laquelle l'animal était prédisposé.

SYMPTOMES. — On appelle *symptômes* les accidents qui précèdent les maladies ou qui en accompagnent les premières phases.

Ces symptômes sont de plusieurs espèces; en général, au début de la maladie, l'animal est triste; il a l'oreille basse, le poil hérissé, l'œil terne, la démarche lente; il paraît abattu, se couche, refuse tout aliment, regarde et lèche la partie souffrante.— La toux est un symptôme constant des maladies de poitrine, de même que la respiration fréquente. — Dans les maladies aiguës, comme l'inflammation de l'estomac, la bouche est chaude, l'haleine fétide, la langue sèche. — Les battements du pouls sont aussi des symptômes certains, selon que ces battements sont plus ou moins fréquents. On tâte le pouls au bœuf, au cheval, à l'âne, au mulet, en portant le doigt au bord inférieur de l'os de la mâchoire inférieure, sur le point où l'artère se contourne pour se ramifier sur le chanfrein; au mouton, à la chèvre. on compte les battements en posant le doigt sur l'artère fémorale, à la face interne de la cuisse, près de l'aine. Les pulsations du bœuf sont, en moyenne, dans l'état de santé, de 39 par minute; de 35 pour le cheval et l'âne; de 75 pour la chèvre et le mouton; de 95 pour le chien; de 114 pour le chat, lorsque ces animaux sont adultes; le nombre de ces pulsations est plus grand si les animaux sont jeunes; il est moindre dans la vieillesse.

DIAGNOSTIC et PRONOSTIC. — On entend par diagnostic certains signes qui peuvent faire connaître la nature de la maladie; quelques-uns de ces signes sont caractéristiques et suffisent pour faire reconnaître la maladie, parce qu'ils n'appartiennent qu'à une seule; les autres, qu'on nomme communs ou équivoques, se rencontrent dans plusieurs espèces de maladies et n'appartiennent exclusivement à aucune. — On appelle pronostic les signes qui font connaître les suites que doit avoir la maladie.

ÉPIZOOTIES. — PRÉCAUTIONS A PRENDRE. — On nomme épizooties les maladies qui frappent tout à coup et indistinctement un grand nombre d'animaux dans une même contrée. Ces épizooties sont presque toujours contagieuses, c'est-à-dire qu'elles se propagent d'un individu à un autre, soit par le contact, soit à l'aide de l'air et des émanations.

En cas d'épizootie, la première indication à remplir est de séparer sur-le-champ les animaux sains des animaux malades, et de placer ceux-ci dans un lieu écarté. On procède aussitôt à l'assainissement et à la désinfection des écuries et étables, en enlevant et brûlant tous les fumiers et pailles infectés, en enfouissant, à une profondeur de huit à dix pieds, les cadavres des animaux morts de la maladie, en lavant, arrosant tous les lieux d'habitation, et en évitant toute introduction des animaux étrangers. — On désinfecte les étables et écuries en grattant et râclant les murs avec soin et en dégageant, dans ces lieux clos et fermés, du chlôre ou gaz muriatique oxigéné, en badigeonnant les murs, planchers, plafonds, fenêtres, poteaux, auges, râteliers, barres, etc., avec des dissolutions de chlorure de chaux ou d'eau de javelle, et y tenant en plusieurs endroits du local, après qu'on y a introduit de nouveau les animaux, quelques vases remplis de l'un ou l'autre de ces liquides. Enfin, on échaude et on trempe dans les mêmes dissolutions les toiles, cordages, objets en crins, en cuir, en bois qui servent au pansement, à l'attelage ou à l'harnachement des animaux, brûlant même ceux que leur vétusté ou l'imprégnation de matière animale ne permettrait pas d'assainir ou de rendre propres au service.

La personne qui soignera les animaux sera vêtue en toile, changera et purifiera souvent elle-même ses vêtements. Enfin, ces soins et ces précautions doivent être continués, étendus et modifiés, suivant les circonstances, tout le temps que l'épizootie continuera ses ravages. C'est le seul moyen de préserver les animaux de la contagion.

Tous les remèdes ou substances médicamenteuses échouent dans cette circonstance, et ne méritent aucune confiance.

Depuis qu'il a été reconnu qu'une partie de la digestion se fait par la transpiration, on a dû tenir la peau propre et nette, autrement il y a malaise.

Les cultivateurs du Palatinat préviennent cet accident chez

les bêtes à cornes, en les pensant régulièrement. Elles sont brossées, étrillées tous les jours, après qu'avec de l'eau et une éponge on a détaché les ordures dont le corps est imprégné. Il est aisé de remarquer que celles-ci ne demeuraient jamais fixées sur la peau sans y produire quelque irritation. Le poil tombe, il s'y forme quelquefois des ulcères. Comment l'animal, qui a besoin, pour engraisser, d'un repos absolu, prendrait-il de l'embonpoint s'il est fatigué par des démangeaisons?

Les fumiers sont aussi retirés tous les matins de l'étable, qui est ensuite balayée. Ce nettoyage opéré, on étend la litière qui ne tarde pas à être couverte de nouvelles déjections. Elles s'attacheraient au corps des animaux et les mettraient dans un état de malpropreté habituelle, si la fille de basse-cour n'avait l'attention de semer, sur ces déjections, de la paille courte pour les recouvrir.

Soins de propreté. — Répétons ici que la propreté est un besoin pour les bestiaux. Elle peut, ainsi que les courants d'air, si non racheter, du moins neutraliser en partie les vices de construction de beaucoup d'étables, celles-ci trop enfoncées, celles-là trop basses et trop peu aérées. Ainsi, en prenant la nature et l'expérience pour guide, le cultivateur qui adoptera la manière d'agir que nous indiquons y trouvera une source inépuisable de richesses.

On doit donner chaque jour aux animaux une couche fraîche, un air pur, et, autant que possible, pour certaines races, un pansement journalier à la main, ou des bains de rivières; pour les bêtes de travail, tous deux à la fois.

Le pansement et surtout de fortes frictions sont particulièrement utiles aux bêtes à l'engrais, en favorisant la formation du tissu graisseux. Il existe dans plusieurs localités d'absurdes préjugés qu'on ne saurait trop chercher à combattre : nous avons vu des cultivateurs laisser plusieurs jours les bœufs sans litière se vautrer dans leur fiente, sous prétexte que ces excréments desséchés sur la peau et y adhérant préservaient ces malheureuses bêtes de la piqûre des mouches et contribuaient à l'engraissement.

Rien de plus faux et de plus pernicieux que cet usage. La santé des animaux comme celle des hommes exige des soins de propreté qu'on ne néglige pas impunément. Le cultivateur malpropre est habituellement paresseux; il vit dans la fange et y laisse vivre ses bestiaux; ses enfants sont malsains; sa famille paraît languissante et misérable. Les étables et les écuries doivent être bien aérées et être construites de manière à ce que les urines aient un écoulement facile.

La trop grande chaleur, soit dans les étables, soit au-dehors, est nuisible à toutes les bêtes.

Il faut éviter soigneusement, dans les temps froids et pluvieux, les transitions brusques de température et les repercussions de transpiration, qui sont surtout fatales aux chevaux. Au retour du travail, quand une bête a chaud, on doit ne pas l'exposer, sans la couvrir, au froid, à la pluie ou aux courants d'air. C'est là une des causes les plus fréquentes des maladies.

Les effets physiologiques d'un froid modéré sont de resserrer la peau, de refouler le sang vers l'intérieur, d'augmenter l'activité des organes digestifs et l'énergie des muscles. Alors les animaux de trait ont moins d'ardeur et plus de force, ils mangent un peu plus et digèrent plus vite. Ils boivent moins, leur transpiration a cessé d'être aussi abondante et leurs urines sont plus copieuses.

Sous cette influence, il convient de nourrir davantage, et s'il s'agit de chevaux, on comprend que le maintien de l'égalité de rations dans toutes les saisons, doit, dans celle-ci, être préjudiciable à leur santé, s'ils sont vieux, et à leur développement futur, s'ils sont jeunes.

Si un animal est jeune ou faible, un froid même modéré, qui convient parfaitement aux animaux robustes, lui est défavorable. Il faut donc l'en garantir, soit en le gardant à l'étable pendant que les autres sortent, soit en le garnissant d'une couverture.

L'air sec et chaud est favorable au mouton. Dans les étables, l'air ne saurait jamais être trop sec; au contraire, il peut l'être sous les hangars, dans les cours, pour les animaux qu'on y fait séjourner, alors on l'humecte en répandant de l'eau pour la faire évaporer. Les arbres produisent le même effet d'une manière permanante, en répandant dans l'air une sorte de transpiration aussi abondante que salutaire.

L'air humide, qu'il soit froid ou chaud, influe défavorablement sur la santé des grands animaux. L'humidité jointe à la chaleur énerve et, chez les moutons, produit la cachexie aqueuse ou pourriture; chez le cheval et les ruminants, des hydropisies, la morve, les rhumatismes, le scorbut, le charbon; et chez le porc, la ladrerie. En général, c'est sous la température humide, qu'elle soit chaude, tiède ou froide, que naissent les épizooties contagieuses et le typhus putride et nerveux.

Pour prévenir ces funestes effets, il faut avoir recours à une alimentation abondante et tonique, ne pas épargner le sel, exciter la peau par un pansage fréquent et écarter les eaux stagnantes, véritables foyers de putréfaction.

CHAPITRE III

MÉDECINE OPÉRATOIRE VÉTÉRINAIRE.

On désigne sous le nom de *médecine opératoire ou de chirurgie*, la partie de la médecine vétérinaire qui concerne les opérations, et on donne le nom d'opération à toute application de la main seule, ou armée d'un instrument, exercée sur le corps des animaux, soit pour leur procurer un embellissement de fantaisie (*amputation de la queue ou des oreilles*), soit pour favoriser l'engraissement ou rendre les animaux plus propres à certains usages (*castration*); soit enfin pour prévenir, pailler ou guérir des maladies.

Les opérations se divisent en *grandes* et *petites*: les premières sont celles qui exigent le savoir et l'habileté d'un vétérinaire instruit et expérimenté. Les petites opérations sont celles d'une moins grande portée, et qui sont journellement pratiquées, par le cultivateur lui-même, lorsqu'il y a urgence et qu'il n'est pas dépourvu d'une certaine habitude et de quelques connaissances faciles à acquérir; telles sont: la saignée, l'incision, la cautérisation, l'arrachement, etc.

DISPOSITIONS NÉCESSAIRES AVANT LES OPÉRATIONS. — Lorsque l'opération à pratiquer présente quelques caractères de gravité, il importe, si le temps le permet, d'y préparer convenablement le sujet; ce dernier doit alors être considéré comme un animal destiné à supporter une irritation brusque, suivie d'une inflammation plus ou moins intense et durable. Il convient donc de le préparer à éprouver sans danger la secousse qu'il doit subir, et la maladie qui en sera l'inévitable résultat.

L'opérateur devra s'assurer de l'état général du sujet, et de celui des viscères les plus importants. Il lui sera facile ensuite de prescrire le régime et les médicaments préparatoires les plus convenables ; dans tous les cas, l'animal à opérer sera mis à la diète, à l'usage des boissons délayantes, quelques jours avant l'opération, s'il est fort, pléthorique et disposé aux inflammations. Si l'opération doit attaquer un organe abondamment pourvu de vaisseaux, de nerfs, et est de nature à ne donner lieu à aucune perte nuisible de sang, la saignée sera mise en usage; mais si l'opération doit donner lieu à l'écoulement d'une quantité de sang qu'il est impossible d'évaluer, ce n'est qu'après qu'elle sera terminée qu'on devra recourir à la saignée, si on la juge nécessaire.

Il est souvent utile de nettoyer, par des lotions répétées, la partie qui doit être le siége de l'opération; de couper les poils ou les crins qui la recouvrent ou l'avoisinent, de l'assouplir par l'application de substances aqueuses et mucilagineuses. Souvent aussi il devient nécessaire de déterminer une irritation dans un endroit éloigné du siége de l'opération et de produire aussi une dérivation salutaire.

C'est ainsi qu'agissent les sétons et les vésicatoires; ils doivent toujours être placés quelques jours avant l'opération. — Il est aussi quelquefois utile d'apporter préalablement remède aux maladies qui avoisinent les parties sur lesquelles on doit opérer. — On calme le prurit déterminé par la gale, avant de porter l'instrument tranchant sur le garrot et la nuque; on diminue l'écoulement des eaux aux jambes, avant l'opération du javart cartilagineux, etc.

Avant de pratiquer son opération, le vétérinaire doit prendre un certain nombre d'aides, soit pour maintenir l'animal à opérer, soit pour l'aider, soit enfin pour le seconder dans l'action opératoire.

Le nombre d'aides à choisir et leurs qualités varient suivant le genre d'opération, suivant l'espèce d'animal, suivant aussi la docilité de ce dernier.

Les aides appelés à maintenir les animaux, même les plus doux en apparence, mais que les douleurs causées par l'opération rendent toujours indociles, doivent être robustes et surtout attentifs, afin que rien ne puisse les distraire du rôle qu'ils ont à remplir.

Quant à ceux qui sont destinés à aider l'opérateur, ils seront choisis parmi les plus intelligents; ils devront obéir au moindre signe, et comprendre ses intentions avant même qu'il les ait entièrement manifestées.

L'opérateur distribue, à chacune des personnes qui doivent l'aider, l'emploi qu'il lui a destiné; il fera connaître, aux aides chargés de lui présenter les instruments, de maintenir les parties malades, de comprimer les vaisseaux, etc., le plan qu'il s'est tracé; il obtiendra de cette manière de grands avantages, parce que les aides sachant mieux quelles actions doivent succéder à celle qu'il exécute, n'auront pas besoin d'attendre ses ordres et ne seront jamais dans l'embarras et dans l'incertitude de ce qu'ils auront à faire.

Avant de procéder à l'opération, le vétérinaire doit préparer ou faire préparer l'appareil convenable; on désigne sous le nom d'*appareil* l'ensemble de tous les instruments qui ne sont propres qu'à certaines opérations, et qui sont ordinairement contenus dans des caisses particulières, d'où il s'agit seulement de les extraire pour les disposer convenablement, en y ajoutant tout ce qui doit servir au pansement de la plaie après l'opération, tel que charpie, étoupe, toile, fil, rubans, etc., ainsi que des éponges, de l'eau chaude ou froide, et enfin toutes les substances médicamenteuses propres au pansement.

L'adresse, les caresses et la douceur procurent quelquefois une patience suffisante, que l'on obtiendrait avec peine par des moyens de contrainte ; mais le plus souvent l'indocilité des animaux est telle, que l'on est obligé de les fixer. Les moyens à mettre en usage pour cela varient suivant l'espèce d'animal, suivant sa docilité, la nature de l'opération, et aussi suivant que le sujet doit rester debout, ou qu'il doit être couché ou abattu.

MOYENS D'ASSUJÉTIR LES CHEVAUX. — La première précaution à prendre lorsqu'on se propose de pratiquer une opération sur un cheval tenu debout, est de le placer sur un terrain plutôt mou que dur, mais non glissant. La tête est ordinairement fixée au mur, avec le licol ordinaire ; s'il n'est pas assez fort, on y substituera le licol de force, qui consiste en un lacs en corde, avec lequel on a fait, sans le couper, une têtière et une muserolle. L'extrémité du lacs passe et glisse dans une anse qui se rencontre à la partie postérieure de la muserolle. Il n'y a à ce licol aucun anneau en fer. Si l'opération doit être pratiquée sur les parties antérieures du tronc, et que l'on veuille empêcher l'animal de se cabrer ou de frapper du devant, il est urgent d'attacher la tête le plus bas possible, en passant la longe du licol dans un anneau qui doit être scellé au mur à égale distance du sol et de celui qui se trouve au niveau de la tête. Si, au contraire, on a à opérer sur les parties postérieures, il convient de fixer la tête à un anneau fixé à deux pieds environ au-dessus de ce dernier.

Quelle que soit la docilité de l'animal sur lequel on veut pratiquer une opération grave, les douleurs qu'il éprouve le portent toujours à se défendre. Il est donc souvent utile de mettre en usage un moyen dérivatif quelconque. Les plus usités sont les *morailles*, le *tors-nez* et le *mors d'Allemagne*.

Les morailles sont des espèces de compas en fer, consistant en deux pièces longues de douze à treize pouces, réunies à une de leurs extrémités par une charnière. L'une des branches porte à son extrémité opposée un chaînon ovale en fer ; l'autre porte une crémaillère graduée. On les place au bout du nez, à la lèvre supérieure ou à l'oreille que l'on peut serrer plus ou moins fortement.

Le tors-nez, touche-nez ou serre-nez, consiste en un morceau de bois solide, d'une longueur qui peut varier d'un à trois pieds, percé à une de ses extrémités d'un trou dans lequel on passe une corde de la grosseur du petit doigt environ, que l'on noue avec elle-même à droit nœud, de manière à former une anse dans laquelle on puisse passe librement la main. Lorsqu'on veut placer le tors-nez, on passe la main gauche dans l'anse de la corde, avec les doigts de la même main on saisit le bout du nez du cheval, on fait glisser l'anse sur le nez autour de la lèvre supérieure, on saisit de la main droite l'extrémité du bâton, en tenant toujours le bout du nez de la main gauche, et on tortille la corde jusqu'à ce qu'elle soit assez serrée pour que l'animal ressente de la douleur.

On désigne sous le nom de mors d'Allemagne, une corde de la grosseur du doigt, que l'on met dans la bouche de l'animal et que l'on attache sur la tête. On passe ensuite un morceau de bois semblable au serre-nez, entre l'une des joues et cette corde dont on entoure le morceau de bois, de manière à la raccourcir, pour rapprocher plus ou moins les commissures des lèvres de l'arcade des dents molaires.

Quoique puissants, ces moyens dérivatifs ne suffisent pas toujours; aussi est-on souvent obligé d'employer, suivant les cas, le *trousse-pied*, la *plate-longe* ou l'*entravon garni* d'un lacs pour fixer convenablement les membres, et empêcher l'animal de frapper du pied.

Le trousse-pied est une courroie ou espèce de sangle de deux pieds de longueur, portant une boucle à l'un de ses bouts et des trous à l'autre. Pour s'en servir, on lève un des pieds de devant, on fléchit le canon sur l'avant-bras; on embrasse avec ce lien ces deux rayons au niveau du paturon; on boucle l'instrument et on le serre au degré convenable. De cette façon, l'animal, obligé de se tenir sur trois membres, peut difficilement frapper du pied. La plate-longe est une corde longue de quinze à dix-huit pieds et aplatie dans trois quarts de sa longueur. La partie plate a environ deux pouces de largeur; son extrémité porte une ganse au moyen de laquelle on fixe ce lien au paturon du membre que l'on veut tenir élevé. Lorsqu'on la passe à l'un des paturons antérieurs, on la ramène sur le dos suivant une direction transversalle. Un aide, placé du côté opposé, peut, en tirant sur elle, maintenir le pied élevé à la hauteur voulue. Quand elle est fixée à un paturon postérieur, on la ramène sur un des côtés de l'encollure et du garrot, puis sur le côté opposé de la poitrine, et on la croise deux fois sur elle-même un peu en arrière du coude. On lève ainsi le pied postérieur, que l'on rapproche du membre antérieur du même côté, et l'on fait tendre la plate-longe par un aide. On peut substituer à la plate-longe un lacs arrondi garni d'un entravon qui remplace la ganse du premier lien.

Outre les moyens que nous venons d'indiquer, on a imaginé, pour maintenir les grands animaux, des machines plus ou moins compliquées et de formes variées, auxquelles on a donné le nom de travails. Ces machines, très-employées autrefois, sont d'une incommodité si reconnue aujourd'hui, que l'on en a abandonné l'usage presque partout; aussi en passerons-nous la description sous silence. Nous n'en faisons mention ici que pour mémoire. Il devient souvent indispensable d'abattre le cheval à opérer; on y parvient de plusieurs manières. Le plus ordinairement on abat le cheval au moyen d'entravons fixés dans les paturons, et d'un lacs qui les réunit. La plate-longe sert ensuite à fixer les membres suivant les différentes indications.

Les entravons consistent en de fortes courroies de cuir, d'environ vingt pouces de longueur sur deux pouces de largeur et quatre à cinq lignes d'épaisseur. Elles sont rembourrées sur une longueur de dix à onze pouces, pourvues chacune d'un anneau et d'une boucle qui doivent être faits en bon fer et bien soudés. L'anneau a une forme un peu ovalaire dans la partie opposée à celle qui est engagée dans le cuir. Celui de l'entravon, auquel le lacs est fixé à demeure, est un peu plus allongé que celui des autres. Les ardillons ne doivent dépasser que de bien peu le bord des boucles sur lesquels ils reposent, afin que l'animal puisse être facilement désentravé. Les entravons pour les mulets, les ânes et les poulains doivent être de plus petite dimension.

Le lacs n'est autre chose qu'une corde de seize pieds environ de longueur sur dix à douze lignes de diamètre. Une de ses extrémités est fixée par une ganse à l'anneau d'un des entravons: il importe qu'il soit fait de bon chanvre, et souvent visité par l'opérateur, afin d'éviter les accidents qui pourraient résulter de son mauvais état. Lorsqu'on se propose d'abattre un cheval, on prépare, sur un terrain uni, un lit de paille de neuf à dix pieds de longueur sur huit pieds de large et un pied et demi d'épaisseur. Quand on a à sa disposition un large fumier, on doit en profiter, après avoir préalablement répandu un peu de paille fraîche à sa surface. Le lit étant préparé, on garnit la tête de l'animal d'un bridon d'abreuvoir, et on lui couvre, si cela est nécessaire, les yeux avec une couverture. On place les quatre entravons, la rembourrure en dedans, la boucle à la face externe de chaque paturon, les anneaux en arrière pour les membres antérieurs, et en avant pour les postérieurs; celui auquel est attaché le lacs se fixe ordinairement au pied de devant opposé au côté sur lequel l'animal doit être renversé. On fait ensuite passer ce lacs dans l'anneau de l'entravon placé au pied postérieur du même côté, puis dans celui de l'autre pied postérieur; de là le lacs vient traverser l'anneau de l'entravon placé au pied antérieur du côté où l'animal doit tomber, et en dernier lieu, il vient passer dans l'anneau qui est au membre du devant auquel le lacs est fixé. Dans cet état, un aide placé à la tête tient d'une main le bridon et de l'autre le toupet, un autre saisit la queue, et deux ou trois se mettent à la corde ; puis l'opérateur fait rapprocher autant que possible les quatre membres, saisit le lacs d'une main près de l'entravon auquel il est fixé, et frappe de l'autre main un léger coup sur l'épaule, pour donner aux aides qu'il a placés, et auxquels il a indiqué le rôle qu'ils avaient à remplir, le signal d'exécuter ce qui a été recommandé. L'aide qui est placé à la tête et qui doit être le plus fort de tous, tient d'une main le licol sur un des côtés du chanfrein, et de l'autre une portion du crin de la partie supérieure de l'encolure près du toupet, avec les rênes du filet qu'il a dirigées vers cette partie. Celui qui est à la queue doit tirer l'animal un peu en avant, ensuite de côté, afin de le faire tomber d'abord sur les genoux, puis sur le côté. Les aides placés derrière l'opérateur tirent, ainsi que lui, le lacs, non pas de bas en haut, mais presque horizontalement à peu de distance du sol.

Quand l'animal est vigoureux, il est bon d'aider l'action de tous ces moyens, en embrassant le milieu de l'avant-bras du côté du lacs, avec une plate-longe qui revient par-dessus le garrot du côté opposé ; des aides tirent en même temps aux deux bouts de la plate-longe, et contribuent ainsi à renverser l'animal.

Lorsque le cheval est à bas, l'essentiel est de bien fixer la tête pour qu'il ne puisse la relever. A cet effet, l'aide placé à cette partie saisit la mâchoire inférieure en embrassant les barres avec le pouce d'une main, tandis que, de l'autre main, il tient l'oreille en dessus, il doit en même temps étendre la tête en l'éloignant du poitrail. L'aide de la queue doit appuyer sur la croupe, et ceux du lacs, tenant toujours celui-ci tendu, achèvent de rapprocher les quatre pieds. L'opérateur prend alors le bout de la corde, passe de nouveau le lacs dans les entravons, puis il les entoure au moyen d'un nœud, dans lequel il place une poignée de paille.

La position à donner au corps ou aux membres de l'animal varie suivant la surface sur laquelle les opérations doivent être pratiquées ; on peut faire prendre à l'encolure, à la tête ou à la croupe, différentes positions, en soulevant ces parties avec de la paille.

Les quatre membres restent assez souvent entravés, lorsque l'opération doit être faite sur la tête, sur l'encolure, sur le cou, ou sur la surface externe de la partie supérieure d'un membre. Un des membres peut être désentravé et maintenu seulement par une plate-longe fixée par un aide, ou par l'opérateur lui-même, dans le cas d'application du feu sur la surface externe des membres. S'il s'agissait de pratiquer la même opération sur la surface interne d'un membre, il faudrait fixer préalablement celui qui le recouvrirait, ou sur l'avant-bras, ou au-dessus du jarret de celui qui formerait avec lui un bipède latéral.

Enfin on fixe quelquefois le canon d'un membre antérieur au-dessus du jarret d'un membre postérieur, ou le canon d'un membre postérieur au-dessus du genou d'un membre antérieur, lorsque l'opération doit être pratiquée sur le paturon, la couronne ou le pied du membre ainsi fixé, ou sur la face interne du membre opposé mis ainsi à découvert.

Lorsque l'opération est terminée, deux hommes se placent vis-à-vis les pieds entravés, et non de côté; défont ensemble, et en faisant le moins d'efforts possible, les deux boucles des entravons fixés aux membres du dessous, puis ils en font autant pour ceux du dessus; cela fait, on laisse relever l'animal et on le bouchonne avec soin.

Quand on n'a pas d'entravons à sa disposition, on peut, dans les campagnes, en improviser avec des cordes suffisamment grosses, que l'on double et que l'on noue de manière à ce qu'elles présentent, comme les entravons, chacune une ganse ou espèce d'anneau propre à recevoir le lacs. On rapproche les membres au moyen d'une longue corde que l'on trouve partout.

On peut encore réunir les deux membres antérieurs ensemble au moyen d'une corde passée dans les paturons; en faire autant aux deux membres postérieurs; puis deux cordes un peu longues, fixées chacune au milieu de celle qui réunit chaque bipède, sont dirigées entre les membres, l'une de devant en arrière, l'autre d'arrière en avant; des aides s'en saisissent et tirent en sens contraire, tandis qu'un homme tient la tête; ils rapprochent ainsi les quatre membres et abattent l'animal.

Moyens d'assujétir les moutons. — Quand on doit opérer sur la tête, on peut contenir l'animal entre les jambes d'un homme assis commodément pour empêcher la tête de s'agiter. Pour procéder à la plupart des opérations, on réunit les membres deux à deux, par bipède latéral, de façon que le canon du membre antérieur soit appliqué sur celui du membre de derrière; et on lie ensemble les deux bipèdes avec deux cordons de laine ou de chanvre; on pose l'animal sur une table ou un cuvier renversé. Quand un des membres ainsi réuni cache la surface sur laquelle on doit opérer, on le délie et on le fait tenir convenablement par un aide.

On assujétit les chiens de la même manière que les moutons, en prenant préalablemnnt la précaution de les museler pour les empêcher de mordre.

Quant aux cochons et aux chats, on a si rarement occasion de pratiquer des opérations sur eux, que nous croyons pouvoir nous dispenser d'indiquer les moyens de les assujétir.

Pendant le cours des opérations, il est souvent utile de suspendre le cours du sang dans la partie sur laquelle on doit porter l'instrument tranchant. La compression est le moyen le plus usité : à l'aide de ce moyen, on aplatit les artères et on suspend la circulation dans leur intérieur ; pour que la compression puisse être exercée, il faut que les artères qu'on veut y soumettre soient à la surface du corps, ou qu'elles soient placées dans le voisinage d'os ou de parties assez résistantes pour leur fournir un point d'appui suffisant.

Lorsque l'opération est terminée, le vétérinaire arrête définitivement l'écoulement du sang qui a lieu à la surface de la plaie.

Les moyens d'arrêter efficacement les hémorrhagies traumatiques, c'est-à-dire celles résultant de division de tissus, en d'autres termes, les pertes de sang à la suite des opérations, sont de trois sortes : 1° *la ligature*, qui convient dans le plus grand nombre de circonstances, et peut être regardée comme le moyen le moins douloureux; 2° *la compression*, dont on peut faire usage dans quelques cas particuliers, comme on l'a vu plus haut; 3° *le cautère actuel*, ou la cautérisation avec un fer rougi au feu.

DES PANSEMENTS. — Quel que soit le procédé auquel on ait recours, on devra toujours chercher, par des pansements méthodiquement faits, à obtenir promptement la guérison des blessures ou des plaies qui ont occasionné l'hémorrhagie. Si l'animal est jeune et vigoureux, on complétera le traitement par l'emploi de la diète, de la saignée, des boissons froides ou acidulées avec l'acide sulfurique, par un repos absolu pendant un certain temps, et, autant que possible, par l'interdiction momentanée de tout mouvement dans la partie qui est le siége de l'écoulement sanguin.

Afin de ne point occasionner de la douleur et pour ne point la prolonger, il y a des attentions à avoir pour ôter comme pour remettre les pièces de l'appareil, et pour appliquer les médicaments; il faut se garder de toucher rudement la partie, et il importe de ne pas presser les tumeurs, de ne pas introduire sans nécessité la sonde ou les doigts dans les plaies et dans les ulcères. Si l'on abandonne à elles-mêmes les parties entamées, exposées au contact de l'air, elles s'en garantissent bientôt en fournissant un liquide qui se renouvelle et une pellicule qui résulte du desséchement de cette matière. La cicatrice se forme d'elle-même si les parties sont bien disposées; mais quelquefois il s'établit des collections de pus sous cette croûte, et quelquefois la plaie prend un caractère ulcéreux. L'art peut empêcher la formation de la pellicule, qui a quelquefois des inconvénients; mais, pour ne pas en occasionner d'autres, il convient de lever les pièces de l'appareil sans exciter de douleur, de nettoyer les plaies et les ulcères sans les irriter, d'appliquer des plumasseaux mollets sur les parties vives, et de faire toutes ces choses avec promptitude, pour éviter la douleur qu'occasionne le contact de l'air.

Avant l'application de l'appareil, quelquefois on fait des onctions sur les environs et sur les bords, pour éviter que les plumasseaux et les bandes ne s'y collent; et quand on veut enlever les diverses pièces, on les détache en les imbibant d'eau tiède. On fait des lotions, les fomentations nécessaires, avant de mettre le mal à nu; puis les applications médicamenteuses se font sur de la charpie, des étoupes, des compresses, et on les fixe par des attelles, des bandes et des bandages qui servent aussi à la situation nécessaire.

La charpie consiste dans des brins effilés de morceaux de toile usée, mais blanche de lessive. Pour les animaux, on se contente d'étoupes, rebuts de la filasse, nettoyées des durillons et des parties ligneuses du chanvre ou du lin. Une mèche d'étoupes, roulée diversement entre les mains, forme une préparation ferme qu'on nomme bourdonnet; on l'introduit dans les plaies profondes, et quelquefois on y noue un fil, afin d'avoir plus de facilité à le retirer. On appelle tente une espèce de bouchon fait de filaments parallèles, liés par un fil, coupés par l'un des bouts et rabattus par l'autre bout pour former une espèce de tête de clou; il en est qui sont pointues. L'emploi des tentes est rare. Pour faire un plumasseau, on réunit la quantité nécessaire de filaments d'étoupes, on les aplatit, on en replie les deux bouts l'un vers l'autre, et on les comprime fortement entre les deux mains. Leur forme est plate et ovale; ils sont de diverses grandeurs; les petits sont toujours plus commodes. Les compresses sont des morceaux de toile, sans ourlet, pliés en deux ou en quatre; dans la chirurgie des animaux, on leur préfère un large plumasseau qui recouvre les petits et embrasse les bords de la plaie.

La bande et le bandage étant souvent difficiles à appliquer et sujets à se déranger dans les animaux, on doit s'en passer autant qu'il est possible. Pour cela, les plaies étant nettoyées, on les couvre d'étoupes hachées ou coupées menues avec des ciseaux; elles adhèrent à la partie et ne tombent pas lorsqu'on a soin de n'en appliquer qu'une couche légère.

Les éclisses sont des plaques de bois, de tôle ou autre matière, accommodées pour soutenir les plumasseaux sous le pied dans la cure des plaies de la sole. Ces éclisses en bois sont au nombre de deux, allant de la pince aux talons; on les fixe entre le pied et un fer étroit et mince par une traverse de fer glissée entre le fer et les talons; on les place de manière à faire une pression légère, et on les enfonce avec le brochoir ou le rogne-pied.

Après les opérations, on ne fait ordinairement le premier

pansement qu'au bout de quarante-huit heures, époque où les plumasseaux sont humectés et se détachent aisément; cependant on ferait le pansement sur-le-champ si les pièces de l'appareil avaient éprouvé un dérangement nuisible, s'il était survenu une hémorrhagie, si la compression trop forte faisait craindre la gangrène. Le plus communément, on fait les autres pansements une fois par jour, le matin, à jeun autant que possible. On panse plusieurs fois quand la suppuration est très-abondante, et surtout quand, faute de pente, elle n'a point un écoulement facile, comme à la nuque, aux reins, au garrot, etc.

Le sang qui sort des plaies lors de l'application du premier appareil altérerait les substances médicamenteuses; on se contente donc de panser avec de simples étoupes. Elles suffisent aussi, par la suite, quand les plaies ont un bon caractère; mais si la suppuration languit, on l'excite en saupoudrant les plaies de poudre de gentiane, en imbibant les plumasseaux d'eau-de-vie, d'essence de térébenthine, de teinture d'aloès, etc. Par la suite, on peut employer les dessicatifs. Quand la plaie avance vers la cicatrisation, il suffit des plumasseaux secs, et l'on doit mettre plus d'intervalle entre chaque pansement, afin de ne point troubler la marche de la nature.

Dans les fractures, les hernies, souvent on laisse l'appareil longtemps sans le lever, afin de favoriser la consolidation des tissus, qui est plus rapide lorsque les plaies n'éprouvent point de mouvement. Le pus fait ordinairement tomber le poil dans les endroits qu'il salit longtemps, et d'abord il y adhère fortement; c'est pour cela qu'on prend quelquefois le parti de raser aux endroits où l'on pratique des incisions, et dans les parties déclives. Quand on n'a pas eu cette précaution, il est facile d'y suppléer dans les premiers pansements; avec une feuille de sauge bien coupante, on rase facilement tous les endroits encroûtés.

Les lotions d'eau tiède trop continuées ou trop répétées sur les plaies occasionnent un relâchement, une bouffissure de tissus qui retarde la cure; elles favorisent la dégénération farcineuse dans le cheval quand il y est disposé. Il faut se contenter d'humecter les pièces de l'appareil qui sont trop tenaces et les bords salis seulement pour y raser les poils. Excepté les cas ou les plaies ont un caractère ulcéreux, le pus est le baume de la nature; il faut en laisser la plaie couverte; cette matière convient sur la partie mieux que tous les onguents.

L'orgueil de l'homme de l'art peut souffrir de cette vérité; mais on doit s'y conformer autant qu'on n'est pas obligé d'employer des drogues pour conserver la confiance du propriétaire. On affaiblit aussi la vitalité de la plaie en enlevant la pellicule;

il faut la respecter autant qu'elle ne couvre pas une collection de pus trop considérable.

Des bandages. — Les bandages sont difficiles à appliquer aux animaux ; mais, en outre, il est d'observation que la compression qu'ils exercent occasionne des engorgements, retient la suppuration, surtout parce qu'il est difficile de faire garder à l'animal la position la plus favorable.

Celui qui est le plus usuel pour le cheval est le bandage du pied ; il consiste en un morceau de toile long environ de 0 m. 43 (16 pouces), large de 0 m. 32 (1 pied). Après avoir pansé la partie, et fixé l'appareil au moyen de la bande, on se place en face de la sole, on enveloppe le sabot avec la toile, de manière que l'un de ses bouts embrasse le pâturon, et que l'autre, excédant l'angle, se replie sur la sole à la même hauteur que le premier ; ensuite, avec un ruban environ de 1 m. 30 (4 pieds) de long, on l'attache autour du pâturon ; puis, en cordant de nouveau le ruban et faisant encore un nouveau tour, si la longueur du ruban le permet, le bandage est appliqué.

Autrefois, on mettait des bandages pour les maux de *garrot*, pour la *taupe*, pour la *queue à l'anglaise*, etc.; on se contente aujourd'hui d'appliquer des étoupes hachées sur ces parties. Les bandages aux jarrets, aux genoux et aux diverses parties des membres, sont sujets à descendre beaucoup ou à incommoder par leur compression. Il faut les serrer modérément et les fixer à une croupière ou à un surfaix.

Bande — Un ruban de fil large de 3 à 4 centimètres (1 pouce 6 lignes) et long suivant l'exigence du cas, est la bande ordinaire. On l'emploie surtout autour du pied, dans les plaies de la sole, de la couronne et de la paroi. La bande doit être ordinairement longue environ de 4 mètres (12 pieds). Le pied du cheval ou du bœuf étant tenu comme pour le ferrer, on applique la bande à un point distant également de ses deux bouts, sur la pince du pied ; on la croise vers les talons, on fait un nouveau tour de bande qui recouvre un tiers du tour précédent ; dans les tours successifs, on en fait quelques-uns obliques, d'autres directs, de manière qu'ils se prêtent un secours mutuel ; et quand on veut ramener les tours à un point éloigné, on corde ensemble les deux portions de la bande, jusqu'à ce qu'elles se trouvent soit vers la sole, soit vers la couronne qu'on embrasse de nouveau.

Aussitôt après les opérations, le but unique étant d'arrêter l'hémorrhagie, la bande doit être serrée seulement assez pour comprimer les vaisseaux au moyen des plumasseaux que la bande presse. Quand la bande est trop serrée, elle ne tarde pas à nuire, elle peut même amener la gangrène en interceptant la circulation. Dans les autres périodes de la plaie, la bande ne doit pas non plus être trop serrée ; en ce qui est du pied, la compression de la bande ne doit pas excéder celle qu'exerce naturellement l'ongle sur les parties qu'il contient.

On emploie quelquefois des bandes de toile larges de 6 centim. (2 pouces) et plus, autour du jarret, autour du cou ; et pour ne pas gêner extrêmement le jeu du jarret, on applique les bandes en 8 de chiffre. Le cou ayant une forme conique, on fait souvent des tours de bande renversée pour mieux embrasser la partie, et même on coud les tours de la bande entre eux pour les mieux fixer, et on les attache à des tresses de la crinière. On applique des bandes autour du ventre, en y comprenant le scrotum, en cas d'hémorrhagie (V. *Castration*) autour des os fracturés.

CHAPITRE IV.

OPÉRATIONS DIVERSES.

DE LA SAIGNÉE. — La saignée est indiquée dans toutes les circonstances où la nature est surchargée de sang, dans celle d'une forte raréfaction, et dans l'impétuosité du mouvement circulatoire.

La surcharge du sang gonfle les vaisseaux, accélère le pouls ou se manifeste par l'abattement, la petitesse et la rareté des pulsations. Alors les vaisseaux cèdent aux efforts réitérés du cœur, et ceux du cerveau étant engorgés, sont un obstacle à la sécrétion des esprits animaux. Le sang est raréfié si le pouls n'est ni moins plein, ni moins fort que dans la plethore simple, et l'animal éprouve une chaleur brûlante. La saignée devient alors un moyen actif de guérison.

Elle est efficace pour prévenir les suites de la surabondance, de la raréfaction, de la rapidité du sang, dans les engorgements, dans certaines fièvres, et dans les hémorrhagies.

Elle modère la violence des symptômes en frayant, en quelque sorte, une route à certains médicaments, et en assurant leur efficacité.

Tout état opposé dans lequel se trouverait l'animal doit faire rejeter cette opération. Par exemple, dans le cas de la lenteur du pouls, de débilité universelle. On s'en abstiendra aussi dans les crises et les éruptions qui se préparent ou sont effectuées, dans les redoublements de la fièvre et pendant le frisson, dans le cas où les extrémités sont froides, dans les œdèmes, dans l'affaiblissement des forces digestives.

La saignée à la jugulaire est ordinairement celle que l'on doit préférer, parce que c'est là que les vaisseaux charrient ce fluide en plus grande abondance.

On saigne souvent aussi à la *saphène* (veine de la cuisse), et il en résulte un grand relâchement dans les organes du bas-ventre.— Ce sont les deux seules saignées que les cultivateurs peuvent pratiquer eux-mêmes.

Quant aux autres saignées — à la veine de l'ars, à la veine de l'éperon, à la sous-cutanée de l'avant-bras, — elles n'ont lieu que dans les cas exceptionnels et pour des raisons que les hommes de l'art seuls peuvent apprécier.

Le volume du sang qu'on tire de chaque animal doit être proportionné à sa taille, à son âge, à sa constitution, suivant aussi la nature, le siége et l'état plus ou moins avancé de la maladie. Cependant on estime que la saignée varie de 1 à 3 kilogrammes pour un cheval, de 2 à 4 kilogrammes pour un bœuf très-fort; dans le cochon, de 8 hectogrammes (1 livre 1/2); dans le mouton, de 2 hectogrammes (1/2 livre) ; dans le chien, 1 hectogramme (4 onces); dans l'oie, de 4 décagrammes (une once); dans la poule, de 5 grammes (un gros).

A moins d'urgence, l'animal à saigner doit être mis à la diète, pendant au moins 5 à 6 heures.

L'indigestion serait inévitable si l'on saignait, sans observer cette recommandation, et si l'on permettait à l'animal de manger avant la deuxième ou troisième heure qui suit l'opération.

Pour procéder à la saignée, l'opérateur se munira : 1° d'une flamme ordinaire, ou d'une flamme à ressort, ou d'une lancette; 2° de plusieurs épingles dont la tête sera grosse, la tige forte et la pointe bien effilée ; 3° d'une bande et d'une aiguille enfilée d'un fil ciré, s'il est question de saigner un chien, un mouton ; 4° des instruments propres à assujétir l'animal s'il en est besoin; 5° d'un seau d'eau fraîche et d'une éponge ; 6° d'un vase pour recevoir le sang, afin de pouvoir juger la quantité qu'on tire, ce qu'il n'est pas possible de faire, quand le sang coule à terre.

Saignée à la jugulaire : — Avant d'ouvrir la veine du cheval, du bœuf ou de la vache que vous voulez saigner à la jugulaire, il faut mouiller légèrement les poils, puis on exerce avec la main une compression pour obtenir le gonflement de la veine et s'assurer de son trajet.

Quelques personnes ont l'habitude de serrer l'encolure de l'animal avec une corde pour rendre le vaisseau plus apparent et plus plein, mais ce moyen s'opposant au retour du sang, favorise son séjour et son amas au cerveau, ce qui peut entraîner de graves accidents. Avec les doigts on suit la jugulaire à la sortie du poitrail, en faisant remonter le sang, jusqu'à quatre ou cinq travers de doigt au-dessous de la bifurcation de cette

veine, ce qui la fait gonfler de même qu'une ligature. — Avec
l'autre main on s'assure que le vaisseau est contenu, puis on
frappe un coup sec sur la tige de la flamme dont le tranchant
doit être dirigé de manière à inciser obliquement le vaisseau.
Souvent, quoique l'ouverture soit faite avec méthode, le sang
sort avec peine, et ne jaillit point en arcade. Il faut alors désob-
struer cette même ouverture avec la tête d'une épingle, ou exciter l'animal à remuer les mâchoires, en lui plaçant les doigts
dans la bouche, sur les barres, ou en replaçant l'ouverture de la
veine et celle de la peau dans la même direction; et si, comme
on dit, le cheval *retient son sang*, on facilitera l'évacuation dé-
sirée en faisant marcher l'animal.

Une suffisante quantité de sang étant évacuée, on cesse la compression, au-dessous de l'ouverture, on éponge la partie, on
réunit les deux lèvres de la plaie, puis on les traverse avec une
épingle, et l'on met le cordon de crin sans trop le serrer. On
attache ensuite l'animal, de façon à lui ôter la facilité de se
frotter contre un corps quelconque, ou bien on le contient à
l'aide d'un collier à chapelet.

Saignée à la saphène. — Après la jugulaire, la saphène est
celle des veines que l'on ouvre le plus fréquemment. Cette veine
part de bas en haut, au milieu de la face interne de la cuisse,
ou la ténuité de la peau la rend très-apparente, pour peu qu'elle
soit distendue par le sang.

On saigne de préférence à cette veine, dans quelques maladies
particulières, et aussi quand l'animal a du *rouvieux*, ou bien
qu'il lui manque une ou les deux jugulaires.

Cette saignée se fait avec la flamme ou la lancette. On attache
le cheval, on lui fait lever le pied de devant, du côté opposé à
celui où l'on veut saigner, et on le tire en arrière, afin de découvrir le plus possible la partie sur laquelle on veut opérer.
On se place au-devant de la face interne de l'ars, on appuie le
pouce de la main qui ne tient pas la lancette sur le vaisseau,
dans son passage à la partie supérieure et interne de l'avant-
bras, les autres doigts logés sur la rondeur externe et antérieure
de cette partie. On fait avec les doigts de l'autre main remonter
le sang, depuis le bas du membre, puis on saigne. On ferme
l'ouverture avec une épingle et le petit cordon de crin.

Pour saigner aux veines des ars postérieurs, on fait lever le
membre sur lequel on ne doit pas opérer, on se place en arrière
du jarret, et l'on arrête le sang en comprimant avec les doigts
détachés de la flamme.

SAIGNÉE DES MOUTONS. — Quelques praticiens pensent que la
saignée préférable chez cet animal est celle qu'on pratique sur
le bas de la joue, à l'endroit de la racine de la quatrième dent

machelière qui est la plus grosse de toutes, et dont la place est très-sensible au-dehors. La veine angulaire passe dessous. Elle s'étend depuis le bord inférieur de la mâchoire postérieure près de son angle, se recourbe et se prolonge jusqu'au trou sourcilier ; mais il vaut mieux saigner le mouton à la jugulaire.

On assujétit l'animal entre les jambes, en appuyant sa croupe dans l'angle d'un mur, pour l'empêcher de reculer, en même temps qu'on lui soulève la tête, de manière à tendre la peau de la partie inférieure de l'encolure. L'opérateur coupe la laine sur la partie du milieu où passe la jugulaire, fait gonfler ce vaisseau avec les doigts, puis il enfonce la lancette avec précaution, jusqu'à ce qu'il sente qu'elle a pénétré dans le vaisseau, puis il la retire par un léger mouvement de bascule, de manière à faire une ouverture d'un centimètre de longueur, et laisse saigner. On arrête le sang avec une petite épingle et du fil.

DE LA SAIGNÉE DU PORC. — La couche épaisse de lard qui se trouve sous la peau rend la saignée du porc très-difficile.

On saigne cet animal aux veines auriculaires, ou bien encore en coupant un bout de l'oreille, ou un bout de la queue, et le sang sort d'autant plus abondamment que l'une ou l'autre partie a été amputée plus près de son origine.

SAIGNÉE DU CHIEN ET DU CHAT. — On assujétit les animaux, par une muserole, de manière à être garanti de leurs dents ou de leurs griffes, puis on les saigne aux veines céphaliques, aux saphènes, mais surtout aux jugulaires.

SAIGNÉE DE L'OIE, DU CANARD ET DU PIGEON. — C'est aux veines de dessous les ailes qu'on saigne les volatiles. Un aide tient l'animal sur le dos, on étend l'aile à opérer, on ôte les plumes qui cachent le vaisseau, on met une petite ligature autour de l'articulation, puis on ouvre la veine, et l'on fait une suture avec une petite aiguille.

DANGERS DE LA SAIGNÉE. — Quoique la saignée soit une opération fort simple et presque toujours salutaire, on ne doit en user qu'avec beaucoup de modération, de précaution, et dans les cas urgents, car elle peut être suivie d'accidents sérieux et quelquefois mortels, quand elle est pratiquée par une main peu exercée. C'est surtout chez le cheval que ces accidents se manifestent le plus ordinairement. Il est prudent de ne jamais saigner un animal en plein vent, ou bien de ne pas tourner l'ouverture du vaisseau contre le courant d'air. On a vu des chevaux tomber en syncope, ou chanceler au moment où l'opérateur cessait de comprimer la jugulaire et s'apprêtait à mettre l'épingle pour arrêter la saignée; on attribue cet accident à l'entrée d'une certaine quantité d'air dans le vaisseau, pendant qu'on préparait l'épingle, et surtout lorsque l'ouverture de la saignée se trouvait exposée à un courant d'air ou au vent. Il faut donc avoir soin de laisser le moins de temps possible entre le moment ou l'on cesse la compression et celui ou l'on applique l'épingle.

On peut atteindre *l'artère carotide*, soit par l'excès de longueur de la flamme ou lancette, soit par la trop grande force du coup pour l'enfoncer, ou bien parce qu'on a saigné trop près de la tête ou du poitrail, c'est-à-dire dans les endroits où la carotide n'est séparée de la jugulaire que par du tissu cellulaire. D'autrefois, mais c'est plus rare, parce que l'artère a une disposition anormale.

Si malheureusement on a atteint l'artère carotide, il n'y a rien de mieux à faire que de fermer promptement l'ouverture avec une épingle et du crin, d'appliquer sur la saignée et l'engorgement une grande quantité d'étoupe ou de linge mouillé d'eau froide salée, de comprimer les chairs à l'aide de ce tampon, et d'arroser constamment la blessure avec l'eau la plus froide qu'on pourra se procurer.

D'autrefois, pendant ou après la saignée, on voit apparaître une tumeur autour de l'incision. Cette tumeur n'est autre chose que l'infiltration du sang sous la peau, on l'appelle *trombus*. Le *trombus* n'est dangereux que quand il se complique, comme cela arrive assez souvent, de l'ulcération de la veine.

Il résulte des mouvements de l'animal, d'un coup de lancette mal donné, ou même de la traction faite sur la peau par l'opérateur lui-même. Souvent le trombus est occasionné par l'état de bilité de l'animal, parce qu'alors le sang est très-clair et a très-peu de plasticité.

On ne saurait donc trop insister pour qu'on prenne toutes les précautions nécessaires, afin d'éviter les accidents de la nature de ceux que nous venons de signaler. On doit s'abstenir, du moins pendant quelques jours, de faire travailler l'animal qui a été saigné, surtout avec un collier ou une bricole qui serreraient trop la base de l'encolure.

Pour faire disparaître le trombus, il faut pratiquer des lotions répétées d'eau fraîche, et exercer une compression de quelques heures. S'il résistait jusqu'au lendemain, on appliquerait avec avantage une couche d'onguent vésicatoire sur la tumeur. S'il s'établissait un écoulement purulo-sanguinolent, l'ulcération serait à craindre et l'on devrait recourir à un homme de l'art.

Du séton. — On appelle *séton* un lien ou corps étranger que l'on introduit sous la peau afin d'y déterminer une irritation et la suppuration. Ce lien ou mèche consiste en un ruban de fil, ou une bandelette de toile de la largeur d'un à deux doigts pour les grands animaux, et pour les petits d'une largeur proportionnée.

ERREURS POPULAIRES AU SUJET DU SÉTON. — Beaucoup de cultivateurs, même des médecins de campagne, n'ont pas ¡d'autre remède pour les maladies ; ils l'appliquent sans discernement et sans utilité, prétendant que si le séton *ne fait pas de bien, il ne fait pas de mal.* C'est là une erreur qui devient funeste, car s'il est vrai que dans bon nombre de maladie les sétons soient très-utiles, il n'est pas moins vrai que dans bon nombre d'autres ils sont fort dangereux. Par exemple, au début des inflammations des viscères, dans les phlegmasies de la muqueuse intestinale, dans les bêtes prédisposées au farcin.

Une autre erreur non moins répandue est qu'on doit laisser subsister le séton, autant de temps qu'il donne lieu à l'écoulement du pus. Du moment que l'effet principal est produit, et qu'on reconnaît qu'on a atteint le but qu'on se proposait, pourquoi entretenir cette espèce d'ulcère qui offre des dangers quand l'économie animale s'y est habituée, et quand sa suppression exige beaucoup de précautions ?

PARTIES OU IL CONVIENT DE PLACER LE SÉTON. — Les parties du corps ou les sétons produisent le plus d'effet sont celles ou le tissu cellulaire sous-cutané est le plus abondant et le plus vivant, parce que, moins la peau est adhérente, plus il est facile d'y engager le séton ; ensuite, parce que la fluxion qui doit résulter de la présence de ce corps étranger s'établit mieux là où il y a une grande quantité de tissus cellulaires. On devra éviter soigneusement de placer un séton dans les parties où le tissu cellulaire est graisseux ou affecté d'induration ; on les place généralement aux encolures, le plat des cuisses, le poitrail et le dessous de la poitrine.

On distingue dans la médecine opératoire trois sortes de sétons : — Le *séton à mèche,* — la *rouelle,* — le *trochique.*

SÉTON A MÈCHE. — C'est celui dont on fait le plus fréquent usage : il consiste en un ruban de fil que l'on introduit sous la peau. Pour donner à ce ruban plus d'action, et le rendre plus coulant, on l'enduit de beurre ou d'axonge. Quelques personnes le trempent dans la poussière de cantharide, de gentiane, ou dans de l'essence de térébenthine. On n'a recours d'ordinaire à ces deux derniers moyens que pour obtenir un effet plus prompt et plus intense sur des animaux mous et débiles, et chez lesquels le séton simple ne produirait aucun résultat.

On se sert, pour passer le séton à mèche, d'une aiguille dite *aiguille à séton.* Une des extrémités de ce petit instrument est élargie en arrière de la pointe, en forme de feuille de saule, et percée d'un œil longitudinal dans le centre de son élargissement ; l'autre extrémité ou le *talon* est méplate et est également pourvue d'un œil ; il est nécessaire aussi d'avoir un bistouri et des ciseaux ; la longueur de la mèche doit être d'environ 30 centimètres, afin de pouvoir faire des nœuds à chaque bout quand le séton sera placé, ou bien réunir ces deux bouts.

Quand on a choisi l'endroit ou l'on veut placer le séton, l'opérateur pince la peau et forme un pli suivant le trajet que la mèche doit parcourir, il fait sur ce pli une incision transversale dans une étendue égale à la plus grande largeur de l'aiguille, puis il saisit la proportion convenable du pli, il glisse l'aiguille entre la peau et les parties qu'elle recouvre, et il perce avec le bistouri ou simplement en faisant effort avec l'aiguille.

Ordinairement la suppuration s'établit dans les deux ou trois premiers jours ; on a soin de laver le séton avec de l'eau tiède, puis de temps en temps on enduit le ruban avec de l'onguent basilicum ; il agit souvent avec assez d'abondance, sans qu'il soit nécessaire de recourir à un moyen auxiliaire, mais on ne doit pas négliger de retourner la mèche tous les jours, c'est-à-dire de tirer le nœud du haut en bas, et le lendemain de bas en haut.

SÉTON A ROUELLE. — CAUTÈRE. — Il consiste dans l'introduction sous la peau d'une rouelle de cuir ou de feutre, percée dans son centre d'une ouverture assez large et portant environ 8 à 10 centimètres de diamètre. On préfère le séton à rouelle pour les chevaux de luxe, parce qu'il est moins apparent que le séton à mèche, et aussi pour les chevaux qui ont l'habitude d'arracher avec leurs dents l'un des bouts de la mèche.

Ce genre de séton produit moins d'effets que le précédent.

Dans le cheval on le place un peu en avant du passage des sangles, à la pointe de l'épaule et sur la cuisse, au niveau de l'articulation coxo-fémorale.

Quelle que soit la partie sur laquelle on opère, on fait à la peau une incision d'environ dix centimètres, on détache la peau tout autour de cette incision, de manière à pratiquer une cavité assez grande pour faire pénétrer la rouelle dans son entier, on l'y déploie alors, de manière à ce que l'ouverture de son centre corresponde à l'incision de la peau ; sans ce rapport des deux ouvertures, le pus ne trouverait pas d'issue.

Quand on croit qu'il est temps de supprimer cet exutoire, on retire la rouelle à l'aide de pinces ; sa plaie se cicatrise promptement d'elle-même.

TROCHIQUE. — Cette espèce de séton ne diffère des autres que par son action plus puissante, on le préfère pour les animaux qui, comme le bœuf, ont le tissu cellulaire moins irritable, et dans les cas urgents.

On procède pour le trochique comme pour les autres, seulement on enduit les rubans ou rouelles d'une substance minérale irritante, de garou , — d'ellébore noire, — de sulfure, — de sublimé corrosif, etc. D'autres fois on prépare les substances végétales indiquées, de manière à former le moins de volume possible, on les taille comme des allumettes de 20 à 30 centimètres de longueur, on leur donne sous la peau telle disposition que l'on préfère, et on les place comme la rouelle. On ne met pas directement en contact les substances minérales avec les tissus cellulaires. Avant de les introduire sous la peau, on les entoure d'un petit linge clair, et on les retire quand elles ont produit un engorgement suffisant.

Action des sétons. — Les sétons agissent sur l'économie en déplaçant l'inflammation et appelant à l'extérieur l'affluence des humeurs, qu'ils détournent ainsi des organes intérieurs qui peuvent être lésés.

Du séton dans l'espèce chevaline. — Il peut survenir aux chevaux des maladies qui, par exception, nécessitent l'application d'un séton sur la partie malade, mais comme il a été déjà expliqué, c'est au poitrail et à la fesse qu'on le place habituellement.

Séton au poitrail. — Si l'on n'applique qu'un seul séton, on le place dans la direction de la ligne médiane de la partie antérieure de cette région. L'opérateur fixe l'animal solidement, puis il se place à droite, un peu en avant de l'épaule. Il saisit la peau du poitrail, sur la ligne médiane, au-dessous de la saillie formée par la pointe du sternum, la pince de manière à lui faire faire un pli longitudinal, fend le sommet de ce pli avec le bistouri, transversalement, sur une longueur de dix centimètres; il lâche alors le pli, prend l'aiguille de la main droite, puis, avec le pouce et l'index de la main gauche, il écarte la lèvre inférieure de l'incision, engage la pointe de l'aiguille dans celle-ci et la pousse un peu, afin de pouvoir faire pénétrer cet instrument entre la peau et les muscles qu'elle recouvre; mais en faisant en sorte de n'atteindre ni la peau, ni les muscles; à cet effet, il doit tenir l'aiguille dans une direction tout à fait parallèle à celle de la face antérieure du poitrail, et, au fur et à mesure qu'il enfonce l'aiguille avec la main droite, il a soin avec les doigts de la main gauche de pincer la peau au-dessous de la pointe de cet instrument, et d'écarter les muscles, sur la ligne qu'il va suivre. Dans son trajet, l'aiguille ne doit pas dévier de la ligne médiane du poitrail ; quand l'aiguille a pénétré de quelques centimètres sous la peau, l'opérateur en dirige la pointe sur la peau, en en rapprochant le talon contre la partie supérieure du poitrail, pousse avec force l'aiguille en bas sur la peau que soulève la pointe, et celle-ci sort à cet endroit. C'est alors qu'on engage la

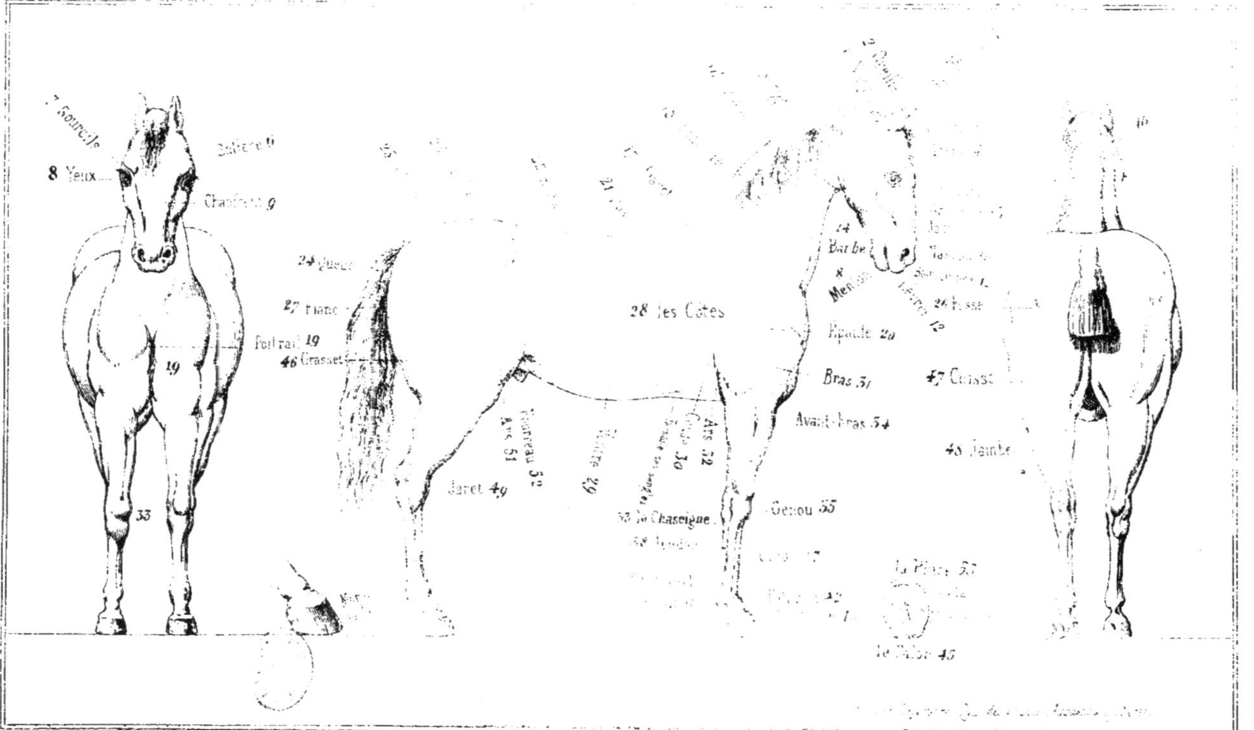
Sourcile
8 Yeux
Chanfrein 9
24 Ganache
27 Flanc
Poitrail 19
46 Grasset
19
33
Jarret 49
Fourreau 52
Arc 51
28 les Côtes
Ars 52
Corse 30
33 la Chataigne
29
Barbe
Menton
Épaule 20
Bras 31
Avant-bras 54
Genou 55
47 Cuisse
48 Jambe
la Pince 57
le Talon 45

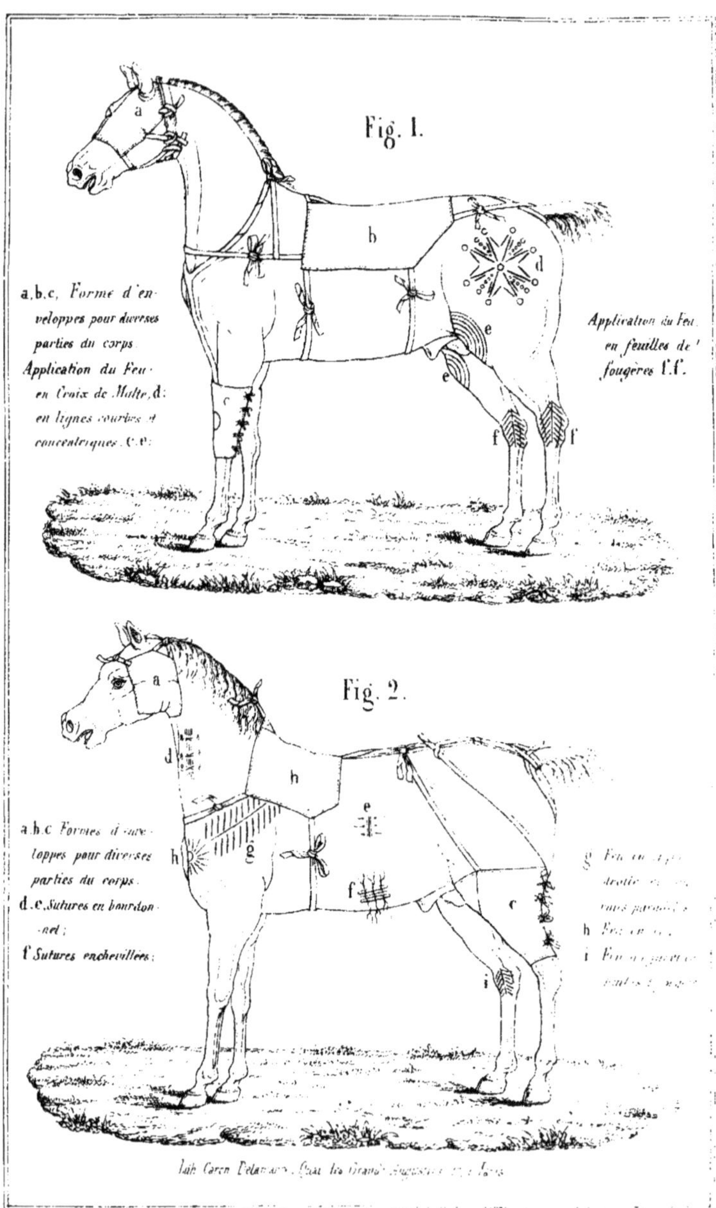

Fig. 1.
a.b.c, Forme d'en-
veloppes pour diverses
parties du corps.
Application du Feu.
en Croix de Malte, d:
en lignes courbes et
concentriques. C.e:
Application du Feu.
en feuilles de
fougères f.f.
a
b
c
d
e
e
f
f
Fig. 2.
a.b.c Formes d'enve-
loppes pour diverses
parties du corps.
d.e. Sutures en bourdon-
net;
f. Sutures enchevillées.
g. Feu en lignes
droite ou en
raies parallèles
h. Feu en
i. Feu en pointe
raies de feu
a
d
h
h
g
e
f
c
i

mèche dans l'œil du talon, et que, saisissant l'aiguille par sa pointe et la retirant par l'incision du bas, on fait pénétrer le séton dans le trajet de l'aiguille où on le laisse. On fixe la mèche dans cette position, soit par deux nœuds, un en haut, l'autre en bas, soit en réunissant les deux bouts par un seul nœud.

Si l'on met deux sétons, il faut les placer dans la direction des deux saillies formées par les deux muscles *Petits Pectoraux*, de façon qu'ils ne soient pas trop rapprochés, afin de ne pas gêner la marche du cheval, lorsque l'engorgement viendra à se produire. Au surplus, les soins sont les mêmes pour deux sétons comme pour un.

SÉTON A LA FESSE. — On se sert des mêmes instruments que pour le séton au poitrail; mais comme ce mode est plus douloureux, il convient d'assujétir le cheval d'une manière plus rigoureuse. On doit lui mettre un tord-nez et lui élever la tête le plus haut possible. Si on place le séton à la fesse droite, on lève et on porte en avant, avec la plate-longe, le membre postérieur gauche, et *vice versâ* si l'on pratique l'opération sur la fesse gauche. Comme il n'est pas toujours possible de pincer la peau, en raison de son adhérence et de sa tension, on fait l'incision en appuyant sur la peau avec la pointe du bistouri. Il faut agir avec les plus grandes précautions, car il arrive souvent que pendant l'opération, le cheval se défend, s'agite, et dans ses mouvements violents pourrait se blesser gravement, surtout si l'opérateur négligeait de retirer vivement l'aiguille du trajet qu'elle a déjà parcouru.

SOINS QU'IL FAUT DONNER AU SÉTON. — Lorsqu'on pratique l'incision pour placer un séton, il ne s'écoule qu'une très-petite quantité de sang. Dix à douze heures après; on voit se former l'engorgement, peu à peu il devient plus considérable, et si l'on presse un peu sur le séton on fait sortir un pus roussâtre. Enfin, quarante-huit heures après, la suppuration s'établit; c'est alors seulement qu'on doit commencer le pansement. Ce pansement est fort simple: il consiste à comprimer matin et soir le trajet de la mèche pour en faire sortir la matière qui y est amassée. Si le pus est desséché à la surface, on lave la partie avec de l'eau tiède.

La durée ordinaire d'un séton ne doit pas dépasser un mois à six semaines au plus. Au bout de ce temps on le fait sécher, si l'animal qui était malade est guéri; s'il était encore souffrant, il faudrait mettre une nouvelle mèche, ou établir un nouveau séton à côté de l'ancien.

DU SÉTON DANS L'ESPÈCE BOVINE. — Il est très-rare que l'on place le séton chez les bœufs et les vaches ailleurs qu'au poitrail. L'opération est beaucoup plus prompte et beaucoup plus facile que pour le cheval, à cause de la laxité de la peau. On fait un large pli avec la peau du poitrail, et d'un seul coup on traverse ce pli avec l'aiguille qui laisse la mèche dans la plaie. On comprend qu'en raison de la nature de la peau, le séton simple n'aurait pas d'action suffisante chez le bœuf. Dans beaucoup de localités on y ajoute un trochique, ou bien on place d'abord le trochique, et le lendemain on traverse avec un séton à mèche l'engorgement qu'il a produit.

Il arrive assez fréquemment, dans l'espèce bovine, que les sétons ne produisent aucune suppuration et se bornent à une tuméfaction plus ou moins considérable. On doit s'en tenir là, si les trochiques n'ont pas amené un résultat plus satisfaisant.

Du séton dans les races ovine et porcine. — A notre avis, les sétons sur les moutons et les porcs sont de nul effet, et nous les croyons même plus nuisibles qu'utiles. On fera donc bien de s'en abstenir.

Accidents résultant des sétons. — L'hémorrhagie, l'engorgement gangreneux, les petits abcès, tels sont les accidents qui surviennent après l'application du séton.

On arrête l'*hémorrhagie* avec des petits tampons d'étoupes, par des lotions d'eau fraîche sur la partie, et si, malgré cela, le sang continuait de couler, il faudrait ôter la mèche, exercer et maintenir une compression sur tout le trajet du séton.

L'*engorgement* gangreneux n'apparaît que le second jour. Il est chaud, douloureux, fait de rapides progrès, et finit par devenir très-considérable.

Il provient presque toujours d'une blessure faite par l'aiguille, de la présence de caillots putréfiés dans les trajets du séton, enfin des dispositions particulières de l'animal. En pareil cas, on ne saurait trop se hâter de recourir au vétérinaire et de retirer, en attendant, la mèche ou la rouelle qui ont amené l'irritation.

Les *abcès* proviennent de la négligence qu'on a eue de ne pas presser sur le trajet de la mèche pour en faire sortir le pus qui y séjourne; on évite ces accidents légers, du reste, en pansant le séton comme je l'ai déjà indiqué, et en ouvrant avec le bistouri ces petites boules de pus au fur et à mesure qu'on les voit apparaître.

De la cautérisation. — La cautérisation est une opération qui consiste à brûler soit des chairs mortes ou des excroissances charnues, soit des tumeurs ou des engorgements de nature œdémateuse, etc. Elle a pour but d'arrêter la marche du mal en en détruisant le principe vital, ou bien seulement d'échauffer, d'irriter sans les détruire, les parties sur lesquelles on applique le feu au moyen de fers incandescents, que l'on désigne sous le nom de *cautères*.

Il y a deux sortes de cautérisations, la cautérisation *inhérente* et la cautérisation *transcurrente.*

DE LA CAUTÉRISATION INHÉRENTE. — Dans les engorgements gangreneux ou charbonneux, dans les infiltrations séreuses, dans les tumeurs indolentes, persistantes, l'application du cautère est un moyen énergique et efficace de guérison. Dans les plaies, ulcères, les parties osseuses, cartilagineuses, les caustiques valent beaucoup mieux que l'emploi des fers. On emploie de préférence la pierre infernale, la potasse caustique, l'antimoine, etc. Le mode d'opérer au fer chauffé à blanc se nomme *cautérisation inhérente.* Il n'est pas soumis à des règles fixes dans son application.

DE LA CAUTÉRISATION TRANSCURRENTE. — Beaucoup de propriétaires répugnent à l'emploi du feu. Autrefois ce moyen était fort en usage, on peut même dire qu'on en faisait abus. Dès qu'un cheval bronchait, ou ne paraissait pas avoir la jambe sûre, on croyait que le feu lui donnait plus de fermeté, et procurait aux tendons plus d'élasticité. C'était une erreur qui, heureusement, tend à disparaître. — Aujourd'hui, on n'y a guère recours sans nécessité reconnue; il est certain que c'est un remède dont les résultats sont très-chanceux. Comme les vétérinaires forment, sur la partie qu'ils brûlent, des lignes ou raies de diverses formes, ils ont désigné cette cautérisation sous le nom de *transcurrente.* Le feu en raies est celui qu'on applique le plus ordinairement. D'autrefois, on l'applique en pointes.

Les deux modes sont bons, quand on y apporte l'attention convenable. L'habitude est le meilleur guide; mais, entre des mains maladroites et peu exercées, la cautérisation peut devenir fort dangereuse. On peut l'appliquer sur toutes les parties du corps, mais c'est principalement sur les membres qu'on en fait usage.

Il faut autant que possible donner à toutes les raies la même direction que celle des poils qui recouvrent la partie malade. La cautérisation laissera des traits d'autant moins marqués qu'on aura pris plus de soin de suivre cette recommandation, et qu'on se servira d'un cautère plus mince.

A moins de grande urgence, il est utile de ne mettre le feu que par un temps doux, le froid étant très-nuisible, et les mouches tourmentant beaucoup plus les animaux pendant les chaleurs. Le temps de pluie peut aussi faire manquer l'opération, surtout quand on doit cautériser les parties inférieures.

On attache solidement et l'on couche le cheval pour cette opération, il se fatigue moins et est moins exposé à se blesser. L'opérateur lui-même agit avec plus de sécurité.

Après l'opération, on a généralement la mauvaise habitude de frotter la partie brûlée avec de la graisse ou quelque onguent onctueux.

Cette pratique est nuisible. — Ces graisses et les onguents

sont des adoucissants qui détruisent l'effet que l'on cherche à produire. — On veut amener une inflammation, et d'un autre côté on travaille à la calmer; il y a inconséquence! Un autre inconvénient, c'est que le corps gras dilate la peau, la fait prêter au gonflement qui s'opère, et favorise ainsi l'élargissement des raies, ce qui rend les cicatrices beaucoup plus apparentes.

Nous conseillons d'envelopper tout simplement la partie cautérisée avec des bandes de laine, afin d'entretenir dans cette région une douce et bienfaisante chaleur, et de préserver l'animal de tout frottement et du tourment des mouches.

Si le sujet est jeune, vigoureux, irritable, il est prudent de le tenir deux ou trois jours à la diète et à l'eau blanche; une légère saignée est aussi fort utile; un exercice doux et modéré ne peut que favoriser l'action du feu.

C'est ordinairement au bout de trois semaines ou un mois que les effets curatifs de la cautérisation se font sentir, cependant il est des cas où ils ne se manifestent que beaucoup plus tard; mais si une première cautérisation n'obtient pas les résultats qu'on attend, soit parce qu'elle a été mal faite, soit parce que le mal était trop ancien, il ne faut pas hésiter à recourir à une deuxième et même à une troisième opération.

RÉGIONS SUR LESQUELLES ON APPLIQUE LA CAUTÉRISATION. — Quoiqu'on puisse cautériser toutes les parties du corps, on n'applique ordinairement le feu que dans les rayons inférieurs des jambes, le jarret, le genou, la pointe de l'épaule, le grasset, la face externe de la cuisse, les reins et le garrot.

Nous ajouterons que si l'on a à appliquer le feu aux quatre membres d'un cheval, il y aurait grave imprudence à le faire en une seule séance, et on lui occasionnerait infailliblement une fièvre intense, difficile à calmer. Il en faut deux et mettre un intervalle de dix à douze jours entre les deux opérations.

DE LA CASTRATION. — La castration est une opération par laquelle on prive l'animal de la faculté d'engendrer, en amputant dans le mâle les testicules, et les ovaires chez la femelle, ou seulement en annulant l'action de ces organes.

Elle diminue l'énergie et calme la fougue, l'impétuosité. Les animaux méchants deviennent, par la castration, doux et dociles, aptes à tous les travaux. — Le calme qui en est le résultat facilite l'engraissement; la chair est plus tendre et plus délicate; elle a perdu cette saveur pénétrante, ce mauvais goût que l'on attribue à la résorption de l'humeur spermatique. Enfin, cette opération peut aussi guérir des maladies qui attaquent les parties que l'on retranche.

Les femelles ayant naturellement plus de mollesse, la *castra-*

tion ne produit pas chez elles des effets aussi prononcés, mais toutes sont débarrassées par là de l'amaigrissement qu'occasionnent la gestation et l'allaitement. La toison des brebis en devient plus abondante.

La castration s'opère sur tous les quadrupèdes domestiques et même sur certains oiseaux de la basse cour. Les femelles que l'on châtre sont la vache, la truie, la brebis, la poule.

Après la castration, le cheval est appelé *hongre;* le baudet, *âne;* le veau, *bouvillon;* le taureau, *bœuf;* le bélier, *mouton;* la brebis, *moutonne;* le verrat, *cochon;* la truie, *cochonne;* le matou, *chat;* le coq, *chapon;* la poule, *poularde.*

Cette opération exerce une si grande influence physique sur le sujet qui l'a subie, que le cheval perd son hennissement éclatant; le bœuf, sa voix profonde et sonore, son regard est moins vif, son corps plus effilé; le chapon ne chante plus; la poularde ne pond plus. L'agneau châtré n'acquiert plus de cornes, sa toison est plus abondamment fournie, sa chair est plus tendre et plus délicate.

La castration, dont l'exécution, quant au cheval et au taureau, est du domaine exclusif du vétérinaire, et qui peut être pratiquée, sur les autres espèces d'animaux, par toutes personnes, pour peu qu'elles aient d'habitude ou de dextérité, consiste, pour le cheval, dans:

La compression du cordon testiculaire avec les instruments appelés *casseaux,* — *la ligature,* — *la cautérisation,* — *le râclement,* — *l'excision simple,* — *l'arrachement.*

LA CASTRATION PAR LE MOYEN DES CASSEAUX ou par *compression* consiste, après avoir incisé et remonté vers la région inguinale les enveloppes des testicules, à engager le cordon testiculaire entre les deux morceaux de bois dits *casseaux,* à l'y comprimer assez fortement et assez longtemps pour interrompre toute communication entre les testicules et les centres nerveux et circulatoires, et déterminer ainsi sa mortification et sa chute.

Beaucoup de praticiens aident à l'action des casseaux par l'application d'un caustique, soit le sublimé corrosif, soit le sulfate de cuivre.

LA CASTRATION PAR LIGATURE est dangereuse. On y procède en mettant à découvert l'artère qui apporte du sang aux testicules, et on le lie, ou bien on embrasse dans le nœud d'une forte ficelle le cordon mis à nu, ou recouvert de toutes ses enveloppes, et l'on comprime fortement le tout, pour amener le dessèchement de la partie qu'on veut retrancher.

LA CASTRATION PAR LA CAUTÉRISATION n'est plus suivie nulle part: elle consistait à couper le testicule sorti de ses enveloppes et à brûler fortement avec des cautères chauffés à blanc le bout du cordon maintenu avec des pinces ou des morceaux de bois fortement serrés.

LA CASTRATION PAR LE RACLEMENT réussit dans les pays chauds, mais nous n'avons pas à constater des résultats bien satisfaisants en France. Elle consiste à inciser les bourses, afin d'en extraire les testicules, puis l'opérateur remonte les enveloppes de la main gauche, et avec la main droite armée d'un bistouri ou d'un rasoir, il ratisse le cordon jusqu'à ce que le testicule soit complétement détaché.

LA CASTRATION PAR LA TORSION. — La castration par torsion amène le dépérissement, l'atrophie des testicules. Elle est d'ordinaire peu douloureuse et sans danger. Mais ce mode est plutôt employé pour les taureaux et les béliers que pour les chevaux.

LA CASTRATION PAR L'EXCISION SIMPLE. — On coupe en travers le cordon testiculaire, sans lier l'artère et sans mettre de casseau. Cette méthode offre tant de dangers que nous ne la conseillerons jamais, bien que nous l'ayions vu réussir quelquefois.

LA CASTRATION PAR L'ARRACHEMENT. — Ce mode est peu usité pour les chevaux; il consiste à mettre à découvert le testicule et le cordon à inciser, ce dernier en travers, au-desssus de l'épididyme, en ménageant les vaisseaux jusqu'à ce que le testicule se sépare.

L'âge que l'on doit préférer pour la castration varie suivant l'espèce des animaux. Quelques praticiens prétendent que le cheval destiné au trait doit être coupé à quatre ans, parce qu'à cet âge il a acquis le développement de croupe et de poitrine utile à sa force d'abattage ou de tirage. Que le cheval de selle, au contraire, doit être coupé jeune, entre dix mois à un an, pour que ses parties musculaires ne se dessinent point en formes lourdes et grossières. Cette pratique est généralement suivie en Angleterre et en Normandie. Elle est vicieuse, du moins en ce qui concerne le cheval fait. Selon nous, sur tous les chevaux qui ne sont pas destinés à la reproduction, elle doit être opérée vers la fin de la première année ou dans le courant de la seconde. Voici sur quelles bases repose notre raisonnement:

Dans les premiers temps de la vie, le développement des organes de la génération est fort peu sensible, jusqu'à ce que l'animal commence à compléter son accroissement. L'ablation faite alors occasionnera peu de douleur, et n'amènera que peu ou point de perturbation dans l'économie. Si l'on attend, au contraire, pour enlever les testicules, que la vie s'y soit pour ainsi dire concentrée et exerce sa puissante influence, il peut s'en suivre une foule d'accidents.

C'est ordinairement en automne et au printemps que l'on doit procéder à cette opération. On choisit la saison la plus douce et toujours le moment où l'animal jouit de la meilleure santé.

Il faut éviter la castration quand les animaux sont atteints de la gourme ou sont dans la dentition. On doit la différer pour les chevaux qui sont fourbus, tristes, ou qui toussent.

Il est nécessaire de les préparer quelques jours d'avance en diminuant de moitié leur nourriture, en les mettant au régime de la paille et de l'eau de son, et en faisant une saignée à ceux dont on redoute la violence. Parmi les diverses manières d'opérer, nous conseillons la méthode suivante; elle est simple et exempte de tous accidents: on fait coucher le cheval du côté du montoir avec une plate-longe, on la lui passe par-dessus le cou pour pouvoir prendre les testicules; on en prend un; on fait une incision à la peau jusqu'au corps du testicule; on prend ensuite une aiguille courbe dans laquelle on passe une ficelle cirée que l'on porte dans le cordon spermatique à un travers de doigt au-dessus du testicule et on le coupe. Il faut avoir soin de passer la ficelle dans la substance du cordon, pour deux raisons: la première c'est afin d'éviter de prendre dans la ligature le nerf spermatique, ce qui occasionne une irritation du genre nerveux et qui fait périr le cheval; la seconde est que la ficelle ne saurait s'échapper soit dehors, soit dans le bas-ventre.

Il est essentiel de laisser pendre un bout de cette ficelle qui tombe par la suppuration. L'autre testicule se coupe de la même manière. L'opération faite, il faut laver la plaie avec du vin chaud.

Le cheval étant relevé et bouchonné, on le couvre avec soin, on le fait promener au pas pendant une heure, si le temps le permet, et on le rentre à l'écurie, où on l'attache à deux longes. L'animal éprouve souvent des coliques pendant les premières heures; il piétine, frappe du pied, se tourmente. Il faut le surveiller avec soin, le mettre à la diète le premier jour, et ne lui donner les jours suivants, pour toute nourriture, qu'un peu de barbottage et de la paille. On le fera promener pendant deux ou trois heures par jour, jusqu'à la guérison complète. C'est une méthode très-funeste de faire passer à l'eau le cheval opéré; elle empêche la suppuration de se développer et amène une foule d'accidents, qui entraînent souvent la mort; tout ce qu'il faut faire se borne à laver les parties avec de l'eau tiède, qu'on lance avec précaution sur elles, avec une seringue. En général, les chevaux souffrent d'autant moins, et la castration est d'autant plus heureuse, que l'opération a été faite avec plus de célérité et d'adresse.

Castration des pouliches. — On fait, sans accident, la castration des pouliches à l'âge de six ou huit mois; après un an elle serait dangereuse. Cette opération, pour les pouliches comme pour toutes les bêtes femelles, consiste dans l'amputation des ovaires et même quelques fois des cornes de la matrice. On ouvre l'abdomen à l'un des flancs, on coupe l'ovaire avec un bistouri ou bien on le déchire avec l'ongle ou on le cautérise; ou enfin, on en fait la ligature, puis on coupe la plaie au ventre. La castration des pouliches fut prohibée en France par le réglement sur les haras en 1747.

CASTRATION DU MULET ET DE L'ANE. — La castration du mulet et de l'âne se fait de la même manière que celle du cheval.

ACCIDENTS QUI PEUVENT SURVENIR. — Les accidents qui peuvent résulter de la castration du cheval, surtout quand cette opération a été mal faite, sont les *hémorrhagies* — le *tétanos* — les *hernies* — les *fistules* — les *champignons* — l'*inflammation* — l'*engorgement*.

DES HÉMORRHAGIES. — Quelle que soit la cause qui l'ait produite, aussitôt qu'une hémorrhagie se déclare, il faut s'efforcer de l'arrêter au moyen de lotions froides autour des bourses et sur le périnée, et même des injections; faire des applications de linge mouillé sur la plaie, jeter avec force sur la plaie, de bas en haut, de petites poignées de farine jusqu'à ce que le sang s'arrête. Si ces moyens ne suffisent pas, appeler le vétérinaire.

DU TÉTANOS. — Ce mal survient quelques heures ou quelques jours après la castration. Les bains d'eau froide, adminitrés avant la cicatrisation, ou bien, l'irritation produite par l'opération peuvent engendrer le *tétanos*, appelé encore *mal de cerf*. Les muscles, dans cette maladie, deviennent tellement raides et tendus, que l'animal paraît se mouvoir tout d'une pièce et ne peut fléchir aucun membre. Tous les remèdes, dans ce cas, ne sont que des palliatifs, car le tétanos est toujours mortel.

DES HERNIES. — Cet accident a presque toujours une issue fatale, heureusement il est rare. La *hernie inguinale* est la sortie d'une portion plus ou moins considérable de l'intestin, par l'anneau inguinal, c'est-à-dire par l'ouverture que traverse le cordon testiculaire pour sortir de la cavité du ventre et descendre dans les bourses. Il faut chercher à faire rentrer l'intestin sans débrider l'anneau, et le retenir à l'aide de bandelettes, jusqu'à l'arrivée d'un homme de l'art. Très-souvent les hernies inguinales, quoique dangereuses, ont été réduites avec succès.

DES FISTULES. — La fistule n'a pas beaucoup de gravité, c'est une plaie étroite qui persiste et suppure alors que la cicatrisation devrait être terminée. Quand on a reconnu cet accident, on pratique une légère incision sur l'orifice inférieur afin de le débrider, l'on promène sur toute la face interne de la plaie un pinceau imprégné d'un agent caustique, et l'on opère ainsi une cautérisation, à la suite de laquelle il s'établit une escarre qui tombe alors que la guérison arrive.

DES CHAMPIGNONS. — Le champignon est une végétation bourgeonneuse, élargie à son sommet, qui se manifeste à l'extrémité du cordon, quand on a négligé d'oblitérer convenablement les vaisseaux. Lorsqu'il n'y a ni induration, ni engorgement, on n'a rien à redouter, mais il est prudent d'extirper ou de lier le champignon pour prévenir l'altération du cordon, qui pourrait être la conséquence de la persistance de cette végétation.

DE L'INFLAMMATION. — L'inflammation du péritoine constitue ce qu'on appelle la *péritonite*. C'est une maladie dangereuse qui provient de l'impression du froid. Elle s'annonce par une grande tristesse, un profond dégoût, le pouls est concentré, le flanc retroussé, la bouche pâteuse sans rougeur. Toute la surface inférieure du corps paraît engorgée. Quand elle se complique de l'inflammation de l'instestin, on l'appelle *entérite* ; alors la mort de l'animal devient certaine. On prévient la *péritonite* et l'*entérite*, en châtrant l'animal dans un lieu sec, et dans une saison convenable, en le tenant constamment dans une température douce, à l'abri des courants d'air.

DE L'ENGORGEMENT. — L'engorgement se manifeste très-souvent, après la castration, dans les bourses et le fourreau. Quand il a peu d'étendue, il n'offre pas de danger, mais s'il se propage autour des plaies sous le ventre, et rend le train de derrière raide et douloureux, on doit craindre une fâcheuse terminaison. On combat l'engorgement par la diète et quelques lavements pour entretenir la liberté du ventre ; les fomentations faites avec des infusions de plantes aromatiques. Pour traiter la fièvre qui accompagne les engorgements, on emploiera avec succès le quinquina et le camphre, administrés en breuvage ou en électuaires.

CASTRATION DU TAUREAU. — La méthode la plus usitée pour la castration du veau et des taureaux est la *torsion* ou *bistournage*; par le moyen des *casseaux*.

Ce dernier mode est le moins usité. On procède, quand on y a recours, de la même façon et avec les mêmes précautions que pour le cheval.

L'opération par le *bistournage* est la plus simple et la plus facile. Elle consiste, après avoir fait monter et descendre plusieurs fois les testicules dans leurs enveloppes pour détruire les adhérences qui pourraient exister, à faire basculer d'abord l'un de ces organes dans l'intérieur des bourses, de manière à ce que sa base, qui fait continuité au cordon, soit inférieure et sa pointe supérieure. — Pendant qu'avec les doigts d'une main, on pince le cordon à travers les enveloppes pour le fixer, de l'autre main on fait tourner le testicule deux ou trois fois autour du cordon. Il en résulte sur celui-ci une torsion suffisante pour arrêter la circulation, par conséquent, cet organe ne recevant plus de sécrétion, ni de nutrition, finit par s'atrophier et disparaître.

On opère de même pour le second testicule. Après quoi, et pour empêcher qu'ils ne descendent dans les bourses, ce qui ferait détordre les cordons, on enveloppe dans un nœud de laine ou de fil, toute la partie intérieure, on serre assez pour les empêcher de glisser, mais pas assez fort pour mortifier les bourses.

Le gonflement inflammatoire qui suit l'opération est très-léger. Deux jours après, on peut retirer les liens; tout est terminé.

Il est bon, pendant quelques jours, de diminuer la nourriture de l'animal, de lui donner de l'eau blanche et de le laisser en repos.

La castration par le *martelage* ou *écrasement* est plus difficile et plus cruelle. Elle consiste à écraser successivement chacun des cordons, en les appuyant sur un corps dur, et les frappant à petits coups à l'aide d'un marteau à bouche large. Cette méthode n'est presque plus suivie.

On prétend que les bœufs bistournés sont plus propres au travail et conservent mieux les forces du taureau que ceux qu'on a châtrés par l'enlèvement des testicules.

CASTRATION DE LA VACHE. — Il est d'une extrême importance de bien connaître la partie manuelle de cette opération, attendu que les ovaires varient de situation selon les espèces.

L'opération doit être pratiquée trente à trente-cinq jours après le vélage, sur une vache qui ait fait son second ou troisième veau, parce que c'est l'époque de la vie où la vache donne le plus de lait, et qu'on en jouit plus longtemps. Il n'y a nulle précaution à prendre, sauf celle de ne pas donner le repas du soir, qui précède le jour de l'opération, aussi copieux que de coutume, et de pratiquer la castration le matin, avant que l'animal ait mangé. Les objets nécessaires pour pouvoir pratiquer l'opération convenablement sont : des cordes, une planche ou banc de bois, deux bistouris, l'un convexe sur tranchant, l'autre boutonné et droit, deux aiguilles courbes à suture, enfilées de gros fil retors; bien ciré; deux chevilles en bois sec, de vingt à vingt-cinq centimètres de longueur, sur un diamètre d'environ cinq à six millimètres.

MANIÈRE DE FIXER LA VACHE. — Afin de pouvoir opérer en toute sécurité, il faut fixer la vache convenablement. A cet effet, on la place contre un mur, le côté gauche tourné contre l'opérateur. Ce mur doit avoir trois boucles fixées à des anneaux solides : l'une pour la corde de la tête, les deux autres doivent être

placées plus bas et au niveau de la partie inférieure de l'épaule,
l'autre à celle du grasset.

On fixe le bout d'une grosse corde à la boucle qui correspond
à l'épaule droite, on la passe devant le poitrail, on la dirige sur
le côté gauche du corps de la vache, elle passe derrière les fesses,
et on la fixe à la boucle qui est au niveau du grasset, ou bien
un aide en tient le bout passé avec un simple tour à la corde.
On fixe la tête par un tour de corde, ou on la fait tenir par un
aide vigoureux. Puis on place une planche ou banc de bois obliquement sous les mamelles, en avant des membres postérieurs;
on la fait tenir à un aide, afin que l'opérateur soit à l'abri des
coups de pied. Enfin on tient la queue, ou on peut l'attacher à
la corde qui ceint l'animal, pour éviter les coups qu'il pourrait
donner à la tête de l'opérateur, pendant qu'il introduit le bras
dans l'abdomen.

A défaut d'un mur pourvu de boucles, on peut utiliser, d'a-
près le même principe, une forte palissade, une barrière solide,
des arbres convenablement espacés, auxquels on a fixé une
grosse barre de bois.

L'animal étant fixé, l'opérateur, armé d'un bistouri convexe
qu'il tient de la main droite, se place près de l'épaule gauche
de la vache, la main gauche appliquée sur le dos de l'animal.
Cette main lui offre un point d'appui pour se retirer au besoin
si les mouvements désordonnés de la vache l'exigent, et, d'un
autre côté, ce point d'appui donne plus d'assurance à la main
droite; il porte le tranchant du bistouri au milieu et à peu près
à la partie supérieure du flanc gauche, et, d'un seul trait de
bistouri, il incise à la fois la peau et les muscles de cette partie,
verticalement.

Le flanc ayant été ouvert, ainsi que le péritoine, l'opérateur
agrandit l'ouverture avec le bistouri à bouton, de manière à
pouvoir y introduire le bras; il introduit la main dans l'abdomen, en la dirigeant contre le bassin, derrière le cul-de-sac de
la panse, où se trouvent les cornes de l'utérus. Dès qu'il a reconnu cet organe, il porte la main un peu au-dessus de sa bifurcation, où sont situés les ovaires, entre les lames des ligaments
suspenseurs de l'utérus, il saisit l'un des ovaires, qu'il détache
à sa partie postérieure avec le pouce et l'index, et passe celui-ci
sur la convexité de l'ovaire pour le séparer complétement du
ligament péritonéal qui le soutient. Alors il saisit l'ovaire dans
sa main, le tire légèrement, et, au moyen de l'ongle du pouce,
il ratisse les vaisseaux et la trompe de Fallope sur l'index qui
lui offre un point d'appui sous ses vaisseaux; enfin il rompt le
cordon par de légères tractions, et il sort l'ovaire; il introduit
de nouveau la main dans l'abdomen, et procède de même à l'ex-

traction de l'autre; puis il fait à la plaie une suture enchevillée, ayant soin de ne pas la serrer à sa partie inférieure, afin de ne pas empêcher la sortie du pus, qui, sans cette précaution, fuserait entre la peau et les muscles, et dans l'abdomen, et pourrait déterminer des accidents qu'on évite en favorisant l'écoulement du pus.

On peut aussi amener les ovaires à l'ouverture faite au flanc, et les détacher avec les bouts des doigts, mais cette manœuvre peut avoir des inconvénients, et elle n'est pas plus expéditive que la première, parce qu'il arrive souvent que l'ovaire échappe et qu'on est obligé de réintroduire le bras pour aller le chercher.

Deux ou trois jours après l'opération, on fait le pansement de la plaie. Ce pansement consiste à humecter tout le tour de la plaie avec de l'eau de mauve tiède, à la tenir propre, et, dans les temps de chaleur à injecter dans la plaie de l'eau de Zabarraque (une partie de chlorure de soude sur trois parties d'eau froide).

A chaque pansement, on met sur la plaie une petite mèche d'étoupe entre les chevilles, pour empêcher la malpropreté de s'y introduire, et on lie les bouts de fil par-dessus.

La plaie étant pansée proprement deux fois par jour, se guérit d'elle-même au bout de quinze jours ou trois semaines au plus.

Il résulte des expériences qui ont été faites, que la castration de la vache exerce une grande influence, non-seulement sous le rapport de l'engraissement, mais encore sur les facultés lactifères. On a vu des vaches, opérées trente jours après le vélage, posséder pendant plusieurs années les facultés lactifères au degré où elles étaient au moment de l'opération; — et quand bien même ces facultés lactifères ne se maintiendraient pas à ce degré, mais seulement au-dessus de la moyenne du degré de ces facultés, la castration serait d'un avantage réel, surtout si ces facultés se continuaient pendant plusieurs années.

Les écoles vétérinaires ont recommandé cette méthode; il est bon d'examiner maintenant ce qui reste de ces faits. En France, la sécrétion laiteuse ne s'est pas maintenue, chez les vaches opérées, aussi longtemps qu'elle paraît le faire en Amérique; mais la plupart des vaches ont gardé leur lait, sans diminution sensible, pendant deux années, quelques-unes pendant trois. M. Régère cite même une vache, opérée en 1834, chez M. Allègre, qui a conservé, jusqu'en 1838, une quantité presqu'égale. La somme du lait, chez toutes les vaches, était du reste en rapport avec la nourriture, et l'on a vu quelques-unes d'elles dépasser la quantité qu'elles donnaient lors de l'opération. Sous le rapport de sa qualité, le lait apparut meilleur et plus crémeux qu'il ne l'était auparavant. La différence de produit, entre les vaches châtrées et celles qui ne le sont pas, est excessivement remarquable. Admettons qu'une vache non châtrée tire, fraîche vélée, huit pots de lait; trois mois après, elle sera réduite à six, puis à quatre, à trois, enfin elle cessera de fournir son lait en attendant la nouvelle portée; de sorte que, dans l'année, elle aura donné, par jour, une quantité moyenne de quatre pots de lait au plus. Si, au contraire, cette même vache, châtrée au moment où elle tire le plus de lait, conserve intégralement cette quantité, elle aura donné, au bout de l'an, un produit double de sa rente habituelle. Ce calcul s'est trouvé exact pour la plupart des vaches opérées par M. Régère. L'opération de l'extraction des ovaires n'a eu que peu d'influence sur la santé des vaches; presque toutes ont donné, pendant quelques jours, un peu moins de lait, puis sont revenues à leur quantité habituelle; quelques-unes même n'ont pas été visiblement dérangées. Bien rarement des accidents ont suivi cette opération. M. Régère, sur sept cas, n'en a pas eu un seul; M. Levrat, sur vingt et une vaches, n'a eu qu'un accident à déplorer; il en donne les causes qu'il est facile d'éviter. En résumé, sans conseiller encore la castration, nous devons actuellement la recommander dans les cas où elle a produit des avantages réels, incontestables; ces cas sont les suivants : 1° Pour toutes les vaches, jeunes ou vieilles, destinées à la boucherie; 2° Pour les vaches taurelières qui, retournant sans cesse au taureau, l'épuisent inutilement, dérangent leurs camarades, et restent souvent improductives une ou plusieurs années; 3° Pour les vaches sujettes à l'avortement, et pour celles qu'une maladie ou un accident empêcheraient de porter; 4° Enfin, les bonnes vaches laitières qui, arrivées à l'âge de neuf à dix ans, commenceraient à donner moins de lait ou à le tenir moins longtemps.

CASTRATION DES VEAUX. (Voyez ci-après CASTRATION PAR ARRACHEMENT.)

CASTRATION DES BÊTES A LAINE. — La castration des béliers se fait par *casseaux*, *bistournage* ou *fouettage*. Celle des agneaux se fait par *arrachement*.

On opère par les *casseaux* de la même façon que pour le cheval, et par le *bistournage* de même que pour le taureau.

On peut châtrer les béliers à toutes les époques de leur vie. On les châtre à l'état d'agneau, du jour de la naissance à six mois. Plus tôt on procède à cette opération et moins on a à en redouter les suites.

DE LA CASTRATION PAR LE FOUETTAGE. — On lie les bourses au-dessus des testicules, et l'on serre assez fortement pour mortifier tout ce qui est en dessous de la ligature. On appelle cette manière *fouettage*, parce qu'autrefois on se servait du fouet pour la pratiquer.

M. Bourgeois, directeur de la bergerie de Rambouillet, décrit ainsi l'opération dont nous parlons :

« On fouette les béliers toujours le matin avant de leur donner à manger. Il convient aussi qu'ils ne soient pas mouillés. On choisit de préférence les mois de mars et d'octobre.

« Après avoir pris le bélier que l'on veut fouetter, on lui lie les quatre membres de manière que ceux de derrière soient rapprochés le plus possible de ceux de devant, sans cependant le trop gêner ; on le couche sur le dos sur la litière, dans la bergerie, on enlève la laine au-dessus des testicules afin qu'il ne s'en trouve pas sous le nœud de la ficelle. La ficelle que l'on emploie doit être forte et avoir environ le double de grosseur du fouet ordinaire. On prend un bout d'environ deux pieds de cette ficelle, on attache à chaque extrémité un morceau de bois de 20 à 25 centimètres de longueur sur 2 centimètres de diamètre. Avec ce lien et dans son milieu, l'opérateur dispose le nœud de la saignée, dans lequel il engage les deux testicules recouverts de leurs bourses, et place ce nœud à un ou deux pouces au moins au-dessus de ces organes; alors deux hommes, placés un de chaque côté, et qui tiennent le bélier pendant qu'un troisième l'empêche de remuer, tirent également la ligature chacun par un bout en tenant le morceau de bois à pleines mains, et en se plaçant pied contre pied pour avoir plus de forces; car il faut serrer progressivement, sans secousse, pas trop fort, afin de ne pas couper les parties comprises dans le nœud, mais assez pour arrêter la circulation au-dessous de la ligature. Ensuite, pour assurer le premier nœud on en fait un second simple et droit que l'on serre également bien, et on coupe chaque bout de ficelle à 56 centimètres environ du nœud. Après quoi on délie l'animal, on fait sortir la verge de son fourreau, et on met le bélier sur ses pieds. Il arrive parfois que la ligature casse. Dans ce cas, il faut en avoir une autre toute prête et la remettre de la même manière sans ôter la première, Quand on voit les béliers se secouer après cette opération, c'est un indice qu'elle est bien faite. Trois jours après on peut couper les testicules à un pouce au-dessous du nœud. »

On voit par ce qui précède combien l'opération du fouettage, employée surtout pour les vieux béliers qui seraient difficiles à bistourner, est simple et facile.

DE LA CASTRATION PAR ARRACHEMENT. —L'agneau est renversé sur le dos, on fait tenir les membres de manière à mettre tout à fait à découvert les organes génitaux, on pince entre le pouce et l'index ses deux cordons, le plus près possible du ventre, on serre légèrement pour faire tendre la peau des enveloppes sur les testicules; on incise les deux poches qui s'ouvrent alors et livrent passage à ces organes, on les enlève immédiatement en coupant le cordon ou en les arrachant après les avoir tordus. Le déchirement empêche l'hémorrhagie. — Quand les agneaux sont plus âgés, on fait une incision particulière à chaque bourse au lieu d'une seule transversale pour les deux; c'est ainsi que l'on procède pour la castration des *veaux*.

Aussitôt que l'opération est terminée, il est bon de mettre le doigt dans la bouche de l'animal pour lui faire remuer les mâchoires, et on le fait marcher un peu.

Il suffit de rapprocher les lèvres de la plaie sans frotter les bourses d'un corps gras comme quelques personnes ont l'habitude de le faire. — L'agneau sera tenu en repos trois ou quatre jours et bien nourri.

CASTRATION DES AGNELLES. —On châtre les agnelles à six semaines, en Italie et en Angleterre, dans le but de rendre leur chair plus fine et améliorer la qualité de leur laine. On ne pratique pas la castration des agnelles en France, néanmoins si on voulait en faire l'essai, voici comment, d'après Daubenton, on devrait y procéder :

On place l'animal sur une table, un aide tient les deux jambes et la jambe droite de derrière, un autre écarte la jambe gauche de derrière. L'opérateur soulève la peau du flanc avec les deux premiers doigts de la main gauche pour former un pli à égale distance de la partie la plus haute de l'os de la hanche et du nombril; il coupe ce pli de manière que l'incision qui doit être verticale n'ait que 20 à 25 millimètres ; l'ouverture étant faite en coupant toute l'épaisseur de la chair et de manière à pénétrer dans l'intérieur sans offenser les intestins, l'opérateur introduit l'index de la main droite dans la cavité du ventre pour chercher l'ovaire gauche, lorsqu'il l'a senti, il l'attire doucement au dehors amenant en même temps les deux ligaments larges, la matrice et l'autre ovaire; il coupe successivement les deux ovaires, puis il fait rentrer la matrice et ses dépendances, ensuite il ferme la plaie au moyen de trois points de suture passés dans la peau seulement. Au bout de dix ou douze jours, la cicatrice étant formée, on coupe les fils et on les enlève.

DE LA CASTRATION DES PORCS. — De tous les animaux domestiques, le porc est celui qui croît le plus rapidement et exige le moins de soins. La castration du porc se fait ordinairement à l'âge de six mois, au printemps ou en automne, jamais dans le temps des grandes chaleurs ou des grands froids qui rendraient également la plaie dangereuse ou difficile à guérir. Les porcs que l'on ne destine pas à la reproduction doivent être châtrés de très-bonne heure. Ils supportent facilement, lorsqu'ils sont jeunes, cette opération qui a souvent des suites funestes pour les truies mères qui ont déjà porté, surtout lorsqu'elle est exécutée par une main inhabile.

C'est par l'*excision simple* qu'on châtre presque toujours les gorets de six semaines. Quand l'animal n'est châtré qu'à six mois, on emploie la *castration par ligature,* ou les *casseaux.* Cette dernière méthode est la même que celle usitée pour le cheval et le taureau, si ce n'est qu'on se sert de casseaux moins forts.

Pour la castration par *excision*, voici comment on procède:

On couche l'animal sur le côté gauche, on fait porter en avant et tenir par un aide le membre postérieur droit, puis on fait sur le testicule gauche une incision longitudinale par laquelle on fait sortir l'organe en le pressant légèrement. On coupe alors le cordon testiculaire avec l'instrument tranchant, on opère de la même manière sur le testicule droit et la castration est terminée. Quelques opérateurs tordent le cordon et arrachent le testicule au lieu de l'exciser. Ce procédé, quoique sans danger, ne vaut pas l'excision et paraît plus douloureux.

Il faut tenir l'animal à la diète la veille de l'opération et lui faire observer un régime pendant cinq à six jours. Si la castration a été faite au printemps, on met les porcs à l'engrais dès l'automne suivant, et il est assez rare qu'on les laisse vivre deux années, cependant ils croissent encore beaucoup pendant la seconde et ils continueraient de croître pendant cinq à six ans, si on les laissait vivre jusque-là. Les *verrats* ou cochons mâles que l'on garde pour la propagation grossissent encore cinq à six ans.

CASTRATION DES TRUIES. — De toutes les femelles, la truie est celle dont la castration s'opère le plus aisément et le plus communément. C'est à l'âge de six semaines qu'on l'opère ; cependant l'usage le plus répandu est de châtrer les truies à l'âge de trois à six mois, souvent plus tard; mais plus on attend, plus l'opération est dangereuse.

On couche la truie sur le côté droit, et par précaution on la musèle. Un aide tient la tête, et un autre les membres postérieurs.

L'opérateur coupe les poils au milieu du flanc gauche, à l'endroit où doit être pratiquée l'incision, à égale distance de la hanche de la dernière côte et des apophyses transverses des lombes, puis il fait une incison verticale assez grande pour introduire le doigt indicateur ; il coupe d'abord la peau, puis les muscles abdominaux, il ouvre le péritoine avec le bistouri, en prenant grand soin de ne pas offenser les intestins ; il ramène au dehors les ovaires et les cornes de la matrice qu'il ampute.

Après l'opération, on rapproche les lèvres de la plaie, et l'on pratique deux ou trois points de suture à la peau. Il est tout à fait inutile de faire la moindre application sur la plaie. On laisse ensuite l'animal tranquille dans son étable, pendant une demi-journée, sans autre nourriture que de l'eau blanche; puis on augmente graduellement la nourriture. Au bout de cinq à six jours tout est terminé, et la truie peut reprendre ses habitudes. On doit veiller à ce qu'elle ne se vautre, dans l'eau ou la fange qu'elle recherche immédiatement après la castration. Ce bain est presque toujours mortel. Il est important de répandre, au contraire, de la paille dans l'étable et de la tenir très-propre.

De la castration du bouc. — Cette opération se pratique de la même manière que pour le bélier, soit par la torsion ou le fouettage. Les soins sont les mêmes.

Castration des volailles. — On choisit pour la castration des volailles un beau jour de printemps ou d'automne. On prend des sujets d'environ trois mois. On assujétit le patient sur le dos, le croupion vers l'opérateur, la cuisse droite tenue le long du corps, la cuisse gauche portée en arrière, pour découvrir le flanc gauche, qui est l'endroit où doit se faire l'incision, de devant en arrière, sur le milieu, entre le sternum et le crou-pion. L'incision étant pratiquée, on introduit dans l'ouverture l'indicateur huilé, on saisit le testicule gauche, on le détache avec l'ongle et on fait l'extraction, puis on arrive au testicule droit, on le détache et on procède comme pour l'autre. On fait ensuite rentrer la portion d'instestin qui serait sortie, et l'on réunit la plaie par une suture modérément serrée. On peut frotter la plaie avec du beurre frais et on la saupoudre avec de la sciure de bois très-fine ou une pincée de cendre. — Quelques personnes greffent les éperons du coq sur sa crête. On fait à cette partie une ou deux incisions et l'on y insère un éperon ou tous les deux; on tient les parties agglutinées avec un morceau de laine ou de fil pendant quelques heures. — L'opé-ration achevée, on tient le nouveau chapon en lieu sec et dans une douce température, et pendant huit jours on le nourrit avec de la farine de cresson délayée dans de l'eau. Le but ordinaire de la castration des coqs est de les engraisser et de les rendre plus dociles.

Le coq, si fier, si pétulant, devient plus tranquille qu'une poule après avoir subi l'opération. On dirait qu'il est honteux de sa position; on le voit même très-souvent avoir l'air triste, fuyant la société comme si elle lui était insupportable; ce-pendant, après avoir perdu ses facultés de père, il reprend, quand on veut, celles de mère, et il en remplit parfaitement les fonctions. Dans les années où les poules couvent tard, par suite des hivers rigoureux, on fait couver les chapons en leur arrachant les plumes de dessous le ventre, et ensuite en les flagellant avec l'ortie noire: ils s'acquittent de ce soin aussi bien que les poules, ils conduisent même les poulets avec plus de tranquillité.

Pour faire la castration des *poulettes* on n'introduit pas le doigt dans l'abdomen, mais on fait l'incision au-dessus du fondement, on presse légèrement jusqu'à ce que l'on ait fait sortir un petit corps blanc qui n'est autre chose que la matrice : on la coupe. La plaie est promptement cicatrisée, qu'elle soit ou non cousue.

On châtre très-rarement les *dindons*, les *oies* et les *canards*, parce que ces oiseaux ayant le corps plus grand que les jeunes coqs et les poules, les testicules se trouvent plus éloignés du lieu de l'incision, et par conséquent plus difficiles à saisir avec le doigt.

De la castration des lapins. — Pour qu'on réussisse, il faut que les lapins soient très-jeunes. On procède à cette opération par torsion ou par arrachement. Mais il arrive très-souvent qu'à la suite, il se déclare une hernie qui entraîne la mort de l'animal. La castration des lapins se pratiquait dans le xviᵉ siècle : on les lâchait ensuite dans la garenne où leur chair devenait plus tendre et plus délicate, mais cet usage s'est perdu.

De la castration du chien et du chat. — On procède comme pour l'agneau, par torsion et arrachement des testicules. On musèle le chien et l'on entoure d'une serviette la tête et les pattes du chat. Cette opération n'a aucun avantage pour le chien. Il devient plus docile, plus soumis, mais elle lui fait perdre de son odorat et de son intelligence. — Le chat coupé engraisse beaucoup, devient plus sédentaire, mais n'en fait pas moins la chasse aux souris.

De l'amputation. — On nomme *amputation* l'acte par lequel on retranche quelque partie du corps d'un animal. La queue étant la partie qui subit le plus souvent cette opération, surtout chez le cheval, le chien et le mouton, c'est de l'amputation de cette partie que nous nous occuperons d'abord.

Amputation de la queue du cheval. — Le retranchement de la queue expose les chevaux à être gravement incommodés par les mouches, et cependant il en est peu à qui on la laisse entière, soit par mode, soit par mesure de propreté, soit par nécessité, alors, par exemple, que des blessures ont amené la carie ou la gangrène dans cette partie.

Le lieu de l'amputation de la queue pour le cheval est ordinairement à trente-deux centimètres environ de l'anus. On laisse la queue plus courte aux chevaux dits *bidets d'allure*; mais ce

n'est pas une règle générale, et c'est, dans ce cas, le goût du
• propriétaire qui fait loi. Les différentes coupes se nomment
coupe en *balai, écourtée,* en *catogan,* à *l'anglaise.*

Les trois premières de ces coupes se font de la même manière,
sauf le plus ou moins de longueur de la partie de la queue
laissée à l'animal. Voici comment on opère : le lieu de l'amputation étant déterminé, on coupe les crins tout autour de la
queue, dans une longueur d'un travers de doigt, et on relève
ceux qui doivent rester au tronçon. L'animal étant assujéti par
la plate-longe ou par des entraves et la bricole, un homme saisit
la poignée de crins du bout de la queue, et la tend en arrière,
dans la direction de la colonne vertébrale ; l'opérateur, s'armant
de la cisaille propre à cette opération, tenant d'une main la branche où est l'échancrure dans laquelle il place l'endroit tondu, il
abaisse, de l'autre main, le tranchant sur la queue, qu'il ampute
d'un seul coup en rapprochant les deux mains. — On ampute
ordinairement entre deux vertèbres ; mais alors que l'on coupe-
rait sur une vertèbre même, cela ne causerait aucun accident
grave. Aussitôt que l'amputation est faite, on arrête l'hémorrhagie des artères par le moyen d'un fer rouge nommé *brûle-queue,*
qui n'est autre chose qu'un anneau de fer assez grand pour cautériser les parties molles, en donnant passage à la vertèbre. On
pourrait cependant se contenter de promener sur l'orifice des
vaisseaux qui fournissent le sang le bout d'une baguette de fer
rouge ou d'un tisonnier ; mais, de quelque manière que l'on
opère la cautérisation, il faut d'abord saisir la queue et la contourner en haut afin que le fer ne soit pas trop promptement
refroidi par le sang.

Une autre manière d'opérer l'amputation consiste à placer la
queue de l'animal sur le haut d'un pieu de huit à dix centimètres de diamètre, dont l'autre bout porte sur le sol ; un homme
soutient ce pieu dans la position verticale au moyen d'un manche ; on applique alors un couperet sur la queue et l'on frappe ce
couperet d'un coup de maillet assez fort pour que la queue soit
coupée entièrement. — Une troisième manière, c'est de poser la
queue tendue sur le tranchant d'un ciseau de menuisier ou d'un
boutoir et de frapper sur la queue même avec un maillet. Cette
manière est la plus simple, mais elle exige plus d'adresse de la
part de l'opérateur, et en conséquence elle est moins sûre.

L'amputation de la queue par un de ces procédés n'entraîne
jamais d'accidents graves ; la plaie se cicatrise quelquefois sans
suppuration, et s'il survient du pus, il suffit de tondre quelques
crins et de laver la plaie avec de l'eau tiède. Il peut arriver qu'il
se fasse une exfoliation de l'os ; dans ce cas, il faut laisser au
temps le soin de la détacher.

L'amputation de la queue à l'anglaise est une opération beaucoup plus compliquée que les précédentes, et souvent dangereuse; elle a pour but de faire tenir la queue relevée afin de donner au cheval un air de vigueur, et on l'appelle *queue à l'anglaise*, parce que ce sont les marchands de chevaux anglais qui ont trouvé ce moyen de donner à de mauvais chevaux l'apparence de bêtes de prix.

Pour bien comprendre cette opération, il faut savoir que la queue du cheval est formée de dix-sept ou dix-huit os qui ressemblent à des vertèbres, et qui sont mis en mouvement par dix muscles dont quatre élèvent la queue; on nomme ceux-ci *muscles releveurs*; quatre autres servent à abaisser la queue, ce sont les *muscles abaisseurs*; les deux derniers, qu'on nomme *muscles latéraux*, ont pour fonction de porter la queue à droite et à gauche. Les artères, dans cette partie, sont au nombre de quatre principales; elles viennent des artères honteuses internes et de la vertébrale. Voici donc comment on pratique l'opération :

Le cheval étant jeté à terre du côté du montoir, il faut examiner la queue avec soin et bien prendre ses dimensions, afin de ne pas faire les incisions trop près les unes des autres ; car si elles étaient trop rapprochées, les bandes de la peau pourraient se déchirer, et les incisions ne formeraient plus qu'une seule plaie. On fait jusqu'à cinq incisions transversales. La queue étant relevée, on fait la première incision à cinquante ou cinquante-cinq millimètres environ du rectum ; en la faisant plus près de cette partie on risquerait d'attaquer les fibres du sphincter de l'anus, et il en pourrait résulter une plaie fistuleuse. Chaque incision doit se faire en deux temps: dans le premier on incise la peau, et dans le second on coupe les muscles abaisseurs mis à nu par l'incision. On met pour appareil dans chaque incision des plumasseaux à sec, que l'on contient par un bandage à dix chefs ou par une bande circulaire. On laisse cet appareil pendant trois jours, afin que la suppuration s'établisse, et l'on a soin d'imbiber les linges avec de l'eau tiède. Lorsque le gonflement et l'inflammation de la queue sont passés, et que la suppuration est bien établie, on ampute la queue d'après la méthode ordinaire, au-dessous des incisions, et on applique dessus de la poudre de lycoperdon, ce qui avance la guérison en évitant les ravages que le feu produit quelquefois. On pourra se servir pour les appareils qui doivent succéder aux premiers, de digestif simple ou bien du baume de térébenthine, et l'on mettra ensuite les dessiccatifs.

Certains opérateurs, lorsque la section des muscles est faite, renversent la queue sur le dos et la contiennent dans une espèce de gouttière. Ce procédé a de graves inconvénients : en renversant la queue, on en force les nœuds et l'on paralyse l'action des muscles releveurs; il peut aussi, par suite de ce procédé, se former au commencement de la queue des plis qui, en s'échauffant, forment une plaie qui fait tomber le crin. Le renversement de la queue occasionne en outre une compression qui intercepte la circulation du sang; l'inflammation s'ensuit, et de là l'abcès et quelquefois la gangrène.

D'autres praticiens attachent une corde au bout de la queue, et font passer cette corde sur un rouleau qui est placé au plancher au-dessus de la queue, en ligne droite; ensuite ils font passer cette même corde dans une poulie, et ils attachent à son extrémité un poids de quatre à cinq kilos, de façon que le cheval tient toujours la queue droite, soit qu'il aille à droite ou à gauche ou qu'il se couche. Ce procédé est préférable au précédent en ce qu'il n'occasionne pas de crevasses sur le tronçon de la queue; mais le tiraillement qu'il opère occasionne l'inflammation, fatigue les muscles et retarde la guérison.

Le mieux est donc, après l'opération, de laisser pendre la queue dans son état normal; car les muscles abaisseurs étant coupés, les releveurs fonctionnent seuls et suffisent à maintenir la queue relevée.

Amputation de la queue du mouton et du chien. — La queue des moutons fournit très-peu de laine, elle se salit facilement, surtout dans les diarrhées passagères auxquelles ces animaux sont sujets; la terre molle s'attache aussi à cette partie qui, dans son mouvement, salit la laine des autres parties; chez les femelles, cette partie, chargée de crotte durcie, peut blesser les pis; enfin elle est parfois un obstacle à l'œuvre de la reproduction. Telles sont les raisons qui ont fait adopter l'usage d'amputer la queue des bêtes à laine et particulièrement des mérinos.

L'opération doit se faire dans le cours du premier ou du second mois de la naissance de l'animal; elle est des plus simples: l'opérateur prend l'animal entre ses jambes et, à l'aide de forts ciseaux ou d'un couteau bien tranchant, il opère la section à dix ou douze centimètres de la naissance de la queue. L'écoulement du sang qui en résulte est peu considérable; il s'arrête de lui-même, et la cicatrisation est très-rapide.

Amputation de la queue des chiens et des chats. — Elle se pratique de la même manière que pour les moutons.

Amputation des oreilles des chevaux. — On coupe quelquefois entièrement ou bien on raccourcit seulement les oreilles des chevaux dits *oreillards*, c'est-à-dire qui ont les oreilles très-épaisses, pendantes ou mal placées; mais cette opération ne remédie qu'imparfaitement au défaut de conformation de ces organes; aussi cette opération, souvent pratiquée autrefois, est-elle aujourd'hui presque complétement abandonnée. Voici les divers procédés en usage : on fait, en carton, un modèle de la forme que l'on veut donner à l'oreille; l'animal étant assujéti, on coupe les poils selon la trace de ce dessin; puis, avec des ciseaux ou un bistouri on ampute la peau et le cartilage, ou bien, sans modèle, après avoir amputé une oreille, on porte le morceau amputé sur l'autre oreille afin de la couper d'une manière semblable à la première. On se sert aussi d'une pince dite *moule à oreille*: après avoir rapproché l'un contre l'autre les deux côtés de l'oreille, on les presse ainsi pliées dans la pince, et l'on coupe, le long de cette pince, tout ce qui l'excède et qu'on a voulu retrancher. Mais ce procédé ne laisse pas à l'oreille sa forme naturelle; les oreilles du cheval en effet, vues dans l'instant où il les dresse, portent à leur bord externe une grande courbure, et à leur bord interne, vers la pointe, une échancrure ou petite courbure à peu près concentrique à la courbure externe, tandis que l'amputation avec la pince rend pareils les deux bords que la nature a faits différents.

Après l'amputation, la peau des oreilles se retire et laisse à découvert une marge du cartilage; mais bientôt une légère suppuration s'établit, et à mesure que la cicatrisation avance, la peau s'allonge vers les bords du cartilage, et finit par le recouvrir entièrement.

Une autre opération souvent pratiquée autrefois sur les chevaux aux oreilles pendantes, consiste à extirper une portion de peau en forme de côte de melon, sur la tête, de devant en arrière, entre les oreilles, et de rapprocher les lèvres éloignées de cette plaie au moyen de quelques points de suture. Les oreilles, en effet, se tiennent rapprochées après la cicatrisation; mais cela dure peu; le poids des oreilles agissant sur la peau la fait allonger et elles redeviennent pendantes.

Amputation des oreilles des chiens et des chats. — On ampute les oreilles aux chiens et aux chats à l'aide d'un bistouri ou de ciseaux; c'est une opération trop simple pour être décrite. On opère aussi cette amputation par arrachement. Pour cela, l'animal étant encore très-jeune, on prend une oreille de chaque main, on enlève l'animal et on le lance de manière à lui faire faire le moulinet, ce qui fait rompre le cartilage et la peau près de l'endroit où la main les pince. Mais cet arrachement ne se fait pas toujours bien; les oreilles restent inégales, ou si la peau est arrachée au dedans du trou auditif, il peut être fermé par la cicatrice, et le chien est sourd. Quand il est possible de remédier à cet accident, on y parvient en taillant la peau sur le trou de l'oreille, en y faisant une large brèche par l'extirpation des tissus qui bouchent le conduit, en tamponnant assez fortement l'ouverture qu'on touche légèrement avec la pierre infernale pour s'opposer à la nouvelle coalition des bords. Le chien peut recouvrer l'ouïe en quinze ou vingt jours, quand on exécute avec méthode l'opération et les pansements; mais le succès n'est pas toujours certain.

Il peut arriver que l'amputation des oreilles aux chiens et aux chats soit nécessitée par des ulcères affectant ces organes. Dans ce cas, c'est toujours avec le bistouri ou les ciseaux qu'il faut opérer.

Amputation des cornes. — Les causes qui peuvent nécessiter l'amputation des cornes sont leur direction vicieuse, la fracture, des abcès dans l'intérieur. La manière la plus simple et la plus sûre de faire cette opération est de se servir d'une scie douce. Il faut éviter d'atteindre les vaisseaux, les nerfs, le périoste, parties très-sensibles qui revêtent le cornillon ou os intérieur de la corne. Dans les combats que se livrent les animaux, il y a quelquefois fracture des cornes et même des os du crâne. Ces cas ne sont pas sans remède. Le moyen le plus sûr est toujours d'achever la séparation de la corne fracturée, et de panser la plaie avec des plumasseaux fixés par des tours de bande en spirale, attachés à l'autre corne et couverts de quelque substance douce qui empêche le contact de l'air, ou bien imbibés de quelque spiritueux.

Amputation de l'ongle. — Il arrive souvent au cheval, au mulet et surtout à l'âne que la corne des pieds est d'une longueur nuisible à la marche, soit parce que ces animaux ne marchent pas assez s'ils ne sont pas ferrés, soit qu'on néglige de les déferrer pour *abattre du pied*. Les moutons et les vaches, s'ils ne marchent pas suffisamment, sont aussi sujets à avoir les ongles d'une longueur très-incommode, et difformes au point que les bouts des deux ongles du pied se contournent au haut et se croisent l'un sur l'autre. On peut leur *abattre du pied* comme on le fait au cheval; mais il faut éviter d'occasionner des ébranlements qui pourraient déterminer l'inflammation du réseau vasculaire de la sole et de la paroi. On peut en ramollir la superficie par l'application d'un fer rougi au feu; mais il faut se garder de chauffer de la sorte près du vif. Des substances grasses ou mucilagineuses conviennent aussi sur la paroi et à la sole, en onction ou en cataplasmes pour les amollir.

Quand on taille les ergots ou petites cornes qui croissent derrière le boulet, il faut les ramollir d'avance par des bains ou des substances huileuses, et les couper de manière à ne pas faire souffrir les animaux.

Amputation de la langue. La langue d'un cheval, d'un bœuf, d'un âne, etc., peut être coupée par la longe que l'on aura mise dans la bouche de l'animal, il suffit pour cela qu'il tire la longe un peu fortement. Lorsque cet accident se produit, si la langue n'est pas entièrement coupée, il suffit de mettre dans la bouche de l'animal un billot de miel et de bassiner de temps en temps la plaie avec du vin miellé, mais si la langue est coupée de manière à ce qu'il n'y ait pas espérance de faire reprendre les parties séparées, il faut la couper entièrement, de peur que la gangrène ne survienne. L'amputation de la langue peut être aussi rendue nécessaire par une affection charbonneuse sur cette partie, par un ulcère. L'opération est prompte, facile, et n'a que très-rarement des suites fâcheuses. Voici comment elle se pratique. Après avoir mis un tors-nez à l'animal et lui avoir fait lever un pied de devant, d'une main on tire la langue hors de la bouche, et de l'autre, à l'aide d'un bistouri bien tranchant, on la coupe d'un seul coup. Il suffit ensuite de bassiner la plaie avec du vin miellé et de ne donner à l'animal que des aliments faciles à mâcher, de l'orge cuite par exemple, et de l'herbe fraîche et tendre.

Amputation de la verge. — Cette opération ne se pratique guère que sur le cheval et le chien, et dans le cas seulement où la verge est atteinte d'ulcères ou d'excroissances qui auraient résisté aux traitements ordinaires. Voici comment on opère sur le cheval : L'animal étant assujéti debout, on introduit dans le canal de l'urètre, en la faisant monter jusqu'à ce que le renflement ait dépassé l'endroit où l'on veut opérér la division, une sonde creuse, solide, d'une longueur suffisante et portant un bouton olivaire au bout qui doit être introduit. On place au-dessous de la saillie formée par le bouton de cette sonde une ligature serrée de manière à étrangler le plus fortement possible la partie de la verge qui doit être retranchée. Les deux anneaux qui se trouvent à l'extrémité de la sonde donnent attache à des liens qui servent à contourner l'abdomen et à fixer ainsi l'instrument, par le canal duquel le cours des urines reste libre. Au bout de trente-six heures, on fait une nouvelle ligature qu'on serre comme la première. Cette nouvelle compression achève de mortifier la portion de la verge que l'on veut enlever, et, au bout de deux jours, cette portion ne tient plus ordinairement que par un pédicule circulaire très-étroit, que l'on coupe avec un bistouri ou quelque autre instrument bien tranchant. La sonde peut être retirée aussitôt l'opération faite, et s'il se manifeste quelque inflammation, on fait sur la partie opérée de fréquentes lotions émollientes, on met l'animal à la diète, et l'on peut, si le mal persiste, recourir à la saignée.

Pour le chien, on opère différemment : la verge de cet animal renfermant un os, il faut diviser les parties molles qui entourent cet os et le scier avec une scie douce. Cette opération chez le chien est peu dangereuse ; la plaie se cicatrise promptement et sans qu'il soit besoin de pansement.

Amputation des membres. — Cette opération ne se pratique jamais sur les grands animaux ; les chiens et les chats sont à peu près les seuls animaux domestiques sur lesquels on puisse en espérer le succès. Les causes qui peuvent y faire recourir sont les fractures, la carie des os, la gangrène. On ampute un membre soit en opérant la section dans sa longueur, soit en le désarticulant. Il faut d'abord comprimer l'artère principale à l'aide d'une forte ligature ; puis, si l'amputation doit se faire dans la longueur du membre, l'animal étant bien assujéti, l'opérateur applique le tranchant du couteau de manière à inciser, d'un seul trait et circulairement, la peau et le tissu cellulaire sous-cutané ; cette division terminée, un aide tire la peau en haut, et l'opérateur incise, toujours d'un seul trait, les chairs jusqu'à l'os, en suivant la direction du bord de la peau du côté opposé à la portion à retrancher ; puis, après avoir remonté les parties molles pour isoler l'os, il pose le pouce de la main gauche sur l'endroit où la section doit être faite, et de la main droite il fait agir la scie avec rapidité et sans secousse, tandis qu'un aide soutient la partie du membre à retrancher, de peur que son poids ne fasse éclater l'os avant que la section soit entièrement terminée.

Dans l'amputation par désarticulation, il n'est pas possible de couper la peau et les chairs circulairement ; il faut plonger l'instrument dans les chairs, près de l'os, en dirigeant le tranchant vers la partie à retrancher ; on prolonge l'incision, et lorsqu'elle a une étendue suffisante, on tourne le tranchant en dehors et on achève la section. On divise ainsi la peau et les chairs en deux ou trois lambeaux que l'on relève sur la partie à conserver, et on détache le membre en coupant les ligaments de l'articulation.

Il faut s'empresser, aussitôt la section terminée, de faire la ligature de tous les vaisseaux qui donnent du sang, et rassembler les ligaments ; puis on ramène doucement les chairs vers l'extrémité du moignon et on les maintient dans cette position à l'aide d'une bande que l'on fait descendre par des tours fort rapprochés et peu serrés ; on couvre le tout avec une étoupade épaisse que l'on maintient avec une autre bande ; puis on introduit le moignon dans une espèce de poche où on le maintient par des liens. La diète doit être sévère pendant les premiers jours qui suivent l'opération. Le premier pansement ne doit se faire qu'au bout de cinq jours ; les autres doivent se succéder tous les deux ou trois jours ; on les éloigne ensuite à mesure que la guérison avance.

CLAVÉLISATION. — La clavélisation est à la maladie appelée *claveau* ou *clavelée*, ce que la vaccine est à la petite vérole. C'est une opération très-simple, qui n'est presque jamais suivie d'accidents graves, et qui arrête infailliblement les effets désastreux du claveau.

Quand on est maître de son temps, on doit choisir le mois d'avril ou celui de septembre, dans nos climats, pour pratiquer la clavélisation. Cette dernière époque paraîtrait la plus favorable à cause de l'âge des agneaux, pour celui qui la pratiquerait annuellement; mais le propriétaire d'un troupeau surpris par le claveau, n'est pas maître de retarder à son gré cette opération; il faut qu'il se décide aussitôt, et alors il doit suppléer par des soins à ce que la température peut avoir de défavorable, en partant de ce principe que le froid excessif et les grandes chaleurs sont également funestes.

L'opération consiste à prendre du virus ou de la matière du claveau bénin sur les premiers moutons atteints de cette maladie et de l'inoculer aux autres au moyen de trois ou quatre piqûres. On se sert ordinairement, pour la pratiquer, d'un bistouri ou d'une lancette, ou bien encore de l'aiguille à suture enfilée d'un fil de coton imprégné de virus, que l'on passe sous la peau en forme de séton. Cette dernière méthode doit être rejeté à cause des plaies gangreneuses qu'elle peut produire dans certains cas. L'aiguille à vacciner n'est pas non plus irréprochable; car il arrive qu'en piquant trop avant, elle produit des bubons d'un mauvais caractère. D'un autre côté, la lancette chargée de virus est souvent insuffisante pour communiquer le claveau, sous l'épiderme, parce que la peau repousse en arrière le virus, et ne lui permet pas d'entrer avec la pointe. Pour assurer le succès de l'opération, on fait avec la lancette de petites incisions superficielles, on la trempe ensuite dans le virus, et on la passe dans les incisions, en pressant le doigt dessus, pour que le pus reste attaché aux lèvres de la petite plaie.

On a désigné, comme les places les plus favorables à la clavélisation, les ars et les cuisses. On doit éviter cette dernière place pour les mères nourrices, parce que les agneaux, en les tetant, ne manquent pas alors de s'inoculer au museau et aux yeux, et le claveau est ordinairement fatal dans ces situations. Il paraît incontestable aussi que la quantité de filets nerveux qui garnissent le plat de la cuisse, doit rendre cette partie plus susceptible de présenter des points gangreneux; il faut donc préférer la partie postérieure du coude, la face interne du grasset, et les côtés de la poitrine. — Trois ou quatre piqûres suffisent : une seule risquerait de ne donner qu'un travail local, et un grand nombre pourrait augmenter la gravité de la maladie.

Bien que l'opération de la clavelée soit simple et facile, elle demande pourtant, de la part de l'opérateur, d'assez nombreuses et minutieuses précautions; ainsi le virus claveleux ne doit pas être pris indifféremment sur les bêtes atteintes du claveau aux diverses périodes de la maladie; il faut, pour obtenir un résultat satisfaisant, que les boutons sur lesquels on le prend soient arrivés à leur période de sécrétion; c'est-à-dire avant que le pus n'ait troublé cette matière, et alors qu'elle est parfaitement limpide. L'enlèvement de cette matière demande aussi des soins particuliers : il faut d'abord enlever la pellicule dont le bouton est couvert, et attendre que le virus se montre, ce qui ne manque pas d'arriver au bout de quelques instants; il suinte lentement et finit par couvrir la surface du bouton; c'est alors qu'on le recueille avec la lancette, et qu'on le transporte dans les petites incisions pratiquées sur l'individu qu'on veut inoculer. Il arrive quelquefois que le bouton saigne dès qu'on a enlevé la pellicule qui le recouvrait; dans ce cas, il faut essuyer légèrement la petite plaie pour en enlever le sang et ne prendre le virus que lorsqu'il se montre sans mélange. Une autre méthode consiste à fendre le bouton dans toute sa longueur en ayant soin de ne pas pénétrer plus avant que sa base, le sang paraît aussitôt; on le laisse couler un instant, puis on l'étanche avec un linge fin et bientôt la petite fente s'emplit de virus pur dans lequel il suffit de tremper la lancette pour la reporter dans les incisions faites à l'animal qu'on veut inoculer. Le virus qu'on obtient ainsi est plus abondant que celui qu'on recueille par le procédé précédent, et il suffit du produit d'un seul bouton ainsi incisé pour inoculer trois cents moutons ou brebis.

Lorsqu'on n'a point de sujets atteints de la clavelée, et que l'on veut néanmoins claveliser par mesure de précaution, on se sert du virus recueilli depuis un temps plus ou moins long et que les vétérinaires conservent dans des verres. Il semblerait que cette substance ainsi conservée dût avoir perdu une partie de son efficacité; il en est tout autrement, et cette matière a des vertus contagieuses plus actives et plus puissantes que celles que l'on prendrait à l'instant sur un animal malade.

Quelquefois on n'obtient pour résultat de la clavélisation que de petites pustules semblables à celles du claveau ordinaire, à la place où s'est faite l'insertion; plus rarement l'éruption est générale; mais le plus souvent, au lieu de petites pustules arrondies, il survient, à la suite de la clavélisation, des espèces de bubons plats, irréguliers, rouges d'abord, ensuite pleins de pus claveleux, gros comme des noix. Cette éruption est fréquemment suivie de celle de petites pustules dans les autres parties du corps; mais très-souvent aussi c'est le seul symptôme que

l'on reconnaisse. La marche de la maladie est d'ailleurs bénigne
en proportion de la petite quantité de pustules. Il faut observer
avec soin si les symptômes généraux de gonflement des naseaux,
écoulement nasal et météorisme léger, se manifestent; s'ils ne
paraissaient pas, on ne pourrait regarder l'animal comme suffisamment préservé, et il faudrait recommencer l'inoculation.

Le traitement qui convient aux bêtes à laine qui viennent de
subir la clavélisation est des plus simples; il suffit de leur donner de bons aliments, en alternant les fourrages divers, luzerne,
sainfoin, trèfle, etc.; en donnant en outre à ceux des animaux
qui paraissent le plus faibles un repas de son, de froment mélangé
d'avoine et d'un peu de sel marin, et pour breuvage, de l'eau
blanchie avec de la farine d'orge dans laquelle on fait dissoudre
un peu de sel.

Le plus ordinairement il ne se manifeste aucun accident fâcheux après la clavélisation; mais il arrive quelquefois que des
tumeurs gangreneuses se développent sur les tumeurs dix ou
quinze jours après l'opération; il faut, dans ce cas, frictionner
ces tumeurs avec un liniment ammoniacal, et administrer à l'intérieur du quinquina en poudre dans du vin chaud; mais le plus
sage, dans cette circonstance, est de recourir aux gens de l'art.

Trachéotomie. — Il arrive souvent chez les animaux, et particulièrement chez le cheval, que le tube respiratoire se trouve
obstrué, soit par l'effet d'une maladie, soit qu'un corps étranger
s'y soit introduit, L'animal, dans ces conditions, est presque
toujours menacé de suffocation, et alors l'opération de la trachéotomie peut seule le sauver. Cette opération consiste à pratiquer,
dans la trachée-artère, une ouverture à l'air, afin qu'il puisse
arriver dans les poumons et en sortir librement. Le tube respiratoire, ou trachée-artère, est ce canal qui s'étend depuis le fond de
la bouche jusqu'aux poumons, et dont les anneaux, en partie
cartilagineux, et en partie membraneux, le rendent raboteux et
rude. On conçoit que l'ouverture à faire à cet organe, pour
faciliter la respiration, doit toujours être pratiquée au-dessous de
l'obstacle à la pénétration de l'air; il faut donc, avant tout, s'assurer de l'endroit précis où se trouve l'obstruction, et si on le
trouvait tellement rapproché des poumons que l'opération ne pût
se faire sans atteindre ce viscère, il faudrait y renoncer, car elle
ne pourrait qu'accélérer la mort.

L'opération de la trachéotomie, bien que très-grave, n'est pas
d'une grande difficulté d'exécution. Voici la description qu'en
donne un célèbre opérateur : L'animal étant debout et bien assujéti, l'opérateur placé en avant du poitrail, et un peu à droite,
tend, avec le pouce et l'index de la main gauche, la peau qui recouvre la face antérieure de la trachée, puis il y fait de la main

droite, armée d'un bistouri convexe, une incision d'environ trois centimètres de longueur, en suivant la direction de l'encolure. Il dissèque le tissu cellulaire qui recouvre les anneaux de la trachée, qu'il met ainsi à découvert, en faisant tenir écartés les bords de la plaie. Ce premier temps de l'opération terminé, on implante entre les deux anneaux que l'on veut inciser une érigne ordinaire; on plonge perpendiculairement, et dans le milieu de l'anneau supérieur, la pointe du bistouri; on lui fait décrire autour de l'érigne, et de droite à gauche, une figure elliptique dont la longueur est transversale à la trachée, et l'on enlève ainsi la moitié inférieure de l'anneau supérieur, et la moitié supérieure de l'anneau inférieur. L'érigne, toujours fixée au centre de cette portion de la trachée, sert à l'extraire sans courir le risque de la laisser tomber dans l'intérieur de la trachée.

Cette manière d'opérer demande un certain temps; elle pourrait donc être sans succès dans le cas où la suffocation serait imminente; il faut alors agir rapidement : on se bornera donc, dans ce cas, à enfoncer le bistouri entre deux anneaux, et à faire une incision d'une longueur de deux travers de doigt.

L'incision étant faite, par l'un ou l'autre de ces procédés, il faut aussitôt introduire dans cette ouverture un tube qui donne libre passage à l'air. Les gens de l'art ont inventé un instrument spécial qu'ils nomment *tube à trachéotomie*, et construit de manière à pouvoir être parfaitement maintenu dans la position convenable; mais si l'on n'a point à sa disposition un de ces instruments, on peut le remplacer par une feuille de plomb roulée, ou par un bâton de sureau dont on a enlevé la moelle; ou bien, si l'on n'a aucune espèce de tube, on relève de chaque côté les bords de la plaie au moyen de deux fils passés dans les lèvres de la plaie, et dont on réunit les extrémités sur la crinière, de sorte que l'ouverture pratiquée demeure constamment libre.

Les soins d'un homme de l'art sont toujours indispensables après cette opération, et la saignée est souvent nécessaire surtout lorsque la respiration a été assez gênée pendant plusieurs heures pour faire craindre la suffocation. Il faut aussi nettoyer fréquemment le tube, que des mucosités épaisses tendent à obstruer.

Lorsque les causes qui ont nécessité l'opération de la trachéotomie ont disparu, on ôte le tube ou on enlève les fils qui tiennent la plaie ouverte; on en rapproche les lèvres, on la couvre de toile, et la cicatrisation ne tarde pas à s'opérer.

PONCTION DU RUMEN. — La ponction est une opération par laquelle on ouvre une partie du corps pour donner passage aux eaux ou aux gaz qui s'y sont rassemblés, et par lesquels l'animal est menacé de suffocation. Lorsque l'accident est causé par les gaz, il prend le nom de météorisation. La météorisation est très-fréquente chez les ruminants au printemps et en automne, et le mal fait souvent des progrès si rapides, que la ponction du rumen est le seul remède efficace que l'on puisse y appliquer.

Cette opération est fort simple et peut toujours être pratiquée sans danger ; elle consiste à plonger un instrument appelé *trois-quarts* dans le rumen, et à provoquer, par l'ouverture qui en résulte, la sortie immédiate des fluides gazeux qui le distendent. Voici comment elle se pratique : On commence par faire une incision a la peau dans le milieu du flanc gauche, à égale distance du cercle cartilagineux des côtes, des apophyses transverses des vertèbres lombaires et de l'angle antérieur externe de l'iléon, puis on enfonce dans cette incision un trois-quarts muni de sa canule ; on retire ensuite la tige de cet instrument, et on laisse dans l'ouverture faite la canule, qui donne issue aux fluides gazeux. Ces gaz s'échappent souvent avec tant d'abondance et de rapidité, qu'il faut avoir soin, en retirant le poinçon, de détourner la tête pour n'en être pas atteint d'une manière fâcheuse. Les flancs de l'animal se détendent aussitôt, son ventre s'affaisse, et il se trouve soulagé. Lorsque les gaz s'échappent avec impétuosité, il peut arriver qu'ils entraînent quelques parties de substances alimentaires qui obstruent la canule ; mais il est très-facile de remédier à cet accident en débouchant la canule avec une baguette, qui fait retomber les substances alimentaires dans le rumen.

Le trois-quarts est un instrument de chirurgie composé d'un poinçon cylindrique en acier, terminé par une pointe triangulaire, et d'une canule d'argent dans laquelle le poinçon est renfermé. Lorsqu'on n'a pas cet instrument, on peut, si le cas est pressant, se servir d'un instrument tranchant quelconque, comme un canif, un couteau dont la lame ne soit pas trop large ; on enfonce l'instrument à l'endroit indiqué plus haut, puis on introduit dans la plaie un tube de roseau, de sureau ou de toute autre matière. Ce tube doit être maintenu dans la plaie à l'aide de cordons qu'on attache à son extrémité supérieure, et qu'on réunit sous le ventre. Assez ordinairement deux jours suffisent pour que les gaz s'échappent complétement ; mais il est des cas où ils n'ont tout à fait disparu qu'au bout de cinq ou six jours, et quelquefois plus, et le tube doit demeurer dans la plaie pendant tout ce temps, et être fréquemment nettoyé ; on ne l'enlève définitivement que lorsque l'animal recommence à ruminer, ce qui annonce que les gaz ont complétement disparu. On lave alors avec soin les bords de la plaie, on y applique une compresse enduite de cérat et maintenue par une bande qui se réunit sous le ventre.

Cette opération se pratique de la même manière sur tous les ruminants; seulement, pour les bêtes à laine, le trois-quarts doit être de moitié moins long que pour le bœuf ou la vache; et si l'on se sert d'un autre instrument tranchant, il faut en enfoncer la lame avec assez de précaution pour qu'elle ne pénètre pas trop avant.

Incision du rumen. — Nous venons de voir comment les gaz, lorsqu'ils se développent avec trop d'abondance dans le rumen, peuvent en être extraits au moyen de la ponction; mais il peut arriver aussi que les gaz ne soient pas la seule cause de la météorisation, et qu'elle soit produite en partie par un amas de substances alimentaires durcies. La ponction, dans ce cas, est insuffisante. Il est alors indispensable de pratiquer, à travers le flanc gauche, une incision d'environ quinze centimètres de longueur, et qui pénètre dans le rumen de manière à ce qu'il soit possible d'y introduire la main. On fait entrer d'abord, par cette ouverture, de l'eau tiède, ou quelque autre liquide inoffensif, pour délayer les substances accumulées, puis, avec la main, on enlève ces substances. L'opération terminée, on lave la plaie, on la couvre d'un plumasseau maintenu par une bande, et on la panse tous les deux jours, avec le plus grand soin, pour la maintenir dans un état constant de propreté.

CHAPITRE V.

DE LA GESTATION, DE LA PARTURITION ET DE L'AVORTEMENT.

On appelle gestation ou plénitude l'état de la femelle qui porte en elle le produit de la fécondation. Le temps de la gestation dure suivant l'espèce et le genre d'animaux. D'après quelques auteurs, il peut exister une différence de cinq à vingt jours et même d'avantage entre la durée de la gestation de deux femelles de la même espèce.

On fixe la durée moyenne de la gestation, chez les quadrupèdes domestiques, de onze à douze mois pour la jument et l'ânesse; à neuf mois pour la vache; à cinq mois pour la chienne; à cinquante-six jours à peu près pour la chatte; à trente jours pour la lapine.

La gestation n'est pas, à proprement parler, une maladie; mais il faut éviter aux femelles qui sont dans cet état les efforts, les chutes, les fatigues, les travaux pénibles, les coups de pied, les coups d'éperon, de bâton ou de fouet, les dents des autres animaux, la traction trop forte des charrettes, les chocs des brancards, les sauts, les heurts, etc.

La *parturition* ou *mise bas* est l'acte par lequel le fœtus, développé pendant la période de la gestation dans l'intérieur de la matrice, en est expulsé au terme voulu par la nature.

Les bêtes pleines exigent les plus grands soins et la plus sévère surveillance.

Autant que possible, il est utile de les tenir à l'écart, leur donner de bonne litière, ne pas leur donner à boire quand elles ont chaud, les maintenir en état constant de propreté, aérer fréquemment les lieux qu'elles habitent.

Leur nourriture doit être proportionnée à leur force, à leur genre de service. Plus l'époque de la gestation est avancée, plus les aliments seront abondants et de facile digestion ; les indigestions pouvant amener l'avortement.

Beaucoup de praticiens conseillent la saignée lorsque les femelles sont pleines ; mais nous pensons qu'il faut en être sobre et n'y recourir que lorsqu'une trop grande quantité de sang les gêne ou les fatigue. Une saignée faite mal à propos peut entraîner l'avortement, et chez les vaches peut supprimer le lait.

La plénitude du pouls, le gonflement des vaisseaux sanguins, situés dans la région du bassin, l'engorgement des membres supérieurs, sont les principaux signes qui indiquent le besoin de la saignée.

Dès que les cavales ont donné des signes qu'elles ont conçu, on doit empêcher qu'aucun poulain ou d'autres chevaux entiers ne les approchent.

Les marques de plénitude sont la facilité avec laquelle la jument s'engraisse dans l'hiver, et le volume qu'acquiert son flanc deux mois avant le part ; la tension, la dureté, la grosseur des mamelles et l'avalement des flancs et de la croupe.

D'un autre côté, les lèvres de la vulve se tuméfient, la fente qu'elle forme se dilate, s'agrandit, et donne issue de temps en temps à une matière muqueuse, qui s'échappe surtout lorsque la bête urine, ou immédiatement après qu'elle a uriné. Elle se campe souvent pour satisfaire ce besoin.

A mesure que le terme approche, la vulve se gonfle, il s'en écoule une sérosité glaireuse, et quand la parturition est très-prochaine, les mamelles s'emplissent du liquide qui doit constituer le lait. La jument qui va mettre bas s'isole, cherche le repos, et instinctivement s'abstient de tous mouvements qui pourraient blesser son petit.

Dès que le fœtus est parvenu au juste volume qu'il doit acquérir, la matrice se trouve extrêmement distendue ; elle se con-

Cheval Ardennais
Cheval Tarbe

Cheval Limousin.
Cheval Normand.

tracte et cherche en quelque façon à se débarrasser du corps qu'elle renferme. D'un autre côté, le poulain, se trouvant contraint et gêné, s'agite, se livre à divers mouvements pour rompre les membranes qui l'environnent et se frayer une issue hors de l'étroite cavité qui le contient, c'est ainsi que commence le travail du part.

DE LA PARTURITION CHEZ LA JUMENT. — Dans la circonstance où la jument, prête à mettre bas, serait surprise par une maladie formidable et désespérée, on pourrait ne pas abandonner le poulain à son sort et entreprendre l'extraction.

Cette opération impose nécessairement l'obligation d'en pratiquer une seconde promptement et sans délai. Il s'agit de couper le cordon qui tient le fœtus assujéti au placenta, et d'en faire la ligature. On conçoit, au surplus, qu'il n'est question ensuite que de procurer au poulain les moyens de s'allaiter pour entretenir une vie que l'on vient, en quelque façon, de lui rendre.

Il importe d'user de précautions envers toute jument qui vient de pouliner; on la tiendra chaudement et bien couverte, dans l'intention de favoriser la transpiration, et on lui fera observer pendant quelque temps un régime austère; on ne lui donnera que très-peu d'aliments, et l'on préférera les plus légers; elle sera abreuvée d'eau blanche, et si elle abonde en lait, il faudra nécessairement la traire.

La jument doit être placée seule, s'il est possible, dans une écurie sans y être attachée, et on doit lui faire une bonne litière.

Dès que la jument a mis bas, le poulain a l'instinct de se saisir du mamelon, qui offre au jeune animal ce lait clair et séreux pour le purger de la matière dont ses intestins sont remplis.

La cavale ayant mis bas, il est important de la tenir huit ou dix jours dans l'écurie ; on l'y nourrira abondamment, on lui donnera le meilleur foin, du son de froment, de l'orge grossièrement moulue, et sa boisson sera de l'eau blanche tiede; lorsque cet espace de temps sera écoulé, on pourra la conduire à l'herbe avec son petit pour lequel il est à souhaiter que les pâturages ne soient pas d'abord trop éloignés.

Du poulain. — Le poulain tette dès le moment de sa naissance, et c'est aller contre les prévisions de la nature que de l'empêcher, comme on le fait souvent, de prendre le premier lait de sa mère, lait qui est d'une consistance séreuse et d'une qualité purgative. Il est à présumer que la nature ne l'offre au jeune animal que pour le purger de la matière dont ses intestins sont remplis, ce qu'on désigne sous le nom de *méconium*. Quelques poulinières, surtout parmi celles qui sont à leur première portée, redoutent les approches de leur petit et se défendent lorsqu'il se présente pour téter. On préviendra cet inconvénient en habituant la mère, pendant la gestation, à se laisser toucher les mamelles ; dans tous les cas, on devra, avant d'abandonner le poulain à lui-même, se bien assurer qu'il prend de la nourriture et qu'il n'est pas maltraité, dans le double intérêt de la mère et de son petit ; au besoin, on contraindra la mère à se laisser téter trois ou quatre fois le jour, soit en lui mettant un torche-nez ou des morailles, soit en lui levant un pied du devant, ou enfin de toute autre manière qu'on avisera ; mais si l'habitude ne surmonte pas sa répugnance, la contrainte qu'elle en éprouve la portant à retenir une partie de son lait, et ce lait étant constamment échauffé, il en résulte que le poulain en pâtit, et la mère ne doit point dès lors être signalée comme propre à la reproduction. S'il arrivait que, pendant le part ou à la suite, la jument vînt à périr, on devrait donner son petit à allaiter à une autre jument qui fût reconnue pour avoir beaucoup de lait, ou à une mère dont le petit serait mort, si cette circonstance se présentait.

Dans le cas assez ordinaire où la jument a de la répugnance à allaiter un poulain étranger, on essaiera le moyen suivant : s'il s'agit d'une mère à laquelle on substitue un poulain à la place du sien mort, on revêt de sa peau le nourrisson qu'on veut faire allaiter, et si ce stratagème réussit, comme il y en a eu plusieurs exemples, il cessera d'être nécessaire après quatre ou cinq jours.

S'il faut donner à une même jument deux poulains à nourrir, on n'amènera le second que lorsque le premier aura déjà pris une suffisante quantité de nourriture, et on essayera de l'y substituer en sa place. S'il est nécessaire, on mettra des lunettes à la mère, ou l'on distraira son attention par un torche-nez ou de toute autre manière.

Si enfin ces différents moyens ne peuvent aboutir, on allaitera l'orphelin avec du lait de vache, en le faisant boire plusieurs fois par jour, ou en mettant à sa portée le bout d'une éponge dont le reste trempe dans un seau de lait.

La nourriture qu'une seule jument donnerait ainsi à deux poulains étant insuffisante, on y ajoute pour chacun une certaine quantité de lait de vache. Et, après un mois d'un allaitement ainsi partagé, celui des deux qui donne le moins d'espérance, sera nourri entièrement d'une manière artificielle.

On rapporte qu'on a fait nourrir par une ânesse un poulain dont la mère était morte dans l'enfantement, et que cet essai a fort bien réussi. Il serait à craindre seulement, en pareil cas, que la position gênante du petit, obligé de se baisser considérablement pour prendre la mamelle, n'influât sur sa conformation, et il serait bien de chercher le moyen d'écarter l'inconvénient relatif à la différence de taille des deux individus.

Les poulains grandissent sans autre soin que ceux que l'on donne à leurs mères et dont ils profitent naturellement. L'exercice est nécessaire à ces jeunes animaux; mais, jusqu'à ce qu'ils aient acquis un certain degré de force, on doit avoir attention qu'ils ne se fatiguent pas par des courses trop longues, dont l'inconvénient le plus certain serait d'influer d'une manière fâcheuse sur la conformation de leurs jambes. Ainsi, on devra choisir les pâturages les moins éloignés, et il vaudrait mieux retenir les poulains en liberté dans un enclos que de les laisser suivre leurs mères sur les grandes routes, dans les villes et dans tous les lieux où les accidents sont d'ordinaire fréquents.

Dans le jeune âge, tout porte coup sur le physique comme sur le moral, et l'éducation des poulains ne consiste pas seulement à lui éviter tout ce qui peut nuire à son développement et à sa croissance : les habitudes vicieuses qu'il prendra d'enfance, il les conservera toute sa vie; empêchez donc les enfants de l'exciter par des cris et des gestes, pour s'amuser de ses gambades; de le tourmenter de ce qu'ils appellent leurs caresses, et qui l'habituent à mordre; empêchez aussi les chiens de courir après lui et ne mettez rien sur son dos qui puisse fatiguer les reins.

Habituez-le, au contraire, par des mouvements francs et sans jamais user de surprise à son égard, à se laisser approcher sans crainte, à souffrir la présence de l'homme, ses soins, ses caresses, ses exigences; étudiez les dispositions de son caractère pour en régler les mouvements, et n'employez jamais, pour obtenir ce que vous désirez de lui, que la douceur et la persévérance. Les mauvais traitements ne manquent jamais de révolter ceux contre qui on les emploie, et produisent le plus souvent un effet contraire à celui qu'on s'en promettait.

Quant à la nourriture du poulain jusqu'à l'âge de deux mois, la mère en fait tous les frais ; mais alors il faut commencer à séparer de temps en temps le jeune animal de sa nourrice, et mettre devant lui du fourrage vert, du grain concassé, même du foin sec, fin et tendre. Si le poulain est élevé au pâturage, il prendra de lui-même, à côté de sa mère, l'habitude de brouter l'herbe, de broyer les aliments, et les organes de la digestion s'affermiront par degré.

Par ces soins le poulain arrivera tout préparé à l'époque du sevrage, et sa constitution n'éprouvera aucune secousse de ce changement de régime.

DE LA PARTURITION CHEZ LA VACHE. — Les ruminants ne manifestent pas aux approches de la parturition des signes aussi sensibles que les solipèdes.

La vache n'a pas besoin d'autant d'espace que la jument, elle se tourmente beaucoup moins et reste plus tranquille. Il y aurait danger de la placer à côté d'une autre bête qui ne serait pas à terme.

L'étable comme l'écurie doit toujours être tenue en état de propreté, bien aérée, à une température modérée.

Les aliments de la vache pleine seront plutôt des racines, des tubercules sous forme de soupe, que du foin ou de la paille. Si l'embonpoint augmentait notablement il faudrait diminuer un peu la nourriture, car chez la vache trop grasse, le fœtus se développe mal et le vélage est difficile; la parturition languissante étant commune parmi les vaches, on sera muni de quelques cordiaux tels que du vin, du cidre, etc.

Du moment où les obstacles naturels sont franchis, le petit sort brusquement. La délivrance ou l'expulsion du délivre suit de près la sortie du petit des flancs de la mère.

On veillera à ce que la vache ait de bonne litière, soit placée commodément, bien nourrie; on lui donne pendant dix à douze jours de la farine de fèves, de blé ou d'avoine, délayée avec de l'eau salée et abondamment du sainfoin, et de bonne herbe bien mûre. Ce temps suffit ordinairement pour la rétablir, après quoi on la remet par degrés à la vie commune et au pâturage, seulement il faut encore avoir l'attention de lui laisser tout son lait pendant les deux premiers mois. Le veau en profitera davantage.

Et d'ailleurs, le lait de ces premiers temps n'est pas de bonne qualité.

On laisse le jeune veau auprès de sa mère pendant les cinq ou six premiers jours, afin qu'il soit toujours chaudement, et qu'il puisse teter aussi souvent qu'il en a besoin; mais il croît et se fortifie assez dans ces cinq ou six jours pour qu'on soit dès-lors obligé de l'en séparer si on veut la ménager, car il l'épuiserait s'il était toujours auprès d'elle; il suffira de le laisser teter deux ou trois fois par jour, et si l'on veut lui faire une bonne chair et l'engraisser promptement, on lui donnera tous les jours des œufs crus, du lait bouilli, de la mie de pain. Au bout de quatre ou cinq semaines ce veau sera excellent à manger. On pourra donc ne laisser teter que trente ou quarante jours les veaux qu'on destinera à la boucherie; mais il faudra laisser au lait pendant deux mois au moins ceux qu'on vaudra nourrir : plus on les laissera teter, plus ils deviendront gros et forts. On préparera, pour les élever, ceux qui seront nés aux mois d'avril et juin; les veaux qui naissent pendant l'été ne peuvent acquérir assez de force pour résister aux rigueurs de l'hiver suivant; ils languissent par le froid et périssent presque tous. A deux, trois ou quatre mois on sèvrera donc les veaux qu'on veut nourrir, et, avant de leur ôter le lait absolument, on leur donnera un peu de bonne herbe ou de foin fin pour qu'ils commencent à s'accoutumer à cette nouvelle nourriture; après quoi on les séparera tout à fait de leur mère, et on ne les en laissera point approcher ni à l'étable ni au pâturage, où cependant on les mènera tous les jours, et où on les laissera du matin au soir pendant l'été; mais dès que le froid commencera à se faire sentir, en automne, il ne faudra les laisser sortir que tard dans la matinée et les ramener de bonne heure le soir. Et pendant l'hiver, comme le grand froid leur est extrêmement contraire, on les tiendra chaudement dans une étable bien fermée, et bien garnie de litière; on leur donnera avec l'herbe ordinaire du sainfoin, de la luzerne, et on ne les laissera sortir que par les temps doux. Il leur faut beaucoup de soins pour passer le premier hiver. C'est le temps le plus dangereux de leur vie.

L'Académie des sciences, d'après les analyses chimiques de M. Isidore Pierre, a recommandé aux cultivateurs comme nourriture saine, tonique et fortifiante, pour les jeunes veaux, LE THÉ DE FOIN.

Le thé de foin se fait ainsi : on met dans une terrine, garnie d'un couvercle, du foin fin et sec, haché menu, autant que le vase peut en contenir, on le foule légèrement, puis ou verse dessus de l'eau bouillante, et l'on bouche le vase hermétiquement; au bout de deux heures l'eau a pris la force et les vertus du foin, ainsi que la couleur brune du thé. Cette infusion peut se conserver deux jours, même en été.

Trois ou quatre jours après le part, on donne au jeune veau, matin et soir, ce breuvage mêlé au lait, tiède à la chaleur de lait de vache, dans la proportion du quart, du tiers, de la moitié et des trois quarts, le tout progressivement. L'on peut continuer ce régime pendant trois mois, mais alors il suffit d'un peu moins d'un quart de lait.

C'est par ce procédé que l'on élève en Angleterre jusqu'à quatre veaux avec le lait d'une même vache, et qu'on ne livre au commerce que des veaux gras et forts, tandis que chez nous le veau est la viande la moins bonne comme la moins nourissante. De quel avantage, et pour le producteur et pour le consommateur, ne serait donc pas un usage qui, avec un peu de soin et sans grande dépense, permettrait de ne livrer à la boucherie que des veaux de trois mois.

DE LA PARTURITION CHEZ L'ANESSE. — Les ânesses que l'on destine à la propagation de l'espèce doivent, pendant tout le temps de la gestation, être nourries au fourrage choisi, au son, à l'avoine, au pain. Le travail de la parturition est le même que chez la cavale.

Il faut éviter de faire travailler les ânesses pleines de cinq à six mois, de même que les ânesses nourrices. — Eviter de leur laisser boire des eaux froides et crues, afin de prévenir l'avortement. — Les préserver des chutes, coups, etc. — Ne pas les envoyer aux champs avant que le soleil ait dissipé la rosée ou la gelée blanche. Il est très-utile de surveiller le moment de la mise bas, parce que le petit en tombant pourrait se blesser ou se tuer, les ânesses comme les juments étant dans l'habitude de se tenir debout dans ces circonstances. — Aussitôt après la délivrance de la mère, on la met à l'usage de l'eau tiède, mélangée d'un peu de farine d'orge ou de froment. On la prémunit contre l'humidité et le froid, et l'on veille à ce que le petit ânon tette. Enfin on donne à l'ânesse une nourriture plus substantielle durant l'allaitement.

De la parturition chez la chèvre. — L'accouchement de la chèvre est presque toujours très-laborieux. Elle porte cinq mois et met bas dans les premiers jours du sixième. Quelques jours avant que la chèvre fasse son petit, on lui donne de bon foin. — Le fumier, la fange, l'humidité lui sont contraires; il faut avoir soin de l'entretenir de litière fraîche et de nettoyer tous les jours son étable; on lui donne des boissons émollientes ou fortifiantes selon les cas.

Quand le chevreau est né, la chèvre l'allaite. On le sèvre à un mois et demi ou deux mois. — On peut commencer à traire les chèvres quinze jours après qu'elles ont mis bas. — Elles donnent du lait en abondance pendant quatre à cinq mois.

La chèvre est une meilleure mère que la brebis; on n'a pas besoin d'artifice pour l'engager à se laisser teter.

Les chevreaux peuvent être élevés à boire comme les agneaux, en cas de maladie on doit leur appliquer les mêmes remèdes.

De la parturition chez les brebis. — Ces animaux, dont le naturel est si simple, sont aussi d'un tempérament très-faible; la grande chaleur, l'ardeur du soleil, les incommodent autant que l'humidité, le froid et la neige. Ils sont sujets à un grand nombre de maladies dont la plupart sont contagieuses; la surabondance de la graisse les fait quelquefois mourir, et empêche les brebis de produire. Elles mettent bas difficilement; elles avortent fréquemment, et demandent plus de soins qu'aucun des autres animaux domestiques.

Lorsque les brebis ont été fécondées, il faut bien les nourrir, les conduire doucement, ne pas les mettre dans le cas de sauter les haies, les fossés, en éloigner autant que possible les causes qui pourraient amener l'avortement.

L'agnelage se fait seul et sans difficulté, cependant il arrive parfois qu'on est obligé de venir en aide à l'animal. Si la brebis a trop de chaleur et d'agitation, il est bon de la saigner, mais si elle est faible, il faut lui faire boire un peu de vin, du cidre ou de la bière. Si l'agneau se présente mal, il faut tâcher de changer sa mauvaise situation et de le retourner pour le mettre à même de sortir. La position est bonne quand il présente le bout du museau à l'ouverture de la matrice, et quand il a les deux pieds de devant au-dessous du museau et un peu en avant, ses deux jambes de derrière sont repliées sous le ventre et s'étendent en arrière à mesure qu'il sort de la matrice.

Quelques heures après que la brebis a mis bas, il faut lui donner un peu d'eau blanche tiède, du son, de l'orge ou de l'avoine, et la meilleure nourriture que l'on pourra trouver dans la saison.

Si la mère ne lèche pas le petit agneau pour le sécher, il faut répandre dessus un peu de sel en poudre et on l'approche de la mère pour l'engager à le lécher par l'appât du sel.

On lève l'agneau et on le met droit sur ses pieds; on tire en même temps le lait qui est contenu dans les mamelles de la mère; ce premier lait étant gâté, ferait beaucoup de mal à l'agneau, on attend donc qu'elle se remplisse d'un nouveau lait avant de lui permettre de teter. On le tient chaudement et on l'enferme pendant trois ou quatre jours avec sa mère pour qu'il apprenne à la connaître. Dans ces premiers temps, pour rétablir la brebis, on la nourrit de bon foin et d'orge moulu, ou de son mêlé d'un peu de sel; on lui fait boire de l'eau un peu tiède et blanchie avec de la farine de blé, de fèves ou de millet. Au bout de quatre à cinq jours, on pourra la remettre par degrés à la vie commune et la faire sortir avec les autres. On observera seulement de ne pas la mener trop loin pour ne pas échauffer son lait. Quelque temps après, lorsque l'agneau qui la tette aura pris de la force et qu'il commencera à bondir, on pourra lui laisser suivre sa mère aux champs.

On livre ordinairement à la boucherie tous les agneaux qui paraissent faibles, et l'on ne garde, pour les élever, que ceux qui sont les plus vigoureux, les plus gros et les plus chargés de laine. Les agneaux de la première portée ne sont jamais si bons que ceux des portées suivantes. Si l'on veut élever ceux qui naissent aux mois d'octobre, novembre, décembre, janvier, février, on les garde à l'étable pendant l'hiver; on ne les fait sortir que le soir et le matin pour teter, et on ne les laisse point aller aux champs avant le commencement d'avril. Quelque temps auparavant, on leur donne tous les jours un peu d'herbe, afin de les accoutumer peu à peu à cette nouvelle nourriture. On peut les sevrer à un mois, mais il vaut mieux ne le faire qu'à six semaines ou deux mois. On préfère toujours les agneaux blancs et sans tache aux agneaux noirs ou tachés, la laine blanche se vendant mieux que la laine noire ou mêlée.

Les brebis qui *agnèlent* pour la première fois sont sujettes à négliger leurs agneaux. Pour les rendre plus attentives, on les sépare du troupeau et on les enferme avec leurs petits dans des cases que l'on construit avec des claies.

Un cultivateur cite les résultats d'expériences par lui faites, à propos de l'agnelage, et qui ne manquent pas d'un certain intérêt pour l'agriculteur; il est même présumable que si on les étudiait avec quelque persévérance, elles conduiraient à des observations neuves qui auraient, sans aucun doute, des applications utiles dans la pratique.

« On sait, dit-il, que, lorsque les agneaux viennent au monde, ils sont enduits de mucosités dont ils sont délivrés, aussitôt après leur naissance, par la mère, qui ne cesse de les lécher. Ce mucus m'a paru insipide et inodore, et, comme tout le monde, je pensais que les brebis, en léchant leurs agneaux, étaient uniquement mues par le sentiment de l'amour maternel; mais, en examinant attentivement cette opération, je remarquai que ces animaux la suspendaient souvent pour manger les portions de mucus qui étaient tombées sur la litière, ou, comme toutes les femelles des animaux, pour dévorer le placenta quand on n'avait pas soin de l'enlever. M'étant approché d'une de ces brebis avec une petite quantité de ce mucus que j'avais tenue en réserve, je la vis aussitôt abandonner son agneau pour me suivre.

« Ces faits suffirent d'abord pour me convaincre que le léchement est uniquement dû à un appétit particulier pour l'humeur qui enduit leur progéniture, et cependant ce même mucus ayant été présenté à d'autres brebis, celles-ci parurent tout-à-fait indifférentes pour cette substance, et même la rebutèrent. J'attendis alors une époque favorable où deux brebis viendraient à agneler ensemble, et, ayant offert réciproquement à chacune d'elles le mucus de l'autre, toutes deux le dévorèrent avec avidité, et j'ai même pu, avec ce mucus étranger, les éloigner de leurs agneaux et apaiser la fureur qu'elles éprouvèrent au moment où on leur ravit ceux-ci. Ainsi les brebis n'ont pas plus de prédilection pour leur mucus propre que pour celui des autres animaux de leur espèce. J'ai voulu alors m'assurer si cet appétit était passager, combien de temps il durait après le part, afin de m'expliquer le refus des brebis qui ne viennent pas d'agneler, et j'ai fait l'expérience suivante pour éclaircir ce fait. J'ai tenu en réserve une portion de cette humeur, provenant d'une brebis, pendant cinq ou six heures après le part, et lorsque son agneau eut été nettoyé et que la mère eut cessé de le lécher, je lui ai présenté ce mucus, et elle a refusé de le manger. On pouvait croire que le mucus avait éprouvé pendant cette courte période un mouvement spontané de décomposition ou quekque altération, et que cette circonstance était peut-être suffisante pour le faire refuser; mais, comme je m'étais assuré déjà que chaque brebis, au moment du part, léchait indistinctement son propre mucus ou celui des autres brebis, j'ai présenté ce vieux mucus à une brebis qui venait de mettre bas, et qui l'a dévoré aussitôt avec l'avidité ordinaire, tandis que la brebis qui avait mis bas depuis quelque temps a refusé même le mucus récent de sa compagne. Cette expérience m'a démontré que l'appétit désordonné que les brebis éprouvent pour le mucus qui enduit leurs agneaux ne dure pas au-delà de cinq et six heures après le part. J'ai répété ces expériences toujours avec les mêmes résultats; mais je ne me suis point assuré de l'époque exacte à laquelle cesse ce singulier appétit, s'il dure pendant une même période chez tous les animaux domestiques, ni quels sont les effets qui peuvent résulter pour les brebis-mères de la privation de cet aliment si vivement recherché. »

DE LA PARTURITION CHEZ LES TRUIES. — La truie porte seize à dix-sept semaines, et peut facilement mettre bas deux fois par an. Aussitôt qu'on s'aperçoit que la truie est pleine, on la sépare du mâle, qui pourrait la blesser; on renouvelle souvent sa litière, qui doit être abondante; on maintient son toit ouvert et on ne l'y tient renfermée que pendant deux ou trois jours avant qu'elle ne mette bas, ce que l'on reconnaît par le lait qui arrive à ses mamelles et par le soin qu'elle met à transporter de la paille sous son toit, afin de se coucher plus commodément.

Lorsqu'elle met bas, on augmente sa nourriture; on surveille soigneusement les petits, afin de les soustraire à la voracité de leur mère, et on les habitue à teter; c'est ordinairement l'affaire de deux ou trois jours; on les visite plusieurs fois dans la journée, et on les nourrit avec des pommes de terre et des navets dans du petit lait, avec de la farine d'orge. On ne doit pas laisser la truie allaiter ses petits pendant plus de deux mois; on commence même au bout de trois semaines à les mener aux champs avec la mère, pour les accoutumer peu à peu à se nourrir comme elle. On les sèvre cinq semaines après, et on leur donne alors, soir et matin, du petit lait mêlé de son, ou seulement de l'eau tiède avec des légumes bouillis.

DE LA PARTURITION CHEZ LES LAPINES. — Une lapine peut donner six à sept portées par année. Elles portent un mois à cinq semaines, et font de deux à huit ou dix petits. Pour qu'ils soient forts et mieux nourris, on enlève tout ce qui excède le nombre de cinq ou six, suivant la force de la mère. Dès les premiers jours de la parturition, il faut rechercher si la mère n'a pas déposé ses petits dans un endroit humide, ce qui les ferait périr.

On les enlève avec précaution, et on les place dans un lieu sec. On nettoie la cabane de temps en temps. A l'âge d'un mois, les lapereaux mangent seuls. Il faut éviter de leur donner de l'herbe mouillée, des choux, des salades, des plantes aqueuses et froides. L'usage du sel leur convient beaucoup. On doit donner à la mère, quand elle allaite, du son, des grains, de l'avoine, etc.

DE LA PARTURITION CHEZ LA CHIENNE. — Quand la chienne va mettre bas, il faut avoir soin que la boisson ne lui manque pas; on lui donnera de la soupe de pieds de veau ou de mouton.

On ne laisse à la mère que trois ou quatre petits, même deux, si c'est sa première portée. Les petits chiens naissent les yeux fermés. La mère en a le plus grand soin.

Il faut le plus tôt possible les accoutumer à manger. On leur donne d'abord du lait tiède, puis on y mêle du pain émietté.

Quand leurs dents ont acquis assez de force, on leur donne des os; ils doivent toujours avoir de l'eau à leur portée. L'allaitement dure de deux à trois mois.

DE LA PARTURITION DES CHATTES. — Les chattes portent cinquante-cinq à cinquante-six jours, et mettent bas ordinairement quatre, cinq ou six petits, qu'elles ont soin de cacher et de porter dans des trous, dans la crainte que le mâle ne les dévore, ce qui arrive parfois. Elles les allaitent pendant trois ou quatre semaines, et puis vont à la chasse pour eux. Bientôt elles les instruisent dans l'art de la rapine, et finissent par leur laisser le soin de veiller à leur subsistance. On élève les petits chats en leur donnant à boire du lait soir et matin, avec du pain émietté, puis en augmentant graduellement leur nourriture.

De l'incubation. — Quand la poule a commencé sa ponte, quelquefois même avant cette époque, elle glousse d'une manière particulière, prend des attitudes, se livre à des mouvements qui ne lui sont pas ordinaires. Elle cherche à couver, et le besoin qu'elle en éprouve est si impérieux, qu'elle garde le nid quoique dépouillé, et y reste quelquefois jusqu'à extinction. Cette ardeur est préjudiciable ; elle arrête la ponte, et réduit la poule à un faible produit ; aussi a-t-on l'habitude de la tromper, et de lui retirer ses œufs à mesure qu'elles les fait ; sans cette supercherie, elle ne dépasserait pas dix-huit à vingt. Lorsqu'on veut tirer le plus d'œufs possible, en ne laisse au pondoir aucun signe qui les figure, on chasse les poules, et on les plonge dans un bain d'eau fraîche. On diminue leur nourriture, on leur donne de l'avoine de préférence au chenevis, qui les échauffe.

Une pratique plus efficace serait d'enfermer la poule pendant deux jours sous un cuvier, sans lui donner à boire et à manger. L'absence de l'air, les privations, agissent vivement sur elle, et lui rende la fécondité qu'elle avait perdue.

La poule n'est pas la seule qui fournisse à une ponte prolongée ; les cannes, les dindes, les oies, les pintades son dans le même cas. Souvent même il convient de les arrêter, sans quoi elles courent risque de s'énerver.

Avant de confier des œufs à la couveuse, on les présente à la lumière, pour juger s'ils ont été ou n'ont pas été fécondés : ils restent clairs dans le dernier cas, et sont louches au bout de quelques heures dans le premier. On peut regarder comme mauvais ceux qui, au bout de trois ou quatre jours, n'offrent pas à une de leurs extrémités un point qui indique la présence du poussin. D'après cela, quand on nourrit les poules pour la ponte, il faut lever exactement les œufs deux fois par jour, et ne pas en laisser pour les exciter. Cette précaution, absolument inutile quand la ponte est commencée, a même de graves inconvénients; en effet les poules se succèdent au pondoir, et si l'on suppose qu'il y en ait douze qui se succèdent ainsi, et que chacune mette une demi-heure à pondre, le premier œuf aura subi, au bout de la journée, une incubation de six heures, qui est plus que suffisante pour éveiller la vitalité du germe, et déterminer un développement assez considérable pour être sensible à la lueur d'une chandelle.

Les femelles n'on pas toutes de la tendance à couver après leur première ponte ; quelques-unes même montrent de l'éloignement. Dans ce cas, si l'on veut faire des élèves, on sacrifie quelques œufs ; on les laisse un ou deux jours au pondoir. On fait en sorte de les échauffer elles-mêmes ; on les place sur un nid rempli d'œufs, on leur plume le dessous du ventre, on les flagelle avec une poignée d'orties, on leur donne du chenevis, du pain trempé dans du vin et un peu d'eau-de-vie, et on les place dans cet état sur les œufs.

Souvent, on confie les œufs à des mères étrangères ; c'est ordinairement une dinde qui est chargée de ce soin. Elle peut, à raison de son corsage, en embrasser une grande quantité, et échauffer les petits sous ses ailes. On lui confie aussi les œufs de ces dernière, ceux des cannes et des oies ; seulement, il faut avoir soin de lui donner ceux-ci huit jours plus tard, afin que tous s'ouvrent à peu près à la même époque. Ce moyen ne réussit pas toujours, attendu que les œufs sont de grosseur inégale, ont la coque plus ou moins épaisse, plus ou moins dure, et ne reçoivent pas également l'impression de la chaleur ; d'ailleurs, les affections, les allures, des petits doivent agir sur la mère. Ainsi il vaut mieux ne lui confier à la fois qu'une même espèce d'œufs.

Si l'on est obligé de recourir à une autre mère, qu'il s'agisse de glisser sous elle soit des œufs soit des petits, on le fait le soir, afin qu'elle ne s'en aperçoive que le lendemain, lorsque les nouveaux venus sont déjà de la famille.

Quelques personnes emploient les chapons, qui s'habituent aisément à ces fonctions, et conduisent jusqu'à quarante ou cinquante poussins. Le coq dinde se fait aussi sans peine à la première de ces fonctions ; mais dès que les petits sont éclos, leurs cris, leurs mouvements l'effraient : il les tue ou les abandonne.

Du part laborieux. — Les femelles des animaux domestiques accouchent le plus communément sans difficulté et sans grandes douleurs, surtout quand elles sont ordinairement bien nourries; qu'elles sont soumises à un exercice ou un travail modéré, et que le fœtus se trouve bien placé. Dans la position la plus naturelle, le fœtus présente d'abord les membres antérieurs ; la tête et l'encolure sont appuyées sur ces membres. Le moment de l'expulsion étant venu, le fœtus, unissant ses efforts à ceux de sa mère, dilate le corps de la matrice. La mère fait une forte inspiration qu'elle retient; les muscles du ventre se contractent en même temps que la matrice, et, par ces mouvements répétés, le sac des eaux se déchire. On voit alors paraître le museau du fœtus, la nuque tournée vers le rectum; il sort peu à peu, puis tout-à-coup il franchit la vulve et se trouve expulsé par un dernier effort. Quelquefois, cependant, il faut l'aider au passage lorsqu'il y reste trop longtemps; alors on le tire doucement, à mesure que la mère fait de nouveaux efforts. Mais les choses ne se passent pas toujours ainsi, et il peut arriver que le part soit laborieux, alors même que le fœtus est bien placé et que la mère est bien conformée ; c'est ce qui arrive lorsque la mère est trop faible, ou lorsqu'il y a chez elle excès de forces, ou bien encore lorsque le fœtus est trop gros.

Chez les jeunes mères qui mettent bas pour la première fois, les efforts pour l'expulsion sont souvent prématurés; il en résulte une augmentation de souffrances : le col de la matrice se dilate plus difficilement ; le part est alors dit *tumultueux*, et ne pourrait souvent s'accomplir sans le secours de l'homme. Il faut, dans ce cas, tenir la femelle chaudement, la saigner et lui faire boire de l'eau tiède miellée. Si la difficulté se prolonge, on réitère la saignée, et presque toujours le résultat de ce traitement est satisfaisant.

Si le part laborieux a pour cause la faiblesse de la mère, ce qui constitue le *part languissant*, il est alors nécessaire de la soutenir par des breuvages cordiaux dans lesquels on a cassé du pain grillé ; certaines vaches surtout ont besoin de ce breuvage, dont la dose est de deux litres pour les grands animaux, et d'un verre ou deux pour les brebis et les truies. On peut joindre à ce breuvage quelque substance excitante, comme la canelle, la muscade, etc. On administre cette dose en cinq ou six fois pendant le travail. Le vin peut être remplacé par du cidre ou de la bière ; mais alors la dose doit être un peu plus forte. La faiblesse peut dépendre de l'âge avancé de la bête ; mais elle peut aussi n'être qu'apparente et n'être en réalité qu'un excès de forces. Dans ce dernier cas, le pouls est plein, l'artère est roulante, les membranes apparentes sont rouges. Il faut alors recourir à la saignée et aux boissons adoucissantes, comme il a été dit plus haut.

A la rigueur, dans le part laborieux, les secours de l'homme ne sont pas indispensables ; presque toujours le temps pourrait y suppléer ; mais il n'en est pas de même dans beaucoup d'autres circonstances où le part serait absolument impossible si une main intelligente ne parvenait à vaincre les obstacles qu'il rencontre, comme nous allons le démontrer.

Part contre nature. — Les causes les plus fréquentes du part contre nature sont les vices de conformation du fœtus et ses mauvaises positions. Ainsi il arrive quelquefois qu'une partie du fœtus est développée d'une manière monstrueuse ; la tête surtout est parfois d'un volume tel que le part ne peut avoir lieu ; ou bien il est pourvu de six ou huit pieds au lieu de quatre, etc. Le part, dans ces divers cas, ne peut avoir lieu qu'au moyen de l'opération nommée embryotomie. Quant aux fausses positions du fœtus, nous allons les énumérer et indiquer pour chacune les moyens de vaincre l'obstacle.

1° *Un membre antérieur se présente seul avec la tête.* — Il faut, dans ce cas, ramener en avant l'extrémité qui est restée en arrière ; on y parvient en repoussant la tête pour pouvoir saisir le membre qui ne se présente pas, et lui faire prendre sa position naturelle ; dès qu'on y est parvenu, le part se fait sans peine. Mais cette manœuvre n'est pas toujours facile : lorsqu'il y a longtemps, par exemple, que les eaux se sont écoulées, la matrice revient parfois sur elle-même et empêche l'introduction de la main dans l'utérus ; il n'y a d'autre ressource alors que de faire l'amputation du membre qui se présente.

2° *Les membres antérieurs se présentent seuls, la tête et l'encolure étant rejetés en arrière.* — On surmonte cette difficulté en introduisant la main dans l'utérus, et, saisissant le fœtus par les narines ou la mâchoire, on ramène la tête et l'encolure en avant. Mais cela n'est pas toujours possible, faute d'un bras assez long. Lorsque cela arrive, il n'y a d'autre moyen pour sauver la mère que de mutiler le fœtus, en détachant d'abord un des membres antérieurs, puis le second, lorsqu'un seul ne suffit pas.

3° *Un seul des membres abdominaux se présente.* — Le vétérinaire attache d'abord un cordeau au membre qui se présente, et le fait tenir par un aide ; puis il enfonce la main dans l'utérus et saisit la cuisse opposée ; il fait fléchir les différentes régions du membre les unes sur les autres, pour arriver jusqu'au pied, qu'il saisit et ramène dans la position voulue.

4° *Les quatre pieds se présentent a la fois.* — Le plus simple et le plus sûr, dans ce cas, c'est de faire l'ablation des deux membres antérieurs ; on repousse ensuite la tête dans la matrice et on opère le part par les extrémités postérieures. On pourrait aussi repousser le fœtus dans la matrice et manœuvrer de manière à lui faire prendre une position naturelle ; mais on courrait le risque, alors, de perdre la mère pour tenter de sauver le petit.

Telles sont les principales positions anormales dans lesquelles le fœtus se présente quelquefois, et les moyens d'y remédier. Plusieurs autres obstacles à la parturition naturelle ont pour cause la conformation vicieuse de la mère. Tels sont :

1° *L'étroitesse du bassin,* qui a souvent pour cause la formation de tumeurs osseuses dans cette partie. L'obstacle, dans ce cas, peut quelquefois être vaincu par un peu d'aide donné à la femelle, en tirant avec précaution le fœtus ; mais si l'étroitesse est telle que le passage soit impossible, il faut absolument sacrifier la mère ou le petit ; dans ce dernier cas, on extrait le fœtus par l'opération appelée embryotomie ; mais si c'est le petit que l'on veuille conserver, il faut avoir recours à l'opération césarienne.

2° *L'état squirrheux ou l'induration du col utérin.* — Dans ce cas encore, il faut presque toujours, comme dans le précédent, sacrifier la mère ou le petit. On parvient pourtant quelquefois à les sauver tous deux au moyen de l'opération dite *césarienne vaginale* ; mais la mère qui a subi cette opération n'est plus propre à la reproduction.

3° *La présence de polypes dans la matrice ou dans le vagin,* qui nécessite soit l'*embryotomie,* c'est-à-dire la division par fragments du fœtus, soit l'opérasion césarienne, dans laquelle on sacrifie la mère pour sauver le petit, soit enfin, mais dans quelques cas seulement, l'opération césarienne vaginale. L'homme de l'art peut seule juger laquelle de ces opérations présente le plus de chances de succès, après avoir examiné l'obstacle et son plus ou moins de développement.

Le cordon ombilical peut aussi mettre obstacle au part naturel ; il arrive quelquefois que ce cordon s'enroule autour du cou du fœtus, obstacle qu'on ne peut reconnaître qu'en introduisant la main dans l'utérus ; il faut, dans ce cas, couper ce cordon ; mais il est indispensable, cette opération faite, de hâter la sortie du fœtus qui serait, sans cela, promptement asphyxié.

Enfin, il arrive encore que le délivre fait obstacle au part, en enveloppant le fœtus lorsque ce dernier n'est pas sorti au moment de la rupture de la poche des eaux. Il n'y a pas d'autre moyen, lorsque ce cas se présente, que d'inciser le délivre afin d'en débarrasser le fœtus.

DÉLIVRANCE. — Le délivre ou arrière-faix est la masse formée par le placenta et les enveloppes fœtales. Assez ordinairement, le délivre ne sort que plusieurs heures après l'accouchement. S'il tarde d'avantage, on peut attendre jusqu'au troisième jour ; mais ce délai expiré il faut l'extraire. Pour y parvenir, on rapproche du pouce les doigts bien étendus, et l'on introduit la main doucement dans le vagin, on la fait glisser entre la matrice et le placenta et on les détache l'un de l'autre avec précaution. Lorsque le placenta est entièrement détaché, on peut le saisir et l'amener dehors. La bête seconde ordinairement l'opérateur, et le délivre s'obtient sans accident.

RENVERSEMENT DE LA MATRICE ET DU VAGIN.— Après le part, toutes les parties génitales de la mère tendent à rentrer dans leur état normal : la matrice se vide de l'arrière-faix et de quelques matières muqueuses, la peau et les muscles abdominaux se resserrent ; mais il arrive aussi quelquefois que le vagin et la matrice sont déplacés ; dans ce cas, il faut en opérer la réduction, c'est-à-dire les remettre à leur place le plus promptement possible. On commence par faire soutenir la bête par quatre ou cinq personnes, car elle est ordinairement faible et languissante : la matrice renversée pend sur ses jarrets ou est froissée sur la litière ; quelquefois elle a des points échymosés, gangrénés. On la recueille doucement sur une nappe nouée par les coins au cou de deux aides, l'un à un bout et l'autre à l'autre bout. On nettoie l'organe s'il est sali. L'opérateur détache le placenta s'il est encore adhérent, vide le rectum, fait évacuer les urines au moyen d'une sonde ; il étuve la matrice avec de l'eau animée d'un peu d'eau-de-vie ; il en scarifie les points où il y aurait des meurtrissures, puis, ayant fait soulever la nappe à la hauteur de la vulve, il réduit peu à peu la matrice, en faisant rentrer d'abord les parties continues au vagin, et le reste successivement jusqu'à réduction complète. Lorsque, pendant cette opération, la bête fait des efforts, il faut soutenir les parties dans l'état où elles se trouvent, et ensuite profiter du calme qui succède pour continuer l'opération.

Lorsque la réduction est faite, il est indispensable de la maintenir en laissant la main dans la matrice, puis y appliquer le pessaire qui se fabrique ainsi : on prend un bâton long de cinquante centimètres de longueur et de vingt-cinq millimètres de diamètres, fourchu par un de ses bouts. On adapte à cette fourche perpendiculairement une espèce d'anneau ou de cerceau de bois dont la circonférence ait de huit à dix centimètres de diamètre ; on fixe à l'autre bout, en croix, un autre bâton de quarante centimètres de longueur. Si l'anneau n'est pas bien poli, on le garnit de linge fin assujéti par des fils, et on le frotte d'huile ou de beurre frais ; on introduit l'anneau par la vulve jusqu'au fond de la matrice ; au bâton fixé en T on attache à chaque bout une bande qui va embrasser le poitrail, et on la soutient par d'autres bandes mises autour du corps. On retire le pessaire tous les jours pour le nettoyer et pour faire des injections. Il suffit ordinairement qu'on l'applique pendant trois ou quatre jours.

Il y a des cas ou le vagin seul est renversé, l'opération est alors plus facile ; on le met en place et on le contient au moyen d'un bandage.

DE L'AVORTEMENT. —Les signes d'un *avortement* prochain sont le gonflement de la nature et du fondement de l'animal, l'inquiétude avec laquelle elle se lève et se couche sans cesse, la position de sa tête, qui est basse et penchée, la blancheur et la sécheresse de sa langue, la tristesse, la fièvre, le frisson, une évacuation spontanée d'une liqueur séreuse par les mamelles, l'écoulement ou le suintement d'une humeur glaireuse par le vagin, ainsi que les mouvements plus fréquents et moins forts du poulain lorsque la jument est assez avancée dans sa plénitude pour qu'ils puissent être comparés et sentis.

Dès le moment où l'on redoute le part prématuré, on doit mettre la bête dans une écurie séparée, et qui ne soit ni trop chaude, ni trop froide, ni trop humide. La saignée peut prévenir cet accident, principalement dans le cas où il est occasionné par des coups, par des exercices trop violents, par la fièvre, etc. S'il peut être regardé comme l'effet de quelques corps vénéneux, on a recours à des alexitères, tels que la thériaque dissoute dans le vin, ou à des remèdes délayants, selon la qualité chaude ou froide du poison, qualité qu'il est, à la vérité, presque impossible de reconnaître, mais dont on peut tenter de juger, en administrant d'abord les médicaments délayants, et en observant attentivement ce qui en résulte ; car, dès que la bête paraît, au moyen de ces remèdes, moins tourmentée et plus tranquille, il importe de les continuer ; si, au contraire, elle s'agite davantage, et si les symptômes deviennent de plus en plus formidables, on aura incontinent après recours à la thériaque.

Les médicaments sont d'une grande ressource lorsque l'*avortement* que l'on craint peut être imputé à la faiblesse d'un tempérament naturellement mou et humide, ce dont on peut être assuré par le défaut de force et de vigueur dans l'animal, et par la nature de la matière qui suinte du vagin.

Du reste, les astringents seraient extrêmement nuisibles : 1° si l'on n'avait aucune espérance de le prévenir ; 2° s'il avait pour cause la tension et la rigidité de l'utérus ; 3° si le fœtus était mort.

Les signes de la mort du fœtus dans l'utérus sont la cessation ou le défaut de mouvement de sa part, en supposant néanmoins un état de plénitude avancée à une certaine période ; les douleurs que ressent et que témoigne la mère, les frissons dont elle est atteinte, la puanteur de son haleine, des évacuations fétides qui découlent du vagin ; et l'on comprend que si la nature n'opère pas elle-même la délivrance de la bête, on doit la favoriser par tous les secours de l'art, mais sans s'écarter de la prudence qui doit présider toujours à l'action de l'artiste.

La matrice est-elle réellement fermée ? on est nécessairement obligé d'attendre, plutôt que de fatiguer l'animal par des tentatives inutiles. L'orifice commence-t-il à se dilater? il est bon de ne pas chercher à hâter la délivrance ; cependant, si l'on croit devoir l'aider et délivrer plutôt la mère, il faut en venir à l'œuvre de la main. Il s'agit d'abord d'oindre celle dont on doit se servir avec de l'huile, ou quelqu'autre matière grasse et nouvelle; on l'introduit ensuite dans le vagin jusqu'à l'orifice de la matrice, après avoir oint de même les parties de l'animal Lorsqu'on est parvenu jusqu'à cet orifice, on y insère les doigts insensiblement et peu à peu, on augmente la dilatation avec ménagement et par degrés jusqu'à l'introduction de la main entière ; si l'on reconnaît alors que les membranes qui renferment le fœtus n'ont point été entamées, ce qui peut être très-aisément distingué et senti, car, en ce cas, on imagine toucher une vessie ballonnée, on les perce avec les doigts; on se saisit sur-le-champ du fœtus, et on le tire au-dehors ; mais cette opération, plus ou moins laborieuse suivant l'état dans lequel la mère et le fœtus se trouvent, ne doit être tentée qu'après avoir sollicité et invité la mère par des moyens divers à des efforts qui peuvent donner lieu à l'expulsion. Telle est, par exemple, l'action de lui serrer plusieurs fois les naseaux, à l'effet de suspendre quelques moments l'expiration ; telle serait l'administration des sternutatoires, et celle de lavements plus ou moins âcres, faits avec des feuilles sèches de tabac, le vin émétique, le sel commun, etc.

CHAPITRE VI.

MALADIES COMMUNES A LA PLUPART DES QUADRUPÈDES DOMESTIQUES.

La première précaution à prendre, lorsqu'on s'aperçoit qu'un animal est malade, est de lui retrancher la nourriture solide, jusqu'à ce qu'on ait pu reconnaître la nature de son mal.

La plupart des maladies graves sont communes à tous les quadrupèdes domestiques ; c'est de celles-là que nous nous occuperons d'abord, afin d'éviter les fastidieuses répétitions, et nous les rangerons par ordre alphabétique, pour la commodité du lecteur.

ANASARQUE. — Cette maladie est une sorte d'hydropisie du tissu cellulaire ; elle est assez ordinairement la suite d'une pleurésie chronique ou d'une hydropisie du ventre. — Les frictions spiritueuses, les applications d'eau-de-vie camphrée, les scarifications faites avec le bistouri pour donner écoulement au liquide. peuvent avoir de bons résultats ; mais le plus sûr est d'attaquer la maladie dont l'anasarque n'est que la conséquence. L'anasarque est une affection des plus graves, dont la guérison est lente et très-difficile.

ANGINE. — Inflammation de la gorge et des parties environnantes, caractérisée par les signes suivants : la déglutition, surtout celle des liquides, et la respiration difficiles, tuméfaction douloureuse de la gorge.

Elle est dite *pharyngée* quand elle affecte le pharynx ; *laryngée*, quand c'est le larynx qui en est le siége ; et *parotidienne*, quand la glande parotide est essentiellement malade. Dans l'angine pharyngée, il y a difficulté et quelquefois même impossibilité d'avaler, et la respiration reste libre ; dans l'angine laryngée, la déglutition se fait bien, mais la respiration est gênée, accompagnée de râlement, de toux, et l'animal est exposé à la suffocation ; enfin, dans l'angine parotidienne, la déglutition et la respiration sont plus libres que dans les deux cas précédents, et la glande parotide est tuméfiée. Ces différentes espèces d'angines sont accompagnées d'un flux nasal et d'une salivation abondante.

Les causes de l'angine sont : les arrêts de transpiration, les courses rapides, la dentition, les corps qui s'implantent dans les parois de l'œsophage au moment de la déglutition, etc.

Cette maladie pouvant intercepter le passage de l'air et des aliments, les secours doivent être prompts et les moyens énergiques. Aux contre-stimulants généraux, tels que les saignées, les boissons nitrées, les purgatifs, etc., il convient d'ajouter les bains locaux froids et les gargarismes faits avec la décoction d'orge miellée; un peu d'exercice; tenir l'animal chaudement. On ajoute à ce traitement la vapeur d'eau bouillante dirigée dans les naseaux au moyen d'une couverture placée sur la tête du cheval.

Quand le danger est imminent, il faut recourir à la trachéotomie; et si l'angine est occasionnée par un corps étranger implanté dans les parois de l'œsophage, on doit pratiquer l'œsophagotomie, afin de l'extraire.

APHTHES.—On nomme ainsi de petits ulcères superficiels, ronds et irréguliers, qui couvrent les membranes muqueuses de la bouche, et s'étendent parfois jusqu'au larynx.

Les causes de cette affection sont les aliments irritants, l'eau bourbeuse et saumâtre des marais ou des étangs. Il n'est pas rare que la fièvre accompagne la maladie dès son début, et qu'il y ait suspension de la rumination chez les bœufs et les moutons. Chez les bêtes à laine, les aphthes sont quelquefois liés à un état maladif du pied; il se forme alors entre les deux ongles des ulcérations, des abcès qui contiennent une matière fétide, laquelle fait détacher les sabots et en détermine quelquefois la chute; les cochons sont aussi sujets à cette concomitance des ulcérations de la bouche et du pied.

Lorsque les aphthes ne sont pas la suite d'une inflammation intestinale, ils constituent une maladie peu dangereuse et dont le traitement consiste à supprimer les aliments solides, dont le contact pourrait exciter la douleur; à nourrir les herbivores avec de l'eau blanche un peu nitrée et de l'herbe verte, si la saison le permet; aux carnivores, on donne des bouillons de viande, d la soupe et des boissons de lait coupé avec de l'eau d'orge. Au début de la maladie, on emploie des gargarismes adoucissants faits avec des décoctions d'orge ou de graine de lin, édulcorées avec du miel, et auxquelles on ajoute un peu de vinaigre. On administre ces gargarismes avec une seringue à longue canule, ou une éponge adaptée à l'extrémité d'une spatule de bois.

Lorsque l'inflammation est calmée et que les petites ulcérations conservent un fond grisâtre, une légère cautérisation avec de l'acide hydrochlorique fumant achève promptement la guérison.

APOPLEXIE. — Cette maladie, qu'on appelle vulgairement *coup de sang*, est peu connue chez les animaux; elle a pour cause un effort du sang vers la tête; aussi n'atteint-elle que les animaux jeunes, vigoureux et d'un tempérament sanguin; elle peut aussi avoir pour cause un épanchement de sérosité dans le cerveau, et dans ce cas elle prend le nom d'*apoplexie séreuse*. Les coups sur la tête, une température trop élevée, une nourriture trop substantielle sont autant de causes déterminantes de cette maladie contre laquelle les secours de l'art sont bien souvent impuissants.

Presque toujours l'animal atteint d'apoplexie tombe comme s'il était foudroyé ; sa respiration est difficile et presque nulle, bien que les naseaux soient très-ouverts.

Le traitement ne peut avoir de succès que s'il est promptement administré ; il consiste en lotions d'eau très-froide sur la tête, en frictions aux extrémités, et l'introduction de vapeur de vinaigre dans les naseaux. Les douches d'eau glacée sur le crâne ont aussi beaucoup d'efficacité ; mais il faut qu'elles soient adminis-trées sur-le-champ : le moindre retard est toujours funeste.

ASPHYXIE. — L'asphxsie est un état subit d'immobilité qui prive l'animal de la circulation, de la respiration et du senti-ment ; les symptômes qui l'annoncent ressemblent beaucoup à ceux de la mort subite : les veines du cou sont très-gonflées, les yeux sont saillants, et l'intérieur de la bouche est d'une teinte violacée.

Les causes de l'asphyxie sont fort diverses ; les plus ordinaires sont la privation d'air par suffocation, strangulation, l'immer-sion dans l'eau ou dans des gaz délétères, ou même l'inspiration seulement de ces gaz.

Le traitement est fort simple : il suffit que l'animal soit mis dans un lieu bien aéré ; là on lui fait des frictions sur les mem-bres avec de fort vinaigre ; on lui verse de ce vinaigre dans les naseaux, et on lui administre des lavements purgatifs. On peut aussi pratiquer la saignée, mais seulement lorsque l'animal a recouvré la respiration et que la circulation du sang est rétablie.

CATARACTE. — La cataracte est une opacité plus ou moins grande du cristallin, qui est tantôt jaune, tantôt blanche ; sa consistance est quelquefois molle et quelquefois dure. Cette af-fection se produit souvent à la suite d'un coup ; elle peut être aussi le résultat de l'ophthalmie.

Pour guérir la cataracte, il faut extraire le cristallin. ce qui nécessite une opération très-douloureuse et d'une exécution très-difficile, que nous allons essayer de décrire.

L'animal étant abattu et bien assujéti, l'opérateur fait conte-nir par un aide la paupière supérieure, au moyen d'un *specu-lum oculi*, il contient lui-même la paupière inférieure avec le pouce, et il pose l'index sur la partie supérieure de la cornée transparente. Il fait ensuite la section de cette cornée, en pre-nant bien garde de ne pas offenser l'iris ou l'uvée. Lorsque l'animal retire trop son œil dans le fond de l'orbite, il faut introduire une sonde cannelée sous la cornée, afin de l'élever, puis on fait une incision transversale à la membrane du cristallin ; s'il est dur, ce qu'on appelle *cataracte formée*, il sort d'une seule fois ; s'il est mou, il faut se servir d'une curette pour enlever ce qui peut rester dans sa membrane. On abaisse ensuite la cornée et l'opération est terminée.

On applique, pour appareil, des compresses carrées, imbibées de vin miellé tiède. Il faut imbiber très-fréquemment ces compresses sans les enlever. Ce n'est qu'au bout de huit jours que l'appareil peut être levé sans danger ; dès lors on peut faire le pansement chaque jour jusqu'à parfaite guérison.

CATARRHE. — On a désigné sous ce nom les différentes inflammations des membranes muqueuses. Les différents organes tapissés par des membranes muqueuses sont sujets aux catarrhes, qui constituent plusieurs genres de maladies, savoir : 1° le catarrhe nasal, ou rhume de cerveau ; 2° les angines ; 3° le catarrhe bronchial, ou rhume de poitrine ; 4° le catarrhe intestinal, ou dyssenterie ; 5° le catarrhe des voies génite-urinaires, ou gonorrhée ; 6° le catarrhe de la conjonctive, ou ophthalmie ; 7° le catarrhe de l'estomac , assez fréquent dans le cheval.

Le traitement de ces diverses affections dépend du caractère d'inflammation vraie ou fausse qu'elles revêtent, et doit être approprié aux diverses nuances de maladies. — Voir CORYZA, ANGINE, DYSSENTERIE, OPHTHALMIE, etc.

CHARBON. — Le *charbon* ou *anthrax* est une des formes de la gangrène ; il attaque tous les animaux, mais surtout les herbivores. Les vicissitudes des saisons, les longues sécheresses et les longues pluies, l'usage d'aliments avariés et d'eau altérée, l'insalubrité des habitations, les travaux forcés, y donnent assez souvent lieu. Il présente des caractères particuliers suivant l'espèce d'animal qu'il attaque.

Chez les solipèdes (on appelle *solipèdes* les animaux qui ont le pied renfermé dans un seul sabot, comme le cheval, l'âne, le mulet, etc.), il peut affecter plusieurs formes : 1° il s'annonce quelquefois sur la surface du corps par une petite tumeur dure, de la grosseur d'une fève très-adhérente, très-douloureuse, acquérant rapidement un volume assez considérable, et s'accompagnant de symptômes généraux d'inflammation, d'anxiété, qui font bientôt eux-mêmes place à un affaiblissement général et à la mort ; celle-ci survient dans le court espace de vingt-quatre à trente-six heures.

Le traitement de cette variété consiste dans l'excision complète de la tumeur, dans la cautérisation profonde des surfaces vives, au moyen d'un cautère chauffé à blanc, dans le pansement des plaies avec l'eau de Labarraque ou l'eau de Javelle, et l'administration, à l'intérieur, d'antiputrides énergiques.

2° Lorsque le charbon se montre à la cuisse, il porte le nom de *trousse-galant*; il fait des progrès à vue d'œil et fait périr en douze ou vingt-quatre heures l'animal qui en est atteint. Le traitement est le même que pour la variété précédente.

3° Le charbon de la langue et du palais, *glossanthrax*, *chancre volant*, se présente d'abord sous forme de vessies blafardes, livides ou noires, qui se déchirent peu de temps après leur apparition et donnent lieu à des ulcères rongeants, qui font des progrès rapides, envahissent bientôt toute l'épaisseur de la langue, s'accompagnent de symptômes généraux fort alarmants, et amènent promptement la mort.

Le traitement consiste à enlever les parties gangrenées, et à laver les parties malades, cinq ou six fois par jour, avec l'acide sulfurique étendu d'eau, ou la décoction de quinquina et l'eau-de-vie camphrée, et à faire avaler à l'animal des breuvages antiputrides.

Formule de breuvage antiputride.

Prenez : Quinquina jaune en poudre......... 2 onces.
          Camphre pulvérisé à l'alcool..... 4 gros.
          Miel............................ 8 onces.
Mêlez et administrez en une seule fois.

Autre formule plus énergique.

Racine de gentiane............ 1 once.
Acide sulfurique............. 2 gros.
Quinquina jaune en poudre...... 2 onces.
Acétate d'ammoniaque......... 4 onces.
Eau commune................. 1 kilog.
Camomille romaine........... 4 gros.

Traitez la racine, le quinquina et la camomille par décoction; mêlez et administrez le breuvage en une seule fois.

COLIQUES OU TRANCHÉES. — On donne ordinairement le nom de *coliques* ou *tranchées* à des maladies qui ne méritent pas ce nom, telles que la rupture de l'estomac, — la suppression et la rétention d'urine, — l'hydropisie de poitrine et du bas-ventre. Ces maladies ne sont pas des tranchées ; elles demandent (du moins quelques-unes) un traitement bien différent.

Les *tranchées* sont une maladie inflammatoire des intestins.

Les causes, en général, des tranchées sont en grand nombre :

1° La boisson d'eau froide, vive ou crue, après le chaud ;

2° L'indigestion ;

3° Les crudités des premières voies ;

4° Les aliments, ou plutôt le séjour des excréments dans les boyaux ;

5° Les vents contenus dans les intestins ;

6° Les vers contenus dans l'estomac ou dans les intestins ;

7° Le bézoard arrêté dans les intestins.

Toutes ces causes produisent l'inflammation des intestins, les unes en faisant crisper et resserrer les extrémités capillaires des vaisseaux qui vont se distribuer aux intestins ; les autres en comprimant les vaisseaux des intestins ; et d'autres encore, en irritant les fibres nerveuses des intestins. L'inflammation engorge les vaisseaux, distend les fibres nerveuses, produit la douleur ; de là les tranchées.

On reconnaît que l'animal est attaqué de tranchées, lorsqu'il se couche et se lève, qu'il s'agite et se tourmente, qu'il racle la terre avec le pied de devant, et ne demeure jamais en place.

Le danger des tranchées dépend de la nature de la cause, de l'étendue et du degré de l'inflammation.

Elles se terminent ou par résolution, et l'animal guérit ; ou par gangrène, et l'animal meurt.

Il faut : 1° retrancher tout aliment solide, le foin, l'avoine et la paille ; 2° mettre en usage les remèdes contre l'inflammation, saigner suivant la violence du mal et les forces du cheval, donner plusieurs lavements rafraîchissants et émollients, faits avec la décoction de son ou de plantes émollientes, ou de tarine d'orge, ou avec l'huile d'olive récente, ou le beurre frais ; faire boire tiède l'eau blanche, ou la décoction des plantes émollientes, ou de graine de lin.

On distingue les tranchées, à raison de leurs causes, en *tranchées d'eau froide,* — *tranchées d'indigestion,* — *tranchées de vents,* — *tranchées rouges.*

De la tranchée ou colique d'eau froide. — On conjecture que l'a-être de moitié moins long que pour le bœuf ou la vache ; et si l'on die survient après qu'il a bu une grande quantité d'eau de fontaine froide, ou de puits, surtout ayant chaud. Cette maladie n'est point dangereuse. Il faut couvrir l'animal, le tenir bien chaudement; si la douleur continue, au bout d'une demi-heure, il faut le saigner et lui donner des lavements.

Des tranchées d'indigestion. — On doit conjecturer que l'animal a une indigestion, lorsqu'on sait : 1° qu'il a mangé beaucoup de grains, de foin ou d'autres aliments, et que les tranchées sont survenues quelque temps après le manger: 2° lorsqu'il y a difficulté de respirer, et que l'animal est appesanti.

Il faut bien se garder de saigner, parce qu'on diminuerait les forces digestives, et on exposerait le cheval à périr de suffocation. Il faut lui donner un peu de thériaque, délayée dans 25 centilitres de vin ; on lui fait avaler 3 à 4 litres d'eau tiède dans l'espace de deux heures; on lui donne plusieurs lavements simples, ou légèrement purgatifs, en y faisant dissoudre 122 grammes de pulpe de casse.

Des tranchées de vents, ou tranchées venteuses.—Les vents occasionnent assez souvent les tranchées; on les reconnaît, parce que l'animal rend des vents, et qu'il a souvent le ventre enflé.

Les causes les plus ordinaires sont les mauvaises digestions, la putréfaction, la fermentation des aliments, et la chaleur qui raréfie l'air qui sort des aliments. Le relâchement des fibres des intestins est aussi une cause des tranchées venteuses; les fibres n'ont pas assez de force et de ton pour chasser les vents.

Sans s'arrêter aux différents remèdes qui peuvent chasser les vents, on peut conseiller le remède suivant, qui a toujours très-bien réussi : On prend un oignon, on le hache menu avec un morceau de savon gros comme un œuf; on y mêle deux pincées de poivre, on l'introduit, avec la main, dans l'anus, le plus avant qu'il est possible ; on fait promener l'animal tout de suite; quelque temps après, on lui donne un lavement, composé de 30 grammes de savon noir, dissous dans de l'eau. Si les tranchées ne s'apaisent pas, il est à propos de le saigner. On peut se servir des carminatifs propres à chasser les vents, comme de la semence d'anis, de cumin, la racine d'angélique, d'impératoire, etc.

Tranchées rouges. — Les tranchées qu'on appelle ordinairement *tranchées rouges*, ne sont autre chose que l'inflammation de l'estomac et des intestins, inflammation que les hommes de l'art nomment *entérite sur-aiguë*; la seule différence est que l'inflammation est considérable, et au dernier degré, dans les tranchées rouges. L'animal se couche et se lève souvent, s'agite, se tourmente et regarde son ventre.

L'inflammation des intestins, dans les tranchées rouges, vient de l'âcreté de matières contenues dans les intestins , — de l'àcreté de la bile,—de l'usage des aliments irritants et échauffants, comme du mauvais foin, des purgatifs forts, donnés à trop grande dose, des venins ou des insectes venimeux que l'animal a avalés.

Toutes ces causes font de fortes impressions sur les intestins, irritent les extrémités capillaires des vaisseaux sanguins, les font resserrer ; de là l'arrêt du sang et l'inflammation : les vaisseaux distendus compriment les nerfs ; de là la douleur et les *tranchées rouges.*

On a lieu de croire que l'animal a les tranchées rouges, lorsqu'il se tourmente, se couche et se lève souvent ; lorsqu'il sent de la douleur en le touchant sous le ventre, qu'il regarde son ventre, surtout si le mal survient après l'usage de purgatifs violents, et si l'on soupçonne qu'il ait mangé quelque chose d'âcre et de venimeux. — L'inflammation qui vient de l'âcreté des matières, de l'irritation des fibres nerveuses, ou du venin, est toujours dangereuse. Il y a à craindre qu'elle ne se termine par la gangrène et par la mort. Il faut faire tous ses efforts pour remédier promptement à l'inflammation ; pour cela, on doit mettre en usage les relâchants, les émollients et les anodins.

On saigne l'animal, et on répète la saignée au besoin, pourvu qu'on soit sûr que la digestion soit faite ; on fait avaler des breuvages faits avec la décoction de plantes émollientes, la décoction de graine de lin, etc., ou bien on fait avaler 500 grammes d'huile d'olive, pour adoucir, faciliter le passage des matières, et favoriser leur sortie. Il ne faut pas omettre les lavements ; ils diminuent admirablement l'inflammation, tant en relâchant et en rafraîchissant, qu'en évacuant les matières contenues dans les gros boyaux, qui, si elles ne sont pas la cause de l'inflammation, concourent presque toujours à l'entretenir.

Convulsions.—Les convulsions ne sont pas une maladie particulière, mais seulement un des symptômes de diverses maladies qui affectent le plus communément le cheval, le chien et le cochon. Ainsi, dans l'épilepsie et les maladies vermineuses, les convulsions se produisent à des intervalles plus ou moins éloignés. Les convulsions peuvent être aussi déterminées par les irritations gastro-intestinales. Quelle que soit pourtant la cause de ces contractions violentes, on peut les apaiser en faisant prendre à l'animal qui en est atteint de l'éther ou de l'eau de fleur d'oranger ; mais il ne faut pas s'en tenir là, si l'on veut obtenir une guérison complète, et il est indispensable alors d'avoir recours à un homme de l'art, afin qu'il recherche la maladie qui cause les convulsions et qu'il y applique le remède nécessaire.

Coryza. — Affection morbide des membranes muqueuses, des fosses nasales, du pharynx, de la trachée et des bronches, qui laissent écouler une humeur glaireuse, blanche ou jaune, concrète ou grumeleuse.

Ces diverses affections ont pour causes : le froid ou l'humidité, — arrêt de transpiration.

Les moyens dont il convient de faire usage sont : eau blanche nitrée à discrétion, décoction d'orge miellée en injections dans les naseaux, et dans certains cas quelques purgatifs. Quand la maladie ne cède pas à ces moyens, il faut recourir à la saignée et mettre des sétons sous la poitrine.

CRAMPES.—La crampe est une contraction involontaire qui survient ordinairement d'une manière subite avec une sorte d'engourdissement quelquefois douloureux dans la partie affectée, et qui dure en général fort peu de temps. La crampe se fait sentir plus particulièrement au jarret du cheval. Elle arrive surtout lorsqu'il sort le matin de l'écurie, et la raideur est quelquefois si grande que l'animal a beaucoup de mal à fléchir la jambe.

Pour diminuer l'intensité de la crampe et en abréger la durée, on a recours aux frictions sèches et à rebrousse-poil, faites avec la brosse ou le bouchon de paille, ce qui suffit toujours.

DARTRES. — Les dartres sont une affection qui se manifeste par des éruptions locales d'une nature encore indéterminée; elles présentent quelque analogie avec la gale, bien que ce soit une maladie toute différente. Elles sont tantôt sèches, tantôt humides; elles n'offrent pas de danger, mais sont quelquefois difficiles à guérir, surtout quand elles attaquent des bêtes mal nourries et mal soignées. Dans ce cas, elles peuvent devenir une véritable gale.

L'eau de savon et les lotions émollientes sont les premiers soins à employer pour les combattre. On peut ensuite laver les parties malades avec un mélange d'acide muriatique et d'eau, en employant 15 grammes d'acide muriatique sur 250 grammes d'eau; on les graisse avec un onguent composé de fleurs de soufre, 15 grammes; vitriol blanc, 15 grammes; axonge de porc, 60 grammes.

Il y a une sorte de *dartres* qui affecte spécialement les veaux quelque temps après qu'on les a séparés de leur mère. C'est une éruption toute particulière qui a lieu autour de la bouche et à la ganache, quelquefois sur toute la tête; elle paraît sous la forme de taches blanchâtres, arrondies, présentant une surface raboteuse, d'où se détachent ensuite des écailles fines en forme de poussière. On attribue ce mal à la privation prématurée du lait. La propreté et les lotions émollientes la guérissent ordinairement.

DIABÉTÈS. — On nomme ainsi un flux d'urine dont la cause n'est pas bien connue et dont les chevaux sont plus souvent atteints que les autres quadrupèdes domestiques. Les symptômes de cette affection sont faciles à reconnaître : l'animal qui en est atteint boit beaucoup plus et rend beaucoup plus d'urine que dans l'état de santé; il est faible, abattu; sa peau est moins chaude que de coutume. Le plus ordinairement cette maladie est peu grave et le traitement en est facile ; il suffit de donner à l'animal une nourriture abondante et substantielle, et de mêler quelque substance tonique à l'eau qu'il boit.

Diarrhée. — Cette maladie, que les gens de l'art nomment *entérite diarrhéique*, se manifeste par des évacuations plus ou moins fréquentes d'excréments liquides, bilieux, puriformes ou séreux. A ces symptômes se joignent la soif, la diminution ou la perte totale de l'appétit ; les yeux sont rouges et injectés ; la bouche est chaude et sèche ; le pouls est plein ; dur et fréquent ; les flancs sont cordés ; le ventre est retroussé, et les parties postérieures sont continuellement salies par les matières qui sortent souvent de l'anus sans que l'animal s'en aperçoive.

La diarrhée est *aiguë* ou *chronique*. La première peut être occasionnée par une indigestion, l'excès souvent répété de la nourriture, l'abus des purgatifs, l'usage de certaines eaux pour boisson, l'humidité de la saison, les aliments de mauvaise nature, le passage trop subit de la nourriture sèche à la nourriture verte. — Si ces causes agissent sur des animaux faibles, débiles ou atteints de quelque maladie organique, la diarrhée, au lieu d'être *aiguë*, prendra le caractère *chronique*. Lorsque la maladie prend ce dernier caractère, la marche en est lente ; les animaux qui en sont atteints dépérissent insensiblement. Il est cependant rare que cette maladie ait une terminaison funeste, et il est presque toujours possible d'en arrêter le cours. — Il faut avant tout écarter les causes qui ont pu donner lieu à la maladie, et mettre l'animal malade à la diète, ne lui donner pour nourriture que de l'eau blanchie avec de la farine ; si la fièvre se manifeste, on pratiquera une ou deux saignées, et l'on fera prendre fréquemment pour breuvage une décoction de racine de guimauve, de graine de lin, ou de riz et de têtes de pavot. La décoction de riz est d'un effet plus prompt ; mais il est bon de ne l'employer qu'après avoir usé de décoctions émollientes. Il faudra en même temps administrer à l'animal malade de fréquents lavements faits avec la décoction de son et de têtes de pavot.

Sous l'influence de cette médication, la diarrhée ne tarde pas, d'ordinaire, à diminuer d'intensité. Dès que le mieux se manifeste, l'animal peut être remis graduellement à son régime accoutumé.

Dyssenterie. — La dyssenterie est une inflammation de la membrane muqueuse intestinale, particulièrement de celle qui revêt la partie moyenne du rectum, caractérisée par des évacuations désordonnées de matières stercorales, muqueuses, sanguinolentes et d'une odeur fétide.

Traitement. — Décoction de graine de lin en lavement et en breuvage ; eau blanche ; décoction astringente d'écorce de chêne, de noix de galle ; eau acidulée par l'acide sulfurique ; le camphre à la dose de deux gros dans du miel ; l'eau tenant en dissolution un peu de chlorure de chaux ou autre chlorure alcalin, etc.

ÉBULLITION. — On nomme ainsi une éruption plus ou moins abondante de petits boutons, qui se manifeste subitement sur certaines parties du corps chez les animaux domestiques ; les épaules, la poitrine, le dos et la croupe en sont le siége le plus ordinaire. C'est une affection sans gravité, qui disparaît promptement si l'on accorde à l'animal qui en est atteint un repos suffisant. Cependant il s'y joint quelquefois un peu de fièvre, et, dans ce cas, il faut recourir à la saignée.

ENTÉRITE. — L'entérite est une inflammation des intestins. Cette maladie se présente sous plusieurs formes, et prend des noms divers, selon les parties de l'organisme qu'elle affecte ; ainsi, on la nomme *catarrhe intestinal* (voyez *catarrhe*); *colique sanguine, tranchée rouge* (voyez *colique*), et *gras-fondure*. C'est de cette dernière affection, appelée par les gens de l'art *entérite chronique*, que nous nous occuperons ici.

Les causes ordinaires de cette maladie sont l'humidité, une température trop élevée, des aliments corrompus, et les vers. L'animal qui en est atteint paraît triste, il mange peu, ses yeux deviennent jaunes, le fondement est enfoncé, la peau est sèche, les poils deviennent rudes, les excréments sont fétides et mêlés de matières muqueuses.

Dès que ces symptômes se manifestent, il faut mettre l'animal à la diète ou demi-diète, lui donner pour breuvage une décoction de graine de lin et de têtes de pavot, et employer la même décoction en lavements. Il faut entretenir l'animal dans une grande propreté, et le bouchonner souvent. Sous l'influence de cette médication, l'amélioration ne tarde pas d'ordinaire à se manifester. On remplace alors le breuvage que nous venons d'indiquer par une décoction de chicorée sauvage ; on augmente la dose des aliments jusqu'à complète guérison.

ÉPILEPSIE. — L'épilepsie est une convulsion irrégulière de tout le corps, qui saisit tout à coup. On l'appelle aussi *mal caduc, haut mal, mal sacré*. La cause la plus commune de cette maladie est la présence des vers dans les intestins ; mais elle peut aussi résulter d'accidents divers, tels que les fractures du crâne, des plaies de la tête, des maladies de la peau ; d'une nourriture mauvaise ou insuffisante ; enfin, elle peut se produire par hérédité.

L'animal atteint d'épilepsie, lorsqu'un accès le menace, est saisi d'un tremblement général ; il ne tarde pas à tomber, et dès lors il est en proie à de violentes convulsions ; tous ses muscles se contractent; il frappe violemment le sol avec sa tête, et de sa bouche sort une sorte de bave écumeuse plus ou moins abondante. L'accès est plus ou moins long, mais il est rare, cependant, qu'il dépasse huit ou dix minutes; le plus ordinairement, il n'est que de quatre ou cinq. Lorsqu'il cesse, l'animal se relève et demeure pendant quelques instants comme étourdi, puis peu à peu il redevient calme, et bientôt il paraît ne ressentir aucun mal.

Ces accès se produisent à des époques indéterminées; souvent il s'écoule entre chacun un mois entier et plus; mais il arrive aussi qu'ils sont plus fréquents et que l'animal en éprouve plusieurs en un seul jour; dans ce dernier cas, la maladie a toujours une issue funeste qui ne se fait guère attendre.

En général, l'épilepsie est une maladie incurable. On a pourtant obtenu quelques guérisons par l'emploi de l'éther, de l'extrait de digitale pourprée, de l'opium; mais ces succès sont très-rares. On peut aussi administrer des vermifuges (voyez *vers*) qui, s'ils ne guérissent pas, peuvent rendre les accès moins fréquents.

Érysipèle. — Maladie aiguë de la peau, caractérisée par la rougeur, la chaleur et la douleur de la partie affectée, qui n'est jamais bien circonscrite. Si, à ces symptômes, se joignent seulement de petites vésicules contenant une sérosité jaunâtre, l'érysipèle est *simple;* s'il y a gonflement considérable de la partie affectée, c'est un *érysipèle phlegmoneux;* si, lorsqu'on appuie le doigt sur la partie affectée, l'impression du doigt demeure sur la peau, l'érysipèle est *œdémateux.*

Cette maladie a souvent pour cause des écarts de régime, l'usage immodéré d'aliments échauffants et d'eau malsaine; elle peut aussi avoir pour causes d'autres maladies, telles que le phlegmon et l'œdème, auxquelles elle s'associe fréquemment.

La diète, les applications émollientes extérieures suffisent presque toujours pour faire disparaître l'érysipèle simple; s'il est intense, il faut recourir à la saignée et aux lotions d'eau distillée de laurier-cerise. Lorsque l'érysipèle dépend d'une autre maladie, au traitement local doit se joindre un autre traitement qui varie suivant la nature de l'affection principale. Si l'érysipèle est ambulant, il faut recourir aux vésicatoires, qui sont toujours d'un bon effet, bien que parfois ils ne puissent empêcher l'affection de s'étendre.

Esquinancie. — Voyez *Angine.*

Fluxion de poitrine. — Cette maladie, qu'on nomme aussi *pneumonie* et *péripneumonie*, est une inflammation du tissu du poumon dont les causes les plus ordinaires sont le passage subit du chaud au froid, ou l'usage de boissons trop froides dans un moment où la transpiration est abondante. Les symptômes de cette grave affection sont la tristesse, des frissons presque incessants, la respiration difficile, et les mouvements des flancs plus grands que de coutume. Au bout de deux ou trois jours, la respiration est accompagnée d'une sorte de râle.

Dès que ces symptômes commencent à se manifester, il faut s'empresser de recourir à la saignée générale, et ne pas craindre de la répéter jusqu'à ce que l'on ait obtenu un peu de mieux. La température du lieu où l'on traite le malade doit être douce ; les boissons émollientes sont indispensables, et la diète est de rigueur. Lorsque l'inflammation a disparu, il faut appliquer des sétons à la poitrine. Si l'inflammation persiste malgré les saignées, on pourra recourir aux vésicatoires et aux sinapismes à la poitrine ; mais alors il ne reste que peu d'espoir de sauver le malade.

GALE. — La gale est une maladie de la peau qui consiste en de petits boutons élevés au-dessus de la peau ; ces boutons sont coniques, blancs, entourés d'une petite inflammation et causant une démangeaison insupportable. La cause de ce mal est un petit insecte nommé *açarus* qui se creuse une demeure sous la peau, dans laquelle il dépose un œuf dont l'incubation produit une pustule. C'était autrefois une maladie très-grave ; mais aujourd'hui qu'on en connaît la cause, on guérit en quelques heures les animaux qui en sont atteints : « Il suffit, dit M. Raspail qui a « retrouvé l'*acarus* en 1831, de lotionner l'animal affecté de gale « avec de l'eau sédative ou de l'oindre d'eau-de-vie camphrée sur « tout le corps, et spécialement sur les parties où se montrent « les boutons. Ces remèdes suffisent pour tuer l'insecte, et, dès « lors, le mal disparaît. »

Le *rouvieux* n'est autre chose que la gale invétérée, qui se guérit de la même manière que la gale simple.

GANGRÈNE. — La gangrène est l'état d'une partie du corps dans laquelle les phénomènes vitaux sont anéantis. Son aspect varie selon qu'elle dépend d'une cause locale ou d'une disposition générale, et qu'elle existe dans le tissu cellulaire sous-cutané, dans les membranes muqueuses, séreuses, ou dans la substance même des organes.

La peau affectée de gangrène est brune, noirâtre. Quand elle a pour siége le tissu sous-cutané, la partie paraît froide, mollasse, flasque, et présente une enflure aplatie, affaissée plutôt que détachée ou proéminente, qui gagne rapidement de proche en proche. Si l'on incise en cet endroit, on aperçoit une matière jaune, citrine, brune, noire, qui, partant du tissu cellulaire sous-cutané, s'étend à celui des interstices musculaires.

Tous les tissus, tous les organes sont exposés à la gangrène. On la nomme *nécrose* quand elle affecte les os. Elle ne désorganise jamais qu'un point du corps d'une étendue assez peu considérable. La gangrène peut s'établir dans une partie du corps par contusion, par une ligature, par une compression qui empêche l'oscillation des vaisseaux; en un mot, par des causes mécaniques d'espèce externe. Mais il est une autre gangrène qui vient de causes internes. Cette dernière s'établit quelquefois à un endroit qui a éprouvé une blessure, à une partie qui a subi une opération grave. Elle peut survenir dans toutes les périodes de la plaie; alors la suppuration se supprime ou devient séreuse, grumeleuse et fétide. Avant l'invasion de la gangrène par cause interne, le pouls se trouve successivement dans deux états différents : lent, fort et plein d'abord, puis petit, faible et accéléré; les urines sont limpides, la peau est sèche, flasque dans toutes ses parties.

Cette gangrène, que nous venons de décrire, est de l'espèce qu'on nomme *humide*, à cause de la sérosité qui arrose et soulève les tissus; elle est fort prompte et très-commune; le *charbon* paraît n'en être qu'une espèce. Mais il est une autre espèce de gangrène, qu'on nomme *sèche*, dans laquelle les vaisseaux sont racornis, les tissus coriaces et ne contenant que peu ou point de sang.

La gangrène peut survenir dans toutes les périodes du phlegmon, des abcès, des ulcères; elle peut se produire dans une partie par suite d'une blessure qui y empêche la vitalité, ou qui en détruit l'organisation; elle peut être l'effet du froid excessif, de l'absorption de certains poisons; enfin, la gangrène de l'estomac et des intestins peut avoir pour causes de violentes indigestions.

Dans la gangrène externe, il faut se hâter de faire cesser la cause mécanique qui l'entretient, en diminuant la compression, en ôtant les ligatures. On doit favoriser la circulation dans la partie atteinte, et employer pour cela les lotions spiritueuses, salées ou acidulées, l'eau-de-vie camphrée, la teinture d'aloès, la décoction d'absinthe, d'aristoloche, de gentiane, de quinquina. Toutes ces applications doivent se faire à froid, en lotions et compresses; les lavements salés ou acidulés sont aussi d'un bon effet. — Dans la gangrène déterminée par une cause purement locale, on emploie avec succès les scarifications profondes, pour donner issue aux fluides qui ne peuvent rentrer dans la circulation; ou fait même des taillades jusqu'au vif, et ces moyens, qui servent au dégorgement, permettent aussi aux médicaments d'agir davantage. Les sétons, les vésicatoires, la cautérisation, les caustiques, sont aussi d'un bon effet. Le pus, d'une qualité passable, est d'un bon présage; le mort se sépare du vif, et l'on peut même y aider quelquefois par l'extirpation, dès que la ligne entre le mort et le vif est établie. On saupoudre alors les plaies avec de la poudre de gentiane, ou toute autre poudre absorbante et tonique.

Pour les tumeurs gangréneuses par cause interne, le traitement principal doit consister en moyens intérieurs exempts de violence ; il faut d'abord placer l'animal qui en est atteint dans un logement salubre, ne lui donner que des aliments d'excellente qualité ; la promenade, par un air frais, est d'un bon effet. L'eau blanche, salée, nitrée, acidulée, est quelquefois le seul aliment médicamenteux que l'animal accepte, et assez ordinairement il suffit à la cure. Il est bon, néanmoins, d'y joindre des lavements, des fumigations, après lesquels on pourra donner des amers anti-gangréneux, comme l'assa-fœtida, le camphre et le sel ammoniac. En vingt ou trente jours les infiltrations se dissipent. Il arrive parfois qu'à la suite du traitement il se manifeste des abcès ; mais ils ne présentent aucun danger sérieux, et l'on y remédie par le même traitement que pour les abcès ordinaires (Voyez *abcès.*)

GASTRITE. — Cette maladie, qui est une inflammation de la membrane muqueuse de l'estomac, est peu commune chez les animaux, et ses symptômes sont assez difficiles à reconnaître. Elle a pour causes ordinaires le passage subit du chaud au froid, les boissons très-froides prises par l'animal alors qu'il est en sueur. Les moyens curatifs à employer sont les saignées plus ou moins répétées, selon la violence de l'inflammation, l'âge et le tempérament du sujet ; les breuvages émollients tièdes, les fumigations émollientes, et une diète plus ou moins sévère, selon le plus ou moins d'intensité de la maladie.

GASTRO-ENTÉRITE. — On nomme ainsi une inflammation de la membrane muqueuse de l'estomac et des intestins ; elle a les mêmes causes que la gastrite, mais les symptômes en sont plus faciles à reconnaître : l'animal est triste, il perd l'appétit et est tourmenté d'une soif ardente ; la langue est rouge, les yeux plus ou moins enflammés. Il y a parfois vomissement de bile, diarrhée, fièvre ardente ; parfois aussi il se manifeste des convulsions, puis la fureur et le vertige. Dans ce dernier cas, le mal est presque toujours incurable. Le traitement est à peu près le même que pour la gastrite : saignées abondantes, boissons émollientes ou acidulées tièdes ; plus tard, pour boissons, des décoctions de chicorée, de gentiane ou de tanaisie. Diète sévère d'abord, et modérée lorsque la maladie décroît sous l'influence de la médication indiquée.

Cette maladie est une des plus graves dont les animaux puissent être atteints, et les soins d'un homme de l'art sont, dans ce cas, toujours indispensables.

Goutte sereine. — Cette maladie, qu'on nomme aussi *amaurose*. consiste dans la cécité complète, ou presque complète, avec immobilité de la pupille, qui conserve une égale dilatation au grand jour et dans l'obscurité. Les humeurs de l'œil sont claires et transparentes, et cet organe paraît jouir de la meilleure santé. Les causes les plus ordinaires de cette affection sont la mauvaise nourriture, le froid, l'habitation dans des lieux humides et sombres.

La goutte sereine est presque toujours incurable. On peut pourtant tenter d'y remédier par des sétons à l'encolure, par l'insufflation dans les naseaux de poudres sternutatoires, par les vapeurs qui s'exhalent d'un flacon d'ammoniaque liquide, et que l'on dirige sur les yeux, par l'application des sangsues à la conjonctive et par les purgatifs.

Hydrocèle. — Les tuniques des testicules se remplissent souvent d'eaux qui gonflent considérablement ces tuniques; on nomme cette congestion d'eau *hydrocèle*. Cette maladie peut avoir son siége dans la cavité de la tunique vaginale; on la nomme alors *hydrocèle par épanchement;* si, au contraire, le siége du mal est dans le tissu cellulaire qui sépare les enveloppes des testicules, l'affection est une *hydrocèle par infiltration*. Dans ce dernier cas, les deux côtés des bourses sont envahis, tandis que l'hydrocèle par épanchement n'attaque qu'un seul côté.

La castration est le remède le plus sûr et le plus prompt à opposer à l'hydrocèle par épanchement; cependant, lorsque l'intensité du mal n'est pas très-grande, on peut le combattre avec succès par la ponction ou par une incision dans les membranes des testicules, pour donner issue au liquide qui y est contenu. Il faut, dans ce cas, amener la plaie à suppuration, et, pour cela, y introduire des tentes enduites de digestif animé, composé de baume d'arcœur, de styrax et d'eau-de-vie camphrée, en contenant les plumasseaux par des attaches passées dans la peau, jusqu'à parfaite cicatrisation. — L'hydrocèle par infiltration se traite par des fomentations émollientes sur les bourses, auxquelles on fait succéder des applications d'eau de chaux mélangée d'un peu d'esprit-de-vin.

Hydropisie. — C'est un amas d'eau dans la cavité de la poitrine. Les causes de cette maladie sont l'épaississement et la stagnation du sang. Lorsque le sang est épais, il circule difficilement et lentement; les parties rouges du sang se rassemblent, les parties séreuses et aqueuses s'en séparent, transsudent à travers les tuniques des vaisseaux, et il se fait alors une extravasion de sérosité dans les cavités de la poitrine. La stagnation du sang dans la poitrine a souvent pour causes diverses maladies inflammatoires, telles que la pleurésie, la péripneumonie, la courbature, etc. Quelquefois aussi l'hydropisie se forme dans la péricarde ou bien entre deux lames du médiastin.

On reconnaît l'hydropisie à la difficulté de respirer; dans la respiration, les côtes s'élèvent avec force, l'animal regarde sa poitrine, et se couche tantôt d'un côté, tantôt de l'autre.

Cette maladie peut se guérir par opération : on ouvre, avec un trois-quarts, la poitrine pour donner écoulement aux eaux qui y sont contenues; mais cette opération ne saurait détruire les causes du mal, qui presque toujours ne tarde pas à reparaître; l'hydropisie doit donc être mise au nombre des maladies incurables.

INDIGESTION. — Les bêtes à cornes et les bêtes à laine, bien que pourvues de quatre estomacs, sont fort sujettes aux indigestions, surtout à l'époque où l'on fait passer les animaux de la nourriture sèche à la nourriture verte, si l'on n'a pas le soin d'opérer ce changement par degrés.

Les indigestions viennent aussi quelquefois de fourrages secs, altérés dans les champs ou dans les greniers; ils s'accumulent dans les estomacs et dans les intestins; il s'en dégage un air putride qui gonfle les entrailles, produit la météorisation de la panse et même l'emphysème général. Les indigestions sont surtout funestes aux femelles pleines : la compression qu'exerce la panse interrompt l'abord des sacs nourriciers au fœtus, et peut déterminer l'avortement. Si les brebis y sont moins sujettes que les vaches, c'est qu'elles jouissent de plus de liberté et qu'elles ont plus d'exercice.

L'indigestion s'annonce le plus ordinairement par l'enflure et l'expansion de la panse, occasionnées par un excessif dégagement de gaz acide carbonique ou de gaz hydrogène. — La météorisation de la panse par le gaz acide carbonique résulte surtout d'un repas fait avec du trèfle, de la luzerne, du sainfoin ou autres plantes mouillées; alors il y a abattement, anxiété; la pression qu'exerce la panse sur la poitrine rend la respiration difficile, intercepte l'action du foie, de la rate, de l'aorte et de la veine cave postérieure; le sang se porte à la tête; il y a gêne du cerveau, comme dans l'apoplexie; les yeux sortent des orbites; le pouls est dur; les naseaux sont très-dilatés; la langue est épaisse, la bouche chaude et remplie d'une bave verdâtre; la panse soulève considérablement le flanc gauche; les quatre membres se rapprochent; l'animal est raide, insensible, immobile; puis il mugit, s'agite, se débat et succombe en rendant par la bouche des matières vertes.

La météorisation putride par le gaz hydrogène a presque toujours pour cause une suite de digestions imparfaites, ou des souffrances antérieures, des fourrages poudreux, moisis, des eaux bourbeuses; elle est quelquefois accompagnée de la dureté de la panse causée par l'accumulation des aliments dont la dureté rend la digestion impossible.

Il est une troisième sorte d'indigestion, dite *par irritation de la panse;* elle est due aux plantes âcres et tranchantes. Les signes qui l'indiquent sont la tristesse, le larmoiement, l'accélération du mouvement des flancs, le gonflement momentané du flanc gauche. Tous ces signes augmentent successivement d'intensité; les yeux sortent de leurs orbites, ils pirouettent; le pouls est fréquent, petit et concentré; les mâchoires sont rapprochées; les membres sont raides; il y a prostration, inflexibilité, insensibilité; si l'on fait marcher l'animal, il chancelle ou tombe; il se plaint, la bouche se remplit de bave; il vient sous la ganache une tumeur flasque et indolente; la panse se météorise; le pouls s'efface, la dyssenterie survient, et l'animal meurt du deuxième au huitième jour.

On prévient les indigestions en évitant de conduire les animaux aux champs lorsqu'ils sont trop pressés par la faim, ou lorsque les plantes sont mouillées. Si l'on donne le vert à l'étable, on doit le faucher le soir pour le matin, et le matin pour le soir. Il faut le donner par brassées et par intervalles égaux au temps que l'animal a mis à manger la brassée précédente. Dans les bêtes faibles, on s'oppose aux mauvaises digestions répétées en leur donnant des décoctions de navets, de carottes, de pommes de terre, de betteraves, de choux, de trèfle, de vesces, de pois, et en les nourrissant avec ces substances bien cuites et assaisonnées de sel commun.

Dans la météorisation de la panse par le gaz acide carbonique, il faut se hâter d'empêcher l'animal de manger davantage. Si le mal est peu considérable, il suffit souvent, pour condenser le gaz, de faire avaler un breuvage alcalin, comme, par exemple, un litre d'eau de chaux, ou bien quinze à vingt grammes de sel de potasse dissous dans un litre d'eau, ou, mieux encore, quatre ou cinq grammes d'ammoniaque dans un demi-litre d'eau pour les grands animaux, et quinze à vingt gouttes dans un verre d'eau pour les moutons, chèvres, etc. On réitère ce breuvage si la météorisation se renouvelle, ce qui arrive fréquemment, et l'on donne à l'animal des lavements émollients.

Dans la météorisation par le gaz hydrogène, comme il n'existe point de moyen de condenser ce gaz, il faut délayer les matières au moyen de breuvages répétés d'huile végétale nouvelle, à la dose de quarante-cinq grammes mêlés à quarante grammes d'eau-de-vie et douze grammes de sel de nitre dans une infusion de mélisse ou de menthe. On donne aussi des breuvages de forte décoction de graine de lin et des lavements de même nature.

Si l'indigestion a pour cause des aliments âcres ou coupants, on doit avoir recours aux breuvages de lait et de décoction de graine de lin, et l'on injectera fréquemment de l'eau miellée et acidulée, afin de faire disparaître la tuméfaction qui se produit sous la ganache.

Dans ces divers cas, si les médicaments n'ont pas le succès qu'on en attend, il faut avoir recours à l'opération appelée *ponction du rumen* (voir au chapitre OPÉRATIONS DIVERSES).

INFLAMMATION DU FOIE. — Cette maladie est toujours la conséquence d'une autre plus considérable, comme, par exemple, la gastro-entérite (voir plus haut).

INFLAMMATION DE LA LANGUE. — Cette inflammation a toujours pour cause quelque plaie faite à la langue ou le contact de cet organe avec des substances corrosives. Dans ce cas, la langue augmente de volume; elle est rouge et douloureuse. Lorsque l'inflammation est très-intense, il faut saigner l'animal au cou et lui faire prendre des boissons adoucissantes ou légèrement acidulées; s'il se forme un abcès, il faut l'ouvrir et administrer des gargarismes astringents; mais lorsque l'inflammation est légère, les boissons adoucissantes suffisent presque toujours pour la faire disparaître.

INFLAMMATION DES MAMELLES. — L'inflammation peut avoir plusieurs causes; elle résulte souvent d'un état morbide de l'utérus par suite des sympathies étroites qui existent entre cette partie et les mamelles. Il en est de même d'un dérangement des organes de la digestion, lequel produit souvent de notables altérations dans l'organe sécréteur du fluide laiteux.

Des coups extérieurs, une marche longue et pénible après avoir vêlé et lorsque la mamelle est gonflée de lait, des blessures, des contusions, des meurtrissures, un refroidissement prolongé, un long repos sur une surface hérissée d'aspérités, et la variole, sont autant de causes qui provoquent l'inflammation des mamelles. Un séjour prolongé de lait dans ce réservoir, surtout quand on conduit les vaches au marché pour s'en défaire, donne aussi naissance à cette maladie. L'inflammation attaque ou la structure glandulaire de la mamelle ou le tissu cellulaire qui sert à l'unir. Dans le premier cas, la maladie attaque généralement l'un des trayons ou mamelons, ou bien elle s'étend à la moitié ou même à la totalité du pis. Elle est toujours subite dans ses attaques, rapide dans ses progrès, dangereuse dans ses conséquences. Le trayon ou la mamelle devient chaud tout à coup, douloureux et dur au toucher. Il y a une légère fièvre symptomatique. La sécrétion du lait est en partie ou complétement suspendue; s'il coule, il est mêlé de parties coagulées, et ressemble à du petit-lait; il est parfois sanguinolent, ou bien la mamelle ne donne que du pus, suivant l'intensité de l'inflammation. Pour faire cesser l'inflammation, il convient, en premier lieu, de saigner l'animal aux veines du cou, ou mieux, aux veines abdominales si visibles sous le ventre et qui semblent toutes converger vers le pis. Une livre à une livre et demie de sulfate de magnésie peut être aussi administrée, et la dose répétée, s'il n'y a pas d'effet sensible produit après douze ou dix-huit heures. En même temps, on appliquera aussi fréquemment que possible des fomentations d'eau chaude, et un bandage suspensoire sera utilement employé pour favoriser les fomentations et soulager l'animal du poids de l'organe malade. On peut appliquer, la nuit, un cataplasme de son et de farine de graine de lin ; si la douleur est très-vive, on fera des fomentations avec une décoction de fleurs de camomille, et on emploiera la ciguë pour le cataplasme. Si ces remèdes ne réussissent pas, on essaiera l'application de compresses imbibées d'une dissolution faite avec 250 gr. de nitre, autant de sel commun et un quart d'eau. Lorsque les accidents inflammatoires commencent à décroître, on peut appliquer deux fois par jour une dissolution composée de 15 grammes de sel ammoniac dissous dans 250 gr. d'eau, de vinaigre ou d'esprit-de-vin. Dans tous les cas, il faut avoir le soin de vider les trayons et ne pas permettre que les matières qui s'y accumulent prennent une qualité putride qui prolonge et augmente la maladie. Comme il est souvent très-difficile d'extraire les matières contenues dans le pis par suite de leur état de coagulation et de concrétion, on coupe en quelques pays le bout du trayon ; mais cette pratique qui peut, jusqu'à un certain point, guérir l'inflammation du pis, exclut toute espèce de chance d'un rétablissement utile de cette partie. Il vaut beaucoup mieux faire une incision perpendiculaire au trayon pour évacuer les matières concrétées, et on a ainsi la certitude que cette partie, une fois la maladie guérie, se guérira elle-même très-facilement et sera encore propre à remplir ses fonctions, quand la sécrétion du lait recommencera. Souvent, dans une inflammation légère, l'introduction d'une petite sonde ou d'une canule d'argent suffira pour l'évacuation complète des fluides viciés. Quand la maladie s'étend jusqu'au tissu glandulaire de la mamelle et qu'elle a pris un caractère indolent, un liniment d'iode appliqué deux fois par jour produit toujours un bon effet, surtout quand il est accompagné de l'administration interne de l'iode d'un demi-scrupule deux fois par jour. Enfin si la maladie persiste et que la vache résiste à l'écoulement épuisant et puriforme qui s'établit, on peut encore sauver l'animal et le rendre propre à la boucherie en pratiquant l'ablation partielle ou totale de la mamelle, opération qui ne présente pas de graves difficultés, mais qui doit toujours être faite avec précaution et par un vétérinaire habile et instruit.

INFLAMMATION DES REINS. — Cette maladie a souvent pour cause la présence de calculs dans les reins; elle peut être aussi le résultat d'une fatigue extrême, de grands efforts, de coups reçus sur les reins, ou de l'usage trop fréquent d'aliments âcres. Ses symptômes sont la difficulté d'uriner, la rareté de l'urine, sa couleur trouble, rougeâtre; le pouls est fréquent, les sueurs abondantes et d'une odeur ammoniacale. Il faut saigner largement l'animal et à plusieurs reprises, lui donner des lavements émollients, lui faire prendre des boissons rafraîchissantes, telles qu'une décoction de graine de lin, et lui appliquer sur les reins de larges cataplasmes de farine de graine de lin et de son. Le repos et la diète sont indispensables. Lorsque le mieux commence à se montrer, il est bon d'appliquer des sétons aux fesses, et de ne ramener que très-lentement l'animal à sa nourriture ordinaire. C'est une des maladies les plus graves et qui nécessite toujours les soins d'un homme de l'art.

INFLAMMATION DES TESTICULES. — Les efforts violents, l'excès de travail, des contusions ou des compressions sont les causes ordinaires de cette affection, qui se reconnaît à l'engorgement des testicules et à la difficulté de la marche. Le pouls est fréquent, dur; l'animal perd l'appétit. On saigne l'animal au cou, au plat de la cuisse, ou bien on pose des sangsues aux testicules, et l'on applique sur cette partie des cataplasmes émollients qu'on maintient à l'aide d'un bandage. Il faut mettre l'animal à la diète, lui donner pour boisson de l'eau blanche nitrée, et lui administrer des lavements émollients. Lorsque le mal est grave, il peut se former un abcès; il faut l'ouvrir (voyez MALADIES CHIRURGICALES).

ŒDÈME. — L'œdème est un épanchement de sérosité qui distend les lames du tissu cellulaire. La partie est enflée souvent sans douleur; elle a perdu son ressort, et elle conserve pendant quelques instants l'impression du doigt qui la comprime. Les parties les plus sujettes à l'œdème sont le dessous du ventre, le dessous de la poitrine, les paupières, le scrotum, les environs des mamelles et les membres. Il arrive très-souvent au scrotum après la castration. On voit aussi aux juments, en avant des mamelles, peu de temps avant l'accouchement, des œdèmes que l'on nomme vulgairement *avant-lait*. Toutes ces espèces d'infiltrations sont communes dans les animaux d'une constitution molle, qui font peu d'exercice, qui vivent dans une atmosphère humide. On remarque dans la plupart la pâleur de la conjonctive, de la pituitaire, de la membrane de la bouche; la lenteur, la mollesse et la petitesse du pouls. Quelquefois la pituitaire et la conjonctive sont rouges, et il y a fièvre lente.

L'œdème vient quelquefois de compression, de contusion, de dilacération avec hernie, de la suppression de quelque excrétion ou écoulement habituel, ou d'engorgement intérieur.

Lorsque l'œdème est produit par une compression exercée sur une partie par une ligature trop serrée, il suffit d'enlever cette ligature pour faire disparaître la tumeur qu'elle avait causée. Si l'œdème est dû soit à un repos trop prolongé, à un exercice trop actif, soit à une mauvaise nourriture, au séjour dans les endroits malsains ou humides, dans le premier cas, on promènera souvent l'animal dont les jambes ou quelques autres parties seront œdématiées, et on le fera modérément travailler. Dans le second cas, on le laissera se reposer pendant quelque temps ; on lui donnera une nourriture abondante et substantielle, et on le mettra dans des écuries ou des étables bien entretenues et bien aérées. Des applications toniques suffisent pour dissiper l'œdème, qui persiste quelquefois après l'érysipèle ou un phlegmon considérable.

Lorsque l'œdème est le symptôme secondaire d'une autre maladie, ce qui arrive très-fréquemment, il cesse en même temps que l'affection de laquelle il dépend, sans qu'il soit besoin de traitement particulier. S'il persiste après la disparition de la maladie principale, on expose fréquemment la partie œdématiée au soleil, et on la frictionne, soit à sec, soit avec de l'eau-de-vie camphrée; on peut aussi recourir avec succès aux fumigations aromatiques, aux fomentations toniques, résolutives, avec l'eau de chaux, l'eau de Saturne étendue d'eau, ou une décoction de quinquina; enfin, les douches d'eau salée ou vinaigrée, et les applications de blanc d'Espagne ou de terre glaise délayés dans du vinaigre, ont ordinairement un résultat satisfaisant. Il importe, dans tous les cas, de donner à l'animal de bons aliments en petite quantité, et de le panser plusieurs fois chaque jour.

Lorsque l'œdème résiste aux divers moyens énoncés ci-dessus, il ne reste plus qu'à recourir aux scarifications, aux mouchetures; on taille dans le vif, afin de faciliter le dégorgement du tissu cellulaire, puis on met plusieurs sétons à la partie déclive de la tumeur.

Ophthalmie.—Cette maladie est une inflammation de l'œil qui se reconnaît à la rougeur de l'organe, à sa chaleur, à sa sensibilité et à sa tension. Ce mal a souvent pour cause un corps étranger introduit dans l'œil; dans ce cas, la guérison en est simple et facile : il suffit d'extraire le corps étranger et de bassiner l'œil avec une décoction de guimauve ou de graine de lin. Mais l'ophthalmie peut avoir plusieurs autres causes. On l'observe le plus fréquemment chez les animaux tenus habituellement dans des logements trop chauds et qu'on fait passer à l'air froid. Les vaches, qu'on tient la plupart du temps enfermées dans des étables remplies de vapeurs irritantes, y sont plus sujettes que les moutons, qui sont presque toujours aux champs. Dans ces cas, l'irritation de la conjonctive troublant la sécrétion de cette membrane, elle se trouve d'abord sèche ; bientôt elle devient rouge, parce que le sang injecte les vaisseaux sanguins qui, dans l'état sain, ne contiennent que des liqueurs transparentes ; il coule des larmes lorsque la glande lacrymale participe à l'irritation. L'œil est gonflé, devient douloureux ; les paupières sont simplement entr'ouvertes ou se ferment pour empêcher l'impression de la lumière ou pour la modérer ; quelquefois elles sont tuméfiées. Il peut exister bien des degrés dans la contraction des paupières, dans l'écoulement des larmes, dans la rougeur de la conjonctive, dans le resserrement de la pupille, l'altération des humeurs et des membranes intérieures. Ces degrés sont tels que l'ophthalmie est quelquefois sèche, quelquefois humide, quelquefois aiguë, quelquefois chronique.

Quand l'ophthalmie est légère, elle se dissipe pendant un travail modéré dans une température douce ; lorsqu'elle est plus sérieuse, elle exige des applications mucilagineuses en lotions, à froid, ou avec des compresses légères ; quand elle est grave, il est bon de couvrir les yeux de l'animal, ou au moins de le placer dans l'obscurité. Les sétons, les vésicatoires au cou produisent une dérivation salutaire. La violence du mal ayant cessé, on a recours aux toniques, tels qu'une infusion de fleurs de sureau, ou de l'eau de plantain dans laquelle on fait dissoudre 32 décigrammes de vitriol blanc, qu'on applique directement sur la conjonctive.

Pour prévenir et pour guérir ce mal, il faut avoir soin d'aérer les étables, les écuries ; d'épargner aux animaux l'intempérie des saisons et l'ardeur du soleil, en leur procurant de l'ombre dans la chaleur du jour.

PARALYSIE. — La paralysie est une grande diminution de la faculté motrice ou sa perte totale dans une partie. Lorsque tous les muscles qui exécutent les mouvements volontaires sont paralysés ensemble, le mal est appelé *paraplégie* ; on le nomme *hémiplégie* quand il n'affecte que la moitié du corps, et *paralysie partielle* lorsqu'il ne frappe qu'une partie.

La paralysie n'affecte quelquefois qu'un seul côté du corps, d'autres fois les parties antérieures seulement ; mais plus souvent elle frappe les reins et les membres postérieurs. Elle peut aussi avoir pour siége les paupières, la rétine, le pénis, la vessie, la langue, le canal intestinal, etc. L'invasion en est tantôt subite, et tantôt elle est annoncée par la gêne, l'engourdissement, la grande diminution ou la cessation des facultés motrices, qui sont suivies de changements notables. Dans la partie affectée, la peau perd de sa sensibilité, de sa chaleur ; la partie s'amaigrit; quelquefois le mal s'étend de proche en proche. Il n'y a point de fièvre. Les symptômes varient aussi selon la partie qui est atteinte. A la suite des paralysies longues, l'action des vaisseaux se pervertit et s'annule dans la partie atteinte; toute l'organisation s'y confond en se convertissant en une substance qui a quelque ressemblance avec la graisse; d'autres fois la partie atrophiée se flétrit de plus en plus, et présente les phénomènes d'une sorte de gangrène sèche.

Les animaux le plus exposés à la paralysie sont ceux qui ont une constitution molle, ou qui, ayant un caractère ardent, s'épuisent par le travail ou par l'excès du coït, ceux qui manquent de bons aliments, ou ceux qui en mangent à l'excès de la meilleure qualité. Quelquefois elle paraît dans les saisons froides et humides, après un affaiblissement ancien. Le plus souvent elle attaque les animaux au printemps et en été, par suite de l'apoplexie que détermine une pléthore sanguine, et elle les frappe au moment où ils paraissent en pleine vigueur. Elle peut être l'effet d'une commotion, d'une distension ou effort, d'une luxation, d'une fracture arrivée surtout dans les vertèbres; elle peut aussi résulter de la section d'un nerf principal. Quelquefois elle succède au rhumatisme, à la suppression d'un ulcère ou d'une maladie psorique. Quand elle ne dépend pas d'une cause externe, elle annonce une lésion grave de l'action nerveuse. Dans ce dernier cas, elle devient bientôt funeste, ou bien elle est sujette à des retours, et la rechute est ordinairement plus fâcheuse que la première attaque.

Si le mal tient à une pléthore sanguine, on s'empresse de pratiquer la saignée pour prévenir l'apoplexie; pour exciter les sécrétions, les excrétions qui sont troublées, on emploie les laxatifs, les lavements irritants, les sudorifiques. On se trouve souvent bien aussi de produire des irritations locales à la peau par les vésicatoires et les sétons appliqués sur la partie affectée ou ailleurs. Dans les cas de répercussion, les bains, les douches tièdes, les fomentations émollientes, les bains de fumier peuvent avoir de bons effets, surtout comme moyens préparatoires. On fortifie la partie affectée par des frictions sèches, des liniments volatils, des huiles essentielles, et autres applications stimulantes, par la cautérisation sur l'origine des nerfs qui se distribuent dans la partie paralysée. Les bains froids produisent quelquefois à la peau une secousse qui devient salutaire en se communiquant aux organes locaux. Ce qui importe le plus, pour le traitement, c'est de distinguer la cause de la paralysie, et d'avoir égard à la constitution des individus. Il faut surtout s'attacher à prévenir le mal en plaçant les animaux dans des logements sains et en desséchant les terrains marécageux. La paralysie invétérée est presque toujours incurable.

Péritonite. — On donne ce nom à l'inflammation du péritoine, c'est-à-dire de la membrane séreuse qui tapisse l'abdomen. La castration, le passage du chaud au froid quand l'animal est en sueur; les contusions ou les plaies du ventre en sont les causes ordinaires. Cette maladie est presque toujours mortelle. L'animal qui en est atteint regarde ses flancs, il frissonne, sa respiration est difficile, son pouls est fréquent. On peut tenter la guérison au moyen de boissons adoucissantes, de bains de vapeur, de sinapismes sous le ventre; mais il est bien rare que les efforts les plus intelligents soient couronnés de succès.

Phlegmon. — On nomme phlegmon une inflammation du tissu cellulaire, qui se produit particulièrement chez les animaux pléthoriques, qui ont la fibre molle, lâche et peu de force musculaire. Cette inflammation a pour causes une grande fatigue, une nourriture trop abondante, les chutes, les contusions, les fractures, les compressions; elle peut aussi être la conséquence d'une autre maladie, comme, par exemple, la gastro-entérite.

Il se forme dans la partie atteinte une tumeur arrondie, circonscrite, et plus ou moins considérable, qui cause à l'animal une gêne, une pesanteur, et une douleur plus ou moins vive, selon l'endroit qui en est le siége. Cette tumeur ne tarde pas à faire des progrès; la peau participe alors à l'inflammation, et si l'on rase les poils ou la laine qui la recouvrent, on trouve la tumeur très-rouge jusqu'à son sommet, qui est quelque fois pourpre ou d'un rouge violet.

Lorsque le phlegmon dépend d'une cause externe, et qu'il occupe une partie peu sensible, on peut le considérer comme une maladie de peu d'importance dont la guérison est toujours prompte et facile; mais lorsque la tumeur est très-volumineuse et se trouve placée aux environs des tendons ou de l'anus, la maladie est souvent très-grave et difficile à guérir.

Quand la maladie est peu intense, et que les symptômes sont légers, on peut se borner à appliquer des sangsues sur la partie atteinte; mais si le mal est grave, il faut d'abord pratiquer plusieurs saignées et n'apposer qu'ensuite les sangsues sur le siége du mal. Il faut ensuite appliquer sur la tumeur des cataplasmes de farine de lin, cuite dans une décoction de guimauve avec une poignée de feuille de morelle, et arrosés de vingt ou trente gouttes de laudanum. Une diète légère, des boissons rafraîchissantes et des lavements émollients concourent puissamment à la guérison.

Il arrive parfois que le phlegmon se termine par la gangrène; dans ce cas la douleur se calme, la tuméfaction s'affaisse; la rougeur de très-vive qu'elle était devient brunâtre. Il faut, dans ce cas continuer à donner des breuvages délayants et appliquer sur le siége du mal des cataplasmes émollients qui, renouvelés très-fréquemment, amènent assez promptement la chute de l'escare ; alors la suppuration s'établit et le pansement se fait comme pour une plaie ordinaire.

PISSEMENT DE SANG. — Il arrive que les urines d'un animal sont mélangées de sang en plus ou moins grande quantité. Cette maladie, qu'on appelle aussi *hématurie* peut avoir pour cause la présence de calculs dans les reins ou la vessie, une grande fatigue, le transport de fardeaux trop pesants des, coups violents sur les reins, l'abus des diurétiques trop actifs, des purgatifs violents; elle vient aussi de l'alimentation : ainsi les animaux qui paissent de jeunes pousses de chêne ou dans les pâturages desquels se trouvent le colchique, le réveil-matin et quelques autres plantes de cette espèce, sont exposés au pissement de sang.

Quelles que soient les causes, il faut administrer à l'animal de fréquents lavements émollients, le saigner et lui faire prendre des boissons délayantes. Si le mal a pour cause quelque lésion des reins ou des parties génitales il faut saigner à plusieurs reprises. Dans certains aussi l'administration du camphre a de bons effets, et lorsque l'affection vient d'un excès de fatigue on administre souvent avec succès de l'eau de créosote à la dose de 60 grammes par jour. — A moins que les lésions ne soient considérables, la guérison est presque toujours prompte.

PLEURÉSIE. — La pleurésie est une inflammation de la plèvre, avec toux et difficulté de respirer. Souvent l'inflammation de la plèvre gagne la substance du poumon, et c'est alors la pleurésie compliquée de la péripneumonie. Les causes de cette maladie sont la pléthore, la raréfaction et l'épaississement du sang ; le passage subit du chaud au froid. surtout alors que l'animal est en sueur, les boissons trop froides, l'humidité ; elle peut aussi avoir pour cause quelque coup violent reçu sur la poitrine.

L'animal atteint de pleurésie est triste, abattu; il perd l'appétit, la fièvre ne le quitte point, il a la respiration difficile, et il regarde sa poitrine.

La pleurésie est une maladie inflammatoire des plus dangereuses; elle se termine par la résolution, par la suppuration ou par la gangrène. La gangrène est mortelle; la résolution est la voie la plus salutaire.

Dès que l'on a reconnu les symptômes de cette maladie, il faut s'empresser de saigner l'animal qui en est atteint, et répéter la saignée de quatre en quatre heures; on peut, lorsque le cas est grave, saigner jusqu'à six fois en deux jours. Les saignées, lorsque la maladie est prise à temps, peuvent suffire pour la faire disparaître; passé le sixième jour, elles sont inutiles et souvent même dangereuses. Il faut donner pour boisson de l'eau blanche ou de l'eau miellée et de la décoction de graine de lin ; les lavements émollients sont aussi nécessaires ; on doit en donner cinq ou six par jour. Après le quatrième ou le cinquième jour, si la fièvre, la douleur et la difficulté de respirer diminuent, c'est que la résolution commence à se faire ; il faut alors la favoriser par quelque léger cordial, comme l'eau de son dans laquelle on aura fait bouillir un peu de canelle ou deux poignées de baies de genièvre concassées ; cela ranime les forces, rétablit la circulation et accélère beaucoup la guérison.

RAGE. — Les symptômes de cette maladie varient chez les animaux qui en sont atteints ; cependant, les signes les plus ordinaires sont la tristesse, un abattement mêlé d'inquiétude ; l'animal change de place à chaque instant, et se couche comme s'il tombait chaque fois qu'il s'arrète ; il refuse aussi de manger et de boire. Bientôt les symptômes les plus effrayants se déclarent ; l'agitation s'accroît ; l'animal est attentif à tout ; sa marche, lente ou rapide, n'est qu'une suite de mouvements décomposés ; ses yeux s'enflamment, son regard est menaçant ; il erre çà et là, ayant les oreilles basses et la queue pendante ; il sort de sa gueule une bave écumeuse, sa langue est bilieuse. C'est ordinairement en cet état qu'il se jette sur les hommes et sur les animaux qui se trouvent sur son passage ; il les mord en courant, sans s'arrêter, et, si on ne le tue pas, il ne tarde pas à mourir dans des convulsions effroyables. Il est des chiens qui perdent la voix et qui ne font entendre ni cris ni aboiements ; d'autres sont fortement enroués, d'autres encore poussent des hurlements ; il en est enfin qui aboient comme s'ils n'étaient pas malades. Cet état est accompagné d'une fièvre marquée, tantôt faible, tantôt forte. Il en est qui paraissent plutôt assoupis que tristes ; d'autres ne sont ni tristes ni endormis ; quelques-uns sont pris de tremblements et bientôt de fureur ; d'autres paraissent timides et pris d'effroi. Il en est qui jettent par les naseaux un mucus brun ; chez d'autres, il ne se fait aucun écoulement de ce genre. L'urine est noire chez quelques-uns ; elle est seulement trouble chez d'autres.

Les animaux qui peuvent être spontanément atteints de la rage sont le chien, le loup, le renard, le chat et le singe ; les autres animaux n'en sont jamais atteints que par communication. Dans ce cas, la rage se déclare ordinairement deux ou trois jours après la morsure, quelquefois seulement au bout de vingt jours et plus.

Le mot hydrophobie n'est devenu synonyme du mot rage que parce que l'horreur de l'eau est, dans presque tous les animaux qui en sont atteints, un symptôme pathognomonique. On croit que cette horreur de l'eau vient de la crainte d'être suffoqué.

Le cheval atteint de la rage ronge sa mangeoire et tous les objets à sa portée ; il avance la tête pour mordre indistinctement tous ceux qui s'approchent de lui ; il ne connaît personne ; il est toujours en mouvement lorsqu'il est seul, et il frappe du pied : ses yeux sont rouges, étincelants ; il mange peu et ne boit pas ; il tire la langue et rend beaucoup d'écume ; il tremble continuellement. Une fois la maladie déclarée, elle ne dure que sept jours, au bout desquels le cheval meurt.

Tous les chevaux mordus par un chien enragé ne sont pas atteints de la rage. La maladie se déclare ordinairement entre le vingtième et le cinquantième jour, rarement avant, quelquefois après.

La rage, lorsqu'elle est déclarée, est tout-à-fait incurable ; il faut, sans hésiter, tuer l'animal qui en est atteint ; mais on peut la prévenir. Pour cela, dès qu'un animal a été mordu par un autre animal enragé, on taille la partie mordue ; on y applique des caustiques et le feu ; on y fait des scarifications et l'on applique des ventouses, afin de faire sortir tout le virus ; mais, dans ce cas, il faut tenir l'animal à l'écart, bien attaché, et prendre toutes les précautions nécessaires pour qu'il ne puisse mordre. Ces précautions doivent être prises pendant deux mois au moins, la maladie ne se déclarant presque jamais au-delà de ce terme.

SARCOCÈLE. — On nomme ainsi le squirrhe ou cancer du testicule. C'est une tumeur dure, pesante, peu sensible, et formée par le testicule augmenté de volume et n'ayant plus sa conformation normale. Il n'existe aucun moyen de guérir cette affection. L'animal qui en est atteint doit être soumis à la castration.

TAIE. — La taie, qu'on appelle aussi *nuage de la cornée, albugo* ou *néphélion*, est un obscurcissement de la cornée transparente ; elle peut résulter de coups sur les yeux, mais le plus souvent elle n'est qu'une suite de l'opthalmie. On en obtient souvent la guérison en insufflant sur la partie atteinte du sucre candi mêlé d'un peu de nitrate de potasse, le tout réduit en poudre impalpable.

TÉTANOS. — L'affection nerveuse à laquelle on a donné ce nom consiste dans des contractions spasmodiques et permanentes de système musculaire, et particulièrement des muscles extenseurs. Le tétanos peut attaquer tous les muscles du corps ; mais cela ne se produit que successivement ; après avoir atteint une région, il ne tarde pas à en gagner une autre, et bientôt le mal devient général. Quelquefois pourtant il n'atteint qu'une partie ; et c'est presque toujours les muscles de la face qui sont les premiers affectés. Lorsque le mal se borne là, il prend le nom de *tritmus* ; s'il gagne le cou et les membres antérieurs, on le nomme *opis-*

thotonos; et *pleurothotonos* lorsqu'il n'intéresse qu'un seul côté.

Les premiers symptômes du tétanos sont une certaine difficulté dans les mouvements de l'encolure et des mâchoires. Bientôt les muscles de la tête se tendent, et deviennent de plus en plus rigides; l'animal a l'œil fixe et recouvert de la troisième paupière, appelée *membrane clignotante*; la respiration devient difficile; la rigidité est telle que l'animal ne peut se coucher; il se remue tout d'une pièce; si on le force à changer de place, on reconnaît qu'il ne fléchit qu'à peine les articulations des membres; s'il tombe, les membres les plus éloignés du sol restent raides et tendus. La contraction des mâchoires devient telle que l'animal ne peut prendre de nourriture, et qu'il est impossible de rien lui faire avaler. Lorsque la maladie a atteint ce degré d'intensité, la guérison est impossible et la mort ne tarde pas à survenir.

Le tétanos peut avoir pour cause unique le froid humide; mais c'est à la suite de blessures graves, de plaies déchirées, et surtout après la castration qu'il se montre le plus ordinairement. — Tous les moyens rationnels ont été employés sans succès contre cette terrible affection; il n'y a de guérison à espérer que lorsque le mal est attaqué dès que les premiers symptômes apparaissent, et avant que la contraction des mâchoires soit complète; il faut se hâter alors d'administrer un purgatif, de pratiquer de petites saignées souvent répétées, et d'appliquer ensuite des vésicatoires aux fesses. Dès que le mieux se manifeste, les boissons rafraîchissantes et les lavements émollients doivent être employés; mais sans trop d'abondance, et deux sétons au cou peuvent accélérer la guérison. Lorsque les symptômes violents sont dissipés, il est bon de donner à l'animal un purgatif pour expulser des premières voies les matières qui entretiennent la maladie.

Tympanite. — (Voyez Indigestion).

Vers.—Tous les animaux domestiques sont sujets aux vers, qui deviennent la source de beaucoup de maladies, aussi variées que les individus qui en sont affectés. Les vers qui vivent et se développent dans le corps des animaux sont connus sous les noms de *triangle, d'ascaride, de crinon, de douves, de ténia lancéolé, rubanné et globuleux,* et enfin d'œstre. Celui-ci est la larve de la mouche de ce nom. Toutes ces larves varient de forme, de grosseur et de couleur, selon les endroits où elles vivent; on les rencontre dans le rectum des chevaux, des ânes, des mulets; dans les cavités nasales des bœufs et des moutons, etc.

Les causes déterminantes des maladies vermineuses sont toutes celles qui, en débilitant l'animal, favorisent le développement des vers. L'éducation vicieuse des jeunes chevaux qui les fait passer alternativement de l'état de maigreur à celui

d'embonpoint, et *vice versâ*, en est une bien reconnue. Les pâturages aquatiques, les bergeries humides, sans air ni lumière,
sont des sources de pourriture qui ne manquent pas de développer les vers et de détruire les troupeaux.

Quelles que soient l'origine et la cause du développement des
vers, le désordre qu'ils occasionnent dans l'économie animale
est tel, qu'on a dû envisager les maladies vermineuses sous les
différents caractères d'*essentielles*, de *symptomatiques* et de *compliquées*.

Les maladies vermineuses essentielles sont celles dans lesquelles la présence des vers constitue essentiellement la maladie; ainsi les œstres implantés dans la membrane de l'estomac
du cheval, le ténia globuleux des moutons, les douves dans les
caveaux biliaires du foie, etc. constituent des maladies essentiellement vermineuses.

Les maladies vermineuses symptomatiques sont celles qui surviennent après une maladie quelconque, et qui ont pour cause
la faiblesse générale des individus, comme à la suite de l'avortement, du part forcé des brebis, de la phthisie pulmonaire, etc.
Dans tous ces cas, les anti-vermineux les plus actifs ne détrui-
raient qu'une partie de la maladie en évacuant les vers.

Les maladies vermineuses compliquées sont celles qui présentent, pour leur guérison, trois conditions à remplir : la première,
celle des vers à détruire ; la seconde, celle des solides à rétablir
et des humeurs à corriger; la troisième, celle de la cicatrisation
des ulcères que ces vers ont formés dans l'estomac ou dans les intestins.

Le cheval, l'âne. le mulet sont ordinairent dévorés par les
strongles, les ascarides, les crinons et les larves de la mouche
œstre. Les bœufs et les vaches sont moins sujets aux vers que
les autres animaux ; cependant la mouche œstre semble prendre
la peau de bêtes à cornes pour matrice; elle la perce, dépose dans
chaque trou un œuf qui devient ver et larve, pour enfin se mé-
tamorphoser en mouche. L'œstre, dans l'état de larve, détermine
une tumeur de la grosseur d'un œuf de pigeon, perforée dans sa
partie supérieure ; si on la presse fortement, on en fait sortir la
larve qui est, selon son développement, de couleur grise, rousse,
brune ou blanche.

Les symptômes qui annoncent la présence des vers chez les animaux sont presque tous les mêmes dans les différentes espèces.
Celui qui est le plus certain, c'est de rencontrer des vers dans
les déjections, d'en voir attachés à l'anus, etc.; puis se joint à
ceux-là un état de maigreur extrême; le poil piqué, les yeux
tristes et enfoncés dans l'orbite, la conjonctive pâle, ainsi que les
membranes pituitaires et de l'intérieur de la bouche, des bâille-

ments fréquents, une haleine fétide, les flancs creux, retroussés. le rectum retiré vers l'abdomen, etc. Dans la réunion de tous ces symptômes, on rencontre ordinairement différentes espèces de vers qui fourmillent dans les viscères sanguins, digestifs, respiratoires et sécréteurs.

L'anti-vermineux par excellence, spécifique éprouvé sur toutes les espèces de vers, celui enfin qui convient à toutes les maladies vermineuses, est l'huile animale empyreumatique. On l'administre à la dose de trente grammes aux gros animaux; elle a une odeur si forte et si pénétrante, qu'on est obligé de l'associer à une infusion aromatique quelconque ou à des poudres amères ou vermifuges mêlées au miel, pour pouvoir les faire prendre en opiat; ce qui devient alors très-facile.

LIVRE DEUXIÈME.

CHAPITRE VII.

Maladies chirurgicales communes à plusieurs quadrupèdes domestiques.

ABCÈS. — L'abcès est un dépôt de matière suppurée qui est toujours précédé d'une inflammation. Ces dépôts se produisent sous la peau, dans la gaîne des tendons et des muscles; ils sont superficiels ou profonds, et se divisent en outre en abcès chauds et en abcès froids. Si la marche de la maladie est régulière et que la collection de la matière se fasse promptement, c'est un abcès chaud; si, au contraire, la marche est lente et que la suppuration ne se forme que difficilement, c'est un abcès froid; enfin lorsque, dans ce dernier cas, le pus, à mesure qu'il se forme, va se déposer à une place autre que celle où il a été secreté, c'est un abcès par congestion.

Le gonflement, la tension, la chaleur de la partie affectée, et la douleur qui en résulte sont les symptômes ordinaires de l'abcès chaud. Lorsque l'abcès est superficiel, la tumeur ne tarde pas à s'amollir; le poil tombe en cet endroit, la peau s'amincit, et si on la presse avec le doigt, on reconnaît parfaitement la fluctuation de la matière.

Les abcès froids s'annoncent par une tumeur molle, sans augmentation de chaleur. Quant aux abcès par congestion, ils ne sont que la conséquence d'autres maladies, telles que la carie des os ou la nécrose.

On doit toujours prévenir la suppuration des organes essentiels par un traitement prompt: la saignée, les vésicatoires, les sétons, tels sont les principaux moyens. On doit au contraire, quand la suppuration est inévitable ou avantageuse, la favoriser par des cataplasmes de mauve et de farine de lin, par des lotions ou des douches d'eau tiède, ou par des applications d'onguent basilicum auquel on peut, dans ce cas, ajouter de l'onguent vésicatoire.

On ouvre par une incision grande et déclive les abcès chauds, quand ils sont à maturité; un digestif ordinaire ou seulement des étoupes sèches pour pansement suffisent souvent pour les mener à bonne fin. Mais si l'abcès est situé sur une partie où la matière n'ait pas une issue facile, comme à la nuque, aux reins, à la couronne, dans les organes tendineux, il faut l'ouvrir de bonne heure, et si l'on reconnaît l'endurcissement des tissus, qui annonce leur peu de disposition à suppurer, il faut tailler toute l'induration, pour éviter des ravages fâcheux, et pour abréger la cure.

Les abcès profonds, dans les muscles, sont souvent difficiles à reconnaître; les douleurs étendues, quelquefois un œdème, la fièvre, enfin une fluctuation obscure en sont les seuls signes. Seulement la fièvre s'abat dès que la collection est formée, et c'est l'indice qui doit déterminer à en faire l'ouverture. On y plonge un bistouri dont le dos est tourné vers le fond du foyer, et l'on prolonge l'incision en dégageant l'instrument. On pratique des contre-ouvertures à d'autres endroits plus déclives, et l'on y passe un séton. Dans les abcès profonds comme dans ceux qui ne sont que superficiels, on peut presser légèrement la poche, et y introduire doucement le doigt pour reconnaître si l'émission ôte suffisamment les obstacles; mais on doit se garder de rompre ce qu'on appelle les *brides* qui s'étendent à l'intérieur d'un côté à l'autre, et qui ne sont autre chose que les vaisseaux et les nerfs, dont la section ne serait qu'un mal de plus. Il suffit ensuite d'insinuer dans la poche un petit plumasseau qui n'empêche pas les parois de s'approcher. Si la partie le permet, on mettra en outre un plumasseau sur toute la tumeur, et on la comprimera légèrement par une bande. — Si la suppuration languit, il faut l'exciter par un exercice léger, quand le siége du mal le permet, par un bon régime, quelques médicaments amers, et même par la cautérisation.

Les abcès froids se montrent particulièrement dans les sujets faibles, qui ont été exposés à des fatigues considérables, à des changements de climats ou qui ont éprouvé de graves maladies. Ces abcès fournissent en abondance du pus ordinairement séreux, grumeleux. L'ouverture prend bientôt l'aspect d'un ulcère; on découvre des sinus; le pus devient fétide, sanieux, et quelquefois il se supprime; il survient une diarrhée, quelquefois la phthysie pulmonaire; une fièvre, lente et le marasme conduisent l'animal à la mort. Cependant avant que le mal soit aussi avancé, il est des sujets qui ont un fonds de vigueur, et qui, sous l'influence du traitement, se raniment et se rétablissent.

Il en est de même des animaux atteints d'abcès par congestion. Dans ce dernier cas, l'ouverture de l'abcès est pratiquée au moyen de la ponction qui se pratique soit avec un petit bistouri bien aigu, soit à l'aide d'un petit trois-quarts.

Dans tous les cas les pansements doivent se faire comme il est dit plus haut, et l'abcès ouvert doit être traité comme les plaies ordinaires. Les soins de propreté sont surtout indispensables.

Ankilose. — On appelle ainsi la réunion ou la soudure de deux os dans leur articulation, de façon qu'ils n'ont plus de mouvement l'un sur l'autre, et qu'ils se meuvent ensemble. Cet accident est le plus souvent la suite d'un effort, et quelquefois d'une piqûre dans l'articulation. — Dans le cheval, les vertèbres lombaires et les dernières dorsales, sont les os les plus sujets à l'ankilose.

Il est difficile de s'opposer aux progrès de l'ankilose commençante; on y réussit pourtant quelquefois au moyen de saignées et par l'application de cataplasmes émollients pour faire cesser l'inflammation; après quoi, on fait sur la partie des fomentations spiritueuses et aromatiques, des frictions d'eau-de-vie camphrée, en ayant soin, en même temps de faire mouvoir et fléchir doucement les parties. — L'ankilose bien caractérisée et incurable.

Brulure. — Lorsque les brûlures sont superficielles, il suffit de laisser agir la nature pour que les parties atteintes recouvrent leur état normal; mais les brûlures profondes produisent de graves inflammations qui peuvent être mortelles. La peau étant détruite par l'action du feu tombe par lambeaux, et il se forme dans les chairs des plaies dans lesquelles la suppuration ne tarde pas à s'établir.

Si l'on veut hâter la guérison de brûlures légères, il suffit d'appliquer dessus des corps froids, comme l'eau, la neige, la glace; de la pomme de terre râpée, que l'on renouvelle fréquemment; et mieux encore, du coton cardé sec, qui fait disparaître la douleur comme par enchantement. S'il se forme des ampoules, il faut les crever et faire sortir l'eau qu'elles contiennent; mais il faut bien se garder de mettre la plaie à nu en enlevant la pellicule de ces ampoules, car la douleur serait alors plus vive et l'inflammation plus difficile a calmer.

Lorsque la brûlure est grave, et que la peau a été détruite, on applique sur la plaie des cataplasmes de farine de lin, délayée avec une décoction de têtes de pavot. Losque la suppuration s'établit, on panse la plaie avec de la charpie sèche, enduite de cérat. Si le mal est assez grave pour que la fièvre survienne, il faut mettre l'animal à la diète et lui donner des boissons rafraîchissantes.

CARIE. — Dans un sujet bien disposé, dans une partie saine, si un os est entamé par un tranchant, le réseau vasculaire y secrète un pus louable, et bientôt il s'y forme, par degrés, une cicatrice, à peu près comme à un muscle ; mais, de même que beaucoup de plaies dégénèrent en ulcères, il arrive que les blessures qui intéressent directement la substance des os dégénèrent en carie. La carie vient aussi quelquefois de l'ulcère d'une partie molle, avec laquelle l'os a des connexions immédiates. L'ulcération des ligaments, des tendons, des cartilages, s'appelle aussi *carie*.

La carie des ligaments est d'un gris brun ; celle des cartilages est verte. L'os carié est brun ou noir. La matière est séreuse, sanieuse, fétide ; elle vient non-seulement de la surface de l'ulcère, mais encore des lames intérieures, avec lesquelles le tissu superficiel communique. On voit la matière de l'ulcère qui pénètre dans les pores de l'os, et quand l'affection atteint des cellules profondes, ce qui est commun dans les os où abonde ce qu'on appelle la substance spongieuse, alors la carie est beaucoup plus grave ; les sucs pervertis propagent le mal.

On voit des plaies aux os se guérir spontanément en se couvrant de boutons charnus. Dans quelques circonstances favorables, on voit aussi des guérisons spontanées de la carie ; mais, le plus ordinairement, la surface altérée de l'os se dessèche peu à peu, et elle se détache en une ou plusieurs lames qu'on appelle exfoliation. Or, ces feuilles des portions nécrosées, étrangères à l'organisation, sont séparées du vif par une élaboration des tissus qu'elles recouvrent. Ces tissus ont repris leur énergie pour opérer cette action, et l'art doit éviter de les troubler par des mouvements et des soins indiscrets. La poudre de gentiane, la teinture d'aloès, l'eau-de-vie camphrée, sont les seuls médicaments qu'on puisse employer. Ce travail dure environ quarante jours, à partir de la plaie faite à l'os. Si on ébranle l'exfoliation, il s'en forme en-dessous une nouvelle, qui exige un temps égal. Ces troubles répétés peuvent empêcher la cure en contribuant à amener l'épuisement et la fièvre hectique, qui font promptement succomber l'animal.

Il est des ulcères qu'on traite quelquefois comme de simples plaies ; mais le plus sûr, pour obtenir la guérison de la carie des os, est de l'attaquer par le fer ou par le feu. Si on veut l'attaquer par le fer, il faut d'abord enlever toutes les chairs de mauvaise nature qui le recouvrent; puis, à l'aide d'une rugine, on enlève les parties cariées, jusqu'à ce qu'on ait atteint les parties saines, en ayant soin de ne pas laisser la moindre trace de carie; car, s'il en restait, quelque peu que ce fût, le mal se reproduirait. On fait ensuite, sur la partie opérée, des applications d'onguent égyptiac, d'une dissolution faible de sublimé corrosif, ou d'acide sulfurique.

Si l'on opère par le feu,—et c'est le meilleur moyen,— il faut brûler radicalement toute la partie cariée. Le fer doit être chauffé à blanc et introduit ainsi dans la carie, à plusieurs reprises, jusqu'à ce que l'on soit bien sûr d'avoir brûlé toutes les parties cariées, sans qu'il en reste la moindre parcelle. On panse ensuite avec de l'étoupe imbibée d'eau-de-vie étendue d'un peu d'eau, ou avec de la teinture d'aloès.

La carie des dents est rare chez les animaux; cependant lorsque le cas se présente, il faut enlever la dent cariée, ce qui est facile lorsqu'il s'agit d'une dent déjà ébranlée par un choc; mais s'il en est autrement, l'extraction est difficile. On la pratique en enlevant avec un ciseau toute la paroi extérieure de l'alvéole qui la recouvre, et l'on panse comme pour les autres cas de carie.

Contusion. — La contusion est le résultat d'un choc violent d'un corps dur, plus ou moins obtus, sur quelque partie de l'animal; ou bien ce n'est qu'une pression réitérée et continuée qui, agissant lentement n'en produit pas moins des lésions marquées. Les contusions les plus fréquentes dans les animaux, sont les chutes, les coups de pied, les coups de cornes; les blessures par les harnais, par la maladresse ou la brutalité des gens. Les coups de pied les plus ordinaires sont à la face interne de la jambe, sur les jarrets, sur les canons. Les coups de cornes les moins sérieux sont ceux qui divisent les muscles; ils sont plus graves entre les côtes : ayant frappé le ventre, ils donnent presque toujours lieu à des hernies dangereuses. On prévient souvent de pareilles blessures en tenant couverts les yeux des bêtes à cornes dont on connaît la méchanceté.

Les phénomènes des contusions sont en raison de la dureté de la cause vulnérante, et de la résistance de la partie blessée. La meurtrissure est plus complète si le choc s'est opéré sur un os, parce que les parties molles se sont trouvées pressées entre deux corps durs. Les fibres qui ont souffert de la contusion sont distendues, affaissées; leurs artérielles sont déchirées, le fluide s'épanche entre les lames du tissu cellulaire; le sang s'y rassemble en caillot, ou bien il s'y établit une collection de sérosité roussâtre, et de là résultent tous les phénomènes du *phlegmon*, qui nécessitent le même traitement. (Voir Phlegmon, au chapitre précédent).

La résolution peut s'opérer facilement, s'il n'y a point de rupture ni d'épanchement; mais s'il y a désorganisation, la suppuration ou l'exfoliation sont inévitables. On comprend que ces accidents varient selon que la contusion se borne à la peau ou qu'elle attaque les tissus sous-cutanés, les gaînes des muscles, les aponévroses, les ligaments, les articulations, les os. — Une contusion très-forte sur des muscles, cause ordinairement des abcès profonds. Si le pus existe dans les interstices des muscles, il peut s'étendre au loin, et s'il n'a pas d'issue, il peut en résulter de graves accidents (Voir ci-dessus, ABCÈS). — Les contusions qui affectent les os peuvent déterminer la carie (Voir ci-dessus, CARIE). — Les contusions sur les testicules excitent leur tuméfaction et celle du scrotum; l'animal écarte les cuisses en marchant. Outre le traitement du phlegmon, le mal exige l'application d'un suspensoir; si, dans ce cas, il se forme des abcès considérables, ou si la tuméfaction s'étend au cordon et persiste d'une manière chronique, il est presque toujours indispensable d'avoir recours à la castration.

Les chevaux affectés de maladies longues, dans lesquelles ils sont forcés de rester la plupart du temps couchés, éprouvent des espèces de contusions à la hanche, à la cuisse, à l'épaule, à la plupart des points saillants par lesquels ils pèsent sur le sol. On peut prévenir ces accidents en traitant la maladie de la manière la plus prompte.

Les contusions aux paupières et au globe de l'œil, sont toujours suivies de l'engorgement de ces parties; les paupières se rapprochent; il coule des larmes; quelquefois il se forme un certain obscurcissement de la cornée; on observe, surtout le matin, un pus blanc agglutiné par flocons longs, formé dans la duplicature de la conjonctive. Les moyens à mettre en usage dans ce cas, sont les émollients, les aromatiques, les spiritueux, les astringents. La résolution, dans ces parties, s'opère ordinairement du huitième au vingtième jour.

Dans les sujets qui ont des dispositions humorales, le froissement de la muserole, du licou, produit des tuméfactions vers la symphise maxillaire. Des fomentations émollientes, aromatiques, et au bout de quelques jours des fomentations d'onguent mercuriel en amènent la résolution. Les barres éprouvent quelquefois une contusion par le mors, soit parce que le cheval n'est pas accoutumé à céder à cette impression, soit parce qu'il éprouve quelque surprise, quelque peur, qui lui donnent occasion de s'emporter, soit parce que le cavalier n'a pas la main légère. Les chevaux de trait et les chevaux de somme éprouvent cette contusion dans de pareilles circonstances, lorsqu'ils sont enrênés trop court; l'endroit est rouge, brun ou saignant, la gencive se boursouffle, il s'y forme un ulcère, quelquefois avec carie, les glandes de l'auge s'engorgent. Il faut, dans ce cas, tailler la tuméfaction jusque dans son fond, et donner des gargarismes acidulés.

L'agneau, le poulain, en tétant, lancent quelquefois des coups de tête fort vifs sur la mamelle pour en exprimer le lait; il en résulte des engorgements qui exigent des fomentations résolutives, des lavements, la promenade et des aliments de facile digestion.

Les contusions faites sur les ligaments capsulaires et sur les abouts des articles, occasionnent des empâtements, des infiltrations qui augmentent de jour en jour au point de ne plus laisser d'espérance; quelquefois il y a plaie ou fistule à l'article. Dans ce dernier cas, le traitement du phlegmon est rarement suffisant; il faut se hâter de prévenir les progrès du mal en appliquant sur la partie l'onguent vésicatoire ou l'eau-de-vie vésicante, ou même le cautère actuel. Faute de ce traitement dès les premiers jours, il survient, surtout à la rotule et au jarret, des œdèmes, des infiltrations qu'on a beaucoup de peine à faire dissiper. Quelquefois aussi la lésion est au-dessus des ressources de l'art.

Fistule. — On nomme fistule un ulcère profond dont l'ouverture est étroite, les bords calleux, et dont la suppuration est entretenue par un vice local ou par la présence d'un corps étranger. Leur trajet suit toutes sortes de directions plus ou moins inclinées; on en voit même de verticales, dont l'orifice est tantôt à la partie supérieure, tantôt à la partie inférieure. Il en est qui n'ont qu'un enfoncement; dans d'autres il y en a plusieurs qu'on nomme *sinus, clapiers.* Quelques-uns se ferment de temps en temps; alors la partie s'engorge, il se manifeste des douleurs; la matière gagne, fuse, remonte assez loin, et fait une nouvelle éruption, soit sur le même point, soit sur un autre, ordinairement peu éloigné. L'os que le mal atteint se carie, les parois de la fistule s'infiltrent, s'épaississent et forment une induration squirrheuse. Le farcin, la morve, peuvent en être la suite.

La cure de ces lésions exige qu'on donne un écoulement facile à la matière, et qu'on change le mode d'action des tissus. On y parvient en passant une mèche dans le trajet fistuleux; en y faisant une ou plusieurs ouvertures, ou même en incisant la paroi extérieure de la fistule dans toute sa longueur, en excitant une suppuration louable au moyen d'applications caustiques. Il faut extraire les exfoliations osseuses, tendineuses, détachées; on est souvent obligé d'extirper les fortes indurations et les parois calculeuses; et si l'écoulement arrêté a fait naître des infiltrations, il est urgent de le rétablir par des sétons, l'onguent vésicatoire, des pointes de feu pénétrantes.

Les plus graves sont la fistule à l'anus, la fistule urinaire, la fistule lacrymale et la fistule salivaire.

Tous les abcès qui se forment à la marge de l'anus peuvent dégénérer en fistules. On divise cette affection en fistule fécale, et fistule borgne ; cette dernière ne donne pas issue aux matières fécales; mais le plus souvent la fistule borgne devient fécale ; ce n'est qu'une question de temps.

Fistule stercorale. — De quelque manière que les fistules stercorales se soient formées, on les reconnaît aux signes suivants. Simples quand elles sont récentes, souvent multiples, c'est-à-dire s'ouvrant à l'extérieur par plusieurs orifices, et environnées de callosités quand elles sont anciennes, elles siégent auprès de l'anus et fournissent un suintement habituel de pus, mêlé parfois à une certaine quantité d'excréments. Lorsque l'on sonde le trajet du conduit accidentel avec un stylet boutonné dirigé vers le rectum, la main huilée et introduite dans l'anus, sent son extrémité à travers les parois de cet intestin, et après quelques tâtonnements, il la sent à nu, lorsqu'elle franchit l'orifice interne de la fistule. Cet orifice est d'ailleurs souvent facile à reconnaître au toucher, à la dépression qu'il présente et aux inégalités qui l'entourent.

La nature de la matière que fournissent les fistules, et la direction que prend le stylet, quand on les sonde, servent à faire distinguer les fistules stercorales des fistules urinaires qui viennent quelquefois s'ouvrir aux environs de l'anus.

L'incision est aujourd'hui la méthode la plus généralement adoptée pour la cure de cette maladie. Voici comment on y procède. Après avoir préparé des bistouris droits, de grandeurs diverses, et à pointe forte, une sonde cannelée sans cul-de-sac, un gorgeret, espèce de gouttière de bois, terminée par une partie plane et légèrement recourbée, qui lui sert de manche ; avoir fait relever et maintenir la queue sur la croupe, et avoir entravé convenablement l'animal, l'opérateur engage la sonde cannelée dans la fistule, et la fait parvenir dans le rectum. Lorsque son doigt indicateur gauche, introduit dans cet intestin, lui fait connaître qu'elle y a pénétré, il le retire et y substitue le gorgeret graissé, dont la gouttière doit être tournée vers la fistule, et recevoir l'extremité de la sonde ; il s'assure que ces deux instruments se touchent immédiatement, en cherchant à les faire mouvoir légèrement l'un sur l'autre, et il confie le gorgeret à un aide, qui l'incline un peu vers la fesse, et le maintient dans cette position. Alors tenant lui-même la plaque de la sonde, et pressant sur elle de manière à en appuyer l'autre extrémité sur

le gorgeret, il fait glisser le long de la cannelure de cet instrument, le bistouri qu'il enfonce jusqu'à ce que sa pointe vienne
s'appuyer sur le gorgeret, et il abaisse le tranchant vers celui-ci,
pour inciser toutes les parties comprises entre son bistouri et la
gouttière, que la pointe de l'instrument tranchant ne doit pas
abandonner. Après avoir ainsi confondu le trajet fistuleux avec
la cavité du rectum, l'opérateur, pour s'assurer qu'aucune bride
n'a pu échapper à l'action de l'instrument tranchant, retire en
même temps la sonde et le gorgeret, sans cesser de les appuyer
l'un sur l'autre. Si quelque chose les arrête, il reporte le bistouri
dans la cannelure de la sonde, et incise de nouveau sur le gorgeret, dans le sens de la première incision; et il continue de la
même manièrejusqu'à ce que le gorgeret et la sonde puissent
sortir en même temps sans rencontrer d'obstacle.

L'hémorrhagie est ordinairement peu considérable, et s'arrête
spontanément. Si cependant le sang venait à couler abondamment, on pourrait, en écartant les lèvres de la plaie, chercher à
découvrir les vaisseaux ouverts, et les cautériser, ou bien en
faire la ligature.

Le pansement doit être fait de manière à laisser dans un certain écartement les surfaces latérales de la vaste plaie que l'on
a faite, au moins pendant les premiers jours, et jusqu'à bonne
suppuration, afin d'éviter la réunion trop immédiate, et, par
suite, le rétablissement de la fistule. La principale pièce de l'appareil doit consister en un morceau de cuir épais et élastique,
taillé dans la forme triangulaire que présentait l'espace compris
entre la sonde et le gorgeret alors que ces instruments étaient en
place, et plus grand que cet espace en hauteur, de telle sorte
que, placée de champ, cette pièce pose inférieurement et remonte
jusqu'au-delà de la section prolongée du rectum. Il est nécessaire de la garnir d'étoupes molettes, recouvertes d'un linge
qu'on enduit d'un corps gras, et d'éviter une grosseur démesurée
qui froisserait et irriterait les parties. Pour fixer et maintenir
cette même pièce, son bord extérieur doit excéder un peu au
dehors, et être adapté à un bandage qui consiste en un morceau
de toile long et refendu en deux branches à chaque bout, l'en-
fourchure des inférieures étant plus aiguë que celle des supérieures, qui doivent embrasser le tronçon de la queue, tandis que
les autres ne contiennent que la partie supérieure du scrotum.
On adapte un lien à chaque fesse, et on applique le bandage de
façon que la pièce de cuir garnie qui y est adaptée, soit introduite et demeure dans la situation convenable. On conduit
ensuite les liens inférieurs, de dessous le ventre sur les reins, où
ils sont fixés l'un à l'autre, et l'on arrête les liens supérieurs aux
précédents par des nœuds. De cette façon l'anus se trouve recou-

vert, ce qui oblige à retirer le bandage à divers intervalles, afin de laisser sortir les excréments. On profite du moment où le bandage est retiré pour donner un ou deux lavements, afin de laver l'intérieur du rectum. Au bout de quelques jours, le bandage peut rester moins longtemps en place.

Le régime de l'animal opéré doit être tel, que les disgestions soient faciles et que les matières stercorales aient peu de consistance; il doit être surtout composé de substances alimentaires liquides telles que des moutures, du son délayé et du pain trempé.

Lorsque la fistule est borgne, le meilleur parti qu'on puisse prendre est de la compléter en perforant la paroi du rectum, si la fistule est borgne externe, ou bien en incisant la peau qui recouvre le foyer si elle est borgne interne. On agit du reste comme pour la fistule stercorale.

Fistule urinaire ou *urétrale*. — Dans la fistule urétrale, les urines coulent habituellement par la plaie du périnée ; cette plaie peut être la suite de l'incision faite pour l'extraction d'un calcul, soit de l'urètre, soit de la vessie, soit d'une blessure.— Avant de chercher à amener la cicatrisation de cette fistule, il faut s'assurer si l'urètre n'est point obstrué depuis la plaie jusqu'à la tête du membre, et si l'on rencontre quelque obstacle, il faut l'extraire. On rafraîchit ensuite les bords de la plaie, et on les rapproche par des points de suture et par un emplâtre agglutinatif. Il est bon d'introduire dans l'urètre une sonde creuse en gomme élastique. On fait aussi, sur les callosités des bords, des applications émollientes, résolutives, et elles disparaissent peu de temps après que les urines ont repris leur cours.

Fistule lacrymale. — Des contusions, des exostoses peuvent occasionner cette fistule. L'ulcération du sac lacrymal, l'obstruction du canal lacrymal, forcent les larmes de se répandre hors de l'œil et de couler par le grand angle. Il y a quelquefois tuméfaction, abcès et boursoufflement de l'os, les secours à donner dans ce cas consistent à assujettir l'animal, à faire tenir les paupières écartées, par un aide et à passer une sonde boutonnée flexible, et portant un trou pour passer un fil qui sert à introduire une mèche. Cette sonde doit être huilée; on l'introduit par le point lacrymal supérieur, soit jusque dans le sac lacrymal seulement, soit jusqu'à l'égoût lacrymal, c'est-à-dire l'orifice du canal près de l'ouverture de l'un des naseaux; on peut ensuite **y** passer une sonde, et l'y laisser pendant quelques jours.

Quand il y a ulcération du sac lacrymal, on est obligé de l'ouvrir par une incision horizontale pratiquée au-dessous du grand angle de l'œil. Dans ce cas, il peut y avoir *carie* (voir ce mot plus haut). On renouvelle tous les jours la mèche; on panse avec do petits plumasseaux couverts d'onguent digestif, de teinture d'aloès, etc., et l'on maintient l'appareil au moyen d'un bandage. Les pansements des voies lacrymales se font avec une seringue à canule fine; on fait des lotions et on applique des cataplasmes émollients.

Fistule salivaire. — Elle a lieu par une ouverture extérieure faite au canal qui porte la salive de la parotide dans la bouche; la liqueur sort par jets lorsque l'animal mange. Ce canal peut être ouvert par une blessure accidentelle ou par une incision maladroitement pratiquée. Si le canal était offensé longitudinalement et seulement dans sa paroi extérieure, il faudrait tâcher d'obtenir la coaptation des lèvres de la plaie par la suture de la peau, par l'emplâtre agglutinatif. Dans le cas où ces moyens sont insuffisants, on est réduit à faire la ligature totale du canal. Par ce moyen la salive s'arrête, et la parotide perd peu à peu son action; mais la salive manque pour imprégner suffisamment les aliments, et il peut s'ensuivre des engorgements des tuméfactions, des abcès. Il faut alors passer un séton dans la tuméfaction; mais comme il est impossible de remédier au défaut de salive, l'animal digère mal et ne peut vivre longtemps.

FRACTURE. — La fracture est une solution de continuité d'un os, que l'on reconnaît principalement à la crépitation que produisent les deux extrémités fracturées quand on les fait mouvoir.

Lorsque la fracture d'un os est simple, il suffit de rapprocher les deux extrémités fracturées, et de les maintenir en cet état à l'aide de bandages et d'éclisses. Il suinte alors de chaque extrémité un fluide glutineux qui les réunit, se coagule, devient cartilagineux, et finit par prendre la consistance de l'os. Cette réunion s'appelle un *calus.*

Mais la fracture peut être *composée, compliquée, comminutive.* Elle est composée quand elle comprend deux os concourant à la formation d'une même partie, et dans ce cas on opère comme pour la fracture simple, en rapprochant chaque partie de celle qui doit lui être adhérente. La fracture est compliquée lorsqu'elle est accompagnée de plaie, de déchirure ou de commotion du cerveau. On appelle fracture comminutive celle dans laquelle l'os est brisé en plusieurs morceaux ou broyé. Dans ce dernier cas le mal est presque toujours incurable, d'abord à cause de la grande difficulté que présente la réunion des divers fragments, ensuite parce que la fracture, dans ce cas, produit une inflammation considérable, des abcès, la gangrène, etc. Il en est de même des fractures compliquées. Cependant on parvient, dans certains cas, à faire céder l'inflammation, au moyen de saignées générales et d'applications froides sur la partie atteinte, après que la réduction de la fracture a été opérée. S'il y a abcès ou contusion, on a recours au traitement indiqué plus haut par ces deux cas (voyez *abcès* et *contusion*).

HERNIES. — On désigne généralement sous le nom de hernie, une tumeur formée à la circonférence d'une cavité par un organe qui s'en est échappé en totalité ou en partie, à travers une ouverture naturelle ou accidentelle, ou même à travers un point affaibli de ses parois ; il en résulte une sorte d'étranglement, et bientôt la cessation complète des fonctions de l'organe hernié. Le traitement consiste à remettre à sa place l'organe hernié et à l'y maintenir par un bandage.

Lorsque la hernie est irréductible, soit à cause des adhérences que les organes déplacés ont contractés, soit à cause du volume qu'ils ont acquis, soit enfin parce qu'ils sont étranglés par le contour de l'ouverture de passage, il faut avoir recours à une opération chirurgicale pour faire disparaître les obstacles qui s'opposent à la réduction. — Dans tous les cas de hernie, les soins d'un homme de l'art sont indispensables.

LUXATIONS. — Dans les luxations, deux os formant une articulation mobile, sont déplacés l'un par rapport à l'autre. La luxation est incomplète si les os sont seulement écartés de leur point de contact naturel ; quand la luxation est complète, c'est-à-dire lorsque les surfaces articulaires ne se touchent plus, il y a souvent quelque rupture dans les ligaments capsulaires latéraux ; dans cette lésion , les os éprouvent le tiraillement de leurs cartilages.

Les symptômes de la luxation sont : l'impossibilité où est la partie d'exécuter ses flexions et ses extensions ; des saillies et des enfoncements extraordinaires, et le changement de direction que l'on reconnaît en comparant les pièces articulées avec la partie semblable, s'il s'agit d'une articulation qui ait sa pareille; un certain bruit en faisant mouvoir les os l'un sur l'autre.

Les articulations par charnière étant singulièrement fortifiées contre les déplacements, les luxations y sont plus difficiles, mais plus dangereuses que dans les autres parties.

Pour remettre les os à leur place, après avoir assujetti l'animal qu'on tient ordinairement abattu, on le fait contenir par des aides qui empêchent qu'on entraîne le corps, et soutiennent l'un des os ; d'autres aides étendent, allongent la partie, et l'opérateur, aidé aussi par d'autres personnes, si cela est nécessaire, fait rentrer l'os à sa place. Cette réduction étant faite, ces dépressions et les éminences disparaissent, et l'animal recouvre peu à peu la facilité de faire mouvoir les deux os l'un sur l'autre. Il convient alors de tenir la partie en repos, de la couvrir de compresses trempées dans des liqueurs spiritueuses, acidulées , aromatiques, dont on réitère l'application. Le repos est indispensable ; autrement le relâchement, l'amplitude des ligaments capsulaires peuvent faire reparaître la luxation. Une demi-flexion est surtout favorable ; l'extension continuelle occasionne trop d'engourdissement. Il faut en outre, pour contenir les parties, un bandage qui se compose d'éclisses de bois, quelquefois de lames de fer, de bandes, de courroies, etc. Quelquefois on renouvelle le bandage tous les huit jours ; souvent on le laisse appliqué jusqu'au trentième ou quarantième jour s'il ne se manifeste pas d'accidents.

Dans les parties où il est impossible d'appliquer un bandage, et où cependant la compression est nécessaire, on a recours aux vésicatoires, avec un séton, d'où naît une enflure, qui fait l'office de bandage. On emploie aussi des éclisses, des étoupes collées avec de la poix fondue et soutenues par des bandelettes. — La réduction est plus facile dans le chien et dans le mouton que dans les grands animaux. — Il faut quarante ou cinquante jours pour que la guérison s'opère, et souvent même beaucoup plus de temps ; mais dans ce dernier cas, il faut faire faire à l'animal quelques légers mouvements, afin de prévenir l'ankilose.

On réduit difficilement les luxations anciennes ; les capsules sont épaissies, durcies ; les muscles sont atrophiés et inhabiles. Dans les luxations avec fracture, il est impossible de ne pas différer le replacement de l'une ou de l'autre ; on remet ordinairement, dans ce cas, la réduction de la luxation jusqu'après la consolidation du col de la fracture. Mais si l'accident est grave, la guérison est, sinon impossible, au moins tellement difficile et lente, qu'il est moins onéreux de faire abattre l'animal que de tenter de le guérir.

Les vertèbres sont peu sujettes aux luxations, étant formées par des muscles épais et par des ligaments multipliés ; cependant le cas peut se présenter, et il n'est pas absolument impossible d'opérer la réduction ; mais comme la moëlle épinière est alors comprimée, déchirée, soit par l'accident même, soit par les violents efforts que nécessitent la réduction, le mal peut être considéré comme incurable.

Chez le cheval, quand la rotule se luxe, c'est en dehors ; on laisse l'animal debout pour faire la réduction ; on fixe l'anse d'une plate-longe au paturon du membre souffrant ; on la porte sur le garrot, et on lui fait faire un tour autour du cou ; puis on la croise sur elle-même, et on attire le pied de derrière par l'épaule. Cette position mettant les muscles rotuliens dans le relâchement, on porte avec la paume de la main la rotule de dehors en dedans. elle se replace facilement, et le jeu du membre se rétablit. Le cheval doit être tenu au repos, autrement la rotule se déplacerait de nouveau. Il faut relâcher doucement la plate-longe, en ayant soin de soutenir avec la main la rotule, qu'on fera ensuite maintenir de la même manière pendant deux jours, par des hommes qui se succèderont.

NÉCROSE. — On appelle ainsi une maladie des os qui frappe de mort l'os ou la partie d'os qu'elle atteint. L'os ou la partie d'os nécrosée ne participant plus à la vitalité, ne tarde pas à se détacher des parties vivantes et devient un corps étranger qui détermine un abcès dans la partie qu'il occupe. L'os, dans cet état, se nomme *séquestre*.

Les causes de cette maladie sont les plaies graves qui mettent à nu un ou plusieurs os, les fractures, les contusions, les compressions. L'extraction de l'os ou de la partie d'os nécrosée est le seul moyen de guérison. Il faut donc attendre que la nature accomplisse la séparation de cette partie morte d'avec les parties vivantes ; on favorise alors l'expulsion de l'os nécrosé en agrandissant avec un bistouri l'ulcère qui s'est formé. Lorsqu'on s'est bien assuré, en explorant l'abcès avec le doigt ou une sonde, qu'il ne reste plus rien de cet os ou de ce fragment d'os, on panse la plaie en la remplissant de charpie fine, et en appliquant dessus une étoupade enduite de cérat. Il est bon aussi d'appliquer, par-dessus cet appareil des cataplasmes émollients. Le repos et une nourriture saine achèvent la guérison.

PLAIES. — La plaie est une solution de continuité ou séparation des parties. On distingue les plaies en grandes et petites ; en superficielles et profondes, en longues, larges, étroites, droites, obliques, récentes, anciennes, etc. La gravité de la plaie est en raison de son caractère et de la partie qu'elle occupe ; il peut s'y joindre un vice gangréneux qui l'aggrave. La plaie qui pénètre dans une articulation est toujours très-dangereuse. — Par la solution de continuité, il y a rupture des vaisseaux sanguins et des vaisseaux lymphatiques ; ce qui produit l'effusion des liquides qu'ils contiennent. La plaie est d'abord saignante ; mais bientôt les orifices de ces vaisseaux se ferment, l'écoulement s'arrête, les tissus s'enflent, et il y a *inflammation* (voir ce mot, au chapitre 6).

Les plaies récentes ne tardent pas à fournir du pus dont les qualités changent par la suite, puis il se tarit et la plaie se cicatrise. Le plus souvent cette guérison est l'ouvrage de la nature. Dès le deuxième ou le troisième pansement, il n'est pas rare que la plaie devienne bourgeonnée, grenue ; bientôt après les bourgeons se réunissent. Ces bourgeons sont composés de tissus cellulaires et de nouveaux vaisseaux sanguins en si grand nombre, qu'en portant une injection fine dans la partie où il y a une large cicatrice, et en l'exposant à la corrosion de l'acide nitrique ou liqueur corrosive, on trouve un bouquet d'artères en nombre

presque double de la partie parallèle où il n'y a point de cicatrice.

La plaie se remplit par la végétation de ces bourgeons, et c'est
ce qu'on a nommé régénération; il n'y a point d'animaux chez
qui elle soit plus prompte que chez un cheval sain. Ce travail
très-prompt a lieu dans les parties où le tissu cellulaire
abonde; il n'en est pas de même dans les parties tendineuses,
aponévrotiques, ligamenteuses, surtout lorsqu'il y a perte d'une
partie de la peau; aussi doit-on avoir grand soin, dans les opérations chirurgicales, de ménager la peau autant que possible.
La cicatrisation suit cette période, mais elle est plus lente : les
bourgeons se rapprochent, se resserrent; la suppuration se tarit,
les tissus sont vermeils, et la pellicule de la cicatrice se forme
quelquefois sur les bords et aussi quelquefois par le milieu de la
plaie; elle s'annonce par de petits blancs qui paraissent liga-
menteux. La cicatrisation sur les os et les parties aponévrotiques
s'opère de la circonférence au centre; dans les parties charnues,
au contraire, c'est du centre à la circonférence; mais c'est surtout du milieu que naissent les bourgeons qui produisent la cicatrice.

Après la dessolure ou extirpation de la sole de corne faite pour
une affection générale du pied, la sole charnue reprend également
partout, en gagnant peu à peu de la consistance; la cicatrice
commence par les bords, et il se forme une sole de corne pareille
à celle qui a été enlevée.

Dans la cure des plaies, le chirurgien ne doit pas contrarier la
nature; les remèdes les plus vantés ne font souvent que retarder
son ouvrage. Après une opération, après avoir bien mis le premier appareil, si la suppuration s'établit bien, que la plaie donne
un pus blanc, épais, si les tissus sont d'un rose rouge et qu'ils
s'affermissent, la cure est ordinairement certaine. Mais quelquefois, lorsqu'on croit la plaie prête à se cicatriser, on aperçoit un
mamelon au centre duquel est un trou qui va reprendre à un os
ou à un tendon, d'où naît une suppuration dont la quantité
excède celle de la plaie; alors cette plaie dégénère en ulcère au
fond duquel il existe des fibres que les maréchaux nomment fi-
landres.

Dans la suppuration, il est ordinaire d'appliquer de l'onguent
basilicum ou bien un digestif composé de térébenthine et d'un
jaune d'œuf battus ensemble. S'il y a quelque partie noirâtre,
livide, on y applique des plumasseaux imbibés de teinture d'aloès.
On peut aussi appliquer sur la plaie du miel mêlé avec de la farine d'orge ou de seigle. Si le pus est très-abondant, très-liquide,
il faut prescrire les relâchants et employer l'aloès; s'il vient des
tendons, il faut recourir à l'essence de térébenthine.

On ne doit point faire sécher trop vite la plaie en employant des astringents trop actifs ; mais si les chairs sont baveuses, il faut appliquer de l'alun brûlé, du précipité rouge, ou la pierre infernale, que l'on passe sur les mauvaises chairs. Mais le plus souvent, la guérison s'opère sans tous ces moyens imposants, et il suffit souvent d'appliquer des étoupes sèches et de ne pas négliger les soins de propreté.

CHAPITRE VIII.

NOMENCLATURE DES MALADIES.

Il n'est peut-être aucune science dont la nomenclature soit aussi défectueuse que l'est celle de la pathologie, et surtout de la pathologie vétérinaire ; aucune règle n'a été suivie dans le choix des noms sous lesquels on a décrit les maladies. Ainsi, elles ont été désignées tantôt d'après leur siége, comme la pleurésie ; — tantôt d'après les causes, comme le mal de bois ; — quelquefois d'après les lieux où elles se montrent, comme la maladie de Sologne ; — d'autres fois d'après l'espèce d'animaux qu'elles attaquent, comme la maladie des chiens, la vaccine ; ailleurs, d'après le lieu d'où elles sont originaires, comme le typhus de Hongrie ; — quelques-unes ont reçu des noms qui rappellent, soit un symptôme principal, comme le vertige, le tournis, l'immobilité ; soit une ressemblance grossière avec un produit d'histoire naturelle, comme cancer, crapaud ; soit une ressemblance présumée avec quelque objet connu, comme *vessigon* (petite vessie), *claveau* (clou) ; soit les parties qu'elles atteignent, comme eaux aux jambes, etc. Souvent une même maladie a reçu plusieurs noms ; c'est ainsi que le charbon a été nommé *trousse-galant*, *tac*, *louvet*, *larron*, *bouffle*, *venin soufflé*, etc. Tout cela est fort défectueux et aurait bien besoin d'une réforme complète.

Parmi les maladies, il en est quelques-unes dont le siége est facile à constater par la simple application des sens ; il en est d'autres où cette connaissance ne peut être acquise que par les raisonnements, et d'autres enfin dont le siége reste obscur ou même inconnu, soit pendant la vie, soit même après la mort des animaux. — Lorsque la maladie est extérieure, comme la gale, les dartres, la clavelée, etc., le siége est si facile à constater que, dans la plupart des cas, les personnes étrangères à l'art peuvent le constater aussi bien que le vétérinaire. Mais il est des cas où le praticien ne peut pas reconnaître, par la simple application des sens, le siége des maladies. Il y a alors deux moyens de s'élever à cette connaissance : le premier repose sur l'observation exacte des phénomènes de la maladie, comparée avec les altérations qu'on rencontre dans les organes après la mort; le second sur les lois de la physiologie. 1° Quand une série déterminée de phénomènes a coïncidé constamment à une lésion toujours semblable des mêmes parties, on en déduit cette conséquence, que toutes les fois que les mêmes phénomènes se reproduisent, le même organe sera affecté de la même manière. Ainsi, chez tous les chevaux qui ont succombé après avoir offert l'injection de la pituitaire, la chaleur de l'air expiré, la difficulté et l'accélération de la respiration, l'inspiration grande, l'expiration courte, du râle crépitant, humide, et de la matité dans certains points de la poitrine, un murmure respiratoire très-fort dans d'autres points, un pouls grand et mou, etc., on a toujours trouvé une altération très-remarquable dans le tissu du poumon, devenu pesant, compacte et privé d'air. Toutes les fois qu'on observera la même réunion de phénomènes, on en conclura d'une manière certaine que le poumon est affecté. — Un certain nombre de maladies, telles que la rage, le tétanos, l'immobilité, certaines paralysies, etc., ne produisent aucune altération sensible dans les organes ; c'est donc uniquement d'après les lois de la physiologie qu'on peut s'élever à quelques connaissances sur leur siége. La physiologie nous fait connaître les fonctions départies à chaque organe; le désordre d'une fonction nous porte à admettre une lésion quelconque dans l'organe auquel cette lésion est confiée. Mais si l'on prétendait pouvoir déterminer ainsi le siége de certaines maladies, on serait conduit quelquefois à de graves erreurs.

Parmi les maladies, il en est qui peuvent occuper tous les tissus de l'économie (cancer, farcin) ; d'autres ne se montrent que dans un petit nombre d'entre eux (hydropisie); tantôt le siége est fixe (luxation), tantôt il est mobile (rhumatisme).

L'étiologie a pour objet la connaissance des *causes morbifiques*; on donne cette dernière dénomination à tout ce qui produit ou concourt à produire les maladies. — Les causes des maladies existent partout ; les choses les plus nécessaires à l'existence, comme l'air que l'on respire, les aliments, les boissons, etc., deviennent quelquefois les agents des maux qui frappent les êtres vivants. — Les causes des maladies étant extrêmement nombreuses, il est nécessaire de les diviser en groupes. Parmi ces causes, les unes agissent d'une manière évidente, et produisent toujours le même effet : on les nomme *causes déterminantes* ou *spécifiques*. Les autres, donc l'action est souvent incertaine, toujours obscures, peuvent être subdivisées en deux séries; dans la première, on place tout ce qui imprime graduellement à l'économie des modifications particulières , tout ce qui la prépare à telle ou telle affection : ce sont les causes *prédisposantes*; dans la seconde série, on range celles dont l'action instantanée ne fait que provoquer le développement d'une maladie à laquelle le sujet était prédisposé : on donne à celles-ci le nom de *causes occasionnelles* ou *excitantes*.

Les causes *spécifiques* ou déterminantes se distinguent en non *contagieuses* et en *contagieuses*. Les premières peuvent être répandues dans l'atmosphère, mises en contact avec le corps, ou introduites dans les organes, ou bien dépendre du trouble des évacuations et des mouvements. Ainsi, les gaz impropres à la respiration, tels que l'azote, l'hydrogène ; les gaz délétères, tels que l'acide carbonique, l'hydrogène sulfuré, déterminent quelquefois l'asphyxie. L'air chargé de vapeurs animales ou de miasmes de marais, etc., peut donner lieu au typhus. — Les instruments vulnérants, les substances corrosives, le feu, les différents venins donnent lieu à des maladies qui, pour chacun de ces groupes, sont toujours les mêmes. — Les poisons ont un effet que tout le monde connaît. — La rétention d'urine a quelquefois produit la rupture de la vessie.— La contraction violente des muscles détermine quelquefois des hernies.

Il existe un certain nombre de maladies susceptibles de se transmettre d'un animal malade aux animaux sains que l'on met en rapport avec lui. Cette transmissions de la maladie ayant ordinairement lieu par le moyen d'un contact direct ou indirect a été nommé *contagion* et a fait donner l'épithète de *contagieuses* aux maladies qui se transmetent par cette voie. La manière dont s'opère la contagion nous est inconnue. Elle peut être *médiate* ou *immédiate*.

Parmi les causes *prédisposantes*, les unes étendent à la fois leur action sur un grand nombre d'animaux, et préparent le dévoloppement d'affections semblablables ou analogues chez tous ceux qui sont soumis à leur influence : on les nomme causes prédisposantes *générales*. Les autres n'agissent que sur des animaux isolés : on leur donne le nom de causes prédisposantes *individuelles*.

Les premières se trouvent répandues dans l'atmosphère, ou dépendent du climat et des habitations.

Les causes prédisposantes individuelles sont très-nombreuses.

Parmi elles on compte : l'origine, l'âge, le tempérament.

Les causes *occasionnelles* sont celles qui provoquent l'apparition des maladies sans en déterminer la nature ni le siége.

Telles sont l'impression d'un air froid, d'un courant d'air, l'exposition à la pluie, une indigestion, une boisson trop froide, la suppression d'une évacuation habituelle, un travail forcé, etc. Elles diffèrent des causes spécifiques ou prédisposantes, en ce qu'elles ne se rattachent à l'histoire d'aucune affection en particulier. La même cause occasionnelle peut provoquer l'invasion de toutes les maladies.

Relativement aux causes qui les produisent, les maladies ont reçu différents noms. On entend :

1° Par maladies *innées* ou *congéniales*, celles que le petit sujet apporte en naissant. Elles ne sont pas toutes héréditaires, de même que les maladies héréditaires ne se montrent pas toutes au moment de la naissance ;

2° Par maladies *acquises*, celles qui ne commencent qu'après la naissance, et qui ne dépendent pas d'une disposition héréditaire ;

3° Par maladies *sporadiques*, celles qui n'attaquent seul qu'un animal à la fois, ou quelques animaux isolément. Dues principalement à l'action des causes prédisposantes, elles ne doivent pas être confondues avec celles produites par une cause spécifique : on ne dit pas d'une plaie, d'une fracture, d'une asphyxie, qu'elles sont sporadiques.

On appelle *enzootiques* les affections produites par un concours de causes qui agissent continuellement ou périodiquement dans certains lieux, de sorte que les maladies qui en résultent s'y montrent sans interruption, ou du moins y paraissent à des époques fixes.

Les maladies *épizootiques* attaquent, comme les précédentes, un grand nombre d'animaux à la fois, mais n'ont qu'une durée limitée, et ne reparaissent point à des intervalles réguliers.

Cours des maladies. — Le cours des maladies se partage en trois périodes qui sont : l'accroissement, l'état et le déclin. La première période s'étend depuis l'invasion jusqu'à ce que les symptômes aient acquis toute leur intensité. L'*invasion*, ou le début, est le moment où commence une maladie ; elle est souvent inappréciable. — La deuxième période, ou l'*état*, est marquée par la plus grande intensité des symptômes ; elle commence lorsque les symptômes cessent de s'aggraver, et elle se termine lorsque leur intensité diminue, ou lorsque la maladie marche vers une terminaison funeste C'est cette dernière période que l'on nomme le *déclin* ou la *terminaison*.

Le temps compris entre l'invasion et la terminaison forme la *durée* de la maladie ; cette durée varie avec le genre de l'affection, le sujet qui en est atteint, les complications et le traitement.

Toutes les maladies sont susceptibles de se terminer par le retour à la santé, par la mort ou par une autre maladie. La terminaison par une autre maladie a reçu le nom de *métastase*, avec l'épithète *fâcheuse* ou *favorable*, selon que l'affection qui survient est plus ou moins grave que l'autre.

CONVALESCENCE. — La convalescence commence au moment où les signes de la maladie disparaissent, et finit à l'époque où la santé est pleinement rétablie, et où les forces sont entièrement revenues; le moment fixe de ces transitions est fort difficile et, dans bien des cas, impossible à déterminer. La durée de la convalescence varie suivant les espèces d'animaux, la nature de la maladie, l'âge, le sexe, la saison, etc. Toutes choses égales d'ailleurs, la convalescence est généralement moins longue chez les animaux que chez l'homme. Elle est de plus longue durée chez les femelles que chez les mâles, chez les animaux âgés que chez ceux qui sont dans la force de l'âge; dans l'automne et dans l'hiver que pendant les autres saisons; dans les pays bas et humides que dans ceux qui sont secs et élevés.

Pendant que les animaux sont en convalescence, il faut leur donner des aliments de facile digestion, et peu substantiels d'abord, en ayant l'attention d'être très-réservé sur la quantité, surtout dans les commencements; on doit les soumettre à un exercice ou à un travail très-léger et très modéré, plutôt dans le but de chercher à faire revenir les forces que de tirer profit de ce travail. Tous les soins se résument dans les deux principes que nous venons d'énoncer.

MALADIES PARTICULIÈRES AUX CHEVAUX ET AUTRES SOLIPÈDES.

Conformation extérieure du cheval. — On divise le corps du cheval en trois parties : l'avant-main, le corps proprement dit, et l'arrière-main.

L'avant-main comprend: 1 la nuque; 2 les oreilles; 3 le toupet; 4 le front; 5 les tempes; 6 les salières; 7 les sourcils; 8 les yeux; 9 le chanfrein; 10 les naseaux; 11 le bout du nez : 12 les lèvres; 13 le menton; 14 la barbe; 15 la ganache; 16 la crinière; 17 le garrot; 18 l'encolure; 19 le poitrail; 20 les épaules; 30 le coude; 31 le bras; 32 l'ars ou veine céphalique; 33 la chataigne; 34 l'avant-bras; 35 le genou; 36 le pli du genou; 37 le canon, 38 le tendon; 39 le boulet; 40 la couronne; 41 le fanon ou toupet de poil; 42 le pâturon; 43 le sabot ou l'ongle; 44 la pince; 45 les talons.

Le corps proprement dit comprend : 21 le dos; 22 les reins; 22 les flancs; 28 les côtes; 29 le ventre ou l'abdomen; 52 le fourreau et les parties de la génération.

L'arrière-main se compose de : 23 la croupe; 24 la queue; 25 les hanches; 26 les fesses; 46 le grasset; 47 la cuisse; 48 la jambe; 49 le jarret; 51 l'ars ou veine saphène.

ATTEINTE. — L'atteinte est une blessure que se fait le cheval vers le talon et vers le boulet d'un pied de devant, par la pince du fer d'un pied de derrière ; ou bien cette blessure existe au talon d'un pied de derrière, et est produite, dans ce cas, par le fer d'un des pieds antérieurs d'un autre cheval qui suit le premier sans conserver la distance nécessaire.

Si la blessure est peu considérable, il suffit de tailler la corne et d'y mettre un peu d'onguent égyptiac, sans autre appareil, et le cheval peut continuer à travailler, pourvu qu'on ait soin de nettoyer et de panser la plaie chaque fois qu'on le met à l'écurie. Mais lorsque le cheval est disposé aux affections humorales, le tissu altéré s'infiltre, et une espèce de pus se forme entre la peau et la corne des talons. Il faut, dans ce cas, découvrir le foyer purulent, faire évacuer le pus et panser chaque jour la plaie avec de la charpie imbibée d'eau-de-vie.

BLEIME. — On nomme bleime une contusion ou meurtrissure à la sole du cheval, vers les talons. A la suite de cette contusion, le sang s'épanche dans le tissu cellulaire de cette partie, ou bien il s'y forme une infiltration séreuse.

Lorsque le mal est léger et qu'on laisse l'animal en repos, l'ecchymose se dessèche et le mal disparaît ; mais s'il en est autrement, il faut déferrer le cheval et abattre du pied, amincir la sole autour de la bleime, tailler avec le boutoir la portion de la paroi qui recouvre le tissu infiltré ou suppurant, achever, avec la feuille de sauge, d'en faire une plaie simple, qu'on panse avec de la charpie imbibée d'eau-de-vie. Lorsque le cheval est irritable et qu'il a le pied très-sec, il faut faire au sabot des onctions d'onguent de pied, le mettre de temps en temps dans un bain d'eau tiède, ou l'envelopper de cataplasmes émollients.

CERISES. — Excroissances charnues, rouges, arrondies, qui apparaissent parfois aux pieds des chevaux à la suite d'opérations chirurgicales. C'est une affection peu grave, que l'on fait disparaître facilement en coupant ces bourgeons charnus, ou en les brûlant avec la pierre infernale ; on saupoudre ensuite, de temps en temps, la partie affectée avec de l'alun calciné et réduit en poudre, ou bien on enduit cette partie, soir et matin, d'un peu d'onguent égyptiac.

CLOU DE RUE. — Cette blessure fréquente consiste en une plaie, une espèce de piqûre, souvent avec déchirement. La partie de l'ongle qui touche la sole est traversée ; le tissu vasculaire qui l'unit à l'os du pied est atteint, et souvent l'os lui-même est offensé, le tendon du muscle profond est blessé, et la plaie pénètre dans l'articulation. Le degré de la lésion vient du lieu où le corps vulnérant s'est enfoncé, de la direction qu'il a suivie, de la forme plus ou moins piquante ou tranchante de ce corps ; enfin de l'ancienneté de l'accident. Presque toujours la blessure est faite par des clous, du verre, des os, sur lesquels l'animal a marché. Les blessures de cette nature qui n'intéressent que la sole de corne n'ont ni symptômes ni suites, et n'exigent pas de traitement; mais il en est autrement quand le corps étranger est parvenu au tissu vasculaire de la sole : l'animal alors s'arrête et refuse de s'appuyer sur le pied souffrant. Il faut donc retirer le corps étranger du lieu où il s'est logé. Souvent ce corps est renvoyé par les talus de la sole vers la fourchette, dont la mollesse lui permet de s'y enfoncer plus facilement. Enfin, il arrive encore qu'il ne produit qu'un déchirement entre la fourchette et la sole, sans y rester plongé. L'existence du mal est toujours annoncée par la boiterie, et ses progrès par l'augmentation de la douleur et de la chaleur du pied. Quelquefois, il suinte dans la blessure un peu de sérosité noirâtre; l'artère plantaire peut être ouverte, et il y a parfois hémorragie. La marche, la fatigue aggravent cet état. Lorsque le tissu vasculaire de la sole, ainsi que celui des feuillets souffrent, il se manifeste, ordinairement vers le cinquième jour, des accidents graves, parce que le sabot s'oppose, par sa dureté, à l'expansion du réseau vasculaire, et la suppuration est imminente.

Quand il y a plaie, il vaut toujours mieux la tailler en l'aplanissant que de sonder. Les animaux qui ont la corne sèche exigent surtout qu'on se hâte de prévenir les ravages du mal, en faisant amincir la sole dans tous ses points, jusqu'à ce qu'elle fléchisse sous le doigt, ou en pratiquant la dessolure; puis, avec la feuille de sauge, on taille tous ces tissus autour de la blessure, et l'on aplanit la plaie profonde en taillant nettement et en large les bords, jusqu'au fond des fibres entamées. On fait ensuite une compression avec des plumasseaux, des éclisses, et le fer à dessolure. La plaie déchirée de la fourchette n'exige pas d'autre traitement.

Lorsque, à cause de l'ancienneté du mal, la sole est déjà soulevée par le pus, il faut l'extirper. — Si la capsule est ouverte, surtout si la surface articulaire de quelques os est offensée, le cas est fort grave; quelques mouvements légers de la partie font échapper la synovie sous forme d'un liquide écumeux; et si la suppuration est établie dans l'article, les douleurs sont extrêmes: tout le pourtour de la couronne se tuméfie; il s'y forme des abcès; le mal se prolonge cinq ou six mois; le sabot se détache, ou l'ankilose se produit; la gangrène peut aussi survenir. — Le clou de rue le plus grave est celui qui pénètre vers la pointe de la fourchette qui recouvre l'articulation. S'il offense les cartilages articulaires, s'il pénètre la capsule mitoyenne qui divise cette articulation en deux, il est presque toujours incurable. Le cas de la suppuration dans cette articulation a fait naître l'idée de dessoler, d'extirper le corps pyramidal, et de pratiquer dans l'épanouissement du tendon une brèche triangulaire, afin de donner une issue au pus et d'en empêcher les ravages. Mais l'extirpation du corps pyramidal est toujours fâcheuse ; et l'ouverture permanente de l'articulation rend souvent les accidents inévitables. Le tendon manque de tissu cellulaire, et aucune partie voisine ne lui en fournit pour donner naissance aux bourgeons charnus qui devraient fermer la plaie ; l'ouverture, quand elle est un peu ancienne, occasionne la carie, lorsque l'instrument vulnérant n'y donne pas lieu lui-même ; et elle est fort dangereuse si elle existe aux surfaces articulaires et contiguës de quelqu'un des trois os renfermés dans le sabot. Quand on a mal débuté dans le commencement, on est obligé de sacrifier l'animal au bout d'un ou deux mois.

S'il y a suppuration dans l'article, on doit inciser le corps pyramidal, sans l'extirper ; agrandir légèrement l'ouverture ou tendon suivant sa longueur ; puis, par une légère pression, la synovie mêlée au pus sera expulsée. On fera ensuite, de temps en temps, des applications spiritueuses, astringentes, et faiblement caustiques sur les dehors de la plaie, et non dans l'articulation ; les plumasseaux seront maintenus par le fer à dessolure. On peut aussi appliquer sur la plaie du tendon un plumasseau chargé d'un peu de camphre qu'on réduit en une espèce de pâte, en le délayant avec de l'éther sulfurique.

Les émollients, soit en bains, soit en cataplasmes, sont nuisibles, parce qu'ils excitent et font augmenter l'engorgement de la couronne, et qu'ils favorisent les abcès. Cet engorgement est d'autant plus prononcé que le sabot se dessèche davantage, et comprime plus douloureusement les parties très-sensibles qu'il renferme. Pour annuler cet engorgement et la compression, il faut râper le sabot tout autour, depuis les poils jusqu'aux rivets des clous, et, sans faire saigner, amincir l'ongle, jusqu'à ce que la pression du doigt fasse fléchir facilement les tissus ; on panse ensuite avec du savon dissous dans de l'eau-de-vie, et avec de l'essence de térébenthine. On peut aussi se contenter de râper le sabot dans sa circonférence près du bourrelet, d'une hauteur de trois centimètres.

Le pus dans la gaîne du tendon la convertit à la fin en une poche fistuleuse ; il s'annonce par la tuméfaction du tendon, depuis le pied jusqu'auprès du jarret ou du genou. C'est aussi un accident fort grave, dont l'ankilose est souvent la suite. On peut en prévenir les ravages en dessolant de bonne heure. Le pansement est le même que celui que nous avons indiqué plus haut. — Les clous qui traversent les talons, depuis la fourchette jusque derrière le paturon, sont peu dangereux ; ils exigent seulement qu'on incise la paroi postérieure de la plaie, et qu'on entaille suffisamment les bords ; on la conduit à la cicatrisation par une compression égale et continuelle, au moyen de tours de bandes et du fer à dessoler. Les suites des plaies de la sole, de la fourchette et du corps pyramidal, que l'on a à redouter, sont des fongus, des poireaux, des cerises.

On doit laisser la sole du cheval épaisse, en ferrant, afin qu'elle soit plus difficile à pénétrer par les corps étrangers ; mais lorsqu'il y a maladie du pied, elle n'est jamais trop mince.

COLIQUE ROUGE. — La colique rouge, que l'on appelle aussi colique de sang, est une entérite sur-aiguë. Les symptômes de cette maladie sont la chaleur brûlante de la bouche et du rectum ; la peau est chaude et sèche, le pouls est petit, dur, et bat quatre ou cinq fois plus vite que dans l'état de santé. L'animal se tourmente, se couche et se lève souvent, il regarde son ventre, et si l'on y touche, il manifeste de la douleur.

Cette maladie n'est autre chose qu'une inflammation très-intense de l'estomac et des intestins, laquelle a pour cause l'âcreté des aliments ; l'eau trop froide, des purgatifs administrés à trop forte dose ou des insectes venimeux que l'animal peut avoir avalés. Toutes ces causes font de fortes impressions sur les intestins, irritent les extrémités capillaires des vaisseaux sanguins, les font resserrer ; de là l'arrêt du sang et l'inflammation ; les vaisseaux distendus compriment les nerfs, et de là la douleur et les tranchées rouges.

Lorsque l'inflammation vient de l'âcreté des matières, de l'irritation des fibres nerveuses, ou du venin absorbé par l'animal, la maladie est des plus graves, et l'animal succombe souvent en dix ou douze heures ; il faut donc se hâter de mettre en usage les remèdes convenables qui sont les relâchants, les émollients et les anodins. On saigne l'animal, et on répète la saignée s'il y a lieu ; on lui fait avaler des décoctions de plantes émollientes, de graine de lin, ou bien on lui fait avaler un demi-kilo d'huile d'olive, pour adoucir et lubrifier le passage des matières et favoriser leur sortie. On donne aussi des lavements émollients qui aident à évacuer les matières contenues dans les gros intestins, et qui, s'ils ne sont pas la cause de l'inflammation, concourent toujours puissamment à l'entretenir.

Lorsque, sous l'empire de cette médication, les douleurs ne diminuent pas, ou bien si leur diminution apparente s'accompagne de l'effacement du pouls et du refroidissement marqué des membres, des oreilles et du bout du nez, il n'y a plus de ressources, et la mort ne tarde pas à arriver.

Si l'on ouvre les cadavres de chevaux ou autres solipèdes

morts de cette maladie, on trouve les vaisseaux des intestins gorgés de sang, avec gangrène, ecchymoses; quelquefois on trouve une portion d'intestin engagée dans une autre, et s'opposant au passage des aliments; quelquefois aussi il y a des pelotes d'excréments durcis, mêlés à des substances terreuses.

Il y a des cas où les sétons sont d'un heureux effet, pourvu qu'ils opèrent promptement; quand ils tardent à agir, on applique au poitrail un trochisque de sublimé corrosif. Dans ce cas, si la tuméfaction se manifeste, elle est d'un heureux augure; mais il en résulte presque toujours des délabrements difformes.

Cornage. — On donne le nom de cornage à un bruit qui se produit dans les voies respiratoires; c'est une sorte de sifflement ou de bruissement, semblable à celui qui se fait quand on souffle dans une corne. Ce bruit ne se manifeste ordinairement qu'au moment où le cheval est lancé au trot, et qu'il a déjà parcouru quelque espace dans cette allure; il est plus fort lorsque le cheval trotte en montant un coteau, et lorsqu'il vient de manger: les naseaux sont extrêmement dilatés, les flancs très-agités; on dirait que l'animal est près de tomber. Le cornage cesse lorsque le cheval s'arrête, ou au moins quelques instants après, et les naseaux et les flancs reprennent l'apparence qu'ils ont dans les chevaux sains. Dans le repos, il n'y a point de cornage; il est même rare que le cheval corne en marchant au pas, à moins que ce soit à cause d'une lourde charge.—Il y a des chevaux qui cornent en trottant en liberté; mais, dans la plupart, le bruit n'est très-sensible que lorsque l'encolure est relevée et le menton rapproché du cou, soit que l'animal prenne volontairement cette position, soit qu'elle ait pour cause le raccourcissement des rênes. Il peut encore être causé par la pression de la sous-gorge, du collier, de la bride et du poitrail sur la trachée-artère.

Le cornage a pour cause l'étroitesse du larynx, une faiblesse originelle, le défaut de ressort des tissus membraneux, le relâchement de l'épiglotte, le rétrécissement de quelques points de la trachée ou du conduit de l'un des naseaux. Il peut aussi avoir pour causes, ce qui est beaucoup plus grave, la phthisie pulmonaire, ou l'hydropisie de poitrine.

Le cornage est presque toujours incurable; cependant, lorsqu'il est causé par un relâchement du larynx, la cautérisation sur la peau qui couvre cet organe peut le faire cesser.

Crapaud. — Le crapaud, qu'on appelle aussi *fic* et *fourchette échauffée*, est une affection ulcéreuse, squirrheuse, et quelquefois cancéreuse de la fourchette du cheval. Le mal commence par une légère tuméfaction, et une certaine raideur du membre, ou simplement par une espèce de malaise qui porte l'animal à frapper du pied, puis à boiter légèrement. Il s'établit ensuite, dans la division des talons, un suintement ulcéreux, fétide, avec peu ou point de douleur. Il y a des chevaux chez lesquels cet écoulement s'entretient pendant plusieurs mois, même pendant plusieurs années, au bout desquelles il disparaît ou subsiste sans avoir fait de progrès; c'est ce qu'on nomme *fourchette échauffée;* mais le mal fait souvent de plus grands ravages ; la fourchette et le corps pyramidal spongieux, auquel elle adhère, se tuméfient et fournissent une expansion de tissu d'une nature squirrheuse. Ses fibres deviennent filamenteuses, le suintement est de plus en plus fétide, et l'ulcération envahit les talons, le tissu vasculaire et cellulaire de la sole et de la paroi ; la fourchette est soulevée et molle; l'ongle se ramollit, se boursouffle, s'élargit, surtout aux talons, et le pied devient deux fois plus gros que dans son état normal; c'est ce qu'on appelle *pourriture de la fourchette.* Pendant ces progrès, la douleur fait accroître la boîterie; l'animal ne marque son appui que sur la pince. Toute la partie inférieure du membre est engorgée; la couronne est tuméfiée et quelquefois comprimée par la paroi desséchée, resserrée immédiatement au-dessous. La carie affecte l'os du pied, les tendons, ainsi que les cartilages latéraux; l'ankilose est déclarée et le sabot n'a plus d'adhérence. Les vaisseaux de la partie sont variqueux, on y voit des taches noires et livides; la transpiration est nulle; la fourchette est devenue une espèce d'égoût de toutes les humeurs du corps.

Ainsi, comme on voit, le crapaud qui, dans son origine, n'est qu'une affection locale, peut devenir, par la négligence seule, une dégénérescence cancéreuse, constitutionnelle et souvent incurable.

Le traitement du crapaud consiste à tailler tous les tissus altérés, en se gardant d'extirper le corps pyramidal; à faire sur toute la fourchette, et même sur la sole, une compression égale, suffisante, et à employer des médicaments capables de changer le mode d'action des tissus. Dans le suintement simple et récent de la fourchette, on abat du pied jusqu'à ce que la sole fléchisse facilement sous la pression du doigt; on taille les parties ulcérées de la fourchette; on applique un fer à éponges tronquées; on frotte l'ulcère avec de l'onguent égyptiac, puis on promène l'animal au pas ; on le loge dans une écurie bien sèche, et on lui donne des aliments bien sains.—S'il y a ulcération, désunion entre la fourchette, la sole et le corps pyramidal, il faut, après avoir aminci la sole le plus possible, enlever entièrement la couche qui se désunit, sans arracher la sole, sans extirper le corps pyramidal, délabrements trop profonds, qui rendent toujours la cicatrisation longue, et qui font bomber la sole à mesure qu'elle se régénère.—Souvent la désorganisation existe dans les tissus cellulaire et vasculaire de la corne des talons, des arcs-boutants, et même d'une portion des quartiers. Il faut, dans ce cas, enlever par amincissement, avec la râpe et la feuille de sauge, toutes les portions de corne qui recouvrent les tissus affectés, sans les tailler eux-mêmes trop au vif.—Le premier pansement se fait avec des plumasseaux secs ou imbibés de substances spiritueuses; on en emplit les côtés de la fourchette et l'on fait un niveau commun. On lève l'appareil le lendemain, et chaque jour on nettoie la plaie de la matière blanchâtre qui s'y est formée; s'il se montre des boursoufflures en certains endroits, c'est que la compression n'est pas suffisante. On applique sur les parties blafardes des plumasseaux chargés d'onguent égyptiac; on remplit de plumasseaux secs le reste du pied, et l'on fait sur le tout une compression uniforme et constante.

La compression ferme, égale, avec des étoupes roulées en bourdonnets durs, avec une bande de pied, un fer à dessolure, des éclisses, est le point essentiel du traitement. La désorganisation des feuillets est quelquefois telle qu'ils ne restent intacts que dans une largeur de trois ou quatre travers de doigt en pince. On doit néanmoins conserver cette portion qui sert à maintenir le fer à dessolure, nécessaire pour seconder la compression faite par la bande du pied. En cas de désunion et de grande douleur de la sole et de la paroi, il faut tailler l'ongle avec la râpe et le boutoir. On produirait des ébranlements dangereux si l'on se servait du brochoir et du rogne-pied.

CRAPAUDINE. — On nomme ainsi une plaie ulcéreuse à la couronne, près du sabot, en pince. La peau est séparée de l'ongle en cet endroit, quelquefois avec tuméfaction, et suivant la direction du bourrelet. Le bourrelet ne recevant plus de nourriture, se dessèche, se fend; la plaie bientôt prend le caractère d'un ulcère, et la boiterie est considérable.

La cicatrice s'établit promptement lorsque la peau n'est pas divisée dans toute son épaisseur, et qu'on laisse l'animal en repos pendant un temps suffisant; la corne y est rugueuse; et la cicatrice s'efface par avalure. Mais il arrive aussi que les mouvements, la flexion du paturon sur le pied, empêchent la cautérisation; alors les accidents s'aggravent; quelquefois la capsule articulaire qui unit la couronne à l'os du pied se trouve déchirée par la blessure, ou elle se détruit par l'ulcération; il survient des fongus, et c'est alors une véritable plaie ulcéreuse de l'article.

Le traitement consiste d'abord à diminuer l'inflammation sous l'ongle, en abattant du pied, c'est-à-dire en amincissant la sole; puis à faire la compression, et si elle est insuffisante, il faut pratiquer l'extirpation de l'ongle qui est au-dessous du bourrelet divisé, engorgé. On taille tout ce qu'il y a de tissus offensés, puis on panse la partie comme une plaie simple, et l'on fait une compression assez forte sur la plaie, au moyen de la bande du pied. Dans les pansements subséquents, on applique un peu d'onguent égyptiac; et si le mal prend un caractère ulcéreux, on le traite comme le *Crapaud* (Voir ci-dessus).

CREVASSES. — Les crevasses sont des fentes plus ou moins profondes, qui surviennent aux plis du paturon et du genou des chevaux, des mulets et des ânes. Les boues âcres, les fumiers, les terrains pierreux sont les causes les plus ordinaires de cette affection. La douleur, la rougeur et la démangeaison de la partie atteinte en sont les premiers symptômes. Bientôt il se forme des gerçures ulcéreuses à la peau, d'où s'écoule une humeur sanieuse et corrosive.

Lorsque les crevasses sont récentes et superficielles, il suffit souvent, pour les faire disparaître, de soumettre l'animal à un repos complet, de le loger dans une écurie bien propre et bien sèche, et de le traiter par les adoucissants tels que des bains tièdes, des cataplasmes émollients, des onctions d'onguent populeum; mais lorsque les crevasses sont anciennes et accompagnées d'un suintement abondant, les adoucissants sont insuffisants et souvent même ils pourraient aggraver le mal. Il faut, dans ce cas, commencer par appliquer des sétons fortement animés à la partie supérieure du membre malade, administrer à l'animal un purgatif composé d'aloès et de sulfate de soude, lui faire prendre des boissons nitrées. En même temps on applique sur la partie atteinte d'abord de l'onguent basilicum, puis, après quelques jours, des cataplasmes de farine de lin, arrosés d'extrait de Saturne, et l'on fait des lotions avec une dissolution de sulfate de cuivre dans du vinaigre. Il peut être aussi nécessaire de rafraîchir les bords des crevasses avec un instrument tranchant afin d'en hâter la guérison.

EAUX AUX JAMBES. — Cette maladie affecte les extrémités inférieures des ânes, des mulets, mais surtout des chevaux; elle est caractérisée par un écoulement de sérosité fétide et sanieuse, donnant lieu quelquefois à des excroissances, à des callosités vulgairement appelées *grappes, verrues*, etc. — Le traitement consiste surtout dans les soins d'une excessive propreté. Ainsi les poils sont coupés le plus près que possible de la peau et chaque fois que le besoin est, les lotions, les bains émollients doivent être fréquemment renouvelés, puis les parties essuyées et presque séchées. Une, deux ou trois saignées sont pratiquées aux veines des membres en proportionnant la quantité de sang qui doit être évacué à l'état de rougeur, de chaleur et de couleur de la peau. Des sétons sont appliqués au poitrail ou aux fesses, suivant que les membres malades appartiennent au train postérieur ou à l'avant-main, et la suppuration entretenue aussi longtemps que possible. Les premiers symptômes d'inflammation disparus, on ajoute à la décoction de graine de lin ou de mauve, de l'extrait de Saturne (sous-acétate de plomb liquide), ou du savon. Ces nouvelles lotions sont continuées jusqu'à ce qu'il n'y ait plus d'inflammation à la peau; jusqu'à cessation presque complète et à l'absence de l'odeur infecte de l'écoulement de la sérosité. On ne s'en sert plus alors que pour approprier les membres et maintenir la souplesse qui est revenue à la peau; celle-ci, bien nettoyée, bien détergée, bien séchée, reçoit immédiatement une légère application d'une mixture ainsi composée :

Vinaigre, 1 litre; onguent égyptiac, 32 grammes; sulfate de zinc, 32 grammes; alun calciné, 16 grammes; sous-acétate de plomb liquide, 32 grammes.

L'emploi de cette préparation doit être réitéré trois ou quatre fois par jour; on la rend moins active d'abord, si on le juge convenable, en y ajoutant une certaine quantité d'eau, et on la fait plus forte en augmentant la dose des différentes substances qui la constituent. Au bout de quelques jours il n'y a plus aucun symptôme de maladie; l'animal qui travaille depuis quelque temps, conserve encore les sétons, que l'on fait bien d'animer avec de l'essence de térébenthine.

On peut alors avec succès changer le mode de vitalité des parties qui ont été atteintes, en les cautérisant par les procédés ordinaires; seulement il ne faut pas négliger de faire, pendant tout le temps que durent les effets primitifs du feu, deux ou trois applications par jour de la mixture, en s'y prenant toujours de la même manière.

Enchevêtrure. — On nomme ainsi une blessure, presque toujours sans gravité, que le cheval se fait au paturon en tirant sur sa longe après s'y être embarrassé le pied. Quelquefois pourtant l'écorchure, bien que superficielle, fait gonfler la peau du paturon; il en sort un liquide séreux et l'animal boite. Le plus souvent il suffit du repos pour faire disparaître le mal; on peut, dans tous les cas, en hâter la guérison par des bains de pieds et des cataplasmes émollients. Si l'accident était assez grave pour causer un peu de fièvre, on la ferait cesser au moyen d'une saignée.

Étonnement du sabot. — Il arrive parfois qu'à la suite d'un choc violent sur le sabot, le pied du cheval éprouve un engourdissement douloureux qui a pour cause une congestion de sang dans le tissu recticulaire du pied. Lorsque cette affection est grave, elle dégénère presque toujours en fourbure (voir ce mot);

mais lorsque l'animal ne boite que faiblement, un repos de quelques jours suffit pour le guérir. — Lorsque l'accident est assez grave pour que l'on craigne la fourbure, il est indispensable de déferrer l'animal sur-le-champ, et de tenir pendant quelque temps plongé dans de l'eau-de-vie camphrée le sabot, que l'on couvre ensuite d'un cataplasme astringent. La diète est quelquefois nécessaire; le repos est toujours indispensable.

ENTORSE. — L'entorse est une extension subite et violente des parties molles et des ligaments qui environnent une jointure. Cet accident arrive souvent aux chevaux qui choppent contre un corps dur, qui glissent ou qui tombent. Le jeu de l'articulation est très-douloureux et il en résulte une forte boiture.

Le traitement consiste à enduire de beurre ou de saindoux la jointure affectée et à y pratiquer de fortes frictions. On plonge ensuite le pied de l'animal dans un seau d'eau froide salée ou acidulée et on l'y maintient pendant trois ou quatre heures, en ayant soin de renouveler le liquide dès qu'il commence à s'échauffer. On entoure la couronne et le boulet de linge imbibé d'eau-de-vie et dont on entretient l'humidité en versant de l'eau-de-vie dessus de temps en temps. Si le mal paraît grave, on emploie, au lieu d'eau-de-vie, un mélange d'extrait de Saturne et d'eau-de-vie camphrée par égale partie, ou bien encore un liquide composé de 15 grammes de sel ammoniaque et d'une égale quantité de savon médicinal dissous dans un demi-litre d'eau-de-vie camphrée.

EXOSTOSE. — L'exostose et une tumeur formée par l'extension du tissu de l'os même. A la rigueur elle peut arriver aux os de toutes les parties; mais il est des endroits où elle est très-fréquente, c'est aux membres du cheval. Elle a reçu, relativement à son siége différent, les noms de *courbe, éparvis, jarde, forme, osselet, suros, fusée.* — La *courbe* est l'exostose en dedans du jarret, au condyle interne du tibia : l'*éparvis*, à la partie latérale interne et supérieure du canon ; le *jarde*, aussi au canon, à la partie latérale externe supérieure ; la *forme*, au paturon, en avant sur les côtés, plus souvent près de la couronne que près du boulet ; les *osselets*, à l'articulation du boulet ; les *suros*, à toutes les parties du canon, le plus souvent du côté interne : uand ils existent aussi à la face externe, on dit qu'ils sont *chevillés;* on les appelle *fusée,* quand ils sont allongés, contigus. Les plus graves sont ceux qui touchent le tendon et principalement ceux sur lesquels il passe. — Ces tumeurs se propagent aux parties voisines, et elles peuvent être réunies toutes au même membre ; l'ankilose peut en être la suite.

L'apparition de l'exostose est ordinairement précédée et accompagnée de douleurs et de boiterie qui subsistent pendant son accroissement. Mais comme elle se développe le plus souvent à plusieurs reprises, les douleurs cessent communément lorsque l'*exostose* est stationnaire, et se manifestent lorsqu'elle prend un développement nouveau.

Cependant il en est qui viennent d'une manière imperceptible.Hors les périodes dont il a été parlé, les *exostoses* n'occasionnent point de douleurs, si ce n'est quelquefois lorsque la fatigue est un peu considérable; dans d'autres la boiterie disparaît quand les chevaux sont échauffés après une heure de marche.

Il en est qui ont dès leur jeunesse quatre *exostoses* à la partie supérieure des quatre canons, ou aux quatre paturons, etc., et qui n'en boitent jamais. Alors ce défaut doit être regardé non comme une maladie, mais comme une simple difformité. Les plus graves *exostoses* de l'espèce dont il s'agit sont celles qui existent près des surfaces articulaires, sous les ligaments capsulaires, sous les tendons. Il n'y a pas d'exemple qu'aucune de toutes celles-là se soient jamais terminées par la suppuration, la carie.

Mais il vient à d'autres endroits des *exostoses* susceptibles d'une modification différente. C'est à la mâchoire vers la symphyse qu'elles sont le plus ordinaires. Il en est qui sont adhérentes à l'os par un pédicule de diverse grosseur.

On attribue les *exostoses* communes dans le cheval, au refoulement des abouts articulaires, à des *distensions* qui offensent les racines des ligaments et des tendons, qui déchirent le périoste; à des chutes, des blessures; celles des chevaux de manége, aux efforts qu'on leur fait éprouver pour les dresser aux divers airs. Le travail trop considérable qu'on exige des jeunes chevaux dans la jeunesse peut y disposer en affaiblissant les membres, et en les rendant moins capables de résister à l'usure. Mais il faut reconnaître que les *exostoses* sont le plus ordinairement une végétation spontanée de l'os par un vice rachitique et souvent héréditaire.

Il n'existe aucun moyen connu de faire dissoudre les tumeurs dont il s'agit; on peut seulement tenter d'en borner les progrès, et l'on y réussit souvent par la cautérisation.

Les chevaux affectés d'*exostoses* sont peu propres à travailler sur le pavé des routes et des villes; le mieux est de les rendre aux travaux des champs, où ils peuvent encore donner longtemps des services.

Farcin. — Le farcin consiste en une éruption de boutons, quelquefois ronds, quelquefois allongés et disposés en cordes, d'autres fois encore il se manifeste par des tumeurs étendues qui ne suppurent que difficilement, et dont l'induration est opiniâtre.

Les boutons superficiels ont reçu le nom de *farcin volant*; il en est d'autres plus profonds, situés dans les muscles, et qui sont d'une espèce plus grave. Les cordes farcineuses suivent ordinairement le trajet des gros vaisseaux.

En général, le *farcin* s'abcède avec peine et jamais complétement; les ulcères qu'il occasionne ont leurs parois livides, calleuses; leurs bords se renversent, et c'est de là qu'est venu le nom de *farcin cul de poule*. Le pus en est blanchâtre, épais, ichoreux, verdâtre, sanguinolent, souvent infecte. Par le progrès des ulcérations, on voit à découvert un muscle, un tendon, une articulation. Il produit la *carie*; on l'a vu pénétrer la substance compacte du canon, détériorer la moelle et ronger la substance réticulaire de cet os.

Les tumeurs de *farcin* sont quelquefois fort volumineuses; quelquefois elles sont enfoncées dans les interstices musculaires; mais le plus souvent elles occupent les glandes lymphatiques de la ganache, ou les glandes inguinales, le voisinage de la carotide à sa sortie du thorax, etc.

Il est des boutons de *farcin* qui viennent dans la membrane pituitaire, et qui peuvent être suivis de la *morve*.

Le farcin est annoncé dans quelques sujets par le malaise, le dégoût, l'abattement, la raideur, le hérissement des poils, la toux et une fièvre légère. Dans d'autres, il n'a point de symptômes généraux, mais il commence par un engorgement, une tuméfaction qui, peu à peu se circonscrit et manifeste son caractère. La dissection des boutons et des tumeurs du farcin fait voir leurs tissus pâles, racornis; les veines y sont variqueuses, la peau épaissie; quelques glandes lymphatiques sont squirrheuses dans l'intérieur; quelques-unes sont simplement tuméfiées; d'autres contiennent un pus blanchâtre, épais, concret; il y a quelquefois en même temps dessèchement, induration dans les poumons, dans le foie, la rate, et il existe des vers intestinaux.

Le farcin est fréquent dans les pays marécageux, chez les chevaux massifs, chez ceux qui travaillent dans l'eau, qui habitent des pays sujets aux inondations; ceux qui ont pour logement des écuries froides, humides; ceux qui restent longtemps sans travailler, ceux qui sont extrêmement ardents. Son éruption a lieu après l'usage de foins vasés, d'eaux malsaines, après un travail forcé, à la suite d'un refroidissement ou de blessures graves, de souffrances longues, de la gale, des eaux aux jambes, de gourme imparfaite.

Le *farcin* qui n'existe que par boutons, en petit nombre, bien circonscrits et superficiels, qui est placé sur des parties bien musculeuses, n'est pas ordinairement rebelle. Le moyen le plus simple est d'en faire l'extirpation, qui quelquefois est suffisante. Mais, s'il y a tumeur plus prononcée, plus profonde, on applique, en outre, un bouton de feu dans la plaie et quelques raies de cautérisation sur les environs. Le pansement doit consister en des étoupes hachées, appliquées assez souvent pour absorber la matière à mesure qu'elle se forme, et enlevées sans faire saigner : on tient la partie propre au moyen d'une éponge légèrement imbibée d'eau tiède. Les tumeurs enfoncées doivent être extirpées le plus tôt possible, car au lieu de suppurer elles envahissent les parties voisines.

Il faut extirper le fond et les bords des ulcères. Les petites cordes, les petits boutons qui occupent la tête et les membres, sont moins susceptibles d'être extirpés vu leur situation sur des parties pourvues de peu de tissu cellulaire; on doit les attaquer par des applications d'une forte teinture de cantharides en frictions.

Les tumeurs aplaties exigent aussi l'extirpation et souvent l'amputation de grandes portions de peau qui restent squirrheuses. Sans cela la cautérisation est souvent insuffisante.

On excitera l'action de la peau par l'antimoine diaphorétique non-lavé; ou par la gomme ammoniaque et le tartre vitriolé, de chaque 3 décagrammes pulvérisés et donnés à jeun, en une dose, dans une décoction de saponaire ou en opiat dans du miel, pendant quinze à vingt jours. Si l'étrille, la brosse n'enlèvent pas assez de crasse cutanée, on excitera la transpiration par des bains de vapeurs tous les trois à quatre jours, et par des infusions de fleurs de sureau et de coquelicot, parties égales.

Il peut y avoir complication de vers, d'eaux aux jambes. Pendant le traitement, on aura soin que les aliments soient de très-bonne qualité; on diminuera de moitié la ration de foin; on donnera pour boisson de l'*eau nitrée* et *salée*; l'écurie devra être sèche et bien aérée. Il est nécessaire que le cheval se livre chaque jour deux fois à l'exercice auquel il est propre, sans suer : le travail à la charrue, à la herse, est le plus salutaire.

Le concours de ces moyens triomphera du *farcin* toutes les fois que, par son ancienneté, par sa multiplicité, par sa complication, il ne sera pas au-dessus du pouvoir de l'art.

Fève ou Lampas. — Dans cette maladie fort peu grave, le palais de l'animal est soulevé le long des dents incisives; quelquefois même il fait une saillie au-dessus de la table de ses dents. Alors l'avoine pique la membrane du palais en cet endroit; aussi l'animal refuse-t-il d'en manger. Cette affection est très-fréquente dans les chevaux de trois à cinq ans; ce n'est que rarement qu'elle se produit chez des animaux plus âgés.

La fève ou lampas et le dégoût qui l'accompagne ne sont autre chose qu'un effet de la dentition; il est donc inutile, et souvent même dangereux de recourir à la saignée ou à la cautérisation comme le font certains praticiens. Il suffit de mettre l'animal à l'eau blanche, nitrée, acidulée, de lui donner des lavements émollients, et de le promener au pas ou de le faire travailler légèrement. Il arrive même que cette affection disparaît au bout de quelques jours sans aucune espèce de traitement.

FLUXION PÉRIODIQUE DES YEUX. — Cette maladie, très-commune et fort redoutable, est nommée *périodique*, parce qu'elle se dissipe et reparaît à diverses époques. Sa marche présente une série de phénomènes que l'on distribue en cinq temps.

1er *temps*. — Dans la première attaque, il est difficile de la distinguer des OPHTALMIES accidentelles. La conjonctive est enflammée, les paupières sont épaissies; cependant, si l'invasion est prompte, elle a lieu en douze ou vingt-quatre heures. La *salière* est remplie et même saillante, la peau des paupières et du *larmier* est chaude, douloureuse; il sort une humeur dont une partie s'épaissit dans la conjonctive et l'autre coule le long du chanfrein; la conjonctive est d'un rouge obscur, ridée surtout à la paupière supérieure; souvent la paupière inférieure se renverse; il y a tuméfaction de la caroncule, du corps glanduleux qui sert de base à la membrane clignotante; la cornée lucide est blanchâtre, l'humeur aqueuse est épaissie, trouble; l'iris resserré empêche de voir le cristallin, et l'impression douloureuse de la lumière porte l'animal à tenir l'œil fermé. Le pouls du côté de l'œil malade est plein et dur; il y a dégoût, tristesse. Mais souvent tous ces phénomènes ont une marche lente et successive.

2e *temps*. — La transparence de l'humeur aqueuse diminue en proportion de l'augmentation des symptômes; l'humeur qui coule des yeux devient épaisse, gélatineuse, fait adhérer les paupières entr'elles avec le globe et avec la membrane clignotante; l'iris est contracté, la cornée lucide est proéminente, la salière est remplie; la fièvre est plus marquée; quelquefois la maladie n'atteint ce degré que du 3me au 8me jour.

3e *temps*. — Les symptômes concomitants se dissipent peu à peu, les parties environnantes se détuméfient, les paupières se rouvrent, les larmes reprennent leur cours, mais l'humeur aqueuse ne s'éclaircit qu'en laissant voir une matière floconneuse qui se condense peu à peu et se précipite par degrés.

4e *temps*. — Peu de temps après, il s'établit un second tumulte; la matière précipitée s'élève et obscurcit de nouveau toute l'humeur aqueuse.

5e *temps*. — L'humeur aqueuse s'éclaircit de nouveau, et enfin la matière opaque est absorbée très-promptement, après une commotion fébrile qui se passe dans l'œil même. Les mouvements de l'iris renaissent à mesure que la résorption est plus complète.

En général, tous ces temps sont parcourus en quatre ou cinq jours; et plus l'attaque a été violente, plus il faut de temps pour que l'œil se rétablisse. Après plusieurs accès il est ordinaire que la pupille ne soit plus aussi dilatable, aussi contractile, que le cristallin soit altéré. L'accès est moins violent et moins prolongé lorsque les deux yeux sont attaqués à la fois; mais le plus souvent le mal n'en attaque qu'un, et persiste jusqu'à son entière désorganisation. — Cette maladie reparaît ordinairement au bout de quinze à vingt jours; quelquefois au bout de trente à quarante; rarement tous les deux ou trois mois, tous les six mois, tous les ans. Elle est moins fâcheuse lorsque ses retours sont plus éloignés. D'ailleurs il est rare qu'ils soient égaux. Plus les accès sont subits, vifs et rapprochés, plus ils opèrent de désordre sur l'organe.

Cette maladie peut avoir pour causes le sevrage trop brusque des pâturages humides, le travail trop fatigant avant l'âge du développement complet.

La fluxion périodique des yeux est incurable; il faut donc se borner à faire disparaître aussi promptement que possible les symptômes de l'abcès; on y parvient souvent par les saignées, la diète, les cataplasmes émollients, et l'usage des collyres adoucissants d'abord, et ensuite des collyres astringents. Les lavements émollients sont aussi d'un très-bon effet.

FOULURES DES PIEDS. — La foulure des pieds est une meurtrissure avec enflure et inflammation des talons. Elle est ordinairement la suite de marches forcées, sur un terrain dur, pierreux, et a lieu surtout pendant la sécheresse et les chaleurs de l'été, ou lorsque la terre est gelée. Elle est accompagnée d'une claudication plus ou moins forte.

Le premier moyen pour la guérir est le repos sur une bonne litière. Le traitement consiste dans des lotions et fomentations résolutives: eau froide vinaigrée, application sur les pieds de cataplasmes, de suie délayée dans du vinaigre, et continués jusqu'à cessation de l'inflammation. Si des abcès se forment à la couronne ou aux talons, on en favorise l'ouverture au moyen de cataplasmes émollients préparés avec la mauve ou la graine de lin et fréquemment renouvelés. Il peut ensuite arriver qu'il soit nécessaire d'enlever des portions de cornes pour favoriser l'écoulement du pus. On dessèche plus tard la plaie au moyen d'essence de térébenthine ou de la teinture d'aloès.

FOURBURE. — Cette maladie est un engorgement des vaisseaux sanguins qui se distribuent dans l'intérieur du sabot. Elle n'atteint quelquefois qu'un seul pied, quelquefois deux, et souvent les quatre pieds en même temps; il arrive aussi qu'elle attaque les quatre pieds l'un après l'autre.

Lorsqu'elle existe aux deux pieds antérieurs, les pieds de derrière s'engagent beaucoup sous le corps, afin d'épargner à ceux-là, le plus possible, de les supporter. Les membres antérieurs se meuvent avec embarras, et s'appuient toujours sur les talons; ceux de derrière sont surchargés, et leurs mouvements fort gênés sont accompagnés d'une vacillation de la croupe qui a fait soupçonner une affection des lombes.

Quant la *fourbure* attaque les pieds de derrière, le corps s'appuie principalement sur ceux de devant qui sont inclinés en arrière; la croupe est soulevée; l'animal tient la tête basse : si on le force d'avancer, les membres antérieurs sont réduits à tirer le corps en avant ; ils tremblent, vacillent, et se trouvent bientôt accablés de la charge excessive; ils ne tardent pas eux-mêmes à devenir *fourbus* : et c'est la raison qui a fait juger la *fourbure* plus grave quand elle atteint les pieds postérieurs.

Dans le membre dont le pied est *fourbu*, il existe une forte chaleur à la couronne et à tout le sabot; les artères du canon sont pleins, et ont des battements fréquents et durs ; le tendon et sa gaîne sont engorgés, chauds; le sabot pincé avec la tricoise témoigne beaucoup de douleur.

Ordinairement la *fourbure* est accompagnée de fièvre, de dégoût, de constipation. C'est une affection inflammatoire susceptible de terminaison par la résolution, par la suppuration, par l'induration ou la gangrène ; mais la résolution est la seule qui ne soit pas fâcheuse.

La plénitude des vaisseaux renfermés dans le sabot excite les plus vives douleurs vers la pince; aussi l'animal refuse-t-il d'y faire son appui, tandis que la souplesse et l'expansibilité de la fourchette et des talons y permettent la circulation d'une manière moins embarassée; aussi est-ce toujours sur ces parties qu'on voit l'animal s'appuyer.

Des obstacles qui existent en pince, naît la déformation de l'ongle; il se prolonge en pince; les quartiers se resserrent; la couronne se creuse; le sabot est entouré de cercles nombreux; l'os du pied s'écarte de la paroi en pince près de la sole; la sole de la pince se trouve bombée; les feuillets s'épaississent du double, du quadruple; ils sont durs, la paroi se sépare de l'os du pied, l'ongle forme le creux; il s'établit quelquefois en même temps des exostoses, l'ankilose, l'atrophie, le marasme. Souvent il existe, dans cette maladie, une inflammation générale et un spasme nerveux qui conduisent assez vite l'animal à la mort.

Les causes de cette maladie sont la suppression de la transpiration, l'engraissement, des saignées copieuses, de vives douleurs qui empêchent les animaux de se coucher, des fers trop justes, la brûlure de la sole, la marche sur un terrain dur aussitôt après l'application d'une ferrure gênante.

Dès que le mal se manifeste, il faut déferrer l'animal, et pratiquer des saignées copieuses ; on donne ensuite des lavements émollients, les bains froids jusqu'au ventre, les lotions et les douches d'eau froide sur les membres atteints aident aussi puissamment à la guérison. A tous ces moyens on ajoute les cataplasmes astrigents faits de suie de cheminée, passée au tamis et délayée avec de fort vinaigre ; ces cataplasmes doivent être en outre humectés avec du vinaigre toutes les trois ou quatre heures. Les sudorifiques sont aussi d'un bon effet, ainsi que de légers purgatifs pour exciter l'action des intestins.

Lorsque le mal a fait de grands progrès, et que l'os du pied est attaqué, il n'y a point de ressource. Cependant on peut triompher de quelques fourbures anciennes et chroniques, en frictionnant matin et soir le membre malade avec l'essence de térébenthine. Quand le mal est très-intense, il faut mettre l'animal à l'eau blanche pour toute nourriture. Dès que le mieux se manifeste, on augmente graduellement la nourriture, et on promène l'animal au pas deux fois par jour pendant une demi-heure, afin de faciliter la résolution.

FOURCHETTE. (Echauffement de la). — Voyez. CRAPAUD.

FOURCHETTE. (Pourriture de la). Voyez. CRAPAUD.

FRAYEMENT DES ARS. — On nomme ars la partie de la poitrine du cheval située entre les deux avant-bras. Lorsque l'animal a marché dans la boue, et qu'on néglige de laver cette partie, la boue qui s'y est attachée durcit, et le frottement qui résulte ensuite de la marche suffit pour excorier la peau. Le repos, et les soins de propreté sont presque toujours le seul traitement nécessaire. On peut pourtant hâter la guérison en lavant les ars avec du vin dans lequel on a fait infuser de l'écorce de chêne.

GOURME. — Tuméfaction et empâtement général de l'auge, avec toux ; ces symptômes sont suivis d'un écoulement visqueux, inodore par les naseaux, ou de la suppuration de la tumeur.

Les chevaux de l'âge de deux à six ans sont principalement sujets à cette maladie, qu'ils paraissent ne pouvoir subir qu'une seule fois dans leur vie. Elle consiste dans une augmentation d'activité du système muqueux qui environne les organes respirateurs ; la sécrétion est augmentée ; toutes les matières que l'animal secrète se portent vers le gosier et le long de la trachée ; l'écoulement une fois établi par les naseaux, ou dans l'auge par le moyen de la suppuration, les vaisseaux se dégorgent, les fluides circulent plus librement, l'état pléthorique cesse, et l'animal guérit, ou bien la dépuration ne s'établit pas ; l'engorgement augmente à un point excessif et étouffe l'animal.

Les saignées faites promptement et réitérées, selon le besoin, sont le remède le plus efficace contre cette maladie qui attaque les parties les plus essentielles de la vie.

Il faut faire des fomentations émollientes sous le col et la ganache ; faire respirer au cheval, pendant longtemps, la vapeur des décoctions de plantes mucilagineuses et adoucissantes, envelopper le gosier avec un cataplasme de lait et de mie de pain, un jaune d'œuf et un peu de safran, faire boire tiède, retrancher tout aliment solide, donner des lavements émollients ; enfin, mettre en usage tout ce qui peut éteindre, relâcher ou diminuer l'inflammation. Lorsque le dépôt a percé, et que le pus s'écoule par le nez, il faut faire dans cette partie des injections détersives, afin d'empêcher les particules âcres du pus de s'attacher à la membrane pituitaire, de la corroder, d'y former des ulcères, et de produire la morve. Pour cette opération, on aura une seringue de grandeur médiocre, dont la canule soit de bois, arrondie par le bout ; on la place le long de la cloison du nez, et on bouche l'autre narine, de peur que l'injection ne revienne ; de cette manière, elle est obligée de se porter sur le voile palatin ; elle lave et déterge les parties sur lesquelles passe le pus. La matière de l'injection se prépare avec la décoction d'orge, de feuilles d'aigremoine, où l'on ajoute un peu de miel.

Mais si l'écoulement de la gourme n'est pas assez abondant pour chasser tout le virus, il fermentera dans le sang, infectera les humeurs qu'il contient, et formera un dépôt sur quelques parties telles que les glandes parotides, le poumon ou quelqu'autre viscère ; c'est ce qu'on appelle fausse gourme.

Gourme (Fausse). — La fausse gourme est un dépôt formé par un reste de virus de la gourme. Si ce dépôt n'attaque que des parties externes, il doit être traité comme un abcès simple ; s'il est fixé sur quelque viscère, après avoir mis en usage les remèdes généraux, on abandonnera la guérison à la nature.

Immobilité. — C'est une affection nerveuse ; l'animal qui en est atteint demeure immobile à la place où il se trouve, et paraît insensible et sourd ; c'est en vain qu'on l'excite à avancer ou à reculer ; si on insiste trop pour le faire marcher, il se met sur ses jarrets et tous ses membres se raidissent. Les causes de cette maladie ne sont pas connues. Le repos suffit souvent pour la faire disparaître.

Javart. — Le javart est un furoncle des membres du cheval, de l'âne, du mulet. Il a pour cause le contact prolongé des boues et de l'eau froide, d'où résulte la suppression de la transpiration ; il peut venir aussi de contusions, de piqûres, etc.

Le javart reçoit plusieurs noms, selon la position et les parties qu'il affecte. C'est le *javart simple* ou *cutané*, lorsqu'il n'attaque

que la peau et le tissu cellulaire ; le *javart tendineux*, lorsqu'il attaque la gaîne tendineuse ; le *javart cartilagineux* lorsqu'il a son siége dans le cartilage latéral du pied.

Les symptômes communs à tous les javarts sont la tuméfaction, la douleur, la boiterie, la suppuration au centre de laquelle est une espèce de grumeau nommé bourbillon. Un symptôme particulier du javart cartilagineux est le boursoufflement de la couronne vers le quartier, plus communément interne qu'externe. De ce boursoufflement résultent la dépression et le dessèchement du quartier qui répond à cet engorgement. Lorsque ces divers javarts sont abandonnés à eux-mêmes ou mal traités, il en résulte des fistules dans les gaînes tendineuses, la carie, l'ankilose.

Pour obtenir la guérison du javart simple ou cutané, il faut raser le poil dans la partie affectée, appliquer dessus un cataplasme émollient. Lorsque l'abcès est formé et que la tumeur laisse apercevoir de la fluctuation, il faut l'ouvrir de haut en bas avec un bistouri, panser avec de l'eau tiède mélangée d'un peu d'eau-de-vie ; introduire dedans des étoupes de chanvre hachées menu, et continuer ce traitement jusqu'à parfaite guérison, en ayant soin de tenir la partie malade dans la plus grande propreté. — Le javart tendineux se traite de la même manière ; excepté que dans l'incision et dans l'extraction du bourbillon il est nécessaire d'éviter d'offenser les gaînes tendineuses que la suppuration peut avoir déjà désorganisées. Après l'opération, on applique sur des étoupes hachées le digestif, fait avec un jaune d'œuf cru et une once de térébenthine bien mêlés, animés avec un peu d'eau-de-vie. On ne lève l'appareil que quarante-huit heures après l'opération ; ensuite on fait le pansement tous les jours, jusqu'à ce que la plaie soit à peu près au niveau de la peau. On finit le traitement en appliquant des étoupes de chanvre sèches, hachées et collées sur la partie jusqu'à ce que la cicatrice soit parfaitement formée.

Dans le *javart encorné* ou *cartilagineux*, l'opération consiste à abattre le cheval et fixer l'extrémité avec une plate-longe, savoir: le pied de derrière sur l'avant-bras, ou le pied de devant sur la jambe ; on fait ensuite une ligature au paturon avec un ruban ou une ficelle, de manière à comprimer les vaisseaux, et à empêcher l'hémorragie qui, sans ces précautions, aurait infailliblement lieu. Cette ligature permet d'opérer presque sans effusion de sang, et de reconnaître parfaitement les parties à inciser ou à extraire. Quelquefois il faut, avant tout, faire l'extirpation de la sole ; puis on fait à la paroi une rainure de devant en arrière et de haut en bas, jusqu'à ce que l'on soit parvenu aux feuillets, et l'on extirpe le quartier. Ensuite, avec la feuille de sauge à deux tranchants, on détache, dans toute la largeur du cartilage, la peau qui recouvre la tumeur, on observant de lui laisser assez d'épaisseur pour qu'elle ne se désorganise pas, et qu'elle puisse fournir les sucs nécessaires à la régénération du nouveau quartier.

Avec la même feuille de sauge, on enlève le cartilage en une ou plusieurs portions, de manière qu'il n'en reste aucune partie; car, ne pouvant s'exfolier, elle entretiendrait l'ulcération et empêcherait la régénération du quartier. En extirpant le cartilage, il faut avoir soin de faire tenir le pied, le paturon et le canon dans l'extension, afin que la capsule se trouvant tendue, on soit moins exposé à l'ouvrir. Dans le cas où la capsule articulaire se trouverait ouverte, soit dans les incisions, soit par l'ulcération, et, s'il y avait épanchement de synovie, la pâte faite avec l'éther sulfurique et camphre, appliquée sur l'ouverture et maintenue par un plumasseau d'étoupes, serait le seul remède à employer.

Avant d'appliquer l'appareil qui doit suivre l'opération, il faut attacher un fer à dessolure, à branche tronquée, du côté du quartier malade. Ce fer ainsi placé et les éclisses préparées, on applique les plumasseaux imbibés d'eau-de-vie, de manière qu'ils soient placés sans inégalité. Lorsque la sole est suffisamment couverte de ces plumasseaux, on place les deux éclisses qui doivent les fixer, puis une troisième éclisse transversale qui fixe les deux premières, en la passant entre la branche du fer et les quartiers. On met de même les plumasseaux gradués sur le quartier opéré; une bande sert à les y fixer. Il faut avoir soin de ne pas trop serrer, de peur que la gangrène ne survienne, et ne pas oublier d'ôter la ligature mise au paturon ; puis on applique le bandage du pied. Ce premier appareil ne doit être levé qu'au bout de quarante-huit heures, après quoi on le lève tous les jours pour panser la sole et le quartier avec des plumasseaux imbibés d'eau-de-vie, jusqu'à parfaite guérison. Pendant le temps que dure le traitement, on donne à l'animal de l'eau blanche faite avec de la farine d'orge, et on le nourrit de foin, de paille et de son mélangé d'avoine.

Lorsque le pied malade commence à faire son appui franchement sur le sol, on doit promener l'animal en main et au pas, sur un terrain doux et gazonné, pendant une demi-heure chaque jour d'abord, puis pendant un plus long temps, à mesure que la guérison approche.

Morve. — La morve est une maladie particulière au cheval, à l'âne et au mulet. Elle consiste en un écoulement par les naseaux, causé par la tuméfaction des glandes de l'auge, et des ulcères à la membrane pituitaire.

Le marasme est quelquefois aussi le précurseur de la morve.

Elle peut être occasionnée par des blessures pénétrantes aux os du nez, aux frontaux, aux zigomatiques et aux maxillaires; par la carie des dents molaires, mais alors elle ne dépend que d'une lésion purement locale.

On doit s'attacher surtout à reconnaître exactement les symptômes : 1° le flux consiste d'abord dans une humeur blanchâtre qui n'est sensible que lorsque l'animal a été quelque temps en action ; 2° les vaisseaux sanguins de la pituitaire ont un engorgement qui est d'un rouge foncé, plus remarquable sur la cloison mitoyenne des naseaux, à la face interne du cartilage semi-lunaire; 3° il existe un engorgement de la glande de l'auge du côté du naseau par où l'écoulement a lieu ; quelquefois les deux glandes sont engorgées, mais d'abord elles sont libres, vacillantes et sans douleur; 4° le poil est brillant, lisse, poli ; ordinairement l'animal a de l'embonpoint; 5° les urines sont limpides, non chargées, comme dans l'état de santé, par défaut de transpiration ; 6° il y a flux par l'un des naseaux. La toux n'existe que dans le cas où la morve est compliquée d'une affection de la poitrine. Tous ces symptômes caractérisent le mal dans son commencement; puis l'humeur qui sort des naseaux devient épaisse, jaunâtre, verdâtre; elle s'attache à leur orifice; les glandes sont très-sensibles, elles adhèrent à l'os, de façon qu'on ne peut les détacher; les naseaux sont ridés, froncés au côté externe; et tout ceci arrive dans la seconde période. Enfin l'humeur est d'un vert noirâtre, sanguinolente et fétide ; il survient des hémorragies par le naseau le plus affecté ; la pituitaire est entamée par des ulcères chancreux; l'œil du même côté est chassieux, l'humeur aqueuse en est trouble, la paupière tuméfiée, ce qui annonce que les sinus sont pleins de pus; il y a soulèvement des os frontaux, zigomatiques, maxillaires, c'est un indice que la membrane qui les revêt intérieurement est suppurée, ulcérée, et que les os sont cariés. Quelquefois ces os se perforent; ce n'est qu'alors qu'on aperçoit la tristesse, la toux, le marasme; une œdématie paraît aux jambes, aux testicules; il survient une claudication sans cesse manifeste, et tous ces désordres marquent la dernière période de la maladie.

Contre cette maladie, un grand nombre de moyens curatifs ont été employés tour à tour sans succès, ce qui prouve évidemment qu'on n'en connaît pas la cause. Jusqu'à ce jour, on lui a assigné collectivement toutes celles connues : l'air, les aliments, l'eau, etc., tandis qu'une suffit. Pour arriver jusqu'à elle, il a fallu les examiner une à une, observer surtout les rapports qui existent entre l'air et l'eau, suivant les saisons; c'est en procédant ainsi que nous croyons l'avoir trouvée.

Ce que nous allons dire pour le prouver est le résultat d'un grand nombre d'investigations et de faits à l'aide desquels nous avons fondé notre opinion, qui, si elle est scrutée attentivement, mettra, nous l'espérons, un terme aux abattages malencontreux et précipitamment prononcés par un grand nombre de vétérinaires, sous le prétexte d'une contagion fictive dans la plupart des cas, si ce n'est pas toujours; nous n'avons pas besoin de donner à l'appui les expériences multipliées de M. Dupuy, ancien professeur de l'école vétérinaire d'Alfort, celle d'un bon nombre de praticiens, qui contestent comme nous la possibilité de la contagion; il nous suffira de donner ici cet argument irrésistible que, si les chevaux que l'on a fait abattre jusqu'à présent avaient eu la morve contagieuse, un bien plus grand nombre d'autres auraient dû en être atteints; attendu qu'on n'a pas, dans tous les cas, pris les précautions nécessaires contre les effets de la cohabitation des écuries, et autres moyens de propagation connus. Tant il est vrai que l'on a vu voyager de pays en pays des chevaux morveux sans aucun signe de contagion. Ne deviennent morveux, au contraire, que ceux qui prennent une certaine quantité de ce qui contient la cause morbide, et cette cause morbide que nous avons trouvée dans la frigidité de l'eau est attestée : 1° par l'époque d'invasion de la morve; 2° par son retour périodique à des époques plus ou moins éloignées, selon l'influence des saisons; 3° enfin par ses préludes.

Il est constant que toutes les fois qu'un cheval boit de l'eau trop froide, il commence à tousser, puis à jeter une mucosité blanchâtre, symptômes qui s'évanouissent naturellement lorsque cette cause n'est qu'éphémère; est-elle d'une plus grande durée et intensité, les glandes maxillaires s'engorgent, le jetage devient plus abondant, ichoreux et adhérent, d'où résultent les ulcérations du nez, et l'on n'hésite pas alors à le déclarer morveux et contagieux.

J'ai vu des chevaux dans différentes fermes, faisant habituellement usage d'eau de mare, qui après avoir toussé et jeté une matière bénigne, ce qu'on appelle fausse gourme, et dans quelques pays pourjeroles, lesquelles se répètent presque tous les ans, contracter la morve dans les années signalées par des froids rigoureux. Ceux au contraire qui boivent de l'eau de puits ou de pompe, la contractent en général dans les temps chauds. L'énorme différence existant alors entre la température de ces derniers et celle de l'air avec lequel les animaux sont en rapport direct, est dans ce second cas la cause, et cette différence constitue le froid relatif; or, la concordance entre les époques critiques de la morve et celle du froid positif et relatif de ces eaux, établit la garantie de notre pronostic.

Maintenant, est-elle contagieuse? Suivant nos observations

nombreuses, elle ne l'est point; et ce qui a servi de guide à certains praticiens pour lui donner le caractère contagieux, nous semble très-équivoque, lorsqu'il a été tiré de ce que dans une écurie quelques chevaux sont devenus morveux les uns après les autres. Chose singulière, le second attaqué se trouve souvent placé fort loin du premier! Pour la vraisemblance, il faudrait au moins que les voisins la gagnassent d'abord et ainsi de suite. On fait valoir à cet égard, la prédisposition du sujet, c'est-à-dire son tempérament; mais si au lieu de frapper à côté du clou on frappait sur sa tête, on dirait que cela vient de l'habitude qu'ont les animaux de boire plus ou moins, et avec plus ou ou moins d'avidité, ce qui est donné il est vrai par le tempérament.

Il est de fait que ceux d'entre eux qui boivent beaucoup y sont plus exposés que ceux qui boivent peu. Nous avons souvent vu des chevaux ne pas boire, uniquement parce que l'eau était trop froide, pour cela il faut qu'ils ne soient pas échauffés par le travail ou la nourriture. Une circonstance que nous regardons comme aggravante de cette maladie, c'est l'usage du trèfle et de la luzerne, qui par leur qualité échauffante, font que les animaux boivent davantage, toutes choses égales d'ailleurs; mais cette espèce de nourriture, lors même qu'elle est avariée, abstraction faite d'eau froide, ne donne dans aucun cas la morve.

Comme nous l'avons dit plus haut, des thérapeutistes ont imaginé un grand nombre d'anti-morveux, qui n'ont pas répondu constamment à leur attente; on ne devrait pas en être étonné lorsqu'on sait que la première condition dans le traitement de cette maladie, comme d'une maladie quelconque, consiste à faire abstraction de la cause qui l'a produite. Nous n'avons jamais vu de praticien porter ses soins sur l'eau, si ce n'est pour l'emploi d'une certaine quantité de son ou de farine, précaution qui devient de nul effet, lorsque l'eau est à zéro, ou à deux ou trois degrés au-dessus; mieux vaut au contraire employer une certaine quantité d'eau bouillante pour l'adoucir.

Voilà la base d'un traitement rationnel, non-seulement contre la morve, mais encore contre les fausses gourmes qui la précèdent souvent; et si on a obtenu quelques cures de ce genre on ne peut les attribuer en grande partie qu'au changement de l'eau, apporté par un changement de saison; on trouve une preuve de cette assertion dans la guérison de quelques chevaux abandonnés aux soins de la nature. Enfin, voulez-vous préserver ou guérir vos chevaux de la morve? Faites usage, dans les temps opportuns, des précautions ci-dessus indiquées.

Manière d'agir de l'eau. — Nous allons, d'après des principes physico-physiologiques, essayer d'expliquer les phénomènes caractéristiques de la morve, divisée en hydiopathique ou locale et en symptomatique ou générale, et montrer combien l'eau en est la cause principale.

La morve locale, si ce n'est l'engorgement des glandes sous-linguales, borne ses effets sur la membrane muqueuse qui tapisse les sinus frontaux, maxillaires et l'intérieur du nez, laquelle dans l'état normal est continuellement lubrifiée par une matière limpide qui la préserve de l'action irritante de l'air; aussitôt qu'elle est supprimée sur un de ces points, cet organe devient un centre de fluxion d'où résultent sa tuméfaction et sa secrétion morbides; cette dernière, lorsqu'elle acquiert un degré d'âcreté y détermine les ulcérations nommées chancres; voilà ce qui constitue cette première.

Ces désordres, suivant notre observation naissent de la phlogose causée par l'eau dans l'arrière-bouche, lors de son passage, laquelle se propage par continuité de tissu ou d'organe dans les sinus dont nous venons de parler; il peut se faire aussi que la portion d'eau qui reflue par les naseaux comme nous l'avons vu plusieurs fois, y contribue. Ce mouvement rétrograde peut tenir d'une part à la constriction du pharynx opérée par la frigidité de l'eau; d'autre part au volume pris à la fois et à la position basse de la tête; enfin à ces désordres vient s'ajouter alors l'action irritante de l'air, qui la fait passer à l'état chronique.

La morve symptomatique semble n'être autre chose que la première compliquée, comme le disent les auteurs, de l'affection générale du système lymphatique; cette complication peut s'expliquer encore par le trouble qu'apporte l'eau froide dans l'acte de la digestion; en effet, prise en certaine quantité, elle agit sur l'estomac en diminuant la secrétion du suc gastrique et la chaleur organique, essentiellement utiles à l'accomplissement de cette fonction; si le premier donne aux matières alimentaires ce degré d'animalisation indispensable à une bonne nutrition, la seconde, hâtant la fermentation devient aussi de la plus haute importance. Car sans la température nécessaire, la fermentation languit, la conversion successive des aliments en chyste et en chyle est incomplète, et les absorbants nutritifs reçoivent alors des sucs mal élaborés.

Voici, dans tous les cas, le traitement le plus rationnel :

La *morve* commençante étant l'inflammation des glandes de la membrane pituitaire, il faut saigner et répéter la saignée suivant le besoin. Pour relâcher les vaisseaux, on doit faire dans les naseaux des injections de décoctions adoucissantes; on fera surtout respirer la vapeur de ces décoctions et de l'eau tiède, où l'on aura mis bouillir du son ou de la farine de seigle ou d'orge. On attache à la tête du cheval un sac où l'on met du son tiède auquel on mêle des brins de balai pour faciliter l'évaporation. Il est bon de donner aussi quelques lavements rafraîchissants. On retranche le foin au cheval.

Dans la *morve* confirmée, pour déterger et faire cicatriser les ulcères, on injecte dans les naseaux des décoctions de feuilles d'aristoloche, de gentiane, de centaurée, puis de l'eau d'orge, avec un peu de miel rosat, quand l'écoulement devient blanc. On a quelquefois guéri par ce traitement, excepté lorsque ces ulcères existent dans les cornets ou dans les parties où la vapeur ne peut les atteindre. Alors le meilleur moyen d'opérer ces injections est de faire aux os sur les sinus, non avec un trépan, mais avec une grosse vrille, un trou suffisant pour recevoir une canule.

On ne peut employer d'injections corrosives, parce que, nonseulement elles agissent sur les ulcérations, mais elles irriteraient davantage en s'étendant aux parties saines.

En général, la gravité de cette maladie ne permet pas de donner, sans perte, des soins longtemps continués. Si, après quinze jours de traitement pour les chevaux atteints de morve chronique, il n'y a pas une amélioration notable, il faut les sacrifier. Pour la morve aiguë, une agravation progressive des accidents, pendant trois ou quatre jours, doit déterminer l'abattage de l'animal.

Oignon. — On nomme ainsi une élévation de la sole de corne, qui se produit à la suite d'une ferrure défectueuse. Lorsque le fer ne porte que sur la muraille, il la fait renverser en dehors, l'os du pied suit la muraille; il est poussé en dehors, et peu à peu la partie concave devient convexe. La sole, qui est appliquée sur l'os du pied, prend la même forme que cet os, et forme l'oignon. Il faut, dans ce cas, déferrer l'animal, parer la sole, creuser un peu cette portion des quartiers, et y appliquer une compresse d'eau-de-vie camphrée, que l'on ôte au bout d'une heure, et qu'on remplace par un morceau de diachylon, suffisant pour remplir le creux que l'on a fait en parant la sole.

Pousse. — La pousse, ou asthme, est une affection chronique qui se manifeste par la gêne de la respiration; le temps de l'inspiration est sensiblement plus long que celui de l'expiration.

L'irritation nerveuse ou vasculaire de la poitrine ; la faiblesse de la masse pulmonaire, provenant des suites d'une inflammation de poitrine; le séjour prolongé dans une écurie mal aérée, telles en sont les causes. — L'abus des aliments échauffants, la méthode détestable de nourrir les chevaux à discrétion et de les laisser se bourrer de foin, ont souvent aussi amené l'asthme chez ces animaux.

Le cours de cette maladie est précipité par les fatigues, et surtout par le vert donné aux chevaux malades. Ils paraissent se rétablir les premiers jours par la nourriture fraîche, mais ils deviennent outrés immanquablement quand ils reprennent la sèche.

Cette maladie est incurable ; il faut se borner à éviter à l'animal toute fatigue considérable ; avoir soin de ne pas le faire tirer avec le poitrail ; le tenir dans une écurie sèche et bien aérée, et lui donner une nourriture réglée et peu abondante. Cela ne guérira pas l'animal, mais son existence sera prolongée, et il pourra travailler.

SEIME. — La seime est une fente, une fissure ou division à la corne du pied de haut en bas. Elle naît toujours de la partie supérieure du sabot ; quand elle n'existe pas près de la peau, c'est qu'elle se guérit et descend par avalure.

Elle vient quelquefois au-devant du pied, quelquefois à l'un des côtés, mais surtout au quartier interne. Il est des *seimes* qui n'ont guère plus que l'épaisseur d'un cheveu, qui n'intéressent pas l'ongle dans toute sa profondeur, et qui ne sont ni douloureuses, ni humides ; mais quand elles font plus de progrès, le réseau vasculaire feuilleté se trouve lésé, les bords de la corne s'écartent ; dans l'appui du membre le mouvement froisse les parties sensibles, et, par le pincement qui en résulte, la boiterie est manifeste. Quelquefois, en outre, le bourrelet près de la peau se renverse, les bords sont rugueux, il existe à la couronne une forte tuméfaction, au-dessous de laquelle l'ongle se dessèche, se rapetisse ; le mal offre un caractère plus marqué d'ulcère, de crapaudine ; l'on y voit des fongus et il en découle une humeur sanieuse. L'os du pied lui-même participe quelquefois à l'altération, et il s'y forme une gouttière dans toute la longueur de la *seime*. Cette dépression longitudinale de l'os vient de ce que les vaisseaux, étant comprimés par la corne, ne peuvent plus déposer les sucs réparateurs en proportion des molécules qui sont enlevées par l'absorption ; l'os du pied peut être aussi carié. La *seime* attaque plus communément le quartier du dedans des pieds antérieurs et la pince des pieds de derrière, surtout dans les mulets et dans les chevaux pinçards ou rampins. Elle est fréquente chez les chevaux qui ont la corne sèche, qui sont trop longtemps au repos, puis qui font tout à coup des marches fatigantes sur des terrains arides, dans des temps de grande chaleur ou de gelée.

Lorsque la seime est sans boiterie, on pratique à la peau, d'où naît le mal, une cantérisation qui y excite une tuméfaction, un changement d'action qui fasse pousser la corne sans qu'elle se divise. Cette cautérisation n'empêche pas l'animal de travailler, et la fente disparaît par avalure.

On facilite l'avalure en frottant souvent l'ongle avec de la cire jaune, du miel, de la térébenthine et du saindoux mêlés à parties égales. Le mal se guérit peu à peu après que l'escarre s'est détaché.

Si la *seime* descend jusqu'à la sole, on taille la paroi dans une hauteur d'un demi-doigt au moins de chaque côté, près du fer, pour empêcher qu'il ne refoule les bords de cette division. On fait les pansements comme ceux d'une plaie simple, et l'on applique la bande du pied.

Quand il y a ulcération, fongus, il faut tailler, au moins près de la peau, avec une feuille de sauge, les bords de la corne et toute l'épaisseur des tissus altérés en cet endroit. Une compression exacte sur des plumasseaux couverts d'onguent égyptiac, entretenue pendant quinze ou vingt jours, suffit ordinairement pour déterminer une nouvelle végétation, d'où l'ongle renaîtra sans être divisé, et l'animal pourra travailler au bout d'un mois. Quelques praticiens extirpent avec la rénette une portion de la corne en V d'un bon travers de doigt de hauteur, près de la peau, bien entendu que le sommet de ce triangle est dérivé vers la sole. S'il y a douleur violente et ulcération extrême, il faut extirper une portion d'ongle de haut en bas dans toute la hauteur du sabot. Il suffit ordinairement d'en extirper en pince une largeur d'un travers de doigt ; on en ôterait davantage si le réseau feuilleté était altéré dans une plus grande étendue.

Sole brulée. — Inflammation de la sole, accompagnée d'une grande sensibilité de cette partie du pied. Cette inflammation a pour causes une compression causée par un caillou qui se sera engagé dans le pied et sur lequel l'animal aura appuyé en marchant ; l'application sur la sole d'un fer trop chaud, ou bien l'action du fer qui, par sa mauvaise position, aura appuyé sur la sole.

Dès que l'on s'aperçoit de cette inflammation, il faut s'empresser de faire prendre à l'animal un bain de pied de deux heures dans de l'eau froide. On appliquera ensuite sous la sole de la terre glaise bien imbibée d'eau, et que l'on renouvellera à mesure qu'elle sèchera. Cela suffit souvent pour faire disparaître l'inflammation, mais si la suppuration s'établit, il faut ouvrir la sole avec le boutoir vers le foyer du pus ; évacuer ce pus et panser la plaie avec des plumasseaux imbibés d'essence de térébenthine, et faire une compression suffisante pour que la chair ne déborde pas.

Lorsque la chute de la sole de corne arrive à la suite de ce traitement, ce qui est rare, on fait sur toute la sole de chair une compression graduée, en ayant soin de moins serrer en pince. On arrête le pansement par des éclisses de bois croisées sur les étoupes et maintenues par un fer à dessoler. — On lève le premier appareil au bout de huit jours, et on le renouvelle ensuite tous les deux jours.

TUMEURS SYNOVIALES. — Il arrive quelquefois que la liqueur appelée synovie s'accumule dans les poches qui la secrètent; il en résulte des tumeurs molles aux articulations ou dans les coulisses tendineuses des membres. On les nomme *vesigons* lorsqu'elles se forment au vide du jarret, et *capelet* si elles apparaissent à la pointe du jarret; celles du bout et du canon se nomment *mollettes*. Ces tumeurs sont *simples* quand elles n'apparaissent que d'un côté, et *chevillées* quand elles se montrent en dehors et en dedans. L'humidité, l'excès de travail, les mauvais traitements sont les causes les plus ordinaires de cette affection. On parvient souvent à faire disparaître ces tumeurs au moyen de frictions d'eau-de-vie camphrée, quand elles sont récentes; mais lorsqu'elles sont anciennes, il faut avoir recours à la cautérisation.

VERTIGE ESSENTIEL. — Cette maladie diffère du vertige, en ce qu'elle n'est qu'une inflammation de l'enveloppe du cerveau appelée arachnoïde. L'animal qui en est atteint, au lieu de se livrer à des accès de fureur, comme dans le vertigo, reste presque immobile dans la position qu'il a prise. Le traitement est le même que pour le vertigo.

VERTIGO. — Le vertigo est une maladie meurtrière qui, sur la fin de l'été et pendant l'automne de chaque année, détruit un grand nombre de chevaux.

Il est facile de prévoir le vertigo, chez un cheval, par les symptômes qui se manifestent deux ou trois jours avant que la maladie se déclare. L'animal est plus insensible au fouet, sue aisément, traîne nonchalamment ses jambes, se soutient péniblement, rend une urine huileuse et rougeâtre, jusqu'au moment où surviennent les accès vertigineux. Alors l'animal n'y voit plus, quoiqu'ayant les yeux ouverts; il tire sa longe au point de s'étrangler, mord indifféremment tout ce qui lui offre un appui, et meurt au milieu des convulsions.

Les principales causes du vertigo sont l'usage immodéré d'une nourriture verte, depuis le mois de mai jusqu'aux premières neiges, ou de fourrages nouveaux qui n'ont point encore jeté leur feu. Exténuer les chevaux de travail, et leur donner pour réparer leurs forces épuisées des aliments en trop grande abondance produit encore le même résultat funeste.

Traitement préservatif : 1° Nourrir modérément; mélanger, surtout au trèfle et à la luzerne, des fourrages secs, comme de la paille et du foin; 2° donner de l'avoine, tous les deux jours au moins ou la suppléer par un barbotage chargé de farine avec une poignée de sel; 3° si les fourrages secs sont poudreux ou moisis, les secouer avant de les administrer et les humecter d'eau salée; 4° n'exiger des animaux qu'un travail proportionné à leurs forces et relatif à leur état de santé et aux qualités plus ou moins corroborantes de leurs aliments; 5° exercice modéré après le repas et jamais de courses ou de trop rudes ouvrages qui pourraient troubler la digestion; 6° si les fourrages sont secs ou nouveaux et n'ont point encore fermenté, ou jeté leur feu, on ne les donnera qu'avec modération et toujours humectés d'eau salée; il en sera de même de l'avoine et des autres grains avariés; 7° abreuver les animaux, lorsqu'ils ne suent pas, avec de l'eau fraîche dans laquelle on fera bien encore de suspendre quelques substances farineuses; 8° bains froids dans le courant de l'été lorsque le temps l'indique; 9° bien aérer les écuries, élever leur sol, abondante litière, pansement exact à la main; 10° si l'on présume que l'invasion de la maladie soit prochaine, on suspendra le travail; on ne nourrira qu'au tiers ou à la moitié; on donnera quelques carottes; on mettra l'animal à l'eau blanche salée, et on administrera par jour plusieurs lavements d'eau de mauve. A cette époque le bain froid peut produire les plus heureux effets.

Traitement curatif. Le vertige, une fois déclaré étant très-difficile à guérir, le cultivateur doit mettre tous ses soins à le prévenir. Cependant tout espoir de cure n'est pas perdu; mais il faut alors s'empresser de recourir aux gens de l'art dans une circonstance aussi critique, et suivre une méthode facile, peu dispendieuse et qui réussit souvent.

1° Séparer les malades des sains, pour faciliter les soins à leur porter; 2° si les accès vertigineux sont très-violens, si l'artère est forte et tendue, saignée de deux à quatre livres à la jugulaire; 3° électuaire composé de deux onces d'aloès, l'un à deux gros d'émétique et d'une livre de miel, à administrer deux doses et à dix heures environ d'intervalle; 4° laver le sommet de la tête avec de l'eau froide; 5° frictions sur les reins avec un léniment d'huile volatile de térébenthine légèrement ammoniacée; couvrir la même région et le dos avec un sachet de fleur de foin chaude; 6° élever la température du corps, surtout celle des extrémités, par les frictions chaudes; 7° donner des lavements d'eau de mauve toutes les deux heures; 8° boisson avec farine d'orge et une poignée de sel; si l'animal la refuse, lui donner de temps en temps quelques pintes d'une tisane adoucissante miellée, faite avec la mauve, la guimauve ou la graine de lin; 9° propreté des écuries, litière sèche et renouvelée; fortifier l'air en y brûlant des graines de genièvre, en y répandant des vapeurs de vinaigre sur une pelle rougie ; 10° Diète sévère, peu ou pas de foin, et l'humecter d'eau salée ; pas de trèfle sec, modérément la paille, pas d'avoine, donner quelques carottes, et même un peu d'herbe pour relever l'appétit.

CHAPITRE IX.

MALADIES PARTICULIÈRES AUX BÊTES A CORNES. — MALADIES PARTICULIÈRES AUX BÊTES A LAINE.

§ Iᵉʳ

Maladies particulières aux bêtes à cornes.

BROU (MAL DE). — Cette maladie, qu'on nomme aussi *mal des bois*, est une espèce d'indigestion gangreneuse qui vient de ce que les animaux ont mangé de jeunes feuilles d'arbres et surtout des bourgeons de chêne.

Les symptômes qui annoncent l'invasion du mal, sont : la chaleur de la bouche, la soif, la constipation, la difficulté d'uriner, la rougeur, l'épaississement et la rareté des urines, la dureté, la vitesse et la force du pouls, la rougeur ou l'inflammation de la pituitaire et de la conjonctive. Dans la vache, le lait est diminué, il a une odeur forte et pénétrante ; le mufle est sec ; l'humeur sébacée des ars est desséchée ; les malades agitent la queue comme pour se défendre des mouches ; ils ont des érections fréquentes ; leurs femelles donnent aussi des signes de chaleur ; la croupe est faible et chancelante, surtout en reculant.

Tous ces symptômes augmentent pendant trois ou quatre jours, au bout desquels la bouche est brûlante, la soif inextinguible ; l'animal après avoir saisi des aliments, les mâche instantanément ; la rumination est fort retardée et lente ; l'air expiré est très-chaud ; la pituitaire est d'un rouge foncé ; les yeux sont larmoyants ; les paupières très-engorgées ; les urines très-abondantes ; crues, vertes ou écumeuses ; les crottins rares, noirs, durs, enveloppés de glaires teintes de sang fétide. Les animaux sont abattus, le poil est hérissé, la peau sèche, dure et adhérente ; la peau, les extrémités, la tête, les oreilles sont chaudes et froides alternativement ; le pouls est dur, fréquent et intermittent; les flancs sont retroussés et l'animal dépérit d'une manière insensible. Bientôt il tremble et chancèle; son rein est faible, vacillant et comme paralysé; la respiration est courte et précipitée; le pouls faible et presque insensible; la tête est basse; les oreilles pendantes; toute la peau est froide; la bouche se remplit d'une bave visqueuse, épaisse et fétide, le frein de la langue s'engorge comme dans le CHARBON. La moindre pression sur les reins et surtout au garrot, fait fléchir l'animal jusqu'à terre; après le frisson, qui dure peu, les yeux sont étincelants, les oreilles agitées, ainsi que la queue. Quelquefois il survient une DYSSENTERIE qui fournit des matières liquides, purulentes, noirâtres, glaireuses, sanguinolentes et infectes; un sang dissous coule par les naseaux; les yeux sont très-enfoncés; la peau est relâchée, emphysémateuse; il se manifeste des infiltrations consécutives, charbonneuses à la ganache, au poitrail, à l'anus, aux membres, etc.; la respiration est fort pénible; l'animal est dans l'anxiété; il se plaint, s'étend et succombe. Les animaux les plus forts et les plus vigoureux périssent les premiers : la mort saisit le plus grand nombre du dixième au vingtième jour.

Dès que cette maladie se manifeste, il faut d'abord s'empresser de retirer les animaux du bois, puis on mettra à part ceux non encore attaqués et les malades, en partageant ceux-ci en trois classes.

Les animaux, réputés sains, seront mis à l'*eau blanche ;* on leur donnera de bons aliments en petite quantité, on les abreuvera de bonne eau, on leur donnera des lavements émollients, et on les saignera à la jugulaire, le deuxième et le troisième jour.

A ceux qui ont la maladie dans son commencement, on interdira toute nourriture solide; on donnera toutes les trois heures un breuvage de décoction de graine de lin, avec 93 décigrammes de camphre dissous dans un jaune d'œuf; plus, de l'eau blanche et les lavements émollients. On les abreuvera d'eau pure le plus souvent possible; au bout de vingt-quatre heures, on fera une saignée que l'on réitérera le lendemain, et même le troisième jour s'il est nécesaire; alors on pourra donner une faible ration, de bons aliments et diminuer ces administrations médicamenteuses, en revenant peu à peu au régime des animaux sains.

La saignée aggraverait l'indigestion compliquée de l'inflammation qui caractérise le mal quand il est plus avancé. Les aliments solides doivent être interdits ici, encore à plus forte raison. Les substances huileuses peuvent seules pénétrer dans le feuillet entre ses lames et les couches des aliments : on donnera toutes les heures en breuvage, à la dose d'un litre, une décoction d'oseille et de chicorée sauvage, dans laquelle on aura ajouté 38 décigrammes de camphre dissous dans l'esprit de vin, deux cuillerées à bouche de vinaigre, et 88 décagrammes d'huile nouvelle. Le mélange sera bien agité et donné à un degré de chaleur plus que tiède. On rendra le ventre libre par des lavements d'eau tiède, vinaigrée, édulcorée avec de l'huile d'olive, du beurre frais ou du saindoux, qui seront réitérées toutes les heures. La bouche sera gargarisée quatre ou cinq fois par jour avec l'eau vinaigrée miellée; on bouchonnera de temps en temps, et au bout de dix à douze heures, les déjections étant plus faciles, on tirera un demi-litre de sang; on oindra les lèvres de l'ouverture avec un peu de beurre, afin de réitérer la saignée quatre à cinq heures après, et même par suite jusqu'à cinq ou six fois, s'il en est besoin, pour apaiser l'inflammation.

Le mal étant calmé, on mettra l'animal au même traitement que ceux attaqués de la maladie dans son commencement. S'il reste la tristesse et du dégoût, l'animal sera purgé avec 3 ou 6 décagrammes d'aloès en poudre dans un litre de décoction de chicorée sauvage. On répétera moins les saignées pour les vaches pleines et tous les animaux d'une constitution faible.

Il faut encore d'autres soins aux animaux affectés de la maladie au plus haut degré. Le frisson dans le bœuf exige des *bains* de vapeurs d'eau bouillante sous le ventre et sous la poitrine; des breuvages sudorifiques, composés de quinquina concassé 53 décigrammes, fleurs de sureau 3 décagrammes, alcali volatil fluor ou concret 38 décigrammes, le tout préparé suivant l'art. Pour les engorgements de la langue on injectera une infusion de quinquina animée par la teinture d'aloès; on les scarifiera et on les traitera du reste comme le charbon. (Voir au chapitre VI). La faiblesse de la croupe et la douleur de l'épine seront combattues par des frictions d'essence de térébenthine et d'eau-de-vie mêlées par égales parties; à cause des épreintes et des matières qui ulcèrent le rectum, on donnera des lavements d'infusion de mélisse et de menthe, avec 40 décigrammes de térébenthine dissous dans un jaune d'œuf et une cuillerée d'eau-de-vie camphrée. On détournera le flux sanguinolent des naseaux par trois ou quatre sétons placés de chaque côté de l'encolure, et l'on fera dans les naseaux des injections d'eau d'orge miellée et vinaigrée.

On prévient le mal de brou en n'envoyant les animaux au bois qu'après qu'ils ont commencé à se rassasier d'autres aliments tels que du son bouilli et des racines cuites, et en ne les y laissant séjourner que deux ou trois heures le matin, et autant l'après-midi.

ENGRAVÉE.—On nomme ainsi une maladie du pied des bœufs,

qui consiste dans une irritation plus ou moins vive de ses tissus, et qui est produite par des graviers ou autres corps étrangers qui s'enchâssent dans l'ongle. L'animal atteint de ce mal boite, et la douleur est souvent assez forte pour déterminer la fièvre ; si on le contraint à marcher, l'affection peut dégénérer en fourbure.

Lorsque le mal est récent, il suffit de laisser l'animal en repos, de lui faire prendre des bains de pied et d'appliquer des cataplasmes émollients sur le siége du mal. S'il est ancien et grave, la fourbure survient, ainsi que nous venons de le dire (voyez au chapitre VIII, FOURBURE.

LIMACE. — On nomme ainsi une maladie du pied des bœufs et des vaches, consistant en une inflammation de la peau qui tapisse l'intervalle des deux Onglons. Cette affection, qui attaque particulièrement les animaux employés aux travaux agricoles dans les pays pierreux et montagneux, a pour cause les graviers qui s'incrustent en quelque sorte dans la peau du fond de l'intervalle interdigité. Elle est caractérisée au début par une légère inflammation de la peau interdigitée, accompagnée d'un gonflement qui se fait apercevoir à la face antérieure de la réunion des onglons sans qu'il soit nécessaire de lever le pied. Le fond de l'intervalle interdigité, rougeâtre et rugueux dans les premiers temps, blanchit peu à peu et se couvre d'une matière de consistance bitureuse, de couleur grise et d'une odeur fétide. Bientôt il se forme des crevasses ulcéreuses, irrégulières, noirâtres, qui se réunissent en une ou deux cavités à bord calleux. Cette plaie donne écoulement à une humeur ichoreuse, s'étend insensiblement en profondeur, et finit par mettre le ligament interdigité à découvert. Alors la souffrance devient très-vive et la fièvre ne tarde pas à se manifester.

Lorsque l'affection est récente, des soins de propreté et des bains de pied peuvent suffire à sa guérison ; mais si l'inflammation a pris un certain développement, on doit recourir aux cataplasmes émollients d'abord, puis aux astringents, et si le mal ne cède pas, ce qui arrive fréquemment, car, parvenu à ce degré, il est très-opiniâtre, il faut cautériser légèrement et panser la plaie avec des plumasseaux imbibés d'eau-de-vie.

MÉTÉORISATION (Voir au chapitre VI TYMPANITE.)

PISSEMENT DE SANG. — Les bêtes à cornes peuvent être atteintes d'un pissement de sang dont les causes et la nature sont toutes différentes de celles de la maladie de ce nom dont nous nous sommes occupé au chapitre VI. Cette maladie se manifeste particulièrement chez les animaux qui paissent dans les bois ou près des haies vives où ils broutent les jeunes pousses de chêne et de hêtre. L'animal qui en est atteint paraît triste et perd l'appétit; si c'est une vache, la sécrétion du lait diminue; le pouls est fréquent; les urines, d'abord d'un jaune foncé, deviennent bientôt sanguinolentes; les forces diminuent rapidement, et si on ne s'oppose pas aux progrès de la maladie par une médication convenable, l'animal ne tarde pas à mourir.

Dès l'apparition des premiers symptômes, il faut mettre le malade à la diète et le saigner, lui faire boire une décoction de graine de lin avec un peu de sel de nitre, et le tenir chaudement. Si le mieux tarde à se montrer, on répète la saignée et on continue à faire prendre la boisson indiquée, qu'on remplace par de l'eau blanche dès que les symptômes les plus graves ont disparu.

Pommelière ou phthysie tuberculeuse.—C'est une faiblesse des poumons qui donne lieu à la formation dans ces organes de tubercules plus ou moins nombreux. Les vaches en sont plus fréquemment atteintes que les bœufs; dans ce cas, leur lait devient bleu, il tourne facilement, il est huileux et facile à rancir.

Cette maladie ne se manifeste pas toujours dans les vaches par une altération aussi sensible du lait; mais elle a d'autres symptômes qui permettent de la reconnaître facilement. La peau est habituellement sèche; il existe de loin en loin une petite toux; mais la plupart des animaux bondissent et sautent lorsqu'on les met en liberté; l'appétit continue. La respiration devient pénible par un léger exercice, surtout après le repas. Cet état précurseur dure des mois, des années; ces symptômes augmentent et s'aggravent par accès; quelquefois il survient une péripneumonie qui, dans tous les temps de cette maladie, ordinairement est funeste.

Après plusieurs attaques, la toux, petite et sèche, est plus fréquente; elle est rauque et ressemble à un râlement traîné, pénible; la peau est chaude, les déjections stercorales ont plus de consistance; le poil devient terne, hérissé, sale; la peau est collée aux os; il ne se fait point de transpiration. L'animal languit, se tient couché; la toux est plus marquée. Le mufle est moins abreuvé; il se fait un écoulement de matières visqueuses, blafardes par les naseaux; la membrane pituitaire et l'intérieur de la bouche sont pâles.

Cette maladie est incurable; mais il est rare que les animaux qui en sont atteints en meurent avant l'âge de trois ans; le plus souvent ils atteignent leur neuvième ou dixième année.

Aux vaches qui donnent du lait bleu, on fait prendre pendant quelques jours, le matin à jeun, un seau de décoction de graine de lin, avec sel de nitre et crème de tartre, de chaque 6 décagrammes; puis des infusions de fleurs de sureau et de coquelicot; et sur la fin de l'attaque, on administre aloès 8 à 16 grammes, jusqu'à ce que la bête purge. Au bout de quarante-huit heures de ce traitement, si le lait était diminué, sa quantité augmente d'une manière très-marquée, ou bien il reprend sa couleur naturelle si elle était altérée; d'ailleurs, les proportions du petit-lait diminuent, celles du beurre et du fromage augmentent.

On peut sans doute diminuer la violence des attaques; mais il paraît qu'il n'existe pas de moyens d'empêcher absolument les retours de la maladie et son issue fatale, lorsque la lésion est bien prononcée.

Les animaux qui ont la poitrine faible exigent des aliments solides en petite quantité, mais de qualité choisie, des travaux modérés, de bonne eau pour boisson et des habitations très-salubres. On perd son temps et ses dépenses en cherchant à leur faire prendre une graisse complète. Quand la maladie est bien déclarée, il faut les sacrifier sans attendre qu'ils aient dépéri d'une manière plus fâcheuse.

Vaccine. — Nom que l'on donne à une maladie des vaches, appelée en anglais *cowpox*. Elle règne en certaines saisons de l'année dans le Glocester, dans le Holstein et dans quelques départements de la France. Elle se manifeste par des boutons ou pustules qu'on aperçoit aux trayons du pis des vaches, qui d'abord ont le caractère inflammatoire, puis entrent en suppuration et finissent par se dessécher et tomber. Cette maladie n'a rien d'inquiétant pour les vaches qu'elle affecte; elle n'a même présenté d'intérêt que lorsque le célèbre Edward Jenner, docteur-médecin à Berkeley, dans le comté de Glocester, a reconnu qu'en l'inoculant, elle avait la propriété de préserver de la petite vérole.

L'art vétérinaire a profité de cette précieuse découverte pour l'appliquer aux animaux domestiques.

§ II.

Maladies particulières aux bêtes à laine.

Chancre de la bouche. — On a longtemps confondu, et bien à tort, cette affection avec les aphthes et le muguet des agneaux; elle en diffère essentiellement et elle est éminemment contagieuse. Ce chancre consiste d'abord en une petite tumeur qui se montre sur la gencive inférieure, en dehors des dents; elle se gonfle promptement, son sommet devient rouge, elle s'élargit ensuite, se creuse, et forme une plaie qui gagne parfois toute la bouche; les dents se déchaussent, se carient et tombent; presque toujours la gangrène survient, et la mort est infaillible. Il n'y a aucun autre moyen de combattre cette maladie avec succès que de cautériser les plaies avec l'acide nitrique. Si la tumeur n'est pas ouverte, on la fend avec un bistouri et on cautérise ensuite. Mais il ne faut pas attendre que la maladie soit trop avancée, car il suffit souvent de deux jours après son apparition pour que les dents de l'animal commencent à tomber. Après la cautérisation, il se forme sur la plaie un escare qui ne tarde pas à tomber; la plaie alors est d'un rouge vif; mais sa cicatrisation est prompte. Quoique l'opération soit facile, on est souvent obligé de la recommencer plusieurs fois, soit que la cautérisation ne soit pas assez profonde, soit qu'elle n'ait pas atteint toute l'étendue de la plaie, il arrive que lorsque l'escare est tombé, la plaie contient du pus; c'est dans ce cas qu'il faut recommencer à la cautériser.

Il est indispensable, dès que cette maladie se montre, de séparer sur-le-champ les animaux bien portants de ceux qui en sont atteints. Du reste, quand les cautérisations sont bien faites, la guérison est prompte, et quelques jours suffisent pour qu'elle soit complète.

CLAVEAU OU CLAVELÉE. — Cette maladie, tout-à-fait particulière aux bêtes à laine, consiste en une éruption pustuleuse de la peau, caractérisée extérieurement par des boutons blancs plus ou moins volumineux qui suppurent, se dessèchent et forment des croûtes. Le claveau est benin ou malin. Les symptômes du claveau benin sont le dégoût, la tristesse, la fièvre. Les boutons sont en petite quantité et d'un volume médiocre; ils se montrent sur les parties dénudées de laine, telles que les faces intérieures des cuisses et des épaules, le ventre et le dessous de la queue. La peau n'est pas enflammée, et il est rare que la tête et particulièrement les yeux en soient affectés.

Les symptômes du claveau malin sont plus graves : l'animal perd l'appétit; il ne rumine plus; ses yeux sont larmoyants et obscurs; les boutons se touchent, ils sont violets, et, au lieu de se lever et de blanchir, ils s'applatissent et et deviennent mous. Il survient une difficulté de respirer avec battement de flancs; l'haleine et la matière contenue dans les boutons sont d'une puanteur insupportable; une matière épaisse, tenace, coule avec abondance des naseaux. L'intérieur de la bouche est garni de pustules; les yeux se ferment, l'animal meurt le troisième ou le quatrième jour de l'éruption, et ne passe pas le sixième jour.

Le cours de la maladie se divise en quatre périodes bien distinctes, qui sont l'invasion, l'éruption, la suppuration et l'exsiccation.

L'invasion est le temps où le virus est admis dans le sang, y circule avec ce fluide sans se montrer au dehors, et pendant lequel la nature prépare l'humeur de l'évacuation qu'elle médite; c'est ce que nous appelons l'invasion de la maladie. Cet état est annoncé par le malaise, l'inquiétude, la paresse, la faiblesse, le dégoût, la tristesse, le battement des flancs et la cessation de la rumination. Plus ces symptômes sont apparents et graves, plus la maladie approche du second temps ou de la seconde époque.

L'éruption est le moment où les pustules paraissent et se montrent sur la surface extérieure de la peau de l'animal. Les symptômes ci-dessus décrits augmentent d'intensité. La surface extérieure du corps de l'animal est très-chaude; les yeux sont enflammés, la bouche est plus ou moins sèche, et la soif plus ou moins ardente; la respiration très-laborieuse, la fièvre très-développée; les mouvements du cœur sont plus ou moins forts et plus ou moins apercevables par des coups très-violents contre les côtes; la tête est très-basse, et le mouton est d'autant plus accablé, que ces symptômes sont graves, et ils le sont toujours en raison du caractère de la malignité du *claveau*. Ils sont à peine sensibles dans le *claveau* de la première espèce, et toujours plus marquées dans le *claveau* malin. — L'éruption faite, la suppuration s'établit dans les pustules; les symptômes alarmants commencent à disparaître, surtout si l'éruption a été bien complète, et si elle n'a pas attaqué des parties essentielles, telles que les yeux, le palais, les lèvres et l'anus, si elle s'est faite de manière à se répandre également partout, si l'inflammation qui environne la base de chaque pustule est dissipée, et si la peau, à l'exception des parties tuméfiées, est dans son état naturel. Enfin la quatrième et dernière période est celle où l'humeur séparée, rompt les téguments, se fait jour au-dehors, s'évacue et laisse l'ulcère à sec; c'est pourquoi nous l'appelons *exsiccation*.

Le claveau a beaucoup d'analogie avec la petite-vérole, et l'on peut en préserver les moutons par une opération qu'on nomme clavelisation, et qui n'est autre que l'inoculation ou la vaccine (voir *clavelisation*, au chapitre IV: OPÉRATIONS DIVERSES).

Les causes les plus ordinaires du claveau sont le défaut d'air salubre dans les bergeries, la quantité de fumier qu'on y laisse; la mauvaise nourriture, la négligence des bergers, etc. Un troupeau bien conduit, bien soigné, bien logé, bien nourri, est rarement attaqué spontanément du claveau; nous osons même affirmer que le troupeau qui est gouverné comme nous le supposons ici, est moins susceptible d'attraper le claveau, par la contagion, que celui qui est mal soigné et dans un état de faiblesse, source de toutes les maladies qui affectent les moutons.

Dès que l'on reconnaît qu'un animal est atteint du claveau, il faut le mettre à la diète, et ne lui donner que de l'eau blanchie avec de la farine de froment, à laquelle on ajoute un peu de sel ammoniac ; et tous les matins lui faire prendre dans un peu de son 15 grammes d'une poudre composée de 8 parties de gentiane, 6 parties d'aunée, 3 parties d'oxide brun de fer porphyrisé, et 2 parties de muriate d'ammoniaque, chaque substance étant pulvérisée à part, et le tout bien mêlé. Il est bon aussi d'enduire deux fois par jour les éruptions avec un mélange de 4 parties d'huile blanche et d'une partie d'ammoniaque, et de toucher les pustules avec de l'eau distillée dans laquelle on a fait dissoudre du nitrate d'argent dans la proportion de 8 grammes de nitrate pour 60 grammes d'eau.

FALÈRE. — Cette maladie n'est autre chose qu'une indigestion ou plutôt un empoisonnement causé par des pâturages sur lesquels ont passé des eaux descendant d'une montagne où des filons de mercure ou d'arsenic se rencontrent quelquefois presque à fleur de terre. Le plus sûr et le plus expéditif, dans ce cas, c'est de débarrasser l'animal des mauvais aliments qu'il a pris au moyen de l'opération appelée *incision du rumen* (voir au chapitre IV, OPÉRATIONS DIVERSES).

FEU SAINT-ANTOINE. — Cette maladie, essentiellement contagieuse, très-redoutable, et heureusement très-rare, n'est autre chose qu'une sorte d'érésipèle gangrèneux. Elle se manifeste par des frissons, puis des convulsions. Bientôt la peau, la chair et les os de l'animal semblent se décomposer ; une odeur fétide s'exhale de toutes les parties de son corps ; il tombe rapidement dans une prostration complète, et il meurt. — Cette maladie est absolument incurable.

FOURCHET. — Le mouton est le seul des animaux domestiques qui ait entre les deux ongles de chacun de ses pieds un sinus tortueux, glanduleux, dont l'ouverture s'observe au bas et au-devant du paturon, avec une espèce d'aréole d'où il sort un petit faisceau de poil. Le sinus marche d'abord horizontalement de devant en arrière, dans une longueur de dix à douze millimètres ; ensuite il descend en se contournant de devant en arrière. Il est formé par un repli de la peau, qui n'est point trouée, comme quelquefois on pourrait le croire. Son intérieur est garni de poils très-fins ; on y distingue aussi une infinité d'orifices qui répondent à un corps graisseux, glanduleux, d'où vient une humeur sébacée, grisâtre et pénétrante. Cet organe, particulier au mouton, fournit dans l'état sain une humeur propre à lubrifier l'ongle et ses parties adjacentes ; c'est un émonctoire pareil à ceux qu'on aperçoit sous le grand angle de l'œil, aux ars et sous le ventre.

Le *fourchet* est la tuméfaction de ce sinus ; elle dégénère en abcès et en ulcère. Cette affection s'annonce par la chaleur, la douleur locales; au bout de quelques jours la tuméfaction paraît et augmente, s'étend à la couronne, au paturon, au boulet, et même à tout le canon ; la *boiterie* est considérable ; l'animal reste couché si le mal existe aux deux membres antérieurs. Le mal peut n'attaquer qu'un pied, et l'animal marche à trois jambes assez facilement, mais si le *fourchet* existe à plusieurs pieds à la fois, on voit survenir la fièvre, le dépérissement ; l'animal ne peut plus suivre le troupeau, il est attaqué aux autres articulations d'ulcères dans lesquels les mouches déposent leurs œufs, ainsi que dans celui du *fourchet ;* le pus pénètre sous l'ongle, le sabot se détache et l'animal succombe.

Le *fourchet* peut être considéré comme une affection essentielle ; d'autres fois elle peut exister d'une manière symptômatique, c'est-à-dire, que son excrétion fournie par le sinus peut être supprimée en même temps que les autres excrétions de la même nature. L'humeur de ces fibres est inodore, et elle se montre sous forme de poussière, faute de sécrétion.

Le *fourchet* attaque surtout les animaux gras et lourds ; il se manifeste principalement dans les grandes chaleurs, après la tonte. Il est fréquent dans les pays méridionaux, et on doit regarder comme cause principale la fatigue des pieds, par une marche sur des terrains secs, durs et brûlants.

L'inflammation, qui caractérise le mal dans son début, exige des scarifications autour de la couronne, des bains de rivière, jusqu'au ventre, pendant une heure, ou des lotions d'eau froide ; et, aussitôt après, des cataplasmes de suie, passée au tamis, et délayée avec du vinaigre. Une plus forte inflammation exigerait en outre une saignée à la jugulaire ; l'eau vinaigrée sera donnée en lavement et dans les breuvages, jusqu'à la guérison, qu'on obtient dès le vingtième ou le trentième jour, quand on attaque le mal dès son invasion. Mais quand l'altération est déclarée, il est nécessaire de faire, par une incision verticale, l'extirpation du sinus et du corps graisseux qui l'enveloppe. On laisse ensuite saigner un peu ; on panse avec des plumasseaux imbibés d'eau-de-vie ; on met sur le reste du membre des compresses d'eau salée, vinaigrée, puis on applique un bandage qu'on fixe par des points de suture, plutôt que par des ligaments qui pourraient causer la gangrène. Enfin, si le sabot se détache, il faut, en outre, extirper la portion qui est désunie, parce qu'elle ne se réunirait jamais, et l'on fait le pansement comme il vient d'être dit.

MALADIE FOLLE. — Cette maladie paraît n'être autre chose qu'une variété de l'épilepsie. Comme dans cette dernière affection, l'animal tombe, s'agite violemment ; puis, l'accès passé, il se relève. Il y a cette seule différence, qu'avant de tomber, il est agité de mouvements convulsifs, et qu'il chancelle quelques instants avant de tomber. — Voir au chapitre VI, ÉPILEPSIE.

MALADIE DE SOLOGNE.—Cette affection qu'on nomme aussi *maladie rouge*, est particulière à l'ancienne province de Sologne. Ses premiers symptômes sont la tristesse, l'abandon général, avec hérissement de la laine; les extrémités sont brûlantes et froides dans des instants; les moutons éprouvent des frissons; ils ont fréquemment soif; ils mangent moins, et leur rumination est retardée.

Lorsque la *maladie* est dév.loppée, la bouche est chaude, brûlante; le corps l'est aussi, surtout vers le cartilage xiphoïde; alors presque tous les moutons jettent par les naseaux une humeur glaireuse. Quand elle est abondante, la *maladie* est moins violente et les animaux réchappent naturellement; au contraire, quand elle est épaisse, rare, il est ordinaire que les moutons périssent. Il paraît du sang à l'orifice des naseaux, mais il est en grumeaux forts petits; on y voit en même temps une liqueur rouge assez abondante, qui est un sang dissous; quelquefois il sort une liqueur rouge par les yeux; le sang sort aussi par l'anus en petits grumeaux attachés aux crottins; les urines ont une couleur rouge trouble, roussâtre, sanguine.

Dans les lieux où les moutons sont habituellement maigres, dans ceux qui sont humides, cette *maladie* semble la pourriture compliquée d'un état aigu. Lorsque les moutons ont beaucoup de vivacité, ils périssent subitement avec des spasmes, des convulsions, et s'ils sont gras, les symptômes de l'inflammation suivent régulièrement leur marche. Il y a encore d'autres différences: dans quelques moutons, la *maladie* ne dure que deux ou trois jours; d'autres vont jusqu'au quinzième; il en est qui meurent dans une sorte de stupeur cataleptique.

Cette maladie a pour cause des vapeurs qui s'élèvent des étangs de la Sologne; l'irrégularité de la nourriture, abondante l'été, l'automne, et très-insuffisante le reste de l'année; la chaleur, qui raréfie les humeurs et occasionne une pléthore plus ou moins funeste, selon la vigueur, l'âge des animaux, et suivant leurs dispositions à la pourriture, à la gangrène; l'air insalubre de quelques bergeries, dans lesquelles les moutons sont clos complétement; la débilité des brebis nourrices qui, pendant la plénitude n'ayant que de mauvais aliments, sont souffrantes et ne donnent que peu de lait; l'usage de traire les brebis; ce qui ne laisse qu'une nourriture insuffisante à leurs petits et altère la constitution des uns et des autres.

Les bêtes atteintes de cette maladie laissent peu d'espoir de guérison. Cependant on fera prendre l'infusion de quinquina à la dose de 38 décigr. dans laquelle on ajoute 16 centigr. de vinaigre, quatre cuillerées par bête, et qu'on donne en deux doses, une le matin, l'autre le soir, pendant cinq ou six jours. On ne prescrit pas la saignée, parce qu'elle augmenterait l'affaiblissement déjà très-marqué ; d'ailleurs il est difficile de choisir les animaux à qui elle convient ; ils se défendent toujours tandis qu'on les examine : il vaut mieux courir les risques des inconvénients qui ne peuvent tomber que sur un petit nombre.

Les bons effets du traitement paraissent par la diminution des symptômes ; on remarque dans les malades plus de vivacité, plus de gaîté ; l'écoulement des naseaux est plus abondant, l'ébrouement et la toux sont plus fréquents ; les urines coulent facilement ; quelques-uns ont des diarrhées, se couchent le plus souvent ; leur laine devient plus grasse, etc.

Muguet des agneaux.—On a donné ce nom à une espèce d'aphthes qui se produisent dans la bouche des agneaux ; l'intensité du mal est souvent telle que ces animaux ne peuvent téter, et meurent d'inanition. Le seul remède connu est la cautérisation de ces petits ulcères à l'aide d'un mélange de poivre, de sel et de vinaigre : on trempe un pinceau dans cette composition, et l'on promène à plusieurs reprises ce pinceau sur toutes les parties de la bouche ; mais en même temps il faut faire avaler du lait à ces animaux jusqu'à ce que la guérison soit assez avancée pour qu'ils puissent téter.

Œstres du nez.—L'œstre est une espèce de mouche dont le corcelet et le ventre sont jaunes avec une bande noire au milieu du dos ; sur les côtés et à l'extrémité les ailes sont blanches, avec une raie noire au milieu et des points noirs à l'extrémité.

La première espèce de ces mouches dépose ses œufs sur la peau des bœufs et des vaches.

La deuxième les place près l'anus des chevaux ; les larves écloses pénètrent dans les intestins et causent à ces animaux des démangeaisons insupportables.

Une troisième espèce dépose ses œufs dans les sinus frontaux des moutons, et les larves en se développant les rendent furieux et les font périr. Il suffit quelquefois de faire aspirer aux moutons une poudre sternutatoire pour que, en éternuant, ils expulsent les œstres. Si ce moyen ne réussit pas, on peut essayer des injections poussées par le nez au moyen d'une petite seringue, et composées d'un mélange de 60 grammes d'huile d'olives et de 24 grains de calomélas qu'il faut avoir soin de bien agiter immédiatement avant de l'employer. Lorsque les larves de cette mouche meurent dans les cornets, il faut recourir au trépan pour les extraire.

Piétin.—On nomme ainsi une maladie contagieuse qui débute par une inflammation du tissu cellulaire de la partie supérieure et interne de l'onglon, avec décollement de la corne, désunion de la paroi et des parties qu'elle recouvre, et suintement léger d'une humeur d'apparence oléagineuse. Lorsque cette maladie est négligée, l'onglon tombe, la carie se manifeste et la mort peut s'ensuivre.

Les causes de cette maladie sont la malpropreté, le défaut de litière, de longues marches dans la boue. — Certains médicaments ont été quelquefois employés avec succès contre le piétin ; mais comme il est important, lorsque cette maladie se manifeste dans un troupeau , de l'arrêter promptement pour éviter la contagion, le plus sûr est, après avoir enlevé la portion' de corne détachée, et les chairs filandreuses, de cautériser l'ulcère au moyen de l'acide nitrique, après avoir préalablment mouillé avec de l'eau la partie à cautériser.

Pourriture. — La pourriture, maladie si fréquente dans les bêtes à laine, est une véritable cachexie aqueuse. Le sang est décoloré, le corps pâle, livide, bouffi, la circulation lente, la chaleur éteinte; la lymphe se répand dans les tissus ; les liqueurs ne sont plus élaborées, les forces s'épuisent, et l'animal meurt.

Une suite de symptômes la font reconnaître; la conjonctive est blafarde; l'œil est gras, suivant le langage des bergers, c'est-à-dire qu'on observe le boursoufflement, l'infiltration du corps graisseux qui sert de base à la membrane clignotante; les lèvres sont pâles ainsi que le palais; le frein de la langue est engorgé ; la bête est triste, nonchalante, abattue; les ars sont desséchés ainsi que le plat des cuisses et l'enfoncement qui existe sous l'œil; toute la peau est pâle et molle; la laine est sèche et cède au moindre tiraillement ; la rumination est lente quoique l'appétit se soutienne; l'animal est constipé et souvent atteint de la diarrhée ; le pouls est petit, lent, faible ; les urines sont rares, claires, limpides, puis il se forme sous la ganache une tuméfaction que les bergers nomment la bouteille, et qui est molle, froide, indolente. Elle se montre peu à peu et à mesure que l'animal s'exerce, se fatigue, en sorte qu'elle est très-grosse le soir et qu'elle disparaît pendant la nuit; elle revient ensuite dans le jour pour disparaître de nouveau pendant le repos, et ainsi successivement jusqu'à ce qu'elle s'étende aux joues, aux oreilles et aux paupières : alors elle diminue seulement pendant la nuit sans qu'elle disparaisse entièrement.

A cette période tous les symptômes augmentent; on observe l'infiltration au frein de la langue, aux muscles molaires et aux gencives; l'amaigrissement est sensible, la soif quelquefois inextinguible, et l'animal se dégoûte des aliments solides. Cependant les urines restent claires et rares; il se fait par les naseaux un écoulement d'humeur visqueuse diversement colorée; le larmoiement survient, la diarrhée se déclare; l'animal, faible au dernier degré, reste couché, mange encore, mais ne rumine plus; enfin, la bouteille se dissipe et la mort arrive trois ou quatre jours après.

La *pourriture* est occasionnée par les pâturages humides et marécageux; couverts de rosée, où il règne des vapeurs qui ne s'élèvent quelquefois qu'à la hauteur des moutons, par des plantes aquatiques, renoncules, douves, lèches, etc. par les inondations, les foins et les pailles rouillés, les eaux stagnantes, les pluies continuelles, les alternatives de chaud, de froid et d'humidité; le défaut et l'excès de nourriture, qui produisent alternativement le dépérissement et la graisse; par l'excessive chaleur des bergeries, et le froid qui saisit les bêtes à laine quand elles en sortent.

Les moyens de combattre la *pourriture* sont les acides, les astringents, soit du règne végétal, soit du règne minéral, pour fortifier les vaisseaux, sans exciter des évacuations qui seraient redoutables par le surcroît d'affaiblissement qui en résulterait.

Il est nécessaire en outre que l'eau dont on abreuve les animaux soit salée, vinaigrée; et l'usage de ce régime suffit ordinairement pour faire dissiper les premiers symptômes. Lorsque la maladie est plus avancée, il faut faire prendre à chaque animal, le matin à jeun, un verre du breuvage suivant : baies de genièvre, feuilles d'absinthe, de sauge, et de lavande, de chaque une poignée, alun de roche en poudre 76 décigrammes, cendres de bois neuf, de sarment ou de marc de raisin 25 décagrammes; versez sur ces substances 3 litres d'eau bouillante; ajoutez 12 décagrammes de sel commun; laissez infuser jusqu'au lendemain matin, le vase étant bien couvert; coulez à travers un linge avec expression et administrez. Il suffit ordinairement de donner ce breuvage pendant trois ou quatre jours pour que l'intérieur de la bouche se détuméfie et que la couleur de la conjonctive se rétablisse.

Si la bouteille se forme, il faut avoir recours aux antiputrides. Petite centaurée 10 décagrammes, racine de gentiane coupée par tranches 7 décagrammes, quinquina concassé 5 décagrammes, vitriol de mars 4 décagrammes; versez sur ces substances eau bouillante 1 litre et demi; couvrez le vase; laissez infuser pendant la nuit; coulez à travers un linge avec expression; ajoutez à la colature sel ammoniaque 4 décagrammes, camphre 15 grammes dissous dans 8 ou 10 décagrammes d'eau-de-vie; mêlez, agitez cette liqueur et administrez à la dose d'un plein verre. On réitère ce breuvage le lendemain et le surlendemain; mais si l'on s'aperçoit que l'animal recouvre difficilement ses forces, que la conjonctive reste pâle, et que la bouche reste bouffie, il faut donner de plus, le soir, un demi-verre de vin blanc dans lequel on aura fait dissoudre 120 grammes de savon ordinaire. On diminuera la dose, à mesure qu'on s'apercevra des bons effets du remède.

SANG DE RATE. — Sur les côtes et dans plaines sèches, les bêtes à laines ont une maladie à laquelle on a donné le nom de *sang de rate*, et qui est une sorte d'apoplexie; elle commence ordinairement au mois de juin , et elle est dans toute sa force pendant les mois de juillet et août ; elle décline en septembre : dans les années de sécheresse et de pluie elle est meurtrière ; les jours d'orage sont surtout funestes, et la maladie se ralentit par un temps frais. Plus un animal est en embonpoint, moins il en est à l'abri. Il n'est point de signe qui annonce qu'un animal doive en être frappé : il s'arrête subitement, comme étourdi, chancelant ; il rend du sang par l'anus et par le canal de l'urètre; bientôt il tombe à la renverse et meurt en un quart-d'heure ou une demi-heure ; alors il lui sort de la bouche et des narines un sang noir et épais ; le corps se gonfle et se putréfie promptement. A l'ouverture des animaux victimes de cette maladie, on trouve les vaisseaux sous-cutanés pleins de sang, et les chairs violettes ; la caillette et les intestins sont vides; les trois autres estomacs sont toujours pleins ; les matières contenues dans le feuillet sont desséchées ; la rate, très-volumineuse, est, ainsi que le cerveau, gorgée de *sang*.

Une nourriture trop abondante, l'exposition trop prolongée de ces animaux aux ardeurs du soleil, et l'atmosphère trop élevée et malsaine des bergeries, paraissent être les principales causes de cette maladie qui est toujours mortelle. Mais s'il est impossible de la combattre avec succès lorsqu'elle est déclarée, on peut user de préservatifs. Ainsi dès qu'un animal est tombé victime de ce mal, il faut, sans délai, saigner les bêtes les plus vigoureuses du troupeau ; faire parquer ce troupeau, et entretenir dans le parc des baquets pleins d'eau salée ou nitrée. Pendant le jours, les bêtes devront être tenues à l'abri du soleil, et il faudra leur faire prendre des bains de rivière le plus souvent possible.

TOURNIS. — Cette maladie est commune aux bêtes à cornes et aux bêtes à laine; mais elle est plus fréquente chez ces dernières. Les symptômes qui la font reconnaître s'annoncent par une raideur dans toute la colonne vertébrale, par une espèce de stupeur dont l'animal est affecté, et enfin par un *tournoiement* à droite ou à gauche, selon le côté où la tête se trouve inclinée; quelquefois l'animal *tourne* des deux côtés. Il ne faut pas confondre cette maladie avec une espèce de vertige occasionné par des œufs de la mouche *œstre* déposés dans les naseaux, et qui, devenus larves, s'insinuent dans les sinus frontaux et ethmoïdaux, causent des douleurs cruelles à l'animal, et qui, en s'y développant et s'y nourrissant, occasionnent des ravages qui le font souvent succomber. Les moutons attaqués de ce vertige tournent rarement; ils ont le nez à terre, donnent de la tête contre les râteliers et mangeoires des bergeries, se battent avec fureur contre leurs semblables; la crise passée, ils s'ébrouent, éternuent avec force, et l'accès finit par l'affaissement.

La cause prochaine du *tournis* est la présence et le développement d'une hydatide que des auteurs ont nommée *tænia globuleux*. Cette hydatide est formée d'une membrane blanche, diaphane, parsemée de petits grains de forme ovoïde par grappes qui y sont adhérents; elle est placée sous les méninges et dans la masse cérébrale, supérieurement et antérieurement dans l'un et l'autre lobe. Son développement et son expansion qui va jusqu'à la grosseur d'un œuf, plus ou moins, faisant une pression sur le cerveau, occasionne l'espèce de folie qui se manifeste par le tournoiement, lequel finit par faire tomber l'animal sur le côté. La pression de la même hydatide contre le pariétal occasionne avec le temps l'amincissement de l'os, au point qu'il devient flexible sous le pouce qui le presse, et fait apercevoir par ce moyen le lieu du séjour du corps globuleux.

Cette maladie ne peut être guérie qu'au moyen d'une opération qui consiste à faire une ponction avec un trois-quarts à canule sur le pariétal répondant à l'hydatide, ménagée de manière qu'elle perce l'hydatide sans blesser le cerveau, et à y laisser la canule pour l'écoulement de l'eau après avoir retiré le trois-quarts.

On peut aussi faire cette opération avec un simple trois-quarts sans canule, du diamètre de 4 mil. On recherche, sur le pariétal, le point qui fléchit sous le pouce et qui répond à l'hydatide; on y fait la ponction en enfonçant le trois-quarts de 3 cent. environ et pas plus, de peur de blesser le cerveau; on introduit dans l'ouverture une petite seringue vide dont la canule est du même diamètre que le trois-quarts; on aspire pour pomper l'eau et retirer en même temps, s'il est possible, la vessicule. Si elle ne se présente pas d'abord à l'ouverture, on va la chercher dans l'intérieur avec une petite pince à bec; puis, avec une autre pince plus large et moins déchirante, on l'enlève par degrés jusqu'à sa fin; ensuite on applique sur le trou une compresse imbibée d'eau-de-vie, qu'on fixe par quelques points de suture pris dans la laine qui l'entoure, ou en prenant cette même laine que l'on lie en houppe par-dessus. Lorsque la laine est courte, on fixe la compresse avec de la poix de Bourgogne ou autre drogue agglutinative. Le régime à faire suivre aux animaux opérés est de les tenir à l'infirmerie, de leur donner du regain de luzerne,

du trèfle ou du sainfoin alterné avec du son de froment mélangé
d'avoine, une petite jointée par chaque bête, et dans lequel mélange on mettra une poignée de sel marin par dix bêtes ; après
quoi on les remettra dans le troupeau au bout de douze à quinze
jours, s'ils ne tournent plus. Il arrive quelquefois qu'on est obligé
de réopérer les mêmes bêtes, soit du même côté, soit de l'autre,
parce qu'elles tournent de nouveau. On emploie les mêmes
moyens et on suit le même régime.

VIVROGNE. — On nomme ainsi une affection dartreuse qui se
manifeste sur le museau des bêtes à laine. Les causes de cette
maladie sont les mêmes que celles de la gale, et elle se traite de
la même manière que cette dernière (Voir au chapitre VI).

CHAPITRE X.

MALADIES PARTICULIÈRES AUX COCHONS, AUX CHIENS, ET AUX ANIMAUX DE BASSE-COUR.

§ Ier.

Maladies particulières aux cochons.

BOSSE. — Cette maladie, qu'on nomme aussi *soie*, paraît être
une variété de charbon particulière au cochon. Elle a son siége
à l'un des côtés du cou, quelquefois aux deux, entre la jugulaire
et la trachée-artère, à quelque distance des parotides, et directement sur les amygdales.

On voit en cet endroit douze à quinze *soies* hérissées, droites,
raides, dures, ternes, formant une espèce de huppe épanouie
dont le tiraillement est douloureux, et dans l'implantation desquelles il existe un enfoncement avec lividité ou décoloration de
la peau ; les bulbes de ces poils sont confondues en une masse du
volume d'une fève, et les parties molles resserrées, desséchées,
mortifiées dans cet endroit. Ce genre d'éruption a été précédé
d'une soif ardente, du dégoût, de la tristesse et du grincement
des dents.

Le mal ayant fait plus de progrès, l'animal est paresseux, sourd
à la voix, insensible aux coups, toujours couché ; sa soif est
éteinte, il chancelle si on le force à se lever ; la fièvre est très-
considérable, les flancs sont agités, la bouche est brûlante et
pleine de bave, l'air expiré est chaud et infect, la mâchoire infé-

rieure s'agite d'un côté à l'autre, la conjonctive est enflammée, il y a diarrhée infecte, l'animal tombe dans le marasme, et des convulsions horribles terminent sa vie du septième au neuvième jour. Quelquefois, au contraire, le ventre reste resserré, et l'animal meurt suffoqué au bout de vingt-quatre à quarante-huit heures.

Dans les cochons qui périssent en vingt-quatre heures, on reconnaît la gangrène aux muscles et aux glandes du cou, ainsi qu'à la trachée-artère, au larynx, à l'œsophage et au pharynx; le cerveau et ses enveloppes sont infiltrés d'un sang épais et noir; tandis que si le cochon a péri à la suite de la diarrhée, ces parties sont moins affectées, mais les viscères de la poitrine sont enflammés, ceux du bas-ventre et particulièrement les intestins sont gangrenés et ulcérés.

Cette maladie a pour causes les plus ordinaires la malpropreté des toits, l'air infect que les animaux y respirent, le défaut ou l'excès d'exercice, les aliments âcres et corrompus, fermentés, putrides, les grandes chaleurs, la sécheresse et le défaut de boisson salubre.

Le traitement préservatif consiste à appliquer un bouton de feu de chaque côté du cou sur le lieu où la *soie* se montre ordinairement; à oindre les parties brûlées avec du beurre, à placer les animaux dans un toit propre, à les nourrir d'aliments sains dans lesquels on ajoutera 15 grammes d'antimoine cru et autant de sel de cuisine; la boisson sera l'eau la plus pure; on la renouvellera souvent, et on y ajoutera un plein verre de vinaigre par seau; on pourra la rendre plus agréable en la blanchissant avec du son ou de la farine de froment, de seigle, ou d'orge.

La *soie* étant bien formée, on ne saurait trop se hâter de l'extirper. On assujettit l'animal; on s'arme d'une érigne qu'on implante dans l'épaisseur de la peau à l'endroit de la *soie*, on tient cet instrument de la main gauche; avec la main droite armée d'un bistouri on incise en cernant et en enlevant toute la partie malade jusque dans son fond. A défaut d'érigne on peut se servir d'une aiguille pour traverser d'un fil le mileu de la *soie*, et former une anse au moyen de laquelle on attire la partie.

Si le fond de la plaie est noir, on y applique un bouton de feu, on y met un peu de soufre, et on y applique le feu de nouveau. Le soufre étant brûlé, on panse avec un peu de beurre ou de saindoux.

On donne pour breuvage deux ou trois pleins verres d'infusion de sauge, serpolet ou autres plantes aromatiques, dans chacun desquels on aura ajouté un peu de vinaigre ou quelques gouttes de vitriol. On ne permettra la nourriture que le deuxième ou troisième jour.

BREBIS.

Cochon Anglais

La plaie étant sur le point de se cicatriser, on donnera le matin à jeun 7 grammes d'aloès en poudre délayés dans un verre d'eau tiède.

Les cochons qui meurent de cette maladie doivent être enterrés corps et poils, attendu que l'attouchement immédiat de leur chair peut communiquer la contagion à d'autres, et même aux hommes.

Boucle. — Cette maladie n'est autre chose que le charbon à la langue. — (Voir au chapitre VI de ce volume, **Charbon**).

Démangeaison aux oreilles. — Les porcs expriment qu'ils éprouvent une démangeaison aux oreilles quand ils grattent l'intérieur et l'extérieur de cette partie, au moyen des pieds postérieurs, et quand ils portent la hure obliquement, tantôt d'un côté, tantôt de l'autre. En examinant les oreilles de ces porcs, on trouve qu'elles sont rouges, tant en dehors qu'au dedans ; parfois aussi elles rendent une humeur infecte. Si l'on ne remédie pas à temps à cette affection, la surface intérieure de l'oreille vient à suppurer, et le pus pénètre jusqu'aux organes auriculaires.

On peut guérir cet accident en bassinant la partie malade avec de l'eau de Saturne (extrait de Saturne affaibli au moyen de l'eau), et en poussant au fond de l'oreille une éponge trempée de cette liqueur. On continuera chaque jour de cette manière jusqu'à la guérison.

Encéphalite. — C'est une inflammation du cerveau qui se décèle chez les porcs par une espèce de délire. Les yeux sont étincelants, hagards, et saillent en avant ; la bouche écume ; le malade gratte de ses pieds antérieurs, fouge un moment avec violence, court, et tombe parfois sur la tête. Les porcs pléthoriques sont plus particulièrement sujets à cette maladie, lorsqu'on les expose à l'ardeur du soleil ; elle a pour cause immédiate une trop grande affluence de sang vers le cerveau.

Il faut faire de fortes saignées au porc atteint de cette maladie, et, à cet effet, on coupe de grosses loques des oreilles et de la queue. On lui verse fréquemment de l'eau froide sur la tête, ou bien l'on y met une pièce mouillée qu'on tient continuellement humectée.

Si le malade a soif, on lui donne de l'eau bouillie avec du levain ; et si, par ce moyen, les accidents diminuent au point qu'on puisse lui administrer quelques médicaments, il faut lui donner un électuaire, composé de portions égales de tartre et de salpêtre avec de la farine et du vinaigre. On en donne au malade, chaque six heures, 32 grammes. Il convient aussi de lui administrer des lavements stimulants, composés de sel et d'eau.

Enfin, il est essentiel de lui donner promptement une habitation fraîche.

ENGOURDISSEMENT OU LÉTHARGIE. — Les porcs mal soignés, et dont, à cause de cela, les digestions se font mal, sont efflanqués, traînent les hanches et ont de temps à autre des accès semblables aux écarts des chevaux fougueux. Ils sont dans une sorte d'état d'hallucination, abordent les objets en courant, ou en rôdant à l'entour, tombent lorsqu'ils rencontrent de petites élévations, ou demeurent comme stupéfaits et immobiles; ils ont la langue glaireuse et flasque. Cette maladie provient d'une débilité totale, surtout dans les organes digestifs. La propreté et un air pur et frais ne sont pas moins nécessaires pour la guérir, que des remèdes.

Il faut faire prendre de quatre en quatre heures à l'animal malade, une cuillerée d'électuaire ainsi composé : 16 grammes d'aloès, 64 grammes de sel marin, et autant de poudre de gentiane, et une quantité de farine et d'eau pour donner à l'électuaire la consistance suffisante.

Ce remède doit se continuer pendant quelques jours consécutifs ; mais il faut le cesser si le malade vient à être purgé, et lui donner à la place, deux fois par jour, un autre électuaire, composé de 16 grammes de farine de rue pulvérisée, et d'une égale quantité de moutarde pilée, conjointement avec la farine et l'eau nécessaires. Ce remède rendra bientôt l'appétit au porc, auquel il sera essentiel de donner alors une nourriture saine et succulente. Si cette maladie survient dans la belle saison, on laissera le malade aller aux champs, en ayant soin de le tenir à l'ombre durant les plus fortes chaleurs du jour, et de lui ménager les moyens de se baigner.

Il arrive aussi que le porc gagne l'engourdissement ou la léthargie, quand, au printemps, la faim le porte à manger la racine de la jusquiame noire (*hysosciamus niger*), ou celle de la cynoglosse officinale (*cynoglossum officinale*). Aussitôt qu'on s'en aperçoit, il faut lui donner de 7 à 8 centigrammes d'ellébore pour le faire vomir, ou 1/8 de vinaigre, étendu dans 1/2 kilogramme d'eau.

ENGRAVÉE. — Lorsque les porcs sont menés à fortes journées par des chemins durs et raboteux, dans de grandes chaleurs, il leur vient alors des inflammations à la couronne, autour des ongles, et à la sole charnue sous le pied, ce qui leur cause des douleurs et fait qu'ils marchent péniblement. Cette difficulté de marcher, et une augmentation sensible dans la chaleur des pieds, sont les symptômes qui caractérisent l'engravé.

Si l'on n'arrête pas cette inflammation des pieds par des remèdes convenables, ils finissent par suppurer, et les ongles tomᵬent. Lorsque cette maladie survient à plusieurs porcs à la fois, il deviendrait trop pénible de les traiter séparément ; aussi, peut-on s'éviter cette peine en les menant à l'eau toutes les deux heures, et les y laissant debout une demi-heure ; on continuera ainsi jusqu'à ce qu'ils ne ressentent plus de douleurs aux pieds. Lorsqu'on n'a qu'un seul animal à traiter, ou qu'on veut prendre la peine d'en soigner un plus grand nombre, alors on fait des enveloppes d'argile et d'eau de Saturne, qu'on applique à chaque pied, et qu'on a soin de renouveler aussitôt qu'elles sont devenues sèches ; et l'on continue jusqu'à ce que la chaleur soit passée.

FIÈVRE D'ACCOUCHEMENT. — Les truies, après avoir mis bas, se trouvent quelquefois débiles et dénuées de forces, au point de ne pouvoir se relever et de ne pas se soucier de leurs petits. Leur physionomie est abattue, leur respiration est accélérée, ainsi que le pouls, qui est en même temps faible. Elles peuvent mourir par suite de cet état, et, à l'ouverture de leur corps, on ne trouve le plus souvent aucune trace de maladie ; rarement les intestins et la matrice enflammée présentent seulement quelques taches jaunes.

Les remèdes les plus stimulants font ici un grand effet. Il faut prendre 12 grammes d'eau-de-vie, autant de bière forte, 25 grammes d'une forte décoction de lavande, ou d'une autre plante aromatique, et donner le tout à la fois. Dans les pays de vignobles, l'on substitue 1/2 litre de vin à l'eau-de-vie et à la bière, en y associant la décoction aromatique. Si la première dose demeure sans effet, il faut revenir à la charge six heures après, et ainsi de six en six heures ; mais ce à quoi il faut bien prendre garde, c'est de confondre l'abattement momentané, à la suite du part, avec une débilité réelle. L'abattement se passe avec du repos et avec la diète momentanée, et c'est le cas le plus ordinaire. Loin d'exiger les stimulants, il les repousse ; ceux-ci seraient une cause de maladie.

GOURME DES PORCS. — On comprend sous ce nom différentes tumeurs qui se montrent à la surface du corps, surtout aux cuisses et aux fesses, et qui se terminent le plus ordinairement par la suppuration (abcès). Ces tumeurs ont bien quelque ressemblance avec le claveau, mais elles en diffèrent par des caractères essentiels.

Tous les signes du phlegmon s'observent dans cette maladie ; elle se manifeste par une tumeur non circonscrite, rouge, très-chaude, avec engorgement et gonflement de la partie. Cet état dérange rarement les autres fonctions vitales ; le porc conserve sa santé comme à l'ordinaire ; la tumeur parvient à la suppuration et forme l'abcès, qui s'ouvre et se guérit très-facilement.

Ces tumeurs sont le plus souvent critiques ; elles servent aussi à la dépuration des humeurs étrangères qui circulent dans la masse du sang, et dont le siége se fixe de préférence sur la partie où une cause irritante appelle les humeurs.

La plupart des habitants des campagnes attachent peu d'importance aux moyens à employer pour guérir cette maladie, et souvent ils l'abandonnent à la nature. Ces tumeurs passent à l'état de suppuration, se percent d'elles-mêmes, ou bien on les ouvre avec un instrument aigu ; la plaie se déterge, la cicatrice se fait d'elle-même au bout d'un certain temps, sans qu'il en résulte le moindre accident. Cependant, comme ces tumeurs sont critiques et d'une nature inflammatoire, il est nécessaire d'ouvrir l'abcès, lorsqu'il est parfaitement formé ; on panse la plaie comme on le fait pour une plaie simple, et on doit empêcher, pendant l'été, que les insectes ne s'y attachent.

On traite intérieurement les porcs qui sont atteints de cette maladie avec des boissons acidulées, nitrées et soufrées ; la dose de nitre et de soufre est de 4 gr., qu'on leur donne dans du petit-lait ou dans de l'eau de son, rendue acide en y ajoutant de la levûre de pain.

HERNIE INGUINALE. —Les gorets mâles sont très-sujets à la hernie inguinale : on les appelle alors des *gorets à bourses*. On reconnaît cet accident en ce que le scrotum se trouve plus boursoufflé ou tendu qu'il ne pourrait l'être par le fait des testicules, et qu'en le palpant il est élastique sous la main comme s'il était rempli d'air.

C'est la descente des boyaux dans les bourses, à travers l'anneau du ventre, qui constitue la hernie inguinale. Cependant un trou à côté de l'anneau pourrait aussi leur frayer le passage ; mais les boyaux se trouveraient alors en dehors de la membrane qui tapisse intérieurement les bourses.

La hernie inguinale peut se guérir par la castration. A cet effet, on suspend le cochon par les jambes postérieures, après lui avoir, au préalable, serré le groin. On ouvre le scrotum et on rétablit les intestins dans le ventre ; puis on applique les tasseaux au cordon spermatique, et trois jours après l'opération on enlève celui-ci ; ou bien, si l'on n'emploie pas les tasseaux, on en fait la ligature, en ayant soin d'y comprendre la gaîne ou membrane enveloppante.

Si, après avoir ainsi opéré, les boyaux reparaissent encore en dehors, il faut, dans ce cas, qu'il y ait un autre trou indépendamment de l'anneau ; il faut le mettre à découvert en ouvrant la peau, et se garder d'offenser les intestins avec la lancette ; on les réintègre dans le ventre et l'on coud l'ouverture par laquelle ils sont sortis; il faut aussi arrêter la peau coupée par quelques points.

Du reste, l'opéré doit être traité de la manière indiquée à l'article de la castration. (Voir chapitre IV, OPÉRATIONS DIVERSES.)

JAUNISSE. — Le porc atteint de jaunisse digère mal, et n'a point d'appétit; il rend un excrément pâle et glutineux et une urine rougeâtre; il a le blanc des yeux et le palais jaunes. Cette maladie a pour cause immédiate l'inflammation aiguë ou chronique du foie.

Les porcs qui ont souffert la faim, ceux qui reçoivent de mauvais aliments ou qui digèrent mal, sont exposés à la jaunisse. Quelquefois elle est occasionnée par des vers, des pierres, des obstructions; dans ces derniers cas, elle est souvent mortelle et incurable.

Les causes de la jaunisse se trouvant dans le mauvais régime, indiquent suffisamment les moyens de la prévenir et aussi ceux à employer pour la faire cesser. Un bon toit à porcs et ensuite des aliments cuits et de facile digestion sont à mettre en usage. Un séton est encore une opération chirurgicale qui peut être employée avec succès, lorsque la jaunisse a déjà duré quelques jours : c'est un moyen de la faire terminer plus vite.

LADRERIE. — Cette maladie consiste principalement dans le développement d'une multitude de grains blancs dans le tissu cellulaire. Ces grains ne sont autre chose qu'une espèce particulière de vers nommés *hydatides*, qui affaiblissent tellement le porc, qu'il ne peut pas prendre de graisse ; et si elles s'établissent dans le gosier ou dans la bouche, elles lui donnent nne voix rauque : elles se manifestent quelquefois en si grande quantité autour des mâchoires, du cou et du ventre, qu'elles donnent un aspect gras à ces parties. On a aussi remarqué que les porcs ladres frottent souvent leurs dents. Les sangliers sont sujets à cette maladie, aussi bien que les porcs domestiques.

Tout ce qui affaiblit le porc peut donner lieu à la ladrerie, comme à toute autre maladie vermineuse. Par contre, la bonne nourriture et des soins sont propres à la prévenir, et peuvent contribuer à la faire cesser. Elle n'attaque en général ni les porcs bien jeunes ni les bien vieux; les gorets, issus de père et mère affectés de cette maladie, y sont plus exposés que ceux provenant de père et mère sains. Tout remède excitant et fortifiant peut contribuer à guérir la ladrerie; mais l'antimoine du commerce ou sulfate d'antimoine, l'extrait de saturne ou acétate de plomb, et le verdet ou acétate de cuivre, sont généralement réputés remèdes radicaux contre cette maladie. On réduit l'antimoine en poudre, et on le mêle à la nourriture journalière, à la dose de 8 grammes pour chaque porc âgé d'un an. Ce remède doit être continué plusieurs jours, même plusieurs semaines; il est cependant bon de l'alterner, en le remplaçant de deux jours l'un par 1 décagramme 6 grammes de sel marin et autant de moutarde mêlés ensemble, qu'on répand également sur la nourriture journalière. Le verdet étant une drogue très-astringente, il convient de l'employer avec beaucoup de circonspection; il faut en donner 4 grammes tous les trois jours à un porc âgé d'un an, et continuer ce remède alternativement avec le sel marin et la moutarde, de la manière ci-dessus prescrite, pendant quinze jours ou trois semaines. L'extrait de saturne est encore plus dangereux que le verdet; aussi n'en emploie-t-on à la fois que deux grammes qu'on administre de la même manière que le verdet.

Aussitôt que le porc commence à profiter de sa nourriture et qu'il cesse d'avoir la voix rauque, il y a espoir que la maladie est en voie de guérison. Au reste, quand même on tuerait un porc atteint de la ladrerie, son lard n'est point nuisible à la santé de l'homme, et il peut être mangé sans le moindre danger. Il est certain toutefois que si les hydatides se trouvent en grande quantité dans le lard, il sera naturellement moins ferme, et conséquemment moins savoureux.

MALADIE PÉDICULAIRE. — Le porc peut devenir pouilleux, par suite de malpropreté et de mauvaise nourriture; les porcs bien nourris et bien traités prennent également cette vermine, en vivant, habitant ou se vautrant avec ceux qui en sont infectés. Les porcs pouilleux se frottent, sont maigres et hâves, et ne profitent point de la nourriture qu'ils prennent. Dans ce cas, le remède est tout simple : un meilleur régime et la propreté ont bientôt fait disparaître la maladie. Mais si la maladie pédiculaire est proprement la suite d'une très-grande débilité du porc, la vermine fourmille alors dans toutes les parties du corps, se fraie, en rongeant, un passage sous la peau, sort par le nez, la bouche et les yeux, et même peut être évacuée avec les urines et les excréments.

Il y a bien peu d'espoir de sauver un animal atteint de la vraie maladie pédiculaire; car, quand même on détruirait cette vermine au moyen de spécifiques convenables, l'animal est affaibli à un tel degré, que la maladie revient bientôt à la charge. On peut cependant employer le remède suivant :

Faire avaler au porc 8 grammes d'éthiops minéral (*sulfure de mercure*) mêlé de 3 décagrammes 6 grammes de sel marin, et bassiner les endroits vermineux avec le vinaigre arsénical, indiqué dans le paragraphe précédent.

ONGLET DANS LES YEUX. — Les yeux du porc sont si petits qu'il perd quelquefois momentanément la vue par suite d'une inflammation qui fait tuméfier et pousser sur l'œil la membrane clignotante, ou la troisième paupière. Cette inflammation, qui est connue sous le nom d'*onglet*, se distingue par l'avancement considérable de la membrane clignotante sur le coin interne de l'œil, par la rougeur de l'œil même, par la démarche mal assurée du malade, et par son peu d'appétit.

Le changement de local, le placement du porc sous un toit plus sain, et la diminution de la nourriture pendant quelques jours, suffisent toujours pour faire cesser cette inflammation, surtout si l'on ajoute à ces premiers soins celui de bassiner doucement l'œil deux ou trois fois par jour, avec une liqueur composée de 4 grammes de vitriol blanc ou sulfate de zinc, dissous dans un kilogramme d'eau.

PETITE-VÉROLE. — La petite-vérole des porcs est parfaitement identique à celle de l'homme. Le porc atteint de cette maladie se montre d'abord plus paresseux qu'à l'ordinaire; il baisse la hure, porte les oreilles en arrière et ne tourne plus sa queue en vrille; les soies sont hérissées et d'un aspect graisseux; les yeux sont ternes et la respiration est difficile; l'appétit a diminué. Vers le troisième ou quatrième jour, les accès de fièvre redoublent et la respiration est gémissante; on aperçoit de la raideur aux jointures, de la rougeur dans les yeux, de l'enflure à leur circonférence, ainsi qu'à la hure et au cou. Il se manifeste alors ordinairement chez les porcs blancs des taches rouges sur la peau, lesquelles grossissent jusqu'au sixième jour, où elles commencent à pâlir au centre et à suppurer, de sorte qu'au bout du neuvième ou dixième jour, les boutons sont tout blancs et couverts d'une croûte qui commence à tomber au douzième.

Il faut donner aux porcs attaqués de la petite-vérole une loge tempérée et propre, pourvue d'une litière suffisante. Si ce sont de vieux animaux, il faut leur donner du lait acidulé à boire, et à défaut, associer du levain à l'eau. Même boisson se donne aux truies lorsque leurs petits sont atteints de cette maladie. Si l'éruption de la petite-vérole est lente, un émétique composé d'ellébore blanc fera un grand effet; 2 à 3 centigrammes suffisent aux gorets et 6 à 7 aux gros porcs; il faut tâcher d'administrer ce remède dans du lait frais. Un vésicatoire appliqué au côté intérieur de la cuisse ferait aussi un bon effet. Si la petite-vérole est noire et confluente, alors il convient de donner à boire aux animaux malades un apozème amer, composé d'absinthe et de racine d'angélique, auquel on ajoute du vinaigre; on leur en donne aussi en lavement. Quand les yeux du porc se collent, il faut avoir soin de les tenir constamment propres au moyen du lavage avec du lait frais.

Cette maladie exige plus encore des soins convenables que des remèdes. De fortes chaleurs sont aussi pernicieuses aux malades

que de grands froids ; il faut les préserver de ces deux extrêmes.
Un temps et une litière humides rendent la maladie maligne et
dangereuse : aussi convient-il de renouveler souvent la paille. Le
cours de ventre qui se montre vers la fin de la maladie tourne à
l'avantage de l'animal et non à son détriment. Ce n'est que quand
il dure longtemps et que les excréments deviennent fétides qu'il
est dangereux; alors il faut donner aux porcs l'apozème indiqué.
Lorsque les boutons varioliques ne sortent pas ou qu'ils rentrent
subitement, cela annonce que la maladie est mortelle : elle se
termine également par la mort, si à la fin il survient une fièvre
lente.

Dans les endroits où la petite-vérole se montre parmi les
hommes, il faut prendre garde de répandre cette maladie contagieuse parmi les porcs, en leur donnant pour litière la paille
provenant des lits qui auraient servi à des personnes malades de
cette maladie.

PHLEGMASIE AIGUE. —Cette maladie offre, dans son cours, des
symptômes souvent disparates, mais qui se rapprochent toujours
du type inflammatoire, et consiste dans l'inflammation de la
membrane muqueuse du tube digestif, inflammation qui s'étend
le plus ordinairement aux organes environnants; il n'est pas
rare, toutefois, d'observer un état général d'inflammation, qui
se rapproche de la fièvre inflammatoire ; mais il est digne de remarque que l'inflammation commence toujoure par le tube digestif, sans doute en raison de ce que cet organe reçoit, le premier, l'impression des causes morbifiques.

Le cours de cette maladie est tellement rapide, qu'on ne peut
guère en distinguer les périodes, et que l'affection a déjà fait de
grands progrès au moment où l'on s'aperçoit que les animaux
sont malades. Sa durée varie de deux heures, et quelquefois
moins, à trois et même cinq ou six jours. Elle s'annonce d'abord
par la diminution de l'appétit, la tristesse, l'abattement, la toux
plus ou moins forte, sèche et fréquente, les vomissements plus
ou moins répétés, ou les efforts pour vomir, sans que l'animal
puisse y parvenir ; la maladie faisant des progrès, l'appétit devient nul, l'abattement est complet, les animaux chancellent
comme s'ils étaient ivres, ils peuvent à peine se soutenir ; les
oreilles sont alternativement froides et chaudes; les yeux sont
ternes et recouverts en partie par les paupières tuméfiées, quelquefois cependant ils sont plus brillants que dans l'état de santé;
la bouche a une chaleur brûlante ; elle laisse fluer une bave visqueuse, d'autant plus abondante, que la mâchoire inférieure est
attaquée de mouvements convulsifs plus forts: ces convulsions
qui, dans le principe de la maladie, sont à peine remarquables,
se développent avec elle en se manifestant par accès d'autant plus

rapprochés, que la maladie a fait plus de progrès. Ces convulsions paraissent quelquefois continues; elles durent alors jusqu'à la mort, qui ne se fait pas attendre longtemps. La respiration est agitée, difficile; l'air expiré est plus chaud que dans l'état de santé; l'épine dorsale voûtée en haut; le ventre est dur, tendu, excessivement douloureux à la plus légère pression; les flancs sont souvent retroussés; les évacuations stercorales difficiles, souvent même impossibles; il en est de même de l'évacuation des urines; la queue est pendante et droite, au lieu d'être contournée en spirale comme dans l'état de santé; la toux, qui était fréquente, devient rare, moins forte, d'une exécution plus difficile; la voix change d'une manière notable; elle est très-aiguë et peut être comparée à celle des petits porcs qui viennent de naître : ce changement est généralement connu sous le nom de *cri de la mort.*

Ces symptômes s'aggravent bientôt ou sont remplacés par d'autres encore plus alarmants: ainsi l'animal, qui ne peut plus se soutenir, reste plutôt couché sur le ventre que sur le côté; la respiration est tellement gênée que l'on craint la suffocation; à chaque instant, les yeux tournent dans les orbites; l'animal qui, à la plus légère pression du ventre, témoignait une vive douleur, paraît alors insensible, ce qui semblerait annoncer le développement de la gangrène; la peau prend une teinte bleuâtre en différents endroits; mais cet état devient bientôt général; il se manifeste des sueurs partielles, presque toujours froides, aux flancs et aux oreilles. Ces symptômes prennent toujours plus d'intensité; l'agitation, qui est extrême, est quelquefois entrecoupée par des moments d'un calme apparent; le plus souvent, les animaux périssent au milieu des convulsions.

Lorsque la maladie doit avoir une terminaison heureuse, les symptômes graves diminuent graduellement d'intensité; les mouvements convulsifs des mâchoires n'existent pas toujours, et quand ils existent, ils disparaissent insensiblement; la peau ne prend que rarement la teinte bleuâtre; mais quand elle présente ce symptôme, des lambeaux plu sou moins grands sont détachés de cet organe par une suppuration plus ou moins abondante qui se développe dans le corps même de la peau. Dans la plupart des cas où la peau ne prend pas une teinte violacée, il se manifeste à toute la surface du corps une éruption de petites taches dont les plus grandes sont aussi larges qu'une pièce d'un franc; ces taches se convertissent bientôt en pustules, qui suppurent pendant deux ou trois jours et se dessèchent. Quand on voit, au milieu des symptômes alarmants, que cette éruption se déclare, on peut augurer favorablement de la terminaison de la maladie.

Telle est la marche que suit cette redoutable affection, qui est essentiellement caractérisée par l'inappétence, les vomissements ou les efforts pour vomir, le chancellement, la douleur du ventre, la gêne de la respiration, les convulsions des mâchoires, la teinte bleuâtre qui affecte la peau, ou l'éruption d'une grande quantité de pustules, éruption qui ne s'observe pas chez tous les animaux qui guérissent.

Les causes qui paraissent prédisposer les porcs à cette affection sont les suivantes : l'usage des boissons fermentées, ou mieux, altérées par la fermentation, la mauvaise tenue des toits sous lesquels ces animaux sont renfermés, l'excès du repos comme celui d'exercice, et les différentes constitutions atmosphériques qui, dans tous les cas d'épizooties, exercent une influence plus ou moins marquée.

On a généralement l'habitude de préparer pour les porcs une grande quantité de boisson à la fois ; àcet effet, on emplit d'eau des cuviers ou des tonneaux ; on mêle à cette eau une certaine quantité de son et d'orge moulue ; on puise dans ces vases l'eau nécessaire pour chaque repas, et on la remplace par une pareille quantité d'eau ordinaire. Il est facile de s'apercevoir que la fermentation ne tarde pas à se développer, et l'eau acquiert par là des propriétés excitantes et même irritantes ; son action prolongée sur le tube digestif doit donc occasionner l'irritation, et, par suite, l'inflammation de cet appareil d'organes, laquelle inflammation ne se borne pas toujours là, et gagne d'autres organes, et souvent toute l'économie. Le résidu de la distillation des grains employés à la fabrication de l'eau-de-vie, et que, dans plusieurs endroits, on donne au porc à titre d'aliment et de boisson, agit d'une manière encore plus active que l'eau ordinaire.

Les toits sous lesquels les porcs sont logés sont, pour la plupart, mal aérés et situés dans des lieux où l'air ne peut circuler librement. Ainsi, dans beaucoup d'endroits, ces animaux sont logés dans le même local que les chevaux, les vaches, les brebis ; ce que l'on observe principalement dans les campagnes, où les écuries sont remarquables par leur peu d'élévation, et par le défaut d'ouvertures nécessaires au renouvellement de l'air, où les excréments de ces animaux séjournent sous eux, ou s'écoulent lentement dans des fosses creusées en dessous ou à côté de leurs habitations. Les émanations délétères qui s'en dégagent vicient d'autant plus vite l'air, que cet air se renouvelle difficilement ; il acquiert par là des propriétés nuisibles, suffisantes pour faire développer une maladie grave, et si les autres animaux renfermés avec les porcs paraissent être moins souvent affectés qu'eux, c'est sans doute en raison du régime plus convenable et de l'exercice auxquels ils sont soumis : en sortant de leur écurie, ils renouvellent l'air pur qu'ils ont besoin de respirer.

On tient continuellement ces porcs renfermés, ou bien on les fait sortir tous les jours. Dans le premier cas, on sait que le repos prolongé augmente l'embonpoint; en outre, par ce défaut d'exercice, l'animal reste continuellement en contact avec les émanations délétères de ses excréments; dans le cas contraire, on leur fait parcourir les terres en jachère, où ils restent toute la journée. Là, le plus souvent, ils ne trouvent que très-peu de nourriture, et, dans le cours de l'eté, ils sont continuellement exposés à l'ardeur du soleil. On peut difficilement les en garantir, et il semblerait que cet effet de l'insolation ferait développer en eux l'inflammation du cerveau, plutôt que toute autre affection, puisque cette inflammation s'observe plus souvent chez les porcs qui parcourent les champs que chez ceux qu'on tient continuellement renfermés. Ces animaux ne sont pas, toutefois, exposés toujours à la chaleur. Les pluies abondantes, dans les temps d'orage, surprennent les porcs au milieu des champs, les refroidissent subitement, et rarement dans leurs toits on leur donne de la paille pour les sécher; ils se couchent tout mouillés sur des planches souvent fraîches; l'humidité de la surface du corps ne disparaît qu'à la longue; le froid qui, dans ce cas, se développe à la peau, refoule les forces, les concentre à l'intérieur souvent avec excès; de là le développement des inflammations internes, surtout des organes qui sont préalablement dans un état d'irritation.

Telles sont à peu près les causes qui occasionnent une maladie si meurtrière. L'usage des boissons fermentées peut être suffisant pour faire naître l'affection inflammatoire, tandis que les autres causes ne font qu'y disposer les animaux d'une manière d'autant plus marquée qu'elles sont plus prononcées.

On cessera entièrement l'usage des boissons fermentées; on les remplacera par l'eau ordinaire, dans laquelle on ajoutera une certaine quantité de son ou de farine d'orge, pour la rendre nourrissante; mais on préparera ces boissons au fur et à mesure que l'on voudra les donner aux porcs, et il faudra avoir soin de les aciduler avec environ un décilitre de vinaigre par seau d'eau; on tiendra les toits à porcs constamment propres, et on leur donnera le plus d'air possible. On pourra aussi laver les animaux à l'eau froide, seulement en été; mais après ce lavage, on leur donnera suffisamment de paille pour qu'ils puissent se sécher; on les soumettra à un exercile léger, en évitant l'époque de la journée où la chaleur est la plus forte; on pratiquera une légère saignée à ces animaux, soit en leur fendant l'oreille, soit en leur coupant le bout de la queue. En suivant exactement ce traitement préservatif, on peut être assuré de garantir les porcs de l'affection. Le succès a toujours répondu à l'attente.

On divisera en deux classes les animaux malades : dans la première, on rangera ceux chez lesquels la maladie ne fait que commencer ; tandis que, dans la seconde, on comprendra ceux chez lesquels elle a déjà fait des progrès. Les porcs de la première classe seront soumis au traitement suivant : saignées abondantes; on pourra les faire avec avantage aux veines qui rampent à la surface interne de la jambe, à deux doigts au-dessus du jarret, en faisant une compression à environ un pouce et demi au-dessus de l'endroit où l'on veut pratiquer cette opération ; la compression étant ôtée, on laissera les saignées ouvertes, elles finiront par s'arrêter d'elles-mêmes; mais comme ces saignées sont extrêmement difficiles à pratiquer, qu'on les manque souvent, et que ce sont les seules veines sur lesquelles on puisse saigner, quoiqu'on ait prétendu pouvoir le faire aux jugulaires, on en est réduit à fendre les oreilles et à couper le bout de la queue. Pour que ces nouvelles saignées soient un peu abondantes, on fend les oreilles jusqu'à leur base, et on coupe la queue à environ 6 à 15 cent. du corps. Les saignées étant faites, on placera des sétons fortement animés, soit par l'essence de térébenthine ou avec de l'onguent de cantharides. Ces sétons ne peuvent guère être placés qu'aux fesses, parce que, dans ces endroits, la sensibilité du tissu cellulaire paraît être plus grande que dans toute autre partie du corps ; l'irritation qui en résultera sera donc plus vive et produira une dérivation plus prompte. Ces moyens extrêmes devront être secondés par l'administration, à l'intérieur, de boissons mucilagineuses, dans lesquelles on ajoutera trente grammes de nitrate de potasse par litre de décoction, et que l'on fera prendre, à la dose d'un verre, de deux en deux heures. On continuera l'administration de ces breuvages pendant environ vingt-quatre heures; après quoi, on fera prendre aux malades la décoction mucilagineuse sans addition de nitrate de potasse. Au bout de deux jours de ce traitement, quand les sétons ont produit de l'engorgement, on peut considérer les animaux comme guéris. Ils auront dû, préalablement, être mis à la diète la plus sévère; seulement on aura pu leur présenter de temps en temps de l'eau tiède, blanchie avec un peu de son ou de farine d'orge, et acidulée avec un peu de vinaigre. Lorsque les porcs boivent bien cette eau, on peut leur en laisser boire autant qu'ils le veulent; dans le cas contraire, on pourra augmenter d'environ un tiers la dose du breuvage mucilagineux. Quand les animaux témoigneront de l'appétit, que les symptômes inflammatoires seront en grande partie dissipés, on pourra faire cuire des racines, telles que le navet, la carotte, et les donner aux porcs, ainsi que l'eau dans laquelle ces racines auront cuit. On continuera cette nourriture jusqu'à parfaite guérison; après quoi, on remettra les animaux à leur régime ordinaire, en évitant toutes les boissons altérées par la fermentation, et en mettant en usage tous les moyens indiqués dans le traitement préservatif.

Quant aux animaux de la deuxième classe, ceux chez lesquels la maladie a fait déjà des progrès, la saignée n'est guère indiquée que dans le cas ou les symptômes d'inflammation cérébrale sont bien évidents : dans tous les cas contraires, on s'abstiendra de pratiquer cette opération; car l'observation a démontré que, dans le cas d'inflammation des viscères abdominaux, la saignée ne convient que dans le principe de cette inflammation. A l'exception de ce moyen, on emploiera les mêmes que pour ceux de la première classe, seulement ils devront être plus actifs. Aussi on doit s'attacher principalement à déterminer de l'engorgement aux sétons : si on n'y parvient pas par les moyens ordinaires, on traversera avec une tige de fer rougie au feu le passage de la mèche en dessous de la peau; cette cautérisation déterminera la formation d'une escarre, qui, pour être éliminée, requiert une suppuration abondante. On continuera les autres moyens jusqu'à ce que les animaux manifestent de l'appétit. A cette époque, on remplacera les boissons émollientes par de légères infusions aromatiques, telles que les infusions aqueuses d'absinthe, de sauge ou de toute autre plante aromatique; mais ces infusions ne doivent être administrées qu'à la dose d'environ un demi-litre par jour, en trois ou quatre fois : on soumettra alors les animaux au même régime que ceux de la première classe, en les y accoutumant insensiblement.

Lorsque l'éruption des pustules aura lieu, on fomentera d'abord la peau par une décoction mucilagineuse tiède; ces pustules une fois en suppuration, on les lavera avec les infusions aromatiques.

Quand les sétons auront produit leur engorgement, la suppuration s'ensuivra bientôt, on l'entretiendra le plus longtemps possible, en lavant à l'eau tiède la mèche du séton, et en l'oignant d'onguent basilicum.

PHLOGOSE ABDOMINALE. — De tous les maux qui atteignent le porc, il n'est aucun mal qui soit aussi commun et aussi funeste que l'est la phlogose abdominale : cette maladie se manifeste indistinctement sur les individus des deux sexes de l'âge de sept à huit mois, et paraît, dans certaines contrées, être enzootique dans les années humides; dans ce cas, elle exerce des ravages considérables, et enlève indistinctement tous les animaux du même âge, et quelquefois s'étend à ceux d'un âge avancé.

Le principal caractère de cette maladie est une inflammation considérable d'une ou de plusieurs parties du corps, mais le plus ordinairement des organes du bas-ventre et de la tête.

Le mal se développe avec d'autant plus de rapidité que les habitants de la campagne ont l'insouciance de n'administrer de remèdes que trop tard; aussi les animaux atteints périssent-ils très-souvent. Chez quelques-uns, la mort est précédée des phénomènes suivants : le porc cesse de manger, ou il prend seulement une gorgée d'aliments et fuit avec précipitation dans un endroit écarté; ses yeux sont hagards, il pousse des cris aigus; il chancelle et revient ensuite à son auge; il prend un peu de nourriture, mais avec moins de précipitation, et ensuite il va se coucher dans le lieu le plus obscur de son étable; ses oreilles s'échauffent, elles deviennent rouges et tremblantes; quelquefois tout le corps prend une teinte livide bleuâtre; enfin cela constitue cette affection que l'on nomme vulgairement *chlem*, mot allemand qui exprime toute la malignité de cette maladie.

En général, les signes qui annoncent cette maladie sont les suivants : marche chancelante, faiblesse extrême du train de derrière, cris plaintifs et aigus, yeux hagards et larmoyants, oreilles alternativement chaudes et froides, grincement de dents, respiration difficile, bouche échauffée, constipation opiniâtre, souvent accompagnée de l'impossibilité de fienter, jambes fatiguées au point de ne pouvoir soutenir le poids du corps. En outre de cela, on remarque sur les sujets gravement attaqués les signes suivants : convulsions, gonflement de la tête, la soie ou tumeur charbonneuse à la parotide, chancres à la bouche, yeux chassieux : ce dernier signe arrive souvent vers la fin de la maladie et annonce une guérison prochaine. Il n'en est pas de même de l'avortement dans les truies pleines; cette circonstance est l'avant-coureur de la mort. Il serait très-difficile, ou du moins très-hasardeux, de vouloir assigner les véritables causes de ce fléau domestique; mais cependant quelques considérations sur les habitudes de ces animaux nous amèneront peut-être à les découvrir. Quoique le porc soit porté à se vautrer dans la boue et dans les mares, il aime cependant les lieux secs et chauds; il craint l'humidité; comme tous les pachydermes, s'il se traîne dans les ordures, ce n'est que pour exciter les fonctions de la peau : ces observations sont tellement vraies que la mauvaise construction des toits à cochons ou le défaut de soin, entretenant l'humidité autour du lieu où est cet animal, l'exposent aux maladies les plus graves; on a même remarqué que, dans les villages dont la situation est basse et humide, les porcs qui y naissent dans une saison humide périssent au bout de quelques mois de maladie, tandis que ceux qui viennent dans un lieu sec sont fort bien portants. Le traitement de cette maladie est le même que pour la précédente.

POURRITURE DES SOIES. — C'est une maladie scorbutique du porc. On remarque, chez l'animal qui en est atteint, un affaiblissement total des forces vitales. La gencive est enflée et flasque, et au moindre contact il en sort un sang noirâtre. La peau est molle, et le lard qu'elle couvre cède à la pression du doigt. Lorsqu'on arrache des soies, on en trouve les racines noires et sanguinolentes. Cette maladie est presque toujours causée par un long séjour dans un air malsain, la malpropreté, le défaut de mouvement ; aussi faut-il beaucoup de temps pour en effacer les traces à l'aide d'un régime opposé.

Il faut d'abord changer la nourriture donnée jusqu'alors au malade, si elle a toujours été la même, et lui en substituer une également substantielle, mais d'une autre espèce, à laquelle on associe des herbages ou du fruit, que le porc mange volontiers. On fait sortir le malade à l'air libre, et on le loge dans une étable propre. Si c'est dans la belle saison, il faut lui faciliter les moyens de se plonger dans l'eau. On mêle journellement dans sa nourriture la quantité de 2 à 3 kilogrammes d'une décoction d'une plante amère quelconque, en y associant une égale quantité de lait de chaux. La décoction indiquée pourra se faire ou de *myrica gale*, ou d'absinthe ou de trèfle d'eau (*menyanthes trifoliata*), ou de saule, ou d'écorce de chêne.

Le lait de chaux se prépare en mettant 1 kilogramme de chaux vive avec de l'eau, dans un vase où on laisse ce mélange pendant vingt-quatre heures, en ayant soin de le remuer une couple de fois durant ce temps, au bout duquel on verse cette eau, qui est alors parfaitement limpide, dans la nourriture de l'animal. L'expérience a aussi démontré que 8 grammes d'alun dissous dans l'eau, et donnés chaque jour au malade de la même manière que le lait de chaux, sont également un remède avantageux.

Il faut plusieurs semaines pour guérir cette maladie par ce moyen ; dans l'arrière-saison, elle montre plus d'opiniâtreté qu'au printemps. Lorsqu'elle attaque un porc d'engrais qui est près d'avoir toute sa graisse, il vaut mieux le tuer que de chercher à le guérir, attendu que la chair des animaux qui en sont affectés n'est point malsaine, et que leur guérison donne lieu à une perte assez considérable.

RENIFLEMENT DES PORCS. — Il est d'autant plus important d'apporter une grande attention à cette maladie, qu'elle est une des plus pernicieuses qui puissent survenir aux porcs. Elle se glisse inaperçue dans un troupeau, et peut le détruire en entier ; car ce mal, étant héréditaire, se communique par le fait du verrat ou de la truie, et rend le bétail incapable d'être engraissé. Aussitôt qu'elle s'est déclarée, il n'y a ni soins ni nourriture qui puissent sauver les animaux qui en sont atteints ; quand elle est parvenue à un certain degré, les porcs maigrissent, ils dépérissent peu à peu, et ils finissent par succomber. La maladie **ne** se détermine pas d'une manière soudaine; elle marche pas à pas, et comme dans les commencements elle est presque insensible, elle est, par cela même, difficile à reconnaître. Son siége est dans le nez, et elle commence par une inflammation de la membrane pituitaire.. Au bout de quelque temps, cette membrane s'encrasse, ainsi que les os spongieux du nez; l'os *ethmoïde* et le *sphénoïde* s'ébranlent; le nez se trouve entièrement déformé; il se gonfle considérablement, tantôt par en haut, tantôt par en bas, et le groin se tourne de côté. Pendant tout le cours de la maladie, la respiration de l'animal est pénible et entrecoupée par une espèce de *reniflement* : de là le nom par lequel on a désigné cet étrange fléau. Ce symptôme se fait surtout remarquer lorsqu'on présente quelque chose à boire au cochon; il avale alors avec beaucoup de peine, et le reniflement se fait entendre avec violence.

Lorsque la maladie est arrivée à une certaine période, il sort souvent du sang par les naseaux de l'animal, surtout lorsqu'on le nourrit bien : aussi l'a-t-on encore nommée le *saignement de nez*. Cette perte de sang facilite souvent la respiration pour un certain laps de temps; mais elle est quelquefois si considérable, que l'animal en meurt soudainement. Quand le porc n'est pas immédiatement enlevé par ce saignement de nez, ses forces sont épuisées; la meilleure nourriture ne l'empêche pas de maigrir, et il meurt enfin de consomption.

On ne sait encore rien de positif sur les causes déterminantes de cette maladie. Quelques personnes prétendent qu'elle doit se déclarer chez de jeunes porcs, lorsqu'ils sont faiblement constitués et qu'ils fouillent avec leur groin dans les terrains durs et pierreux; mais cette opinion n'est pas vraisemblable : les cochons qui ont le nez court et camus paraissent être ceux pour qui ce mal est le plus à craindre. Il se transmet aux petits par le père ou la mère; il est probable aussi qu'il est contagieux lorsque la perte du sang se déclare.

Cette maladie est incurable, comme toutes celles qui sont héréditaires; il n'en est que plus important et plus nécessaire de l'empêcher de se propager dans un troupeau. Pour atteindre ce but, on doit s'empresser de détruire tous les verrats et toutes les truies qui en sont attaqués, ainsi que les cochons de lait provenant de sujets infectés. On doit apporter une attention particulière au choix des verrats, l'expérience ayant démontré qu'un seul porc atteint de ce mal suffit pour corrompre un troupeau entier.

Rougeole. — La rougeole se reconnaît chez les porcs par des taches rouges qui se manifestent surtout au groin, autour des oreilles, aux aisselles et à la face intérieure de la cuisse, et qui tombent ensuite avec la peau, en écailles semblables à de la recoupe de son. L'éruption de la rougeole est précédée par la toux, le vomissement, la diminution de l'appétit, des yeux fluents et rouges; cependant ces accidents sont souvent si faibles, qu'on s'en aperçoit à peine.

Aussitôt que les taches rouges paraissent, il faut séparer l'animal malade de ceux qui ne le sont point pour lui donner une habitation chaude, mais en même temps aérée et bien pourvue de paille. Il est aussi nécessaire d'avoir à portée de l'eau tiède blanchie avec de la farine pour lui donner à boire.

Il n'est pas ordinairement nécessaire d'user de remèdes dans cette maladie; cependant, si l'éruption des taches vient à s'arrêter ou qu'elles disparaissent subitement, il faut alors donner au malade, de deux en deux heures, 4 grammes d'alcali volatil, 2 grammes de camphre dont on fait une pilule avec de l'eau et de la farine, et par-dessus une forte décoction de camomille. Ce remède sera continué jusqu'à ce que les taches de rougeole arrivent à parfaite maturité.

Il est fort rare que cette maladie se termine par la mort; il faut, pour cela, qu'il y ait une inflammation de poitrine ou péripneumonie, ou bien une diarrhée opiniâtre. Nous avons déjà dit comment il faut traiter cette maladie. C'est encore un problème de savoir si la rougeole des porcs est contagieuse comme celle des hommes qui s'inocule, et si ces deux maladies sont identiques.

TEIGNE DES COCHONS DE LAIT. — Les cochons qui tètent encore lorsqu'on nourrit trop la mère, de même que les cochons de lait auxquels on donne une nourriture trop abondante, sont sujets à une espèce de teigne, qui se manifeste autour des yeux et en plusieurs endroits du corps, sous la forme d'une croûte brunâtre, au-dessous de laquelle se trouvent des plaies suppurantes; les yeux se collent ordinairement dans cette maladie.

La cause de cette teigne indique le moyen de la guérir. Si ce sont des cochons de lait qui en sont atteints, il faut diminuer leur nourriture et y mêler 4 grammes de sel et autant d'antimoine pour chaque individu par jour. Si elle affecte des gorets qui tètent encore, on diminuera la ration de la mère, et on lui donnera le triple de cette dose. Il faut, du reste, nettoyer et bassiner les plaies avec de l'eau tiède, et amollir les yeux collés avec du lait tiède.

VERS AUX OREILLES. — Les oreilles des porcs, surtout de ceux qu'on nomme oreillards, sont sujettes à se fendre quand elles sont exposées à l'ardeur du soleil. Les mouches sont attirées par ces espèces de plaies, et y déposent leurs œufs, desquels naissent des vers qu'on trouve aux oreilles.

Cet accident n'est point dangereux. On y remédie en enduisant les parties blessées avec un mélange de deux portions de goudron, et d'une d'huile de thérébenthine. L'huile détruit les vers, et le goudron chasse les mouches.

VOMISSEMENTS. — Lorsqu'on laisse les porcs dehors pendant les nuits fraîches qui succèdent aux journées fort chaudes, et qu'on les laisse en même temps trop manger de bons aliments, cela leur affaiblit l'estomac et le canal intestinal, au point de les faire souvent vomir et de leur donner la diarrhée. Ces accidents peuvent aussi avoir lieu chez les porcs voraces qui surchargent leur estomac d'aliments, ou qui mangent quelque plante vénéneuse. C'est un accident qui cesse de lui-même avec les causes qui l'ont produit.

§ II.

Maladies particulières aux chiens.

Les chiens sont sujets à plusieurs maladies qui leur sont communes avec les autres quadrupèdes domestiques; telles sont les *maladies pédiculaires* en général, la *gale*, le *rouvieux*, qui n'est autre chose que la gale invétérée. Pour toutes ces maladies, nous renvoyons au chapitre VI, *Maladies communes à la plupart des animaux domestiques*. Le chien est en outre sujet à une maladie particulière appelée *maladie des chiens*, dont nous allons nous occuper. Quant à la rage, bien que nous en ayons également traité au chapitre VI, cette maladie pouvant être considérée comme particulière au chien, en ce qu'elle peut se déclarer chez lui spontanément, nous croyons devoir lui consacrer ici un article spécial.

MALADIE DES CHIENS. — Cette maladie attaque presque tous les jeunes chiens; elle est quelquefois épizootique, et alors elle fait de nombreuses victimes dans la race canine. On la croit contagieuse, mais cela n'est pas certain; et pourtant elle a cela de commun avec la petite-vérole et le claveau, que l'animal qui en a été atteint une fois, et qui en est bien guéri, n'a plus rien à en redouter, alors même qu'il vivrait au milieu d'une meute dont tous les autres chiens en seraient atteints.

Les premiers symptômes de cette maladie sont la tristesse, le défaut d'appétit; l'animal est abattu, il n'obéit qu'avec peine, et bientôt il ne semble plus entendre quand on lui parle; il reste couché; son nez est chaud, ses yeux sont enflammés; il refuse

de manger, mais il boit abondamment, et il tousse avec effort,
comme pour débarrasser sa gorge d'un corps étranger. A ces
premiers symptômes, d'autres plus alarmants ne tardent pas à
succéder : il s'écoule par les naseaux, et quelquefois par la
gueule, une liqueur limpide d'abord, mais qui s'épaissit promptement, devient muqueuse, verte, jaune ; l'animal a des nausées,
des vomissements ; il s'affaiblit, et presque toujours, arrivé à ce
degré, il tombe pour ne plus se relever. Lorsque, au contraire,
la matière de l'écoulement nasal devient blanche, de jaune qu'elle
était, qu'elle est moins abondante, l'appétit renaît, l'animal reprend des forces, et, au bout de vingt-cinq à trente jours, il est
complétement guéri.

Quant aux causes de cette maladie, elles seraient nombreuses,
s'il fallait s'en rapporter au plus grand nombre des auteurs qui
ont écrit sur cette matière ; nous croyons qu'il vaut mieux, sur
ce point, accepter cette opinion émise par un célèbre médecin
vétérinaire moderne : « On ne se compromet en aucune façon
en disant que la maladie des chiens est une affection générale,
obscure dans ses causes, obscure dans sa nature, se manifestant
à l'observateur par un concours de symptômes quelquefois très-
légers, d'autres fois très-alarmants, et, dans tous les cas, tellement nombreux, variés et infidèles, qu'il est impossible d'en
tirer le point de départ pour toutes les circonstances ; affection
particulière à certains carnivores, et surtout aux jeunes chiens,
et n'attaquant jamais deux fois le même animal. »

Le traitement le plus convenable de cette maladie n'est pas
plus connu que ses causes, et le plus sage est de laisser agir la
nature et de ne point tourmenter l'animal. Il y a pourtant quelque
chose à faire : d'abord, au début de la maladie, il faut mettre
l'animal à la demi-diète, ne lui donner que du laitage, un peu
de soupe, et laisser toujours à sa portée de l'eau pure, limpide et
pas trop froide ; on peut aussi faire des injections émollientes
dans les naseaux, pour favoriser l'écoulement des matières muqueuses et diminuer l'inflammation pituitaire ; si la fièvre est
forte, une saignée ne peut être que favorable ; un séton au cou et
un purgatif avec le sirop de nerprun peuvent avoir aussi de bons
effets ; mais à cela doit se borner le traitement : plus serait trop
et dangereux.

RAGE. — Il y a une grande distinction à établir entre les maladies, selon qu'elles sont *sporadiques* ou *contagieuses*. Les maladies sporadiques sont celles qui attaquent çà et là des individus
isolés ; les maladies contagieuses, celles qui se transmettent
directement ou indirectement d'individus malades à individus
sains.

Parmi celles-ci, il en est qui sont susceptibles de se communiquer non-seulement des animaux aux animaux de la même espèce, mais encore à des espèces différentes et à l'homme lui-même. On comprend quel intérêt doit s'attacher à leur étude; elles ont pour ainsi dire une importance sociale.

Des maladies contagieuses, les unes se transmettent par un virus matériel ou fixe, les autres par un principe volatil qu'on suppose s'attacher à tout, pouvoir être transporté par l'eau, l'air, etc., et que toutefois nous ne pouvons saisir.

Dans la division des maladies contagieuses par un virus matériel, et susceptibles de se transmettre par l'inoculation, maladies malheureusement assez nombreuses, figure au premier rang la rage, appelée dans la science de différents noms qu'il importe peu de faire connaître ici.

Définitions, caractères et symptômes — Il est assez difficile de définir la rage, cette affection étant inconnue dans sa nature aussi bien que dans son siége. Tout ce qu'on peut dire pour la caractériser, c'est que l'animal qui en est atteint éprouve le besoin de nuire. Le chien mord, le cheval mord et frappe du pied; le bœuf frappe de la corne, le mouton de la tête, etc., etc. Mais la rage ne se développe pas spontanément sur toutes les espèces animales. Elle semble particulière aux chiens, aux chats, aux loups, aux renards, ou, pour nous exprimer plus rigoureusemet, aux deux espèces *felis* et *canis*. Toutefois, cette proposition ne doit pas être prise dans un sens absolu : des auteurs ont avancé que d'autres espèce animales, et que l'homme lui-même, n'étaient pas exempts de la rage spontanée.

La rage a été observée sur le chien dans les temps les plus reculés. *Aristote* en a fait mention ; mais une grave erreur s'est glissée dans ce qu'il a dit. Suivant lui, la rage se communique à tous les animaux, excepté à l'homme. Malheureusement l'observation d'*Aristote* a été démentie par l'observation. Celse est le premier qui ait donné une description détaillée et une thérapeutique raisonnée de la rage.

Les caractères de la rage, à son début, ne sont pas toujours si tranchés qu'on ne puisse les reconnaître et les signaler à temps. En général, avant que la maladie éclate, le chien est triste, inquiet, hargneux. Il perd son caractère caressant, il obéit mal, reste couché dans sa loge, ou recherche les lieux les plus solitaires et les plus sombres. Il a du dégoût, de l'aversion pour les aliments, boit peu et semble embarrassé de lui-même; car il se couche, se relève, se recouche, sans se fixer encore au lieu qu'il a choisi. Ses appétits sexuels sont notablement augmentés. Un peu plus tard, il quitte la maison, n'y revient plus, ou s'il y revient, c'est souvent en un piteux état, l'œil hagard, le poil hérissé, souillé de boue ou de poussière. Pour un œil clair-voyant, il est évident qu'il s'est battu, qu'il a eu un accès, qui, s'il laisse encore quelque place au doute sur la maladie qui va éclater, doit déjà pourtant faire prendre des précautions contre l'animal.

En effet, à cet accès en succède bientôt un second sur les caractères duquel il est impossible de se méprendre. Dans tous ces accès de rage l'animal fait entendre de temps à autre un aboiement particulier, espèce de hurlement court, saccadé, qui a dans le timbre quelque chose de voilé et de lugubre. Ce cri, qu'on ne saurait bien peindre et que, pourtant, on ne peut ou-blier quand on l'a entendu, est un des symptômes les plus caracté-ristiques. Le chien n'entend plus le nom qu'on lui donne, et si l'on s'approche de lui, ou si on met à sa portée un animal, un corps quelconque, il cherche à le mordre avec une fureur que rien n'explique. L'abandonne-t-on à lui-même, il part la tête et les oreilles basses, la queue le plus souvent entre les jambes, erre çà et là sans but apparent ou court droit devant lui sans s'arrêter. Chose remarquable, les autres chiens fuient son appro-che avec une espèce de terreur; et si par surprise ils sont obligés de subir sa présence, leur pose indique une angoisse, une anxiété vraiment inexplicables. Les plus gros comme les plus petits éprouvent la même frayeur. Est-ce l'instinct qui fait deviner à ces animaux le danger qui les menace? Toutefois les chiens seuls donneraient témoignage de cet instinct. La durée de ces accès est très-variable. En moyenne, elle est quelquefois plus, quel-quefois moins d'une heure à trois. Dans cet intervalle, le chien mord avec violence et saisit de temps à autre, à défaut d'être animé, tous les objets qui se trouvent à portée de sa gueule. Ce besoin de mordre semble une sorte d'entraînement convulsif.

La maladie déclarée, les yeux de l'animal sont hagards, rou-ges et secs; sa gueule est entourée d'une bave écumeuse et filante. Toutefois ce dernier symptôme, bien qu'assez ordinaire, n'est ni assez sûr ni aussi constant qu'on le répète dans tous les livres. Le fond de la gueule est d'un rouge sombre, d'autant plus sombre que l'accès est plus violent, qu'il s'est répété déjà un grand nombre de fois.

On a beaucoup parlé du sentiment d'aversion des animaux enragés pour l'eau et toute espèce de liquides. Dans le plus grand nombre des cas, ce symptôme manque absolument. M. *Renault* dit avoir rapproché de la mâchoire et des yeux d'un chien en-ragé de l'eau sur laquelle il allait même jusqu'à diriger les rayons du soleil, sans qu'il ait manifesté, le plus ordinairement, ni horreur, ni trouble, ni surprise. Une glace, un verre réflecteur qu'on faisait miroiter devant ses yeux ne produisait non plus aucune excitation. Souvent, au contraire, dans ces circonstances, l'animal lappaitl'eau qu'on lui présentait, mais sans l'avaler pourtant, comme si une constriction spasmodique de la gorge s'opposait au phénomène de la déglutition. Quand il en était ainsi, l'animal manifestait ses répugnances ou sa douleur par des aboiements. C'est donc à tort qu'on a proposé d'appeler la rage *hydrophobie*. L'hydrophobie n'est qu'un symptôme des différentes maladies nerveuses, et ce symptôme, tant s'en faut, n'est pas un signe pathognomonique de la rage.

De l'accès caractérisé par le hurlement plaintif et l'envie de mordre, jusqu'à la mort, il s'écoule rarement plus de trois à quatre jours. A la fin des derniers accès, l'animal, considérablement affaibli, reste presque toujours couché, ne se traîne ou ne se soutient plus qu'à peine ; sa gueule même semble s'être lassée, et il ne mord que si on l'y provoque par des excitations répétées et en le tourmentant par des violences quelconques. Mais alors, il mord nonchalamment, faiblement, et se détourne des corps qu'on lui présente. La gorge se dessèche et devient noire, la bave se tarit, et enfin l'animal succombe dans une sorte d'épuisement, et non dans les convulsions, comme on l'a dit et répété trop souvent.

Le chien qu'on excite à mordre un autre animal, un cheval, par exemple, se gare à merveille des coups que celui-ci cherche à lui porter. Tout son instinct lui reste pour se garantir ou se défendre. Cependant, ce qui semble contradictoire, si on attache le même chien à un lien étroit, les efforts qu'il fait pour se débarrasser sont tels, qu'il s'étrangle infailliblement, si l'on ne vient à propos à son secours.

Telle est d'une manière générale la marche de la rage spontanée du chien; tels sont les caractères les plus remarquables qu'elle offre à l'observation. Mais si la maladie est la conséquence d'une morsure, d'une inoculation virulente, les symptômes n'apparaissent pas immédiatement. Il est même des cas, et ils sont nombreux, où la morsure d'un animal enragé n'a pas déterminé la rage. Le temps de l'incubation du virus est assez variable. D'après les observations et les expériences du professeur, il a quelquefois suffi de vingt-deux jours pour que les premiers symptômes se manifestassent, tandis que' dans d'autres cas, il s'est passé jusqu'à quatre-vingt-dix-sept jours avant que la rage se fût déclarée. Or, que l'on pèse bien ce fait, ajoute M. *Renault*, les règlements de police ne prescrivent généralement que quarante jours seulement de séquestration pour un chien qui a été mordu. Il est vrai qu'à Alfort il est passé en usage de faire la quarantaine jusqu'au soixantième jour; mais ce terme même est-il réellement suffisant? Un chien gardé à vue et en charte privée durant soixante-sept jours, et renvoyé ensuite malheureusement à son maître, a mordu en arrivant dans la maison deux enfants qui n'ont pu être préservés que par la cautérisation. L'animal ayant été ensuite renvoyé à l'école vétérinaire, il a été constaté qu'il était réellement atteint de la rage. Aussi, dit M. *Renault*, ai-je pris le parti, et conseillé-je toujours de sacrifier un animal mordu, quel que soit le prix qu'on attache à le conserver. Je ne me relâche de ce principe que si l'on consent à placer l'animal en surveillance et en quarantaine durant au moins cent jours.

Quelques observateurs ont remarqué que quand la rage était l'effet d'une morsure, la plaie résultant de cette morsure ou la cicatrice qui s'était formée, devenait, au moment de l'invasion de la maladie, le siége d'une vive excitation décélée par l'énergie avec laquelle l'animal se gratte ou se frotte cette partie. Bien que M. *Renault* ait remarqué ce fait sur quelques animaux, il n'oserait affirmer qu'il en soit toujours ainsi. Quoi qu'il en soit, aussitôt que les symptômes éclatent, le mal est sans remède, la mort est indubitable.

D'après ce qui vient d'être dit, on voit qu'il faut distinguer trois périodes dans la rage inoculée ou suite de morsure.

La première est dite période d'incubation; elle dure de 20 à 97 jours.

La deuxième est celle où apparaissent les premiers signes généraux de nature à faire soupçonner l'invasion de la maladie. Sa durée est de deux à trois jours.

Enfin, la troisième, qui commence au premier accès, est celle de la rage confirmée, et se termine par la mort. Elle est de deux à quatre jours.

En général, les animaux enragés meurent par asphyxie ; ainsi, du moins, portent à le penser les lésions qu'on trouve sur leurs cadavres.

Diagnostic.—La seule maladie avec laquelle on pourrait confondre la rage, c'est la *rage mue*. Mais celle-ci est loin d'être aussi dangereuse. Elle a pour caractère le double sentiment de tristesse et d'abattement dont il a été parlé; mais la gueule de l'animal reste béante, sa bave est filante, mais non écumeuse; la muqueuse de l'arrière-gorge est jaunâtre plutôt que rouge; l'animal cherche bien à mordre quelquefois, mais il ne le peut pas; il est incapable de serrer la mâchoire; on mettrait impunément la main dans sa gueule.

Pronostic. — Le pronostic de la rage est variable, mais grave. Pourtant, il est digne de remarque que certains individus, mordus ne sont pas devenus enragés, tandis que d'autres, mordus le même jour, au même instant, à côté d'eux, ont succombé à la rage.

On peut trouver à ce fait une raison plausible, quand les morsures ont été faites presque au même instant, en admettant que les premiers ont essuyé la bave, qui n'a pu, dès lors, être versée, ou du moins ne l'être qu'en très-minime quantité, dans les plaies de ceux qui ont immédiatement été mordus après. Aussi arrive-t-il souvent, par le même motif, que les morsures faites sur les régions du corps abondamment pourvues de poils sont sans suite fâcheuse. Des blessures sont plus dangereuses sur certaines régions du corps que sur d'autres, à la face, par exemple; elles sont également plus graves lorsqu'elles sont étroites, fendillées, profondes; et on le conçoit, car, dans ce cas, il est plus difficile de poursuivre, avec le fer chaud, ou le caustique, le virus infiltré dans les tissus.

Siége et nature de la rage. — On ne connaît, a-t-il été dit plus haut, ni le siége, ni la nature de la rage. M. *Renault* s'est livré à de nouvelles recherches pour éclairer ces deux points de doctrine. Il a fait plus de cinquante autopsies d'animaux enragés; il a pris le soin d'observer les lésions dans tous les organes; il a examiné les systèmes nerveux et vasculaires à la loupe, et il déclare n'avoir jamais trouvé de lésions constantes et identiques. Sans doute, on trouve des lésions diverses, soit dans un appareil d'organes, soit dans un autre; mais, telle altération, que l'on a rencontrée une ou plusieurs fois, ne se trouve plus dans les cas les mieux constatés de rage, soit primitive, soit communiquée. Les lésions les plus constantes sont celles de l'asphyxie; mais que prouvent-elles? Que l'animal succombe par le fait de la suspension ou de l'interruption des phénomènes de la respiration. Ce n'est pas là une donnée pathologique.

Un médecin russe, M. *Marochetti*, a signalé, comme lésion caractéristique de la rage, deux petites vésicules qu'il dit avoir rencontrées constamment sur les côtés du frein de la langue, du troisième au neuvième jour de la morsure. Ces vésicules, d'après ce médecin, existeraient pendant vingt-quatre heures, et, après ce temps, elles s'affaisseraient et disparaîtraient tout à fait. Divers observateurs, en effet, ont retrouvé ces vésicules, ou lysses de rage, comme les appelle M. *Marochetti* Mais, dans le plus grand nombre des cas, on ne les a pas vues, et elles ont manqué.

M. *Marochetti* attachait à sa découverte la plus grande importance. Il supposait que le virus rabique était déposé dans ces petites vésicules; qu'il suffisait de lui donner issue en les ouvrant et cautérisant ensuite la plaie, pour prévenir infailliblement la maladie. L'expérience n'a malheureusement pas répondu encore cette fois aux espérances qu'on avait fondées sur une hypothèse.

Il est fâcheux qu'on ne puisse pas reconnaître à des signes certains qu'un animal est mort enragé. Dans nos villages on tue l'animal suspect, et l'on vient ensuite, sur son cadavre, demander au vétérinaire ou au médecin s'il était ou non enragé. L'homme de l'art ne pourrait prononcer, en connaissance de cause, que si on lui eût présenté l'animal vivant. Il serait donc utile de répandre dans le peuple qu'il faudrait, autant que possible, que l'animal fût examiné avant qu'on l'ait sacrifié. Toutefois, en cas de doute, le vétérinaire doit toujours se conduire, si des morsures ont été faites sur des animaux sains par un animal suspect, comme si sur le dernier l'existence de la rage avait été démontrée. Seulement il a un soin à prendre, un devoir à remplir à l'égard des personnes qui auraient pu être mordues, c'est de leur affirmer que l'animal n'était pas enragé; car on sait quelle fatale influence peut exercer l'imagination sur des esprits craintis et effrayés. N'a-t-on pas été jusqu'à dire que la rage était un effet de la peur, qu'il n'existait pas de virus, pas plus, du reste, pour cette maladie que pour un grand nombre d'autres réputées contagieuses? Il faut se garder de partager une erreur dont les conséquences pourraient être si fatales!

Causes de la rage. — Quand une maladie est reconnue incurable, il est de précepte, en médecine, de chercher à l'attaquer dans ses causes. On a donc recherché les causes de la rage et on a tour à tour invoqué comme telles les grandes chaleurs et les froids excessifs. Mais, d'une part, une observation que confirme **M.** *Pariset*, c'est qu'en *Egypte* et en *Syrie* on connaît à peine la rage; c'est qu'au Nord, à *Archangel*, à *Tobolsk*, on ne la voit que rarement; c'est que dans nos climats tempérés elle apparaît presque dans toutes les saisons. C'est sans plus de raison qu'on a essayé de ranger parmi les causes capables de développer spontanément la maladie, tantôt la faim, tantôt la soif, tantôt l'absence ou la suppression de la transpiration, aussi bien que l'impossibilité pour certains animaux de satisfaire leurs appétits sexuels. Mais que d'animaux privés d'aliments ou de boissons ne deviennent pas enragés, et combien d'autres le deviennent dans l'abondance ! Puis il est loin d'être constaté, comme on l'a prétendu, que le chien ne transpire pas par la peau. Loin de là, son poil est perpétuellement entaché d'une matière grasse et onctueuse qui est l'effet de la perspiration cutanée sans doute; et d'ailleurs quelles ne sont pas chez lui l'évaporation pulmonaire et l'émission urinaire?

On a avancé que les chiens privés de la faculté de se reproduire étaient, ainsi que les chiennes, moins sujets à la rage, et l'on a dit également avoir observé que dans les chenils où il y a plus de chiens que de chiennes, la rage était fréquente. Ces observations n'ont assurément rien d'exact. Il est même reconnu que ce n'est pas à l'époque du vert qu'on voit le plus d'animaux devenir enragés. Le contraire serait à la rigueur plus vrai. Un accès de colère, a-t-on dit encore, a suffi pour donner lieu à la rage ; et chacun de reproduire le fait tant de fois répété par M. *Pinel*, d'un conscrit poltron que d'imprudents camarades avaient voulu mettre à l'épreuve et qui tomba, par suite d'une frayeur qu'on lui causa, dans une violente attaque épileptiforme , avec symptômes d'hydrophobie, à laquelle il succomba en peu d'heures. Qu'on y pense, il y a tant d'autres cas où la colère n'a rien produit d'analogue à l'hydrophobie, qu'on ne peut vraiment rien arguer de faits isolés. Et combien de fois par semaine, si ce n'est par jour, les chiens de garde, ceux qui se livrent des combats, n'entrent-ils pas en fureur ! deviennent-ils enragés pour cela ?

La cause la plus fréquente de la rage c'est la contagion , c'est-à-dire la morsure d'un animal enragé. Aux yeux de quelques auteurs, c'est, à proprement parler , la cause ordinaire de la rage. La rage développée spontanément ne serait que l'exception. Il faut se garder des extrêmes. Sans doute la rage communiquée est la plus commune, mais la rage spontanée elle-même n'est pas rare.

La morsure d'un animal enragé n'est pas toujours suivie du développement de la rage. C'est, a-t-on dit, qu'il faut admettre, pour contracter cette maladie comme toute autre, des prédispositions individuelles. Cela est vrai, sans doute, pour la rage comme pour les autres maladies. Ainsi la suppression de la transpiration est une des causes principales de la fluxion de poitrine. Pour juger jusqu'à quel point, d'après l'opinion commune, cette cause est essentielle, première, si on peut dire, M. *Renault* a fait mettre un jour six chevaux en nage, puis il les a arrosés, inondés d'eau froide, et les a même soumis, durant plusieurs heures, à un courant d'air froid dans l'écurie. Qu'arriva-t-il de l'expérience ? Sur les six chevaux pas un ne fut malade. C'est qu'en effet , les prédispositions jouent un grand rôle dans les maladies, et il ne peut y avoir, à cet égard, d'exception pour la rage. Mais il est une autre cause que celle de l'absence des prédispositions pour expliquer les cas de non-communication de l'affection rabique, et cette cause, on ne lui a peut-être pas donné toute l'attention qu'elle mérite. Toutes les fois qu'un chien a mordu d'autres animaux, on n'a pas pris soin d'examiner dans quelles conditions ils avaient été attaqués et mordus. Or, il a pu se faire qu'ils eussent été mordus après d'autres animaux qui avaient pour ainsi dire essuyé la bave ou le virus contagieux ; et, d'autre part, le virus rabique, comme tous les virus, s'affaiblit en se transmettant d'individus à individus. D'après des expériences bien souvent répétées à *Alfort*, par M. *Renault*, la rage peut bien se transmettre d'un premier chien à un second, de ce second à un troisième; mais le virus repris sur celui-ci ne communique pas la maladie à un quatrième animal : du moins ce professeur n'en a pas encore vu d'exemples; à cette génération, s'il est permis de s'exprimer ainsi , il est complétement neutralisé. Un médecin italien, *Capello*, a même avancé que toute rage, une fois communiquée, était inapte à se transmettre. C'est là une grande erreur. Peut-être n'a-t-elle été commise que parce que, dans les cas particuliers dont on a tiré des conséquences trop générales, on n'était pas remonté au premier animal affecté; mais, quoi qu'il en soit, la proportion inverse, savoir que la rage n'est pas indéfiniment transmissible, semble aujourd'hui acquise par l'expérience.

Une fois développée, la rage ne guérit pas. Il faut donc attaquer le mal dans son germe. Certains guérisseurs, car on ne les nommera pas médecins, sont en possession de remèdes secrets, et ils prétendent avoir souvent préservé ou même guéri de la rage.

Il ne faut peut-être pas nier toutes les cures soi-disant merveilleuses. Mais ne s'expliqueraient-elles pas tout simplement par les considérations developpées plus haut ? Ainsi les individus préservés ou guéris n'avaient-ils pas été mordus par des animaux qui, bien qu'enragés, ne transmettaient plus la rage? N'avaient-ils pas été mordus après un grand nombre d'autres, quand déjà le virus avait été essuyé, qu'il avait perdu son énergie ou qu'il n'avait pu se renouveler dans la gueule de l'animal? Puis suffit-il de la simple morsure pour introduire le virus? et s'il ne faut pas des prédispositions particulières pour contracter la rage, n'est-il pas des prédispositions qui en préservent? Ce sont autant de questions qu'il faudrait résoudre avant de se prononcer sur des remèdes qui, cela est prouvé, ne se sont pas toujours montrés efficaces dans les cas bien avérés de morsures venimeuses.

Comment agit le virus de la rage ? Est-il absorbé pour n'agir qu'après un temps éloigné, ou, ce qui est plus vraisemblable, séjourne-t-il dans la plaie où il a été versé? Il est prouvé que la cautérisation guérit longtemps après que la blessure a été faite. Mais pour résoudre les questions que soulèvent de pareilles observations, il aurait été nécessaire de remonter toujours à l'origine du virus ainsi qu'à l'histoire de l'animal qui avait causé les blessures, et les recherches n'ont pas été dirigées en vue de résoudre ce problème.

De tout ce qui précède il résulte que les causes de la rage sont spontanées ; que les symptômes de cette maladie sont très-variés et incertains ; que cette maladie est incurable ; et enfin que l'homme ou l'animal qui a été mordu par un chien ou tout autre animal enragé, n'a de salut à espérer que par la cautérisation appliquée sur-le-champ, ainsi que nous l'avons dit ailleurs. — Voir au *Chapitre VI*, MALADIES COMMUNES A LA PLUPART DES QUADRUPÈDES DOMESTIQUES.

§ III.

Maladies particulières aux animaux de basse-cour.

MALADIES DES LAPINS. — Les lapins sont sujets aux *indigestions,* qu'on prévient aisément en diminuant la quantité de leurs aliments. Une nourriture trop humide leur cause souvent une *dyarrhée* mortelle ; on y remédie en les nourrissant d'aliments secs et de pain grillé. Ce même régime convient encore lorsqu'ils sont atteints de cette sorte d'hydropisie appelée *gros ventre.* La malpropreté cause aussi aux lapins une espèce de marasme contagieux qu'on prévient et qu'on guérit quelquefois en leur administrant de l'orge grillée et des plantes aromatiques. L'*ophthalmie* chez les femelles, maladie la plupart du temps mortelle, est la suite de la malpropreté ; une loge aérée, saine, et une litière fraîche peuvent la prévenir et quelquefois la guérir.

La *pourriture* envahit aussi les lapins ; on la traite comme celle des bêtes à laine.

.**MALADIES DES POULES.** — Les poules, comme tous les animaux à langue pointue, sont sujettes à une maladie nommée *pépie,* et à plusieurs autres qui sont : la *maladie du croupion,* le *cours de ventre,* la *constipation,* l'*inflammation des yeux.* les *poux,* les *ulcères,* le *catarrhe,* la *phthisie,* la *goutte,* la *mue,* la *gale,* dont nous nous occuperons successivement.

PÉPIE. — Cette maladie, qui est, comme nous venons de le dire, commune à tous les oiseaux à langue pointue, se manifeste par une pellicule, blanche ou jaune, qui entoure le bout de la langue, comme un fourreau enveloppe la lame d'une épée ; elle empêche les oiseaux de boire et de pousser leurs cris ordinaires. On l'attribue au manque d'eau pour les abreuver. — Il faut, dans ce cas, enlever doucement ce cartilage avec une aiguille, et leur laver la langue ensuite avec du vinaigre. A la suite de cette opération, on tient la poule dans un endroit sec et chaud, et le mal disparaît complétement.

MALADIE DU CROUPION. — C'est une petite tumeur enflammée, qui se produit à l'extrémité du croupion. Les poules qui en sont affectées ont le plumage hérissé et languissant ; c'est le symptôme le plus caractéristique de cette maladie. Pour la guérir, on ouvre cette tumeur, lorsqu'elle est mûre, c'est-à-dire, lorsque la coction de la matière qu'elle contient est bien faite ; on serre latéralement la plaie avec les doigts, et l'on fait sortir toute la matière ; on lave ensuite la plaie avec du vinaigre chaud.—Donner pour nourriture, après l'opération, de la verdure, du son d'orge et du seigle bouilli.

COURS DE VENTRE. — Cette maladie a toujours pour cause une trop grande quantité de nourriture humide. On fait boire aux poules qui en sont atteintes un peu de vin chaud, dans lequel on fait bouillir de la pelure de coing, et on leur donne de l'orge pour nourriture.

CONSTIPATION. — On peut l'attribuer à une trop grande quantité de nouriture sèche et échauffante. Les criblures de blé, l'avoine, le chènevis, continués trop longtemps à la volaille, la rendent sujette à cette maladie. On la guérit en lui donnant du pain trempé dans du bouillon de tripes ou de l'écume de pot, à laquelle on ajoute un peu de farine de seigle avec de la laitue hachée bien menu ; on fait bouillir le tout ensemble. Si le mal s'opiniâtre, on y fait délayer un peu de manne et l'on y met tremper du pain.

INFLAMMATION DES YEUX. — Lorsque cette affection est légère, il suffit de tenir les poules qui en sont atteintes à une température douce, et de leur donner pour nourriture de la poirée hachée dans du son de seigle, et un peu de millet ; mais si le mal est grave, il faut tenir les poules malades dans l'obscurité et leur faire sur les yeux des lotions d'eau de guimauve froide.

POUX. — Les *poules* sont attaquées d'une espèce de poux qui les tourmentent beaucoup lorsqu'on n'a pas l'attention de les tenir proprement. Une dissolution de savon dans de l'eau est le moyen le plus simple et le plus sûr de faire périr ces insectes.

ULCÈRES. — On remarque souvent sur le corps de la volaille de petites tumeurs ulcéreuses qui la font languir. Bassinez les ulcères avec du vin tiède. Si le mal a pour principe un vice intérieur, il faut tuer l'animal et l'enterrer profondément, afin de préserver de la contagion le reste de la basse-cour.

CATARRHE. — Le catarrhe est une fluxion ou une espèce de distillation d'humeurs qui attaque les *poules* lorsqu'elles ont été pendant longtemps exposées au froid ou au soleil. Il est aisé de reconnaître quand elles sont attaquées de ce mal ; elles reniflent souvent, ont un râlement qui leur cause quelquefois des mouvements convulsifs ; elles s'efforcent de repousser la matière âcre qui leur tombe dans le gosier, et, en effet, elles expectorent quelquefois, mais jamais suffisamment pour se guérir. Cette humeur acquiert, de transparente qu'elle était, la consistance et la couleur qui constituent le pus : les *poules* sont dégoûtées et ne mangent qu'avec répugnance. Pour faciliter l'écoulement du pus, on leur traverse les naseaux avec une petite plume, et lorsque la fluxion se jette, comme il arrive quelquefois, sur les yeux, ou à côté du bec, s'il s'y forme une tumeur, il faut l'ouvrir et faire sortir la matière, bien déterger la plaie avec du vin chaud, et y mettre ensuite un peu de sel broyé très-fin.

PHTHISIE. — Cette maladie est pour l'ordinaire précédée de l'hydropisie. La cause est dans le gosier, ou dans les intestins, ou enfin dans les vaisseaux cutanés. Dans le premier et le second cas, cette maladie est très-curable ; il suffit de donner aux *poules*, pour toute nourriture, de l'orge bouillie, mêlée avec de la poirée, et pour boisson, du suc de cette même plante, avec un quart d'eau commune. Dans le troisième cas, le mal est incurable.

GOUTTE. — On dit que les *poules* sont attaquées de cette maladie lorsque leurs jambes sont roides, quelquefois enflées, et lorsqu'elles ne peuvent se tenir sur les perches dans les poulaillers. La cause de cette maladie est l'humidité. Eloignez la cause et le mal cessera. Pour le guérir frottez les jambes avec de la graisse de *poule*, ou à son défaut avec du beurre frais, ou, ce qui vaut mieux, tenez pendant quelques jours les *poules* malades dans un endroit chaud, par exemple derrière un four, ou enfin enveloppez-les dans des linges chauds.

MUE. — C'est un état maladif commun à tous les oiseaux. La nature le guérit seule ; et pour l'aider il suffit de préserver les volailles de toute humidité et de les tenir chaudement.

GALE. — Si les *poules* sont affectées de maladies de la peau, on leur donne des plantes potagères, rafraîchissantes, hachées et mêlées avec du son mouillé.

Le grand, l'unique préservatif des maladies des poules, c'est une exacte propreté, la soustraction de toute humidité et une bonne nourriture. Si, malgré ces attentions, ces oiseaux sont atteints de quelque maladie, les remèdes doivent être simples, et se trouver pour ainsi dire sous la main, autrement ils coûteraient plus que l'animal ne vaut.

MALADIES DES DINDONS. — Les dindons sont, comme les poules, sujets à *la pépie*, à la *goutte*, et le traitement, dans ce cas, est le même que pour les poules ; mais d'autres maladies leur sont particulières ; ce sont l'*échauffement*, les *pustules dans le bec*, et l'*engorgement de la tête*.

ECHAUFFEMENT. — Cette maladie fait périr beaucoup de dindons. Ses symptômes sont un état de langueur très-remarquable, le bout des pennes de l'aile et de la queue devient blanchâtre et les plumes se hérissent. Le siége du mal est au croupion, dont quelques plumes sont engorgées de sang. Il faut, dès les premiers symptômes, arracher ces plumes, cesser d'envoyer l'animal aux champs, et le nourrir de poirée et d'orge cuite.

PUSTULES DANS LE BEC. — Ces pustules apparaissent ordinairement vers la base du bec; il faut les laver avec du vinaigre ou un peu de vitriol étendu d'eau; si les pustules résistent à ce traitement, il n'y a d'autre moyen pour les faire disparaître que de les brûler avec un fer chauffé à blanc. Avant et après l'opération, il est bon de faire boire à l'animal un peu de vin, afin de le fortifier.

ENGORGEMENT DE LA TÊTE. — Maladie peu grave; il suffit de couvrir la tête de l'animal de compresses imbibées de vinaigre pour la faire disparaître.

MALADIES DES FAISANS. — Les maladies des faisans sont à peu près les mêmes que celles des poules, et elles se traitent de la même manière. Les faisandeaux qui sont attaqués par les poux dépérissent promptement, et meurent si on ne prend soin de les débarrasser de cette vermine. Ils sont en outre sujets à une sorte d'époque critique qui se manifeste par la mue, laquelle, vers le deuxième mois de leur âge, précède la pousse des grosses plumes de la queue. On favorise l'issue de cette crise par une nourriture plus abondante et plus substantielle; les œufs de fourmi et les jaunes d'œufs de poule cuits durs et mêlés à des feuilles de laitue hachée, sont la meilleure nourriture qu'on puisse leur donner à cet âge. — La maladie la plus à craindre pour ces animaux est le dévoiement, qui a toujours pour causes le froid, l'humidité ou de fréquents orages. Lorsque la maladie est déclarée, il est difficile d'y remédier; mais il est indispensable de séparer les faisandeaux malades de ceux qui se portent bien; on donne aux malades un peu plus de jaune d'œuf et de chènevis, et l'on met un peu de sel dans l'eau destinée à leur servir de boisson; il est bon aussi de ferrer cette eau, en y plongeant un fer rouge. Une décoction d'orties est aussi d'un bon effet, et, dans tous les cas, les soins de propreté sont indispensables.

MALADIES DES OIES. — Les oies supportent avec peine la pluie, le froid des brouillards; si elles se sont *refroidies* dans les champs, on leur administre une boisson tonique et de la farine d'orge. Le vin chaud les guérit aussi de la *dyarrhée;* on peut faire bouillir dans le vin des pelures de coing, des glands ou des baies de genièvre. Dans le *vertige,* on saigne l'animal avec une aiguille en perçant une veine apparente située sous la membrane qui sépare les ongles. Quand les oisons sont attaqués par de petits insectes qui s'introduisent dans leurs oreilles et leurs naseaux, on leur plonge pendant quelque temps, et à plusieurs

13.

reprises, la tête et le cou dans l'eau. La jusquiame et la ciguë, dont les oies sont très-avides, sont pour eux des poisons violents contre lesquels on ne connaît pas encore de remède.

MALADIES DES PIGEONS. — Les maladies des pigeons sont assez multipliées. L'*apoplexie* se guérit en coupant un ou deux ongles du pied, et plongeant la patte dans l'eau chaude, et faisant saigner. L'*asthme* est incurable. L'*avalure* ou déplacement des organes sexuels l'est également, mais n'entraîne pas la perte de l'animal: seulement il est incapable de se reproduire. Le *chancre*, maladie contagieuse et à peu près incurable, a quelquefois été guéri en le touchant avec un mélange en quantité égale de cumin, de sel d'oseille, d'huile d'aspic et d'essence de cochloria. Le *dévoiement* cesse par l'usage du sel. Il n'y a rien à faire à la *goutte:* c'est une maladie de vieillesse. L'*indigestion* est souvent mortelle : on peut essayer l'opération délicate de fendre le jabot avec un canif pour en retirer les aliments corrompus. *La ladrerie:* on prétend qu'on la guérit en donnant aux pigeons qui en sont affectés d'autres pigeonneaux à nourrir quand les leurs ont péri. *Pustules :* maladie contagieuse qui fait périr un vingtième des animaux et dont on ne connaît pas le remède. *Vers:* un meilleur régime alimentaire et une boisson salubre les préviennent et les font cesser.

CHAPITRE XI.

ÉPIZOOTIES. — EMPOISONNEMENTS.

On donne le nom d'*épizooties* aux maladies aiguës internes qui attaquent en même temps un grand nombre d'animaux de la même espèce, ou d'espèces différentes, dans une certaine étendue de pays, sous l'influence de causes communes et générales. Les épidémies sont surtout dangereuses dans les premiers temps de leur apparition, d'abord parce que la maladie est toujours plus violente, ensuite parce que la nature du mal est souvent inconnue aux praticiens, qui ne peuvent l'étudier que sur les premières victimes. Une épizootie, en effet, peut être constituée tantôt par une maladie régnant communément sur des animaux isolés, tantôt par une maladie étrangère, apportée par voie de contagion; tantôt, enfin, par une maladie toute nouvelle, et qui n'a d'analogie avec aucune autre.

Il y a des épizooties qui éclatent d'abord dans un lieu, et qui, s'étendant avec plus ou moins de rapidité, parcourent successivement une grande étendue de pays; d'autres se montrent simultanément dans plusieurs lieux et s'étendent dans tous le sens. Quelquefois l'épizootie disparaît presque subitement, puis, au bout d'un certain temps, elle reparaît tout à coup dans le même lieu, ou bien à une grande distance de ce lieu, sans avoir attaqué les pays intermédiaires. Enfin, il en est des épizooties pour les animaux, comme des épidémies pour les hommes, comme du choléra par exemple, qui, en 1832, après s'être déclaré à Londres, éclata tout à coup à Paris, sans s'être montré sur aucun point dans les quatre cents kilomètres qui séparent ces deux capitales.

Une maladie épizootique ne reste pas toujours semblable à elle-même dans les différentes phases de son existence ; elle peut être divisée en plusieurs époques, dont chacune offre quelque chose de particulier sous le rapport des symptômes, des complications, de la gravité des accidents, du mode de terminaison, et même du traitement ; c'est là un des grands traits qui distinguent une épizootie véritable des maladies isolées de même nature qui peuvent régner en grand nombre dans un pays. Relativement à leur gravité, on a remarqué qu'en général il y a, par chaque épizootie, des époques où elle est beaucoup moins dangereuse que dans d'autres, de telle sorte que, suivant les différents temps, les animaux qui en sont atteints meurent ou guérissent presque tous, quel que soit le traitement auquel on les soumette. — Il est des époques où tous les animaux atteints d'une maladie épizootique offrent des symptômes qui indiquent le besoin de saignées ; il est d'autres époques où ces symptômes ont disparu et sont remplacés par un abattement, une dépression de forces qui rendraient la saignée dangereuse. Il faut donc, dans tous les cas, un assez long temps pour étudier la maladie et prescrire un traitement rationnel.

Les épizooties étaient beaucoup plus fréquentes autrefois que de nos jours. Grégoire de Tours en mentionne plusieurs qui désolèrent les Gaules au VIᵉ siècle, et une entre autres qui, en 592, à la suite d'une grande sécheresse, sévit avec une rigueur inouïe sur toutes les créatures : hommes, troupeaux, bêtes fauves, mouraient par milliers dans les villes et dans les campagnes. De 810 à 1316 on ne compte pas moins de vingt épizooties qui désolèrent à la fois la France, l'Angleterre, l'Allemagne et l'Italie.

Le journal des savants de novembre 1682 parle d'une maladie épizootique qui apparut d'abord dans les provinces du Lyonnais et du Dauphiné, d'où elle se répandit avec fureur dans toutes les autres provinces de la France, puis elle s'étendit sur l'Italie, la Suisse, l'Allemagne, et jusqu'en Pologne. Les animaux qui en étaient atteints mangeaient et travaillaient comme à l'ordinaire, jusqu'au moment où on les voyait tomber morts

Cette maladie ne se déclarait pas en même temps dans des lieux différents ; sa marche était régulière et elle faisait environ deux lieues par jour, n'épargnant rien sur son chemin et conservant toujours la même intensité.

Une des plus terribles épizooties que la France eut ensuite à subir, fut celle qui ravagea ses provinces de 1774 à 1776. Mais l'art de guérir avait déjà fait alors d'immenses progrès ; les médecins vétérinaires étaient à la fois plus nombreux et plus instruits que leurs prédécesseurs ; ils s'efforcèrent surtout de trouver des moyens préservatifs, et leur succès fut tel, que près de trente-six ans s'écoulèrent sans qu'aucune épizootie de quelque importance se manifestât en France.

En 1814, les armées étrangères qui envahissaient notre territoire, traînant à leur suite d'immenses troupeaux de bœufs, parmi lesquels, à la suite de longues routes et d'accidents divers, le typhus s'était déclaré, le mal ne tarda pas à se propager dans nos campagnes ; mais il fit peu de ravages et, grâce aux lumières des gens de l'art, il ne tarda pas à disparaître complétement.

Les causes des épizooties sont nombreuses ; la principale est incontestablement les changements trop brusques de température ; les aliments avariés, la mauvaise qualité de l'eau peuvent aussi avoir une grande influence dans la production de ces maladies. Les principaux foyers d'infection sont les eaux stagnantes au milieu desquelles se putréfient des débris de végétaux et d'animaux ; les pâturages et les vallées humides où il règne des brouillards épais et stationnaires ; les logements construits sur un terrain bas, ceux dont les murs sont adossés à des terres élevées, surtout argileuses et en pente, dont le sol n'excède pas assez le niveau des environs, ceux qui sont bâtis sur le bord de fossés de mares, ceux où les urines ont filtré entre des pierres et de la terre qu'elles ont corrompues ; les logements qui n'ont pas d'ouvertures assez hautes et assez larges pour donner passage à l'air altéré, dont la couche diffère dans la partie inférieure et dans la partie supérieure ; les logements où l'on enferme trop d'animaux, où languissent les hommes même que la surveillance oblige à y coucher ; les logements dans lesquels on laisse séjourner et se consommer les fumiers, dont les exhalaisons gâtent les fourrages, humectent les murs et s'opposent au jeu des poumons.

Il faut se bien pénétrer de cette vérité que les émanations qui s'échappent des animaux sains ou malades, peuvent donner à l'air des qualités plus ou moins pernicieuses, lorsque l'encombrement, le défaut d'air ou de ventilation s'opposent à leur dispersion. Cette cause, en agissant pendant un certain temps sur une masse d'animaux peut, seule et indépendamment de toute autre influence,

faire développer une maladie épizootique; et, dans un grand
nombre de cas, elle agit surtout comme cause occasionnelle. •

La première chose à faire, en cas d'épizootie, est de séparer les
animaux atteints de ceux qui ne le sont point. Il faut ensuite sonder le sol du logement des animaux, en ôter les terres et les débris corrompus, les remplacer par des terres argileuses ou mieux
par celle des salpêtriers, dont le niveau excède celui des environs, assez pour que les urines s'écoulent promptement au dehors sans le pénétrer ; pratiquer des égouts pour empêcher les
eaux de séjourner; fixer les pavés à chaux et à ciment; tenir le
plancher élevé à une bonne hauteur; pratiquer des fenêtres près
du plancher et des guichets à coulisses près du sol ; ouvrir toutes
ces issues pendant que les animaux sont dehors , et les fermer à
leur rentrée de la promenade ou du travail de peur des maladies
que le refroidissement occasionne. Ainsi le renouvellement de
l'air lui rendra ses bonnes qualités; il procurera de la fraîcheur
en été; l'on en modérera la mobilité en hiver, pour que la chaleur se conserve à un degré salutaire. Il ne faut pas placer trop
d'animaux dans chaque logement, autrement ils ne tardent pas
à consommer la quantité d'air respirable qu'il renferme; on doit
en outre balayer le sol chaque jour, renouveler souvent la litière; et ce sera toujours au dehors qu'on secouera les foins poudreux. vasés, qu'on vannera l'avoine. Ces considérations s'appliquent généralement aux écuries, aux étables, aux bergeries, aux
toits à porcs, aux poulaillers, aux colombiers, aux chenils et aux
lapinières. Les attentions doivent être d'autant plus grandes, que
l'espèce des animaux fournit des exhalaisons plus pénétrantes
par son corps ou par ses fumiers. La propreté nécessaire à la santé
des hommes n'est pas moins indispensable pour celle des animaux.

Il est hors de doute que le corps d'un animal de la même
espèce que ceux qui sont affectés d'une maladie épizootique
peut, comme moyen de contact médiat, se charger des principes de la contagion et les transmettre à d'autres animaux de
son espèce sans être lui-même affecté : on a vu des troupeaux
quitter en santé les pays ravagés par des maladies contagieuses,
et transmettre la même maladie dans les contrées où on les avait
conduits , sans cependant en être attaqués eux-mêmes. A bien
plus forte raison, le corps d'un animal d'espèce différente peut devenir moyen de transmission ; ainsi les chiens, les chats, lapins,
rats, poulets, insectes même sont considérés à juste titre comme
pouvant propager les maladies contagieuses. Les personnes qui
soignent les animaux malades ou qui en approchent, peuvent
transporter dans leurs habits les germes de la contagion. On a
cru pouvoir attribuer à cette seule cause la propagation de plu-

sieurs maladies épizootiques contagieuses. Le fourrage et autres aliments qui ont été placés dans les lieux habités par les animaux malades, peuvent encore recéler les aliments de la contagion. On peut en dire autant des meubles, harnais, voitures et autres objets qui ont servi aux bêtes malades, ou qui ont été placés dans des lieux habités par elles; des pâturages dans lesquels se sont nourris ces dernières ; des chemins qu'elles ont parcourus pour s'y rendre ou pour aller à l'abreuvoir ; des fumiers tirés des lieux infectés, de la fiente et autres excrétions sorties du corps des malades; et enfin des cadavres et des dépouilles provenant de ceux qui sont morts de cette maladie.

Lorsqu'une commune est menacée de l'invasion d'une maladie épizootique contagieuse ou soupçonnée telle, le vétérinaire du lieu doit informer le maire de cette circonstance, et se concerter avec lui sur les mesures à prendre pour conjurer le fléau. Si, comme cela arrive presque toujours, plusieurs communes se trouvent dans le même cas, il est nécessaire que le sous-préfet en soit instruit le plus promptement possible, soit par le maire, soit, pour plus de célérité, par le vétérinaire, surtout si ce dernier est rétribué par l'administration.

Les chemins vicinaux particuliers à la commune doivent être interdits aux bestiaux étrangers. Ceux que l'on serait obligé de laisser passer sur ces routes devront les suivre sans se détourner. On doit s'opposer à ce qu'ils fassent des haltes dans les habitations ou au voisinage des habitations occupées par d'autres animaux. Il sera expressément recommandé aux habitants de la commune de ne se mettre en communication que le moins possible avec ceux chez lesquels règne la maladie ; ils auront le plus grand soin, dans leurs petits voyages, de ne jamais approcher des bestiaux malades; ils n'emmèneront pas leurs chiens avec eux, et devront tuer ceux qui seront errants.

Si l'on voit que la maladie que l'on redoute est très-meurtrière, il est prudent de faire un recensement de tous les bestiaux de la commune et d'en fixer, s'il y a lieu, le signalement et l'estimation. Les gens de l'art sont loin d'être d'accord sur les effets de la chair des animaux malades, quant aux hommes qui s'en nourissent et lorsqu'on en a fait, à certaines époques, une consommation très-grande, il ne s'est pas développé de maladie épidémique sur le peuple. Mais le danger résultera sans doute de certains cas : par exemple si la maladie est éminemment contagieuse, qu'elle ait une tendance marquée à l'adynamie, et à la gangrène; si les symptômes sont graves et en progrès dans l'animal livré à la boucherie; si la saison est chaude et l'usage de la viande prolongé, nul doute que les consommateurs ne se ressentent des fâcheux effets de l'affection régnante sur les animaux.

§ II.

Empoisonnements

Indépendamment des symptômes particuliers que présentent les empoisonnements, selon la nature du poison qui a été absorbé, il se produit des symptômes généraux, toujours suffisants pour faire reconnaître qu'un animal est empoisonné. Ces symptômes sont : l'ardeur de l'œsophage et de l'estomac; la sécheresse et l'odeur infecte de la bouche ; la lividité des gencives et de la langue; une soif ardente; de violentes douleurs dans les organes digestifs, depuis la gorge jusqu'à l'estomac ; les syncopes, les déjections sanguinolentes, jaunes, vertes ou noires; les frissons, les sueurs froides et gluantes, les yeux rouges et saillants, les mouvements convulsifs, la contraction des muscles, le vertige, la léthargie, le hoquet, la dilatation de la pupille.

On peut donc conjecturer qu'un animal est empoisonné, lorsqu'on remarque en lui ces divers symptômes, ou un certain nombre d'entre eux. La première chose à faire, si l'on ne connaît pas la nature du poison qui agit, est de le faire évacuer le plus tôt possible, au moyen de vomitifs, de lavements, de purgatifs, d'antispasmodiques, tels que l'éther, le camphre, l'assafœtida. On peut encore exciter le vomissement avec de l'huile, du beurre fondu, ou en chatouillant l'intérieur de la gorge avec une plume. Mais si le mal est très-intense, si une partie du poison a passé de l'estomac dans les intestins, ces moyens généraux sont insuffisants, et, pour en employer d'autres, il faut, par l'observation d'autres symptômes particuliers , tâcher de découvrir la nature du poison qui les produit.

Les poisons, à quelque règne de la nature qu'ils appartiennent, se divisent en trois classes, qui sont : 1° les *poisons irritants ;* 2° les *poisons narcotiques ;* 3° les *poisons narcotico-âcres.*

On range dans la première classe, *poisons irritants,* les acides minéraux et végétaux concentrés, les alcalis caustiques, le chlore, l'iode, le phosphore, les cantharides ; les sels d'arsenic, de mercure, de cuivre, de plomb, d'argent; la renoncule des prés, et plusieurs autres substances du même genre.

La seconde classe, *poisons narcotiques,* comprend l'acide hydrocyanique, l'opium, la morphine, la jusquiame, la morelle, et d'autres substances toxiques, qui ne déterminent aucune altération dans la bouche, l'arrière-bouche et l'œsophage.

La troisième classe, *poisons narcotico-âcres,* se compose de la noix vomique, l'aconit, le tabac, le colchique, la belladone, la digitale, la pomme épineuse, les champignons, la ciguë, le seigle ergoté, etc.

Les symptômes d'empoisonnement par les irritants sont une constriction de la gorge et une sécheresse extraordinaire dans la bouche et l'œsophage; des vomissements violents de matières différentes, mêlées quelquefois de sang; des douleurs abdominales, des déjections fréquentes; l'estomac s'enflamme; l'animal est agité de mouvements convulsifs, et il ne tarde pas à mourir, s'il n'est pas promptement et énergiquement secouru. — Il faut toujours, dans ce cas, favoriser et exciter les vomissements; faire ensuite avaler à l'animal une dissolution épaisse de gomme arabique, du lait en aussi grande quantité que possible, et de la magnésie pure à forte dose. Lorsque les premiers accidents sont calmés, on administre la thériaque et le sirop de diacode. Ainsi que nous l'avons dit, il faut exciter les vomissements avec persistance, mais seulement tant qu'il reste du poison dans l'estomac; car, plus tard, bien loin de soulager l'animal, on aggraverait le mal.

Les symptômes d'empoisonnement par les narcotiques sont les vertiges, l'affaiblissement, la paralysie des membres de derrière, la dilatation ou la contraction de l'iris, le sommeil et des mouvements convulsifs. Les narcotiques ne déterminent jamais d'altération dans la bouche, l'arrière-bouche et l'œsophage; les vomissements sont rares, et les douleurs peu prononcées. — Il faut, dans les empoisonnements de cette espèce, favoriser les vomissements à l'aide de l'émétique ou d'une forte dosse de sulfate de zinc dissous dans de l'eau. On peut aussi administrer un purgatif, si on suppose que le poison soit parvenu dans les intestins. Après l'expulsion du poison, on administre les boissons acidulées. La saignée, dans ce cas, peut aussi avoir de bons effets.

Les symptômes d'empoisonnement par les narcotico-âcres sont des envies de vomir, des efforts sans vomissements, défaillances, soif ardente, constriction à la gorge; quelquefois, vomissements violents et fréquents, des déjections alvines, selles abondantes, noirâtres, sanguinolentes, accompagnées de coliques, de tenesme, de gonflement et tension douloureuse du ventre. D'autres fois, au contraire, il y a rétention de toutes les évacuations, rétraction et enfoncement de l'ombilic. — A ces premiers symptômes se joignent bientôt des vertiges, l'assoupissement, la léthargie, puis des crampes douloureuses, des convulsions auxquelles la mort ne tarde pas à mettre un terme. Ces différents symptômes se manifestent particulièrement dans l'empoisonnement par les champignons vénéneux. La première chose à faire est toujours de provoquer l'expulsion du poison; ainsi, on doit employer un vomitif, tel que le tartrite de potasse antimonié ou émétique ordinaire; mais pour rendre le remède efficace, il faut le donner à une dose suffisante, l'associer à quelque sel propre à exciter l'action de l'estomac, délayer, diviser l'humeur glaireuse et muqueuse dont la sécrétion est devenue plus abondante par l'impression des champignons. On fera donc dissoudre dans 2 kilogrammes d'eau chaude 6 à 7 décigrammes de tartrite de potasse antimonié (émétique) avec 30 ou 40 grammes de sulfate de soude (sel de Glauber), et on fera boire cette solution tiède en augmentant les doses jusqu'à ce qu'elles aient décidé des évacuations.

Dans les premiers instants, le vomissement suffit quelquefois pour entraîner toutes les substances vénéneuses et faire cesser les accidents; mais si les secours convenables ont été différés, si les accidents ne sont survenus que plusieurs heures après le repas, on doit présumer que partie des substances vénéneuses a passé dans l'intestin; et alors il est nécessaire d'avoir recours aux purgatifs, aux lavements faits avec la casse, le séné et quelque sel neutre pour déterminer des évacuations promptes et abondantes; on emploiera dans ce cas, avec succès, comme purgatif, une mixtion faite avec l'huile douce de ricin, le sirop de pêcher, que l'on aromatisera avec de l'éther alcoolisé (liqueur minérale d'Hoffmann).

Après ces évacuations, qui sont d'une nécessité indispensable, il faut pour remédier aux douleurs, à l'irritation produites par le poison, avoir recours à l'usage des mucilagineux et des adoucissants, que l'on associe aux fortifiants; dans quelques cas on sera obligé d'avoir recours aux toniques, aux potions camphrées; et lorsqu'il y aura tension douloureuse du ventre, il faudra employer les fomentations émollientes, quelquefois même les bains, les saignées.

Les vétérinaires hésitent souvent à reconnaître l'empoisonnement d'un animal, d'abord parce qu'il existe un certain nombre de maladies qui, par leur invasion, leurs symptômes, la rapidité de leur marche, et les altérations qu'elles déterminent quelquefois dans les tissus, simulent l'empoisonnement. D'un autre côté, il peut arriver que des animaux d'espèces diverses ayant pris exactement la même nourriture, les uns soient empoisonnés tandis que les autres n'éprouvent aucun accident; ainsi les cochons mangent de la jusquiame sans en éprouver le moindre mal, tandis que cette plante est un des poisons les plus violents pour les bêtes à laine; les chevaux mangent et digèrent parfaitement la noix vomique, à moins qu'ils n'en aient pris une trop grande quantité, tandis que la moindre dose de ce toxique tue le chien le plus fort; les chèvres mangent de la ciguë sans en être incommodées, etc. Et puis les poisons agissent sur les animaux relativement à leur âge, à leur force, à leur état de santé; de là l'hésitation des gens de l'art. Cependant, il est des indices généraux auxquels le vétérinaire expérimenté ne peut que bien rarement se tromper; ainsi la bouche, l'arrière-bouche, l'œsophage, l'estomac, le canal intestinal des animaux morts empoisonnés sont toujours le siége d'une inflammation plus ou moins intense; tantôt la membrane muqueuse seule offre, dans toute son étendue ou dans quelques-unes de ses parties, une couleur rouge de feu : dans ce cas, presque toutes les autres membranes qui composent le canal digestif participent à l'inflammation, et l'on découvre une quantité plus ou moins considérable d'ecchymoses circulaires ou longitudinales; quelquefois on remarque de véritables escarres, des ulcères qui peuvent intéresser toutes les membranes; alors il y a perforation, et les bords de la partie perforée peuvent offrir une couleur jaune, verte ou rouge. Dans certaines circonstances, les tissus sont épaissis; dans d'autres, ils sont ramollis et comme réduits en bouillie. Quelquefois, au lieu de la couleur rouge générale dont nous venons de parler, le canal digestif offre des altérations d'un autre genre : la bouche, l'œsophage, la couronne des dents, la membrane interne de l'estomac offrent une teinte blanchâtre; grisâtre ou jaunâtre. Les poumons peuvent offrir une couleur violette ou d'un rouge foncé; alors leur tissu est serré, dense, gorgé de sang; les cavités du cœur sont plus ou moins distendues par un sang rouge ou noir, fluide ou coagulé. La membrane interne de la vessie présente, dans certains cas, des traces manifestes d'inflammation; dans certaines circonstances, le cerveau, le foie, les muscles et plusieurs autres organes offrent une teinte verdâtre. Il est bien entendu, toutefois, que ces altérations peuvent exister ensemble ou séparément, et qu'elles sont toujours plus ou moins prononcées, selon que le poison a agi plus ou moins lentement avant de donner la mort.

Tels sont les indices généraux d'empoisonnement que peut faire découvrir l'autopsie, indépendamment de ceux qui ne peuvent être reconnus d'une manière certaine par les gens de l'art qu'après une longue pratique et de nombreuses observations.

APPENDICE.

OBSERVATIONS,

Recettes et faits divers relatifs à l'art vétérinaire.

1. CHEVAUX PRIS DE CHALEUR. — AVIS. — Dès le moment où les chaleurs commencent à paraître, on voit souvent périr des chevaux sur les routes. Les accidents qui se montrent dans ces sortes de cas semblent se multiplier, et il n'est pas rare que, pendant les fortes chaleurs qui règnent ordinairement pendant les mois de juillet et août, des relais de postes et de messageries ne laissent presque journellement sur les routes quatre ou cinq chevaux. Ces accidents, connus sous les nom de *coup de sang*, de *coup de chaleur*, de *coup de feu*, de *coup de soleil*, de *chevaux brûlés*, *suffoqués*, etc., constituent une inflammation générale portée à l'extrême, et surtout l'inflammation des membranes du cerveau : ils sont dus à un travail trop longtemps soutenu, pendant le temps des fortes chaleurs, à l'ardeur du soleil. Les chevaux tremblent, s'arrêtent, chancellent et tombent à la voiture ; la peau, après avoir été couverte de sueur, est sèche et brûlante ; la bouche est ouverte et les naseaux fortement dilatés ; la respiration est haletante et très-précipitée ; ils sont bientôt suffoqués ou asphyxiés si on ne vient promptement à leur secours, et les secours sont assez souvent trop tardifs ou inutiles. On trouve, à l'ouverture des cadavres, les ventricules du cœur à peu près vides ; les gros troncs sanguins, peu remplis d'un sang noir, épais ; tout le système capillaire et musculaire sous-cutané, infiltré de sang et flagellé ; les poumons noirs, engorgés de sang ; les vésicules pulmonaires déchirées, infiltrées également ; la trachée-artère, la muqueuse des naseaux, sèches, d'un rouge violet ; un épanchement sanguin, noir, sous les méninges et leurs vaisseaux très-engorgés ; les ventricules du cerveau sans sérosité : celle qui s'échappe du canal rachidien, lorsqu'on sépare la tête du tronc, est en petite quantité et rougeâtre ; la langue est noire, pendante hors de la bouche, sèche ; l'estomac est plus ou moins rempli d'aliments.

Le traitement très-actif que l'on emploie trop souvent contribue quelquefois à accélérer la mort ou à retarder la guérison. La saignée pratiquée sur-le-champ tue assez souvent les animaux à la manière de ceux à qui on insuffle de l'air dans la jugulaire, ainsi qu'on l'a observé il y a déjà longtemps : le sang ne sort pas ou sort peu ; la saignée est baveuse, l'ouverture est béante, et on entend quelquefois le glouglou ou le bruit de l'air qui s'introduit dans la veine. On a observé que cet accident n'avait pas lieu lorsqu'on saignait à l'aide de la ligature ou lorsqu'on tirait du sang aux saphènes. On prescrit, dans ces cas, les lotions d'eau vinaigrée ; mais les conducteurs, les postillons, les propriétaires et les maréchaux, croyant accélérer la guérison en employant le vinaigre pur et surtout le plus fort, s'empressent de le verser dans les oreilles, d'en introduire dans les naseaux, dans la bouche, d'en laver les yeux, les testicules, les ars, les jarrets; mais, loin de produire le bien qu'on en attend, les parties se sèchent fortement, la peau se parchemine, se fendille, et lorsque les animaux ne meurent pas promptement par le fait de la maladie, il survient une forte inflammation dans toutes les parties frottées, il s'en détache de larges exfoliations ou escarres, et la guérison est lente et incertaine. On s'est bien trouvé de retarder la saignée jusqu'à ce que les animaux soient un peu reposés, de la pratiquer aux cuisses de préférence à l'encolure; de faire boire de l'eau légèrement vinée, de l'employer en lotions et en lavements que l'on donne à la température ordinaire et sans les faire chauffer; de ne mettre que peu de vinaigre dans l'eau et, en général, d'en mettre d'autant moins qu'il sera plus fort; de ne pas faire boire de cette eau vinaigrée, à moins qu'on n'ait point de vin; de mettre les animaux à l'ombre, si cela est possible, et de les bouchonner pour rappeler la transpiration, qui rafraîchit par l'évaporation qu'elle procure. Ces secours simples et faciles n'ont été employés que lorsque les mauvais effets de ceux donnés trop précipitamment ont été reconnus et que les vétérinaires ont été appelés.

2. **Topique contre le farcin.** — Jusqu'à ce jour on cherchait vainement un moyen assez puissant pour neutraliser promptement le virus; jusqu'à ce jour les moyens les plus vantés étaient reconnus incertains, ou tout au moins trop lents dans leurs résultats; aussi MM. les vétérinaires étaient-ils obligés de recourir à la chirurgie. Ils avaient pour dernière ressource la cautérisation, l'excision ; mais ces modes de traitement, quoique bons en eux-mêmes, n'attaquent que les parties externes et laissent au principe virulent toute son intensité. M. Terrat, en se fondant sur de longues observations, et surtout sur la pratique, a depuis plusieurs années composé un topique contre le *farcin*, topique que nous n'hésitons pas à faire connaître et dont nous indiquerons l'emploi, parce qu'il est à notre connaissance que M. Terrat a été encouragé par des succès constants, et que des praticiens distingués dans l'art vétérinaire ont reconnu l'efficacité de ce topique dont la propriété est de neutraliser complétement le

virus du *farcin*. M. Lelong, pharmacien de l'école vétérinaire d'Alfort, s'est chargé de la vente de ce topique. Cette circonstance ne saurait être indifférente ; elle doit être considérée au moins comme une garantie des faits que nous alléguons. — *Emploi du topique.* — Le *farcin* se présente extérieurement sous forme de boutons, cordes, tumeurs, ulcérations, etc. ; dans ces différents cas, on prendra du topique à l'aide d'un morceau de bois en forme de spatule (on doit éviter de mettre le topique en contact avec la main) et on l'étendra sur toutes les parties affectées en ayant le soin de toucher plus légèrement sur les ulcérations. Une seule application suffit ordinairement ; mais comme cette maladie est plus ou moins rebelle, après quelques jours de délai, et lorsque l'inflammation que produit cette opération aura entièrement disparu, si les symptômes se renouvellent, il faudra la réitérer autant de fois qu'ils se reproduiront.

3. **Moyens de prévenir la maladie de sang des bêtes a laine.** — La maladie connue sous le nom de *maladie de sang* ou de *sang de rate,* est celle qui fait périr le plus grand nombre de bêtes à laine. Elle frappe de mort presque tous les animaux qu'elle attaque, et elle sévit surtout dans les départements où la culture se fait en grand. C'est d'abord les plus belles, les plus jeunes brebis, les agneaux qui donnent le plus d'espérance, qu'elle atteint et tue ; elle ne se porte que plus tard sur les bêtes âgées et de peu de valeur. En 1842, le *sang de rate* a enlevé, dans les arrondissements de Pithiviers et d'Orléans, 35,403 bêtes à laine sur les 163,661 dont l'existence avait été reconnue par un recensement officiel opéré l'année précédente. Comme la maladie s'est montrée avec la même vigueur sur tous les points de l'ancienne Beauce, dont ces deux arrondissements ne forment que la huitième partie, et qui n'est pas moins riche proportionnellement en bêtes ovines, il a dû en succomber huit fois autant, soit environ 283,224, qui, au prix moyen de 25 francs, présentent une perte en argent de plus de sept millions. Le gouvernement a envoyé sur les lieux un habile vétérinaire, M. Delafond, de l'école d'Alfort, qui a parcouru 54 communes et visité les troupeaux de 120 cultivateurs, pour étudier cette maladie. M. Delafond a reconnu que, dans l'immense majorité des cas, des signes avant-coureurs avertissent qu'elle va bientôt sévir sur les troupeaux. Les bêtes qui doivent prochainement être atteintes, ont une vivacité et une excitabilité qui ne sont point ordinaires. Leur regard est vif ; la peau, surtout celle fine et rose du bout du nez et des oreilles, prend une teinte rouge vif. Lorsque le troupeau parcourt en liberté, on voit ordinairement les bêtes les plus belles, les plus jeunes et les plus grosses, s'arrêter quelques instants, allonger la tête, dilater les narines, ouvrir la bouche, et respirer pénible-

ment. Beaucoup, dans l'intervalle de la distribution des aliments, lèchent les murailles et recherchent les terres salpêtrées. Après le repas, le ventre se ballonne. Mais tout cela est de courte durée. Ces signes acquièrent une haute gravité, lorsque, en forçant les bêtes à uriner, en serrant tout à la fois la bouche et les naseaux, on voit s'écouler une humeur roussâtre, et qu'on s'aperçoit au parc ou à la bergerie que plusieurs toisons sont tachées de rouge par l'urine des bêtes déjà malades. Enfin, on a la certitude que le mal va attaquer plusieurs animaux, lorsque, indépendamment de tous ces symptômes, les excréments, ordinairement secs et moulés sous forme de petites crottes, deviennent mous et sont recouverts d'une matière glaireuse, blanchâtre, très-souvent sanguinolente. La maladie de sang est mortelle; mais, s'il est impossible de la guérir, il ne l'est pas de la prévenir et voici les meilleurs moyens à employer par les cultivateurs : — 1º S'habituer à examiner la peau et les yeux des animaux, pour s'assurer s'ils n'ont pas trop de sang ; — 2º S'exercer à pratiquer la saignée à la veine du cou (la jugulaire), afin d'y avoir recours en cas d'urgence, sans être sous ce rapport à la discrétion des bergers ; — 3º Composer pour chaque jour d'hivernage une ration constamment uniforme d'aliments secs, associés à des racines rafraîchissantes, comme la betterave et la pomme de terre, le tout du poids de 1 kilogramme par grosse bête, et du tiers ou de la moitié, suivant l'âge, par agneau ; — 4º Veiller, lors de l'établissement du parc, au printemps, à ce que les troupeaux consomment de la luzerne et du sainfoin, qui sont pour eux un excellent fourrage, de préférence aux vesces et aux trèfles, qui échauffent et donnent beaucoup trop de sang ; — 5º Ne pas laisser les troupeaux au parc pendant les chaleurs ni pendant les nuits orageuses de l'été, et les nuits fraîches de l'automne ; — 6º Faire la tonte du 15 au 20 mai pour les agneaux et les moutons, et du 1er au 11 juin pour les brebis mères, en les nourrissant alors pendant huit à dix jours à la bergerie, afin que la toison ait le temps de repousser, et puisse abriter la peau contre les premières impressions du froid, ou contre la température trop élevée de l'atmosphère, et aussi contre l'humidité de la terre ; — 7º Ne jamais mettre dans la boisson des moutons du sel marin, qui les altère et aide à la production du sang : 500 grammes de sel de Glauber dans 100 litres d'eau, ou 250 grammes d'acide sulfurique (vitriol liquide) dans 200 litres d'eau, ou enfin 4 litres de bon vinaigre dans un volume égal de 200 litres d'eau, forment pour un troupeau de 100 à 130 bêtes une boisson parfaite, qui étanche la soif, fait couler la salive et les urines en plus grande quantité, tempère la chaleur de toutes les parties du corps, et favorise la transpiration ; — 8º Tenir les bergeries très-proprement, ne point calfeutrer les portes et les fenêtres, et à l'aide d'un ventilateur économique, fait avec plusieurs planches de sapin et placé entre deux solives au milieu du plafond, faciliter la circulation de l'air, tout en maintenant une température égale.

L'œil du maître est nécessaire pour qu'on observe ces règles. La plupart des bergers donnent démesurément à manger à leurs troupeaux, et par cet excès de nourriture ils déterminent le plus souvent la maladie ; chez un grand nombre, c'est défaut d'intelligence ; mais il en est aussi qui sacrifient volontairement l'intérêt de leurs maîtres à leur propre intérêt. D'après les conditions habituelles en Beauce, le suif des bêtes qui meurent leur appartient ; or, il en périt ordinairement un cinquième, 100 sur un troupeau de 500 ; ils récoltent ainsi par brebis 2 kilogrammes de graisse, qu'ils vendent 1 fr. 60 c. à 1 fr. 80 c. ; d'où il suit que le berger fait des bénéfices, lorsque le propriétaire du troupeau fait des pertes. Cet usage abusif est un encouragement à la fraude et à l'immoralité : il serait urgent de l'abolir, et le remplacer par une prime qui serait réglée sur la progression décroissante de la mortalité, ce qui tournerait à l'avantage des maîtres, des bergers et des moutons.

4. Travaux de l'école vétérinaire d'Alfort. — Fondée vers 1767, l'école vétérinaire d'Alfort a rendu depuis son établissement des services éminents à l'agriculture et à l'alimentation humaine. Son enseignement a atteint aujourd'hui un haut degré de perfection, et elle occupe le premier rang parmi les établissements scientifiques du même genre. Ses élèves, en quittant l'école, vont porter en France et à l'étranger les fruits de l'instruction qu'ils ont reçue, et introduisent dans la pratique son enseignement si utile. Nous donnons un résumé de quelques-uns des derniers travaux de l'école. Le directeur, M. Renault, dont on connaît les beaux travaux, a résumé ainsi ses observations sur la *rage :*

La *rage*, la *morve* et les *maladies charbonneuses* sont, parmi les maladies virulentes ordinaires de nos animaux domestiques, celles qui, en même temps qu'elles causent le plus de mal à l'agriculture, sont, par leur transmissibilité à l'espèce humaine, les plus redoutables, et, partant, les plus importantes à étudier dans leurs moyens de transmission. Et cependant, il n'avait encore été fait que très-peu d'études sérieuses pour éclairer expérimentalement une question à la fois si sérieuse et si complexe. Aussi la science est-elle encore loin d'être faite sur ce point, et l'administration hésite et tremble avec raison quand elle a à prendre des mesures contre ces fléaux. — C'est frappé qu'il était de ces incertitudes et de ces doutes que M. le directeur de cette école a entrepris et poursuit sans relâche depuis plus de vingt ans un ensemble d'expériences nombreuses et variées, qui ont déjà jeté un grand jour sur cette matière également intéressante pour l'économie du bétail, pour les industries qui s'y rattachent, et pour l'hygiène publique. — Voici quelques-uns des principaux résultats que lui ont donnés ses expériences. — Interprètes pratiques des données actuelles de la science sur les propriétés des matières virulentes, les règlements de police prescrivent, sous les peines les plus sévères, de lacérer et d'enfouir à une certaine profondeur et loin des habitations les débris, cuirs et chairs des animaux morts de maladies contagieuses. — Or, des nombreux essais répétés dans le courant de 1850, il résulte que, à l'état de *dessiccation* où ils sont employés dans l'industrie, les débris utilisables des animaux sont sans aucun danger, soit pour les autres animaux, soit pour l'homme. — En effet, dans aucune des nombreuses expériences dans lesquelles il a inoculé, à l'état de dessiccation, les matières virulentes les plus actives, M. Renault n'a pu produire même le plus simple effet local sur les animaux sur lesquels il a fait ses inoculations. — Ainsi encore il a pu, plusieurs fois, placer dans de petites écuries, où se trouvaient plusieurs moutons sains, des peaux desséchées provenant d'autres moutons morts de la clavelée depuis quinze ou vingt jours, et quoique ces expériences aient duré plus d'un mois, aucun des moutons sains n'a contracté la clavelée. — Ainsi, pour une autre maladie, il a pu revêtir impunément, pendant plusieurs mois, des chevaux sains, avec des licols ou des couvertures enduits de pus de morve ou de farcin, après avoir laissé sécher cet enduit à l'air pendant une vingtaine de jours, et aucun de ces chevaux n'a contracté le farcin ou la morve. — Des expériences analogues répétées avec des matières virulentes putréfiées ont donné des résultats semblables. — D'où cette conséquence, dont la portée est si considérable pour la science et l'hygiène publique, que les éléments contagieux les plus actifs perdent leur puissance virulente lorsqu'ils sont *putréfiés* ou lorsqu'ils ont été complétement *desséchés à l'air libre.*

La rage a continué à faire le sujet des études de M. Renault. Il a le regret de n'avoir malheureusement rencontré aucun moyen de la guérir lorsqu'elle est déclarée; mais il a constaté ce fait, qui n'est pas nouveau assurément, que, jusqu'à présent, aucun des nombreux animaux dont les plaies résultant de morsures et d'inoculations ont été cautérisées à fond, dans les vingt-quatre heures qui ont suivi l'inoculation ou la morsure, n'a contracté la rage. Il a également constaté cet autre fait, qu'il a consigné dans un rapport qu'il a fait à l'Académie nationale de médecine, à savoir que, sur une masse d'individus mordus par des chiens enragés et laissés sans aucun traitement, le tiers au plus contractera la rage; tandis que l'on croit généralement dans le public que presque tous les sujets mordus doivent être atteints fatalement de cette cruelle maladie. La transfusion du sang de deux chiens enragés, dans les veines de deux chiens sains, n'a produit sur ces derniers aucun effet. Il en a été de même de l'inoculation, aux animaux sains, du sang artériel et veineux recueilli par piqûres sur des chiens enragés. Enfin, M. Renault a présenté à l'Académie des sciences un long travail qui résume toutes ses expériences sur les effets de l'ingestion des matières virulentes dans les voies digestives de l'homme et des animaux domestiques. Les conclusions de ce travail sont, au point de vue de l'hygiène publique et de l'économie industrielle : Qu'il n'existe aucune raison sanitaire d'empêcher l'alimentation des porcs et des poules avec les débris des clos d'équarrissage, quels qu'ils soient ; que la chair de ces animaux n'éprouve aucune modification, aucune diminution de qualité appréciable par suite de l'alimentation de ces animaux avec des matières virulentes ; que, si concevable que soit la répugnance de l'homme à se nourrir de viandes ou de laitage provenant de bêtes bovines, porcs, moutons ou poules affectés de maladies contagieuses, il n'y a, en réalité, aucun danger pour lui à manger de la CHAIR CUITE ou du lait BOUILLI fourni par ces animaux.

Pathologie et police sanitaire.

M. Delafond, professeur attaché à cette chaire, a continué les recherches qu'il poursuit depuis près de dix années, avec M. le docteur Gruby, sur les helminthes qui vivent constamment dans le sang de plusieurs animaux, tels que le chien, le rat noir, le corbeau et certains batraciens. Les nombreuses observations et expériences qui ont été faites sur le ver filaire qui circule avec le sang dans les vaisseaux du chien, ont été consignées dans un Mémoire remis à l'Académie des sciences. Le même professeur a continué, avec M. le docteur Bourguignon, les études comparées qu'il a entreprises sur l'insecte qui détermine la gale du cheval et du mouton. Ces recherches, qui ont été faites sous les yeux des élèves, ont démontré jusqu'à présent : 1° Que la gale du cheval et du mouton n'est point une maladie susceptible de se transmettre par l'inoculation du liquide morbide connu sous le nom de *virus de la gale* ; 2° que cette affection naît, se développe et se propage par le sarcopte ou l'acare ; 3° que les acares du cheval et du mouton, quoique possédant de nombreux caractères zoologiques connus, constituent cependant deux espèces distinctes ; 4° que ces deux espèces de sarcoptes ne peuvent vivre et se multiplier que sur l'animal auquel ils appartiennent·

5° que ces insectes déposés, même en grand nombre, sur la peau de l'homme, ne déterminent point la gale ; 6° que le bain ferro-arsénical de Tessier a fourni de nouveaux résultats satisfaisants dans le traitement de la gale récente et ancienne des bêtes à laine. Le nombre des animaux d'âge et de sexe différents, traités et guéris par ce bain dans diverses localités de la France, s'élève jusqu'à présent, à près de 15,000. Aucun accident n'a été constaté soit sur les hommes qui ont fait prendre le bain, soit sur les animaux qui y sont restés plongés pendant trois à cinq minutes.

Le bain ferro-arsénical ayant l'inconvénient de donner momentanément une couleur de rouille à la laine, M. Mathieu, vétérinaire à Ancy-le-Franc, et M. Delafond, ont essayé, selon une indication déjà appliquée par M. Clément depuis deux à trois ans, de substituer au proto-sulfate de fer entrant dans la composition du bain de Tessier, le proto-sulfate de zinc. Ce bain zinco-arsénical n'a point l'inconvénient que l'on reproche au bain de Tessier, et en possède les avantages curatifs. Ces expériences, qui se rattachent à la conservation des troupeaux et des qualités de la laine, seront continuées.

Hygiène.

On a continué les croisements entre la race mérine de Rambouillet, la race soyeuse et la race Dishley. Depuis plusieurs années, aucun reproducteur pur sang mérinos, ni de race anglaise, n'a été employé dans l'école ; les métis de ces deux types se reproduisent par eux-mêmes, et dans les conditions où nous les plaçons à Alfort, ils conservent les belles qualités qui les distinguent. L'école, n'ayant pas à sa disposition l'établissement rural qui serait nécessaire pour l'étude des races, a continué de profiter du voisinage des marchés de Sceaux et de Poissy pour l'étude des bœufs et des moutons. Les élèves ont pu voir dans l'école, outre le troupeau de l'administration, des bêtes à laine appartenant aux principales races françaises et entretenues temporairement à l'école. Ils ont été appelés aussi à suivre des expériences sur les rations de ces animaux et sur les effets du sel marin. Parmi les remarques faites sur l'alimentation des moutons, nous signalerons seulement les effets du sarrasin. On sait que cette plante produit, dans certains cas, un gonflement extraordinaire de la face et des oreilles des animaux qui la consomment. Les auteurs ignorent la cause de cet effet très-remarquable. Quatorze moutons ont été nourris à la bergerie avec du sarrasin. La plante était récoltée pendant un temps variable. Aucun effet ne s'est montré tant que les animaux sont restés à la bergerie, quoiqu'ils eussent consommé exclusivement du sarrasin pendant treize jours. On les a ensuite reconduits dans les pâturages, avec le restant du troupeau. Le lendemain il est survenu des démangeaisons à la tête, sensibles surtout lorsque les animaux étaient au soleil. Sur six, il s'est montré aux oreilles un gonflement œdémateux considérable qui, dans deux sujets, s'étendait jusqu'aux paupières, et même jusqu'au cou. Il n'a pas été remarqué d'insectes sur la plante. Ce fait assez curieux tendrait donc à démontrer qu'on ne doit pas attribuer à ces êtres l'action bien connue du sarrasin. Nous savions que l'influence du soleil la favorise ou même la provoque, mais nous ignorions que cette influence pût être sensible lorsqu'elle agit après que les animaux ont cessé d'être en contact avec la plante polygonée.

5. INOCULATION PRÉSERVATIVE DU TYPHUS DU GROS BÉTAIL. — Voici un extrait d'un travail de M. de Samarjay, propriétaire et cultivateur en Hongrie : « Une quantité considérable de bétail a été enlevée dernièrement par le typhus, contagion qui avait mis sur le qui-vive tous les gouvernements européens. La médecine jusqu'alors n'avait pu trouver le moyen de combattre ce fléau. — En suivant attentivement les périodes et accidents de cette maladie, j'avais fini par m'assurer que chez un bœuf une fois atteint du typhus et guéri, *jamais le mal ne reparaissait*; des expériences faites à ce sujet affermirent mon opinion ; je crus reconnaître dans le typhus des bœufs une certaine analogie avec la petite vérole, maladie contagieuse de la race humaine; je pensai alors que l'heureuse découverte qui a rendu Jenner immortel pourrait bien aussi trouver son application sur les animaux, et que l'inoculation serait le remède préservatif contre le typhus des bêtes à cornes, comme la vaccine contre la petite vérole, et je fis sur-le-champ l'expérience suivante : — je pris de la salive d'un bœuf fortement atteint du typhus, j'en inoculai un autre animal encore bien portant; cette opération hardie eut pour effet de provoquer chez le bœuf inoculé une maladie factice, dont les symptômes étaient fort doux, en sorte que tous les animaux peuvent les supporter sans aucun danger (circonstance absolument semblable à celle qu'on observe dans les effets de la vaccine). Grâce à cette inspiration, j'ai été assez heureux pour sauver une grande quantité de bétail et préserver mes concitoyens d'une ruine certaine. — Voici maintenant ma manière de procéder à l'inoculation : l'animal est renversé avec précaution : je pratique avec un instrument tranchant, propre à cette opération, une incision d'un demi-pouce de long à la partie supérieure et interne de la cuisse, au haut du pis si c'est une vache, et au haut des parties génitales si c'est un bœuf, là où la peau est la plus mince. J'ai soin toutefois de ne pas entamer la chair, car le sang qui s'écoulerait pourrait nuire à l'effet de cette

vaccine d'un nouveau genre. L'incision pratiquée, on y introduit le doigt, en faisant une espèce de poche de haut en bas, entre cuir et chair, comme l'on dit vulgairement; c'est dans cette ouverture ou poche qu'on introduit un peu de la salive prise sur un bœuf malade du typhus. On évitera que cette salive s'échappe au dehors, en appuyant pendant quelques minutes le doigt sur la plaie; on fait alors relever l'animal. On aura soin de tenir les animaux inoculés dans une étable assez chaude et de ne leur donner que peu de fourrage, mais de bonne qualité; on leur présentera souvent à boire, parce que dans l'état où ils se trouvent, les intestins ont à traverser une crise d'inflammation légère. A l'endroit où l'on a pratiqué l'inoculation, l'on voit se former, le troisième ou quatrième jour, une espèce d'ulcère qui ne tarde pas à entrer en suppuration; c'est ce pus ou cette suppuration qui m'a servi pour inoculer. Je l'ai recueilli dans des tuyaux de plume à défaut de tuyaux en verre. Il faut recueillir le pus avant que l'ulcère commence à former sa croûte. — *Le malade recouvre en peu de jours la santé et reste ainsi préservé pour toujours du typhus.*

« J'ai fait encore une observation importante, c'est que la matière qui sert à l'inoculation, après avoir servi successivement à plusieurs animaux différents, donne lieu à des crises bien plus douces que la matière première. Aux premiers symptômes des effets de l'inoculation, il est nécessaire de pratiquer une saignée, surtout si l'animal paraît de nature pléthorique. La saignée sera opérée à la langue ou au flanc. En outre, il est bon de faire une incision au fanon et d'y introduire un morceau de racine d'*ellébore noir*, trempé préalablement dans de l'eau tiède, et dont on laisse ressortir le bout hors de la plaie, afin de pouvoir le retirer à sa volonté. Si l'introduction de la racine a lieu au moment convenable, la place qu'elle occupe commence à suppurer après quelques heures, ce qui ne manque pas de soulager beaucoup l'animal. — Celui qui fait inoculer son bétail lorsqu'il en est temps encore, peut être *certain* de le préserver du typhus. Il est donc prudent, partout où le typhus menace de se porter, de procéder sans retard à l'inoculation, point sur lequel j'appelle l'attention du gouvernement, parce que, moyennant cette précaution, il ne serait plus nécessaire de sacrifier des sommes considérables dès à présent à des cordons sanitaires, etc., etc. Tous ceux qui se prononceraient pour l'assommement du bétail menacé de typhus commettraient une faute grave et compromettraient inutilement la fortune de leurs concitoyens. Les animaux inoculés ne sont malades que fort peu de temps, et dès qu'ils sont guéris, ils peuvent être employés tout de suite au travail. J'ajouterai que les vaches inoculées n'avortent point, accident qui ne manque presque jamais d'arriver chez celles atteintes du véritable typhus. »

6. DE L'EMPLOI DU MELOE PROSCARABEUS CONTRE L'HYDROPHOBIE. — Ce coléoptère, long de 8 à 10 lignes, se trouve au mois de mai dans les prairies, vergers et au bord des chemins. Il est reconnaissable aux caractères suivants : tête large postérieurement, corselet étroit du devant, un peu dilaté au milieu, se rétrécissant ensuite, relevé, échancré à son bord postérieur ; élytres chagrinées ; antennes dilatées, un peu contournées dans le milieu, couleur d'un beau bleu d'acier. — Dans un traité d'histoire naturelle, Funke parle de l'emploi du *meloe proscarabeus* contre l'hydrophobie. Ce remède fut un secret, jusqu'à ce que Frédéric le Grand, l'ayant acheté à l'inventeur, le fit publier. L'incertitude de l'effet d'un médicament nouveau dans une maladie aussi terrible fut cause que peu de médecins l'employèrent, et que peu à peu cet utile insecte fut relégué dans la masse des médicaments inusités. M. Boettiger le tira de l'oubli, et, par une série d'essais, il prouva que non-seulement ce médicament peut être utile dans le traitement de l'hydrophobie, mais que, bien préparé, il est même d'un effet certain : il publia en conséquence à ce sujet une brochure intitulée : *Unfehlbares mittel wider den bis Toller hunde, von moritz Gottnald Boettger, Dresden,* 1834. Il opère de la manière suivante : dans un bocal de forme cylindrique, il met une certaine quantité de miel pur, recueilli sans expression et sans autre chaleur que celle du soleil ; il essuie légèrement les insectes sans les toucher trop fortement, de peur de leur faire répandre le liquide qui forme l'important principe actif ; introduits dans le miel, les insectes y séjournent durant quelques jours, exposés à une douce chaleur, puis on les en retire pour les faire sécher. après avoir toutefois enlevé avec un couteau le miel adhérent. On continue de la même manière, jusqu'à ce que le liquide perdu par les insectes, et surnageant le miel, forme le dixième du volume de celui-ci ; on réduit alors en poudre les méloés desséchés, et cette poudre, incorporée au miel précité, donne le médicament que propose M. Boettiger. — Pour en faire usage. on dissout trente-huit grains de cet électuaire, pour un adulte, dans une tasse de bonne bière ; on en favorise la dissolution par la chaleur du fourneau ou en plongeant la tasse dans l'eau chaude ; on fait avaler cette potion au malade, en ayant soin de le faire coucher dans une chambre légèrement chauffée, et on lui recommande de bien se couvrir et de rester ainsi pendant seize heures, sans manger ni boire quoi que ce soit. Ce temps passé, il pourra se lever et manger une soupe légère, tout en évitant la fatigue du corps et de l'esprit. — Ce médicament agit surtout sur les voies urinaires ; le malade se

plaint de douleurs dans ces régions, et éprouve pendant le traitement une envie incessante d'uriner : pour empêcher le refroidissement, on pliera un drap de lit, et on le disposera de manière à absorber cet épanchement d'urine parfois sanguinolente. — Si les plaies provenant de la morsure étaient fortes et indolentes, on provoquerait la formation du pus par des frictions avec un onguent cantharidé, ou avec de fort vinaigre. — Pour le traitement des animaux atteints de la rage, le même médicament sera d'un bon effet, en ayant soin toutefois d'augmenter la dose de six à dix grains et d'opérer la dissolution dans du lait : on observera du reste même diète rigoureuse ; pour y parvenir, on les prive de litière et on les enferme dans une écurie chaude.

7. DES PUSTULES DE LA RAGE. — Une circulaire a été adressée par le ministère prussien aux médecins, pour les inviter à constater l'existence des pustules sub-linguales dans la rage, à les ouvrir et à les cautériser quand elles existent. Le docteur Baumbach a vu près d'Erfurt une femme mordue par un chat enragé ; elle se plaignait déjà d'un violent vertige, d'une difficulté dans les organes de la déglutition, d'insomnie, d'angoisse perpétuelle, et souffrait beaucoup du doigt mordu. Il trouva des pustules sous la langue, les traita d'après la méthode indiquée par le docteur Marochetti, et la malade fut rétablie. Les docteurs Ettmüller et Ideler n'eurent pas le même succès. Ils traitèrent (près de Mersebourg) un homme de 60 ans qui avait été mordu par un chat enragé le 23 mars. Cet homme se porta bien jusqu'au 16 mai, époque à laquelle il fut saisi d'angoisse, d'une démangeaison ardente à l'endroit de la morsure, qui était déjà cicatrisée depuis longtemps. Il fut pris de convulsions, avait horreur des liquides, etc. Ces médecins trouvèrent sous la langue quatre pustules qu'ils cautérisèrent ; mais, malgré cette précaution, le malade devint hydrophobe et périt le 19 mai.

On peut ajouter à ces faits les suivants : M. Karamsin a parlé, à la Société de Moscou, d'un vieillard qui avait la réputation de guérir de la rage en ouvrant de petits abcès qui se formaient sous la langue, en exprimant le pus et faisant gargariser avec la décoction de genêt. M. Rehmann, de Pétersbourg, rapporte qu'un homme hydrophobe étant mort à l'hôpital de cette ville, il trouva au dessous de la langue les pustules décrites par Marochetti ; mais la matière qu'elles contenaient était, dit-il, endurcie et comme cartilagineuse. M. le professeur Erdmann a retrouvé la méthode dont parle M. Karamsin en Esthonie, dans le district de Juysley. En France, M. Magistel, médecin à Saintes, est le seul qui ait vu des pustules sub-linguales sur un hydrophobe, mais la méthode de Marochetti a échoué. Le docteur Heller a communiqué à l'Académie royale de médecine de Paris, d'après un journal allemand, un fait assez important. Il paraît qu'en Grèce on a soin d'examiner la langue des individus mordus par des chiens enragés, parce qu'au bout de huit à neuf jours après cette morsure, il s'élève de chaque côté de la langue, et près de son filet, des pustules qu'on appelle *lyssès* chez les Grecs. Ces lyssès paraissent contenir tout le virus *rabique;* on s'empresse, aussitôt après leur apparition, de les exciser et de cautériser les plaies avec un fer chaud; cette méthode garantit, dit-on, l'individu de l'hydrophobie. Cette pratique viendrait donc encore à l'appui de l'opinion du docteur Marochetti sur les pustules sub-linguales.

8. DESCRIPTION D'UNE CHÈVRE HERMAPHRODITE. — Le sujet de cette observation est une chèvre qui offrait à l'extérieur des traces d'appareils mâle et femelle dont voici l'organisation : au-dessous de la queue se trouvait la verge, formée par les corps caverneux plus développés en largeur qu'en longueur; à leur extrémité on apercevait le gland recouvert par un prépuce informe: point de trace d'urètre, point de scrotum; les testicules étaient, à l'extérieur, recouverts par le crémaster et par l'épididyme, qui offrait à son extrémité deux orifices : l'un était celui du canal déférent qui descendait sur les parties latérales du vagin sans avoir de communication avec cette cavité; à l'intérieur du vagin, on apercevait quatre orifices qui communiquaient avec autant de petits canaux provenant des glandes de Cowper, et l'autre orifice de communication avec la queue de l'épididyme appartenait à l'appareil femelle. Celui-ci était situé entre l'anus et la verge; à trois lignes de l'un et à un pouce de l'autre, se voyait son orifice extérieur, dont la partie supérieure offrait une bandelette charnue qui se terminait à la base de la verge. Ensuite venait le canal de la vulve, qui offrait intérieurement deux ouvertures : l'une était la terminaison du canal de l'urètre qui communiquait avec la vessie, et l'autre celle du vagin, dont la structure ne s'écartait en rien de l'état ordinaire. Enfin, suivait la matrice, dépourvue de museau de tanche et de la cloison ordinaire qui se remarque à son extrémité, d'où partaient les trompes de Fallope, dont les canaux communiquaient avec l'extrémité de chaque épididyme.

9. UN BOUC PORTEUR DE MAMELLES LACTIFÈRES.—Aristote nous a transmis quelques détails sur un bouc qui vivait à Lemnos, et dont les mamelles sécrétaient un lait assez abondant pour qu'on en fît des fromages. Ce bouc avait, d'ailleurs, tous les attributs de son sexe, et il devint père d'un autre individu mâle que l'on dit avoir été également lactifère. La Grèce entière s'occupa de ces singularités, dans lesquelles on vit, sur la foi d'un oracle, le présage d'une prospérité extraordinaire. Le bouc n'est pas le seul animal mâle sur lequel la sécrétion du lait ait été observée. Martin Schuring et Haller ont extrait des ouvrages des 16e, 17e et 18e

siècles des observations analogues faites sur le chien, le chat, le taureau et le bélier. La sécrétion du lait a été plusieurs fois observée chez l'homme lui-même. Aristote, Schuring, Haller, Schacher en citent plusieurs exemples. Dans son *Voyage aux régions équinoxiales*, M. de Humboldt parle d'un homme qui non-seulement était lactifère, mais qui avait assez de lait pour avoir pu nourrir son fils pendant cinq mois. Ce sont, sans nul doute, des faits de ce genre, généralisés par la crédulité et l'imagination des voyageurs, qui ont donné lieu à cette absurde assertion de l'un d'entre eux, qu'au Brésil et dans quelques parties de l'Afrique, ce sont les hommes, et non les femmes, qui allaitent leurs enfants.

Un bouc présentant cette anomalie est entré, en août 1845, à la ménagerie du Muséum d'histoire naturelle, à laquelle il avait été donné par M. Van Coppenael. C'était un individu de la variété sans cornes, et d'une taille considérable. Il a vécu à la ménagerie durant cinq ans environ; il est mort en février 1850. Pendant ces cinq années, son lait a continué à se produire dans ses deux mamelles fort volumineuses, disposées comme chez la chèvre. Son lait était moins abondant en hiver, mais il était fourni en grande quantité au printemps et pendant l'été. Ce bouc a donné plusieurs produits, et l'un des chevreaux, ayant perdu sa mère, a été allaité par son père et est parvenu à l'état adulte.

10. **Maladies déterminées chez les vaches par une lactation exagérée.** — M. Bouchardot rapporte les faits suivants :

Un nourrisseur des environs de Paris qui, pendant plusieurs années, a fourni du lait à l'Hôtel-Dieu, soit qu'il fût guidé par les règles posées par Guénon, soit qu'il fût dirigé par d'autres principes, avait la prétention de connaître les vaches qui seraient bonnes laitières; chaque année, il allait en choisir un troupeau en Flandre et le ramenait dans son pays. Ces vaches étaient entretenues à l'étable et nourries avec une attention et une abondance toutes particulières. Dans leur alimentation, outre le fourrage de saison, interviennent les racines sucrées et féculentes, le son et les recoupes pour une proportion beaucoup plus élevée que dans l'alimentation des vaches laitières. Voici les effets de cette alimentation exceptionnelle : ou la vache engraissait outre mesure et la production du lait diminuait, alors elle était livrée au boucher : avec les soins attentifs que notre nourrisseur apportait dans le choix de ses bêtes, ce cas était l'exception. Le plus souvent, l'embonpoint restait modéré; la production du lait, loin de diminuer, s'élevait progressivement pour atteindre de 15 à 25 litres par jour. A une époque éloignée du part, quand la lactation des vaches soumises à un régime ordinaire, loin d'accroître, diminue très-notablement, l'appétit de ces vaches restait bon, leur soif était très-vive, et la quantité d'eau qu'elles ingéraient plus élevée que dans l'état normal. Ce régime réparateur excessif était loin de maintenir les bêtes dans un bon état de santé; après plusieurs mois de cette lactation et de cette alimentation exagérée, l'embonpoint que les vaches avaient pris diminuait notablement; l'appétit baissant. Notre nourrisseur, qui connaissait les suites de cette maladie qui débutait, livrait immédiatement ses bêtes atteintes au boucher, et toujours on observait des tubercules dans les poumons des vaches qui avaient été ainsi dirigées. Si les choses s'étaient toujours passées de la sorte, le nourrisseur aurait pu y trouver son compte, car ses bêtes lui avaient produit beaucoup de lait, et comme il les vendait au boucher dans un état d'embonpoint encore satisfaisant, il en obtenait un bon prix. Mais la tuberculisation pulmonaire n'était pas la seule maladie à laquelle ses vaches étaient exposées; il est une autre affection bien autrement redoutable pour lui, qui, à diverses reprises, a enlevé presque toutes les femelles laitières qui garnissaient ses écuries: c'est une forme de pleuro-pneumonie aiguë remarquable par la rapidité et la constance de l'issue funeste. Ici la mort ne pouvait être prévue : vingt-quatre heures, quarante-huit heures au plus suffisaient pour amener le terme fatal; la maladie était trop grave, le temps manquait pour conduire ces bêtes au boucher. Une ruine suivait inévitablement une opération qui, au premier abord, paraissait bien conduite. Dans la lactation exagérée des vaches comme dans la glucosurie de l'homme, la soif est très-vive, et la quantité d'eau ingérée dans les vingt-quatre heures dépasse de beaucoup la quantité normale. Les vaches soumises pendant longtemps au régime spécial qui produit et favorise la lactation exagérée deviennent toujours tuberculeuses, s'il ne survient point de maladie incidente mortelle; les hommes affectés de glucosurie deviennent toujours tuberculeux, s'il ne survient pas de maladie incidente mortelle. Si une pleuropneumonie se déclare chez un glucosurique, cette maladie, quoique légère en apparence, entraîne toujours la mort, et souvent dans les vingt-quatre heures. Si une vache soumise au régime de la lactation exagérée est prise de pleuropneumonie, la mort est également sûre et rapide.

Voilà, certes, des rapprochements bien dignes de fixer l'attention des physiologistes. Quand la lactation s'éloigne peu des conditions normales, il est bien certain que c'est une fonction physiologique, et quand bien même la production du lait serait élevée chez certaines femelles, si cette production suit une marche régulière, ces animaux, si précieux pour nous, ne paraissent pas plus exposés aux épidémies et aux maladies chroniques que les bêtes qui donnent peu de lait; mais comme cette question n'a pas été étudiée avec toute l'attention qu'elle mérite, comme on n'employait pas les moyens précis d'estimer la qualité du lait, comme des études longues et suivies sont indispensables pour se former une opinion définitive, il convient de la recommander à l'attention des personnes qui se livrent à l'industrie de la production du lait.

11. **Effet des fatigues et des mauvais traitements sur les animaux.**— « Chez les animaux irritables, dit le docteur Louis, la douleur détermine des convulsions qui entraînent souvent la rupture de la vessie, de l'estomac, de l'aorte et du diaphragme, surtout si les viscères de l'abdomen et du bassin sont pleins; elle est souvent la cause de l'avortement et de la mort des femelles fécondées. Est-elle occasionnée par un harnais mal ajusté, elle rend les animaux vicieux et rétifs; ils deviennent difficiles à seller, se défendent quand on veut leur passer le collier, et malgré tous les efforts de leur conducteur pour les faire avancer, ils reculent et deviennent ainsi dangereux. Peu de souffrances sont plus préjudiciables que celles occasionnées par le manque d'aliments et de boissons. Elles ruinent en très-peu de temps les élèves qui donnaient les plus belles espérances. C'est autant le sentiment pénible de la faim que le manque de matières assimilables qui produit l'amaigrissement subit des poulains, des génisses, des agneaux; car on peut maintenir en bon état apparent ces animaux pendant quelques jours, en trompant leur appétit par l'administration de substances qui ne sont pas nutritives. On doit noter encore les conséquences de la douleur sur les bêtes de boucherie : elle peut donner lieu en peu de jours à des affections putrides et gangréneuses sur les bœufs gras et rendre leur viande dangereuse pour l'homme. Les plus graves accidents de ce genre sont quelquefois produits par la fatigue seule, ainsi qu'on l'a observé principalement sur les troupeaux de bœufs qui suivaient nos armées vers la fin du siècle dernier; mais ils sont le plus ordinairement occasionnés par des plaies, des maladies locales qui prennent le caractère du charbon. Les plus profondes altérations peuvent être produites en très-peu de temps chez les ruminants qui souffrent; il peut même arriver que la chair d'animaux surmenés, épuisés de fatigue ou frappés de terreur, soit assez altérée pour déterminer, par son ingestion dans les voies digestives, les plus terribles maladies, quoique les caractères physiques et chimiques de ces aliments ne décèlent aucun principe toxique, aucune modification appréciable de texture ou de composition. Tout récemment, dans le grand-duché de Bade, un chevreuil, étant tombé dans un filet, se livra à des efforts extraordinaires pour se dégager de ses liens; il redoubla d'énergie quand les chasseurs s'approchèrent et finirent par le mettre à mort, épuisé par la

fatigue et la terreur : presque toutes les personnes qui en,man-
gèrent présentèrent des symptômes d'irritation gastro-intestinale
violente, quoique la chair de l'animal abattu ne présentât aucune altération appréciable.

« Ces considérations suffisent pour faire sentir la nécessité de
préserver, autant que possible, de la souffrance les êtres sensibles
qui nous sont soumis, et prouver que nous devons, ne fût-ce que
par calcul, leur épargner même de légères douleurs, les surveiller avec sollicitude, et aussitôt qu'ils paraissent agités, qu'ils
poussent des plaintes, les examiner avec attention, inspecter les
harnais, visiter toutes les parties de leur corps, lever les pieds,
nous assurer si leurs besoins naturels sont satisfaits, si la respiration se fait bien et si les mouvements du flanc sont réguliers.
Si nous découvrons la cause du mal, il faut d'abord chercher à
la faire cesser et appliquer ensuite avec diligence les remèdes
convenables. Dans tous les cas, on ne doit pas négliger de donner
aux malades des soins particuliers, de les placer dans un lieu
tranquille, sur une bonne litière, de leur distribuer une nourriture choisie et de facile digestion. Il est juste non-seulement de
faire cesser des sensations pénibles, mais encore de procurer aux
animaux du bien-être.

« Stupides, méfiants, indociles, les animaux conduits avec brutalité sont toujours d'un mauvais service et donnent peu de produits. Presque tous les chevaux méchants ne le sont devenus
que pour avoir été maltraités dans leur enfance. Ils étaient d'un
caractère fier : un brutal a excité leur colère vindicative, et ils
ont pris en haine l'espèce humaine tout entière. La dureté est un
très-mauvais moyen de gouverner les animaux : c'est elle qui
rend quelques-unes de nos races si chétives, si faibles, malgré
la quantité de nourriture qu'elles consomment.

« Tous les voyageurs qui ont visité l'Oreint attribuent les qualités du cheval arabe, l'attachement, la fidélité extraordinaire
dont il donne des preuves à son maître, aux soins avec lesquels
il est élevé sous la tente de la tribu. Le Circassien traite son
cheval à la manière des Bédouins : il le regarde comme son propre enfant, couche, joue avec lui ; si le cheval commet quelque
faute, il ne le frappe jamais, mais il met un terme momentané à
ses jeux et à ses caresses ; cette privation est, pour les chevaux,
la plus sévère punition ; lorsqu'ils sont assez forts pour porter un
homme, on les dirige sans avoir recours aux moyens violents.
Ces chevaux ressemblent à ceux du Nedji par les formes, par la
légèreté et la solidité dans la marche, par la force et l'énergie
comme par le caractère ; ils sont très-intelligents, comprennent
merveilleusement la parole du maître. On voit le cavalier circassien, obligé de battre en retraite et voulant arrêter ou retarder

l'ennemi, faire signe à son cheval de se coucher, de s'étendre et de faire le mort, pendant que, caché derrière le corps de sa monture, il ajuste son fusil et fait feu, en appuyant sur la tête de l'animal le canon de son arme. Ces chevaux jouent avec les enfants, se prêtent à leurs fantaisies et évitent soigneusement de leur faire du mal.

« La manière de conduire les femelles a beaucoup d'influence sur la quantité du lait. Une main amie ou la bouche du nourrisson produisent sur les mamelles une sensation agréable dont la vache témoigne l'impression en ruminant lentement et en regardant la trayeuse avec satisfaction et tendresse. La sécrétion lactée devient alors plus abondante : celles qui regrettent leurs veaux, celles qui sont traitées par des personnes inhabiles ou brutales, ne donnent souvent pas une goutte de lait; il en est qui ne se laissent traire que par des mains connues ou amies, et d'autres quand elles reçoivent des friandises. Les sensations agréables sont presque toujours salutaires aux animaux; ils sont peu exigeants et en éprouvent toutes les fois qu'ils ne ressentent pas de souffrances, qu'ils n'ont pas d'impressions pénibles. Libres dans un bon pâturage, ou placés sur une épaisse litière, dans une étable où ils sont habitués et où ils reçoivent une nourriture convenable, ils jouissent de tout le bien-être qui leur est nécessaire; ils sont gais, ont les yeux vifs, mangent avec appétit et digèrent facilement; le sang est riche, la nutrition se fait bien, les chairs sont fermes, le poil est luisant, la peau souple et la santé robuste. Avec ces conditions, ils résistent à beaucoup de causes de maladies, ont un accroissement prompt et un engraissement rapide; leur viande est de bonne nature, savoureuse et peut se conserver facilement. »

12. MALADIE DE LA MOELLE CHEZ LE CHEVAL. — MM. Boulay jeune et Leblanc avaient constaté plusieurs fois la soudaineté de la paraplégie chez des chevaux qui mouraient peu d'heures après, et qui présentaient un ramollissement considérable de la moelle ; et ces faits ont été pleinement confirmés par ceux que M. le docteur Calmeil a recueillis à Charenton. Mais des observations récentes ont convaincu encore davantage de la soudaineté de l'invasion des ramollissements du cerveau, au point que l'on peut affirmer que l'invasion du ramollissement des centres nerveux est, à peu de chose près, aussi brusque que celle de l'hémorrhagie. Cependant le ramollissement des centres nerveux est, en général, assez facile à constater, et, pour peu qu'on ait l'habitude des autopsies, on reconnaît sans peine un commencement de désorganisation du cerveau ou de la moelle. Quant aux lésions des enveloppes, elles échappent souvent aux recherches de l'anatomiste le plus exercé. Les altérations cadavériques, les conges-

tions passives et toutes mécaniques, les stases opérées pendant la vie ou après la mort, en imposent souvent pour des traces de maladie. Aussi la plus profonde obscurité enveloppe-t-elle cette partie de la pathologie. Quelques observations insérées par M. Boulay jeune dans le *Recueil de médecine vétérinaire et pratique* serviront à éclairer l'histoire des maladies des enveloppes de la moelle, et nous feront connaître l'étroite liaison fonctionnelle qui unit le cordon médullaire aux méninges. — *1re observation.* Une jument hors d'âge et vigoureuse fut frappée tout à coup, durant le travail, d'une violente claudication du membre postérieur droit, sans aucune cause apparente. Dételée à l'instant même, elle fut conduite à l'infirmerie de M. Boulay jeune. Deux heures après l'accident, elle se tourmentait beaucoup, se couchait et se relevait sans cesse, et, lorsqu'elle était debout, ne s'appuyait qu'avec peine sur l'extrémité inférieure du membre malade, qu'elle tenait presque toujours rétracté : elle semblait être en proie aux plus vives douleurs. Deux heures et demie après, la jument tomba de nouveau, et, au même instant, la douleur, qui jusque-là était restée fixée au membre postérieur droit, se manifesta tout à coup de l'autre côté. *Autopsie six heures après la mort.* — Le tissu adipeux qui enveloppe la dure-mère de la moelle épinière est baigné d'une liqueur rougeâtre, à partir de l'arrière-vertèbre dorsale jusqu'à la dernière lombaire. La dure-mère elle-même n'offre aucune lésion. L'arachnoïde est fortement injectée dans une étendue de quinze pouces environ correspondant à la moelle lombaire : cette membrane, dans ce point, est légèrement épaissie, et le tissu sous-séreux sensiblement engorgé. Le prolongement rachidien a sa couleur et sa consistance ordinaires.

2e observation. — Une jument de six ans partit de Charenton attelée à un cabriolet; elle se rendait à Paris : jusqu'à Paris elle parut bien portante, lorsque tout à coup elle fléchit du train de derrière, et elle tomba dans les brancards, sans faire ensuite le moindre effort pour se relever. On essaya vainement de la remettre sur ses jambes; les membres abdominaux, pour ainsi dire flottants, quand la bête était soutenue debout, ne fournissaient aucun point d'appui. Le soir on la plaça sur un traîneau, et on l'amena à l'école vétérinaire d'Alfort. 2e jour. Perte complète des mouvements et de la sensibilité des membres pelviens sans convulsions : paralysie de la vessie; renversement de la tête en arrière. 3e jour. Même état, si ce n'est qu'il existe un peu de sensibilité dans les membres paralysés. 4e jour. Les mouvements sont toujours abolis; mais la sensibilité est presque entièrement revenue; la moindre piqûre des membres postérieurs donne lieu à des mouvements convulsifs de tout le reste du corps. Mort.

— *Autopsie. Appareil nerveux.* On n'observe aucune altération sensible dans le cerveau ni dans ses enveloppes; il en est de même du cordon dans toute son étendue. Mais on est frappé d'une injection très-prononcée de toute la partie du feuillet arachnoïdien viscéral qui correspond au renflement lombaire de la moelle.

Ces deux observations semblent pleines d'intérêt, en ce qu'elles démontrent qu'une paralysie complète des membres postérieurs peut avoir lieu sans que le cordon rachidien ait éprouvé autre chose qu'une modification dépendant de la phlegmasie des enveloppes. Cette modification, que le scalpel ne peut découvrir, n'en est pas moins démontrée par les troubles fonctionnels observés pendant la vie. Maintenant on est en droit de se demander si cette modification organique et intime ne peut pas survenir subitement et causer ces paralysies subites dont on ne trouve aucune explication anatomique après la mort; si elle n'est pas le premier degré de ramollissement du tissu nerveux, ou plutôt le passage entre l'état sain et le ramollissement; et si enfin à cette période elle n'est pas guérissable ainsi que la paralysie qu'elle cause, tandis que la paralysie dépendant du ramollissement effectué est essentiellement au-dessus des ressources de l'art. Les faits observés font aujourd'hui pencher vers l'affirmative.

13. Remède contre la maladie des chiens. — Dix grains d'*opium* brut, douze grains de calomel et douze grains d'antimoine tartarisé. On mélange le tout avec du miel, on en fait six pilules dont on fait prendre deux chaque matin au chien malade; il faut le tenir à une diète sévère et dans un endroit chaud; si la guérison tarde à paraître, il faut recommencer : on peut lui donner une soupe claire, au gruau, vers le milieu du jour. Les petits chiens doivent prendre la dose moins forte que les gros.

14. Crépi hygiénique pour les étables. — Un paysan fribourgeois, ayant fait recrépir le mur extérieur d'une écurie, vit dans une année le mortier tomber en poudre. Néanmoins il avait eu recours à un bon maçon, et avait procuré d'excellents matériaux, tels que chaux maigre et sable bien lavé. Ce même genre d'ouvrage, appliqué sur les autres parties de ses bâtiments, y tenait parfaitement; mais ici, la vapeur chaude que rend une écurie, et le salpêtre qu'elle engendre, avaient agi avec tant d'âpreté, qu'en peu de temps le mur fut aussi dégarni qu'auparavant. Toutefois, le propriétaire remarqua un moellon qui avait servi à boucher un trou; il tenait très-bien, et le mortier qui le recouvrait n'était nullement endommagé. Ce moellon provenait d'une cheminée, et le maçon, en l'employant, n'avait pas enlevé la suie dont il était couvert. Cette suie s'était même combinée avec le mortier, et celui-ci en était devenu roussâtre. Le paysan, qui ne manque point d'instruction, conclut de là que la suie avait neu-

tralisé l'action de la vapeur et du salpêtre. Tout aussitôt il se mit à broyer lui-même un mortier où il fit entrer une bonne partie de suie; et, avec cet enduit nouveau, il replàtra si bien qu'il le put le fond de son écurie. L'ouvrage a maintenant près de deux années de durée, et il est tellement intact, tellement solide, qu'on peut lui prédire une très-longue durée. Trouver un mortier qui résistât parfaitement à la vapeur des écuries et au salpêtre, c'était un problème assez important et assez difficile pour que sa solution méritât la publicité.

15. EMPOISONNEMENT D'UN TROUPEAU DE BÊTES A LAINE PAR LA RENONCULE RAMPANTE. — En mai 1843, M. J., propriétaire à Monceau (Aisne), fit sortir son troupeau (race mérinos Rambouillet) et le fit diriger sur une pièce de terre couverte d'abondantes herbes, qu'il voulait faire manger avant d'y mettre la charrue. Les brebis étaient à peine là depuis quelques heures, lorsque le berger en vit plusieurs d'entre elles comme frappées de la foudre. Un très-grand nombre périt instantanément. On rechercha la cause de cet accident, et on vérifia qu'elles avaient été empoisonnées par la renoncule rampante (*ranunculus repens*).

16. MOYEN DE PRÉSERVER LES MOUTONS DE LA DYSSENTERIE. — Il arrive souvent qu'à la pointe des herbes, les troupeaux de l'espèce ovine, qui vont pâturer par un temps humide, sont attaqués de la dyssentrie, qui en fait quelquefois périr un grand nombre. Il est un moyen bien simple pour prévenir cet accident, c'est de distribuer du sel à discrétion aux troupeaux, un mois avant la pointe des herbes, et de continuer jusqu'au moment où l'herbe a acquis toute la consistance désirable.

17. DU TOURNIS CHEZ LES MOUTONS. — Tous les cultivateurs savent que le tournis, cette maladie qui enlève annuellement aux éleveurs un si grand nombre de moutons, est causé par la présence de boules d'eau dans le cerveau, et que ces boules d'eau ne sont autre chose que des hydatides, animaux parasites dont on n'a pas encore pu débarrasser les moutons une fois qu'ils en sont attaqués. Un docteur en médecine, sécrétaire du comice agricole de Marle, dans le département de l'Aisne, lui a communiqué l'indication d'un traitement fort simple; si l'expérience vient en justifier les premiers essais, il diminuerait de beaucoup le nombre des victimes de cette redoutable maladie de l'espèce ovine. Il suffit, d'après cela, de mettre dans des tinettes, au milieu des bergeries, une forte quantité de ferraille, et d'y abreuver les troupeaux aussitôt qu'ils reviennent des parcs.

18. OBSERVATIONS CURIEUSES SUR LE LAIT DES ANIMAUX. — M. Dumas, le savant chimiste, a observé que le lait des animaux herbivores renferme toujours les quatre ordres de matières qui font partie de leurs aliments, savoir : les matières albuminoïdes, représen-

tées par le caséum; les matières grasses, représentées par le beurre; les matières sucrées, représentées par le sucre de lait; et enfin les sels de diverses nature qui existent dans tous les tissus de ces animaux. Dans le lait des carnivores, l'un de ces principes disparaît complétement, c'est le sucre de lait, et il ne reste que les matières albuminoïdes, grasses et salines, qui forment la constitution générale de la viande. Toutefois, il suffit d'ajouter du pain à leurs aliments ponr que le sucre de lait apparaisse en proportion plus ou moins grande, de telle sorte que la production de ce principe est entièrement liée à l'existence de la fécule dans les aliments. M. Dumas a suivi les variations survenues dans les principes constituants du lait et dans leurs proportions relatives, en expérimentant sur le lait d'un même animal soumis à des régimes d'alimentation différents, et qui l'auraient rapproché alternativement de l'herbivore et du carnivore. Il a fait ces expériences sur des chiennes. L'examen comparé des analyses montre que la proportion de caséum de même que la proportion de beurre diminue lorsqu'on fait succéder l'alimentation au pain à l'alimentation à la viande. Le sucre de lait, qui n'avait pu être mis en évidence lorsque l'animal ne recevait pas de fécule au nombre de ses aliments, apparaît au contraire nettement lorsque le principe amilacé prédomine dans l'alimentation. Bien que les analyses auxquelles M. Dumas s'est livré ne lui aient jamais fait découvrir du sucre lorsque les aliments ingérés ne contenaient pas de fécule, il ne se croit pas néanmoins, à raison de la difficulté même de ces expériences, suffisamment autorisé à conclure d'une manière rigoureuse l'impossibilité de la formation du sucre de lait dans cette circonstance, et il se propose de reprendre une nouvelle série d'expériences dans cette direction; mais il croit pouvoir conclure avec certitude, de ses recherches, que le lait de chienne peut contenir du sucre de lait identique avec celui du lait des herbivores, quoique toujours en moindre proportion. La présence du sucre de lait paraît liée à la présence du pain dans les aliments de l'animal. L'alimentation à la viande pure donne un lait dans lequel l'analyse n'a pas permis jusqu'ici de découvrir le sucre de lait. Si ses résultats sont confirmés par de nouvelles recherches, dit M. Dumas, on arrivera à reconnaître quelque différence importante dans la nature des principes du lait dans une femelle herbivore soumise à une alimentation insuffisante, circonstance où elle se rapproche d'une femelle carnivore. Enfin, M. Dumas signale comme un des résultats nouveaux auxquels ont conduit ces analyses, l'existence des membranes caséeuses autour des globules butireux.

Le but des travaux de MM. Chevalier et Henry paraît avoir moins été de rechercher des faits chimiques nouveaux sur le lait, que de refaire en quelque façon une histoire expérimentale de ce liquide, sous le rapport de ses propriétés nutritives et médicamenteuses. Et, à cet égard, ils se sont trouvés dans une position fort avantageuse et peut-être unique. Un nourrisseur de Paris, M. Poinsot, qui a réuni, dans des localités très-belles et très-bien disposées, un grand nombre de vaches, d'ânesses et de chèvres laitières, a bien voulu mettre son établissement et ses animaux à la disposition de ces deux chimistes, avec une liberté d'action si complète que plusieurs animaux ont succombé par suite des expériences prolongées de l'action de certaines substances actives sur le lait. Le lait obtenu de divers animaux à l'état normal a d'abord dû être essayé comparativement. Voici le mode d'essai suivi pour tous : un poids donné de lait était chauffé jusqu'à l'ébullition et coagulé par l'acide acétique, le caséum égoutté était bien lavé par l'eau distillée, laquelle était réunie au sérum obtenu ; ces liquides évaporés jusqu'aux deux tiers étaient filtrés pour en séparer une petite quantité de caséum qui s'en séparait de nouveau et était réuni à celui primitivement obtenu. Le sérum complétement évaporé donnait le poids du sel de lait (*lactine*) mêlé à d'autres sels. Le caséum était traité par l'éther bouillant, qui évaporé ensuite donnait la matière grasse (*le beurre*) contenu dans le lait. Le caséum était complétement desséché et pesé, brûlé ensuite dans un creuset taré de manière à détruire complétement la matière organique; on obtenait les sels qui lui étaient unis et on déduisait leur poids de celui du caséum. On traitait de même la lactine dans le même but. Voici la moyenne des résultats obtenus :

	LAIT DE				
	vache.	ânesse.	femme.	chèvre.	brebis.
Caséum sec. . . .	4,48	1,82	1,52	4,02	4,50
Beurre.	3,13	0,11	3,55	3,32	4,20
Sucre de lait sec. .	4,77	6,08	6,50	5,28	5,00
Sels divers. . . .	0,60	0,34	0,45	0,58	0,68
Eau.	87,02	91,65	87,98	36,80	85,62
Total des substances solides. . .	12,98	8,35	12,02	13,20	14,38

Le lait de femme est très-variable; pour les animaux, la différence de nourriture influe davantage sur la quantité que sur la qualité du lait, cependant il a paru que le lait est plus riche en crème lorsque l'animal reçoit une nourriture fraîche, et qu'il est plus aqueux avec la pomme de terre et le fourrage sec ; dans le premier cas, selon M. Biet, il est laxatif ; dans le second, au contraire, il resserre ; ce médecin a obtenu le dernier effet d'une manière plus prononcée, en faisant mêler quelques poignées de feuilles de chêne à la nourriture des chèvres laitières.

MM. Chevalier et Henry se sont livrés encore à plusieurs expériences sur les qualités que faisaient acquérir au lait certains aliments, tel que les carottes, les betteraves, lentilles, etc. L'influence de la fatigue et des maladies est différente selon l'espèce de l'animal, mais, en général, la proportion de beurre augmente et la densité de lait diminue. Le premier lait donné par la femme après l'accouchement porte le nom de *colostrum*, celui par les animaux s'appelle *mouille* ; il diffère beaucoup du lait qu'on obtient plus tard. Le colostrum était en trop petite quantité pour pouvoir être analysé ; la mouille a donné :

	MOUILLE DE		
	vache.	ânesse.	chèvre.
Caséum sec............	15,07	11,60	24,50
Matière muqueuse........	2,00	0,70	3,00
Lactine (des traces)......	»	4,30	3,20
Beurre..............	2,60	0,56	5,20
Eau...............	80,33	82,84	64,10
Total......	100,00	100,00	100,00
Substances solides......	19,67	17,16	35,90

MM. Chevalier et Henry donnent ensuite dans des tableaux les résultats de l'analyse du lait faite par différents chimistes ; ils insistent encore sur les variations que présente le lait de la femme : il est tantôt alcalin, tantôt acide. Il peut acquérir cette dernière qualité sous l'influence d'affections morales ; il est alors moins favorable à la santé des enfants. — Ils ont remarqué que certaines substances végétales communiquent évidemment leur odeur et leur saveur au lait des animaux qui en font leur nourriture, et qu'il est hors de doute qu'elles doivent lui donner quelques propriétés médicamenteuses ; pour les substances minérales, ils ont fait différents essais. Le sel marin a passé abondamment dans le lait ; le bicarbonate de soude l'a rendu alcalin, le sulfate de soude n'a passé qu'en très-faible proportion. Le sulfate de quinine, à la dose de vingt grains, n'a pu être reconnu ; l'iodure de potassium a passé, mais il a fallu en donner jusqu'à cinquante-quatre grains. Le nitrate de potasse, les sulfures de sodium et de potassium n'ont pu être retrouvés dans le lait ; *il en a été de même des sels mercuriels.* L'oxide de fer, l'oxide de zinc, le sous-nitrate de mercure ont passé dans le lait. Tous ces médicaments ont diminué la quantité du lait, qui prenait en le chauffant une couleur jaune de café au lait ; la quantité de beurre était augmentée, les animaux souffraient, quelques-uns ont succombé. Le lait peut être altéré par différentes circonstances dans certaines maladies, le mucus, le pus, le sang viennent s'y mêler. Le plus souvent, c'est l'avidité du gain qui lui fait ajouter différents liquides ou d'autres corps pour en augmenter la quantité ou la consistance; toutes les substances amylacées se reconnaissent par l'iode; la gomme se retrouve dans le sérum au moyen de l'alcool; l'albumine, le jaune d'œuf présentent, par la chaleur, des grumeaux reconnaissables; les émulsions communiquent leur saveur, l'addition d'eau donne une densité moindre, la soustraction de la crème l'augmente au contraire. **MM.** Chevalier et Henry ont fait construire des instruments pour apprécier ces changements. L'un est un tube gradué qui sert à reconnaître les proportions relatives de crème fournies par le lait, l'autre un aréomètre de densité spéciale ou lactomètre, sur la tige duquel sont marqués par des émaux diversement colorés les différentes densités du lait pur, du lait écrémé, et dans l'intervalle, les densités ordinaires du lait de divers animaux.

19. **MOYEN DE RÉTABLIR LE LAIT TOURNÉ.** — On a indiqué l'emploi de la potasse, de la soude ou de la chaux pour empêcher le lait de tourner. Le procédé indiqué n'est pas assez détaillé pour être mis en pratique : d'ailleurs il ne sert pas seulement à empêcher le lait de tourner, mais encore à lui rendre son état primitif lorsqu'il a tourné à l'aigre. Sans exposer ici la théorie complète de ce fait, il suffira de dire les moyens à employer. D'abord tout le monde sait que la précaution de faire bouillir le lait l'empêche de tourner, même sans aucune addition. Mais tout le monde sait aussi qu'il tourne souvent au moment où on le met à chauffer. Lors donc que cela arrive, il faut verser dans le lait une cuillerée environ de la liqueur suivante et le remettre à bouillir en remuant avec une cuiller. Prenez sous-carbonate de soude 31 grammes; eau filtrée un verre.

Faites dissoudre à chaud et conservez dans une fiole bouchée pour l'usage,

On voit bientôt les grumaux de lait caillé se dissoudre et disparaître complétement, puis la peau se former, et le lait monte comme à l'ordinaire : preuve qu'il est parfaitement *détourné*. Si le résultat se fait attendre, ajouter goutte à goutte de la liqueur en tournant toujours le mélange; le lait non-seulement n'est pas moins bon, mais est même plus épais qu'auparavant parce que l'ébulition en a fait évaporer la partie la plus aqueuse. D'ailleurs cette addition ne peut communiquer au lait aucun goût désagréable et encore moins aucune propriété nuisible. Ce procédé n'est pas à dédaigner pour les personnes qui emploient beaucoup de lait, et qui sont exposées à en perdre souvent par les grandes chaleurs; et il est surprenant que quoique simple et très-connu, il ne soit pas usité. Il n'est pas moins efficace pour rétablir les crèmes ou les sauces blanches qui auraient tourné.

20. MOYEN DE FACILITER LE PART DES VACHES. — L'art vétérinaire, dans l'application des moyens énergiques qu'il met en usage pour combattre les maladies des animaux, peut dans bien des cas fournir à la médecine et à la chirurgie humaines des lumières qu'il ne faut pas méconnaître. L'observation que nous allons rapporter, et qui a été communiquée par le docteur Alfred, est remarquable par la simplicité du procédé mis en usage et son importance pratique. Dans les cas d'accouchements qui paraissent nécessiter des opérations toujours fâcheuses, telles que la version ou l'application du forceps, ou même l'administration du seigle ergoté, l'emploi de ces moyens ne peut être justifié qu'alors que ceux d'une innocuité plus réelle n'ont pas été suivis de succès. Un fermier des environs d'Edimbourg, fils d'un ancien chirurgien de cette ville, avait eu souvent des vaches dont la parturition était très-difficile, et il en avait déjà perdu plusieurs à la suite d'un travail laborieux. Un jour qu'une de ses vaches, d'un prix fort élevé, avait été en proie à des souffrances très-prolongées, et qu'il existait peu d'espoir de voir la délivrance s'opérer d'une manière favorable, le fermier alla consulter un médecin vétérinaire fort en renom à Édimbourg, M. Dick, sur ce qu'il conviendrait de faire en pareille circonstance. D'après le conseil qu'il reçut de M. Dick, le fermier procéda à l'injection de six à huit litres d'eau tiède dans l'utérus de la vache, après avoir préalablement soulevé le train de derrière de l'animal au moyen d'une botte de foin, pour empêcher le liquide de s'échapper immédiatement. Il se servit d'une seringue à laquelle fut ajusté un tube flexible qui fut introduit profondément par dessus l'épaule du fœtus, dont on avait constaté la présentation par le museau et le train de devant. Le liquide amniotique s'était écoulé complètement, et ce ne fut que vingt-six heures après que le procédé indiqué par M. Dick put être pratiqué. La vache était tellement épuisée qu'il était peu probable que le veau pût être expulsé par les seules contractions de l'utérus. Cependant, moins de cinq minutes après l'injection de l'eau tiède, un travail énergique se manifesta et fut suivi de la sortie immédiate d'un veau vivant et bien portant. Il ne résulta pour la mère, à la suite de cette opération, qu'une faiblesse plus considérable qu'à l'ordinaire, conséquence toute naturelle d'un long et pénible travail, mais au bout de quelques jours elle était parfaitement rétablie. Un médecin accoucheur très-répandu dans le pays ayant eu connaissance du procédé mis en usage par le fermier pour délivrer sa vache, frappé de sa prompte efficacité et appréciant son innocuité, se détermina à en faire l'application sur deux femmes, dont l'une n'aurait pu accoucher sans être soumise à l'application du forceps, et l'autre réclamait la version de l'enfant et son extraction par les pieds. Dans ces deux cas, l'injection dans l'utérus d'un litre d'eau tiède fut suivi d'un plein succès. Les deux femmes accouchèrent naturellement d'enfants vivants sans éprouver ultérieurement aucun résultat fâcheux.

21. **SIGNES DE LA MORT RÉELLE CHEZ LES ANIMAUX.** — M. Deschamps établit que la coloration verte de la peau du ventre, qui précède, mais ne caractérise pas la putréfaction, est le signe le plus certain de la mort partielle des organes de la vie de nutrition et de relation. Aucune coloration artificielle ou morbide ne présente un semblable phénomène. Il n'en est pas de même de celle des membres, appendices utiles, mais non indispensables à l'exercice de la vie. La coloration verte ne se manifeste pas, tant que le cadavre conserve sa chaleur naturelle, ou qu'il est soumis à une température — 0, et tant que les muscles sont sensibles aux stimulants galvaniques et électriques. Elle coïncide très-souvent avec la rigidité cadavérique; elle peut se faire attendre jusqu'à quinze jours si le thermomètre est à 0. On hâte le moment de l'apparition de la couleur verte du ventre, en tenant la température de la chambre mortuaire à 20 ou 25° + 0 ; en répandant quelques vapeurs d'eau dans l'atmosphère, mais pas jusqu'à saturation; en plaçant le cadavre sur une planche le ventre nu. Il faut aussi qu'il soit entièrement refroidi. M. Deschamps termine par les conclusions suivantes : 1° la coloration verte ou bleue du ventre est le signe certain de la mort de l'homme et des vertébrés supérieurs ; 2° l'époque de cette coloration est variable dans la nature ; mais elle arrive dans l'espace de trois jours, si elle est provoquée par les agents physiques; 3° le ventre est le siége d'élection choisi par la nature pour caractériser la mort ; 4° les morts apparentes ne peuvent être confondues avec les morts réelles, le ventre ne se colorant jamais en vert ou en bleu dans aucune d'elle; la coloration verdâtre du ventre provoquée prévient donc les inhumations précipitées; 5° l'hygiène publique n'a rien à redouter de la présence du cadavre jusqu'à l'époque de l'apparition du stigmate mortel.

PHARMACOPÉE VÉTÉRINAIRE.

La pharmacie est l'art de préparer les médicaments ; c'est-à-dire des substances destinées à être appliquées extérieurement ou administrées intérieurement aux animaux pour la guérison des maladies dont ils peuvent être affectés. — La collection de ces médicaments se nomme *Pharmacopée.*

Les trois règnes de la nature concourent à la production des médicaments : le règne végétal en produit le plus grand nombre; les plus énergiques appartiennent au règne minéral; on n'en tire qu'une très-petite quantité du règne animal. — On nomme médicaments *simples* ceux qui ne contiennent qu'une seule substance, et médicaments *composés* ceux à la confection desquels concourent plusieurs substances. Les médicaments sont *officinaux* ou *magistraux* : les officinaux sont ceux qu'on trouve ordinairement tout préparés chez les pharmaciens; les magistraux sont ceux que le pharmacien prépare d'après l'ordonnance du médecin. — Les médicaments s'administrent sous quatre formes : solides, molles, liquides, gazeuses.

Les médicaments solides se composent de plantes employées dans leur état naturel, de *poudres* simples ou composées; de *mastigadours, billots* ou *nouets,* médicaments que l'on place dans la bouche des animaux et qu'on y maintient pendant un temps plus ou moins long.

Les médicaments sous formes molles, sont les *électuaires,* les *bols,* les *cataplasmes,* les *sinapismes,* les *pommades,* les *onguents,* les *cérats,* les *emplâtres.*

Les médicaments liquides comprennent les *boissons, breuvages, teintures;* les *huiles, vins médicinaux;* les *sirops, collyres, lotions, fomentations, injections, lavements, gargarismes, bains, douches.*

Les médicaments sous formes gazeuses sont ceux qu'on administre en fumigations et vapeurs.

Tous ces médicaments se divisent en deux classes : les *débilitants* et les *excitants.* Les DÉBILITANTS sont sous-divisés en *émollients, relâchants, tempérants, réfrigérants;* c'est-à-dire qui tendent à ramollir, à relâcher les tissus des organes; à modérer le cours du sang, la trop grande activité des organes et la production de la chaleur animale.

Les EXCITANTS sont les *stimulants,* les *toniques,* les *fortifiants,* les *astringents,* les *stypiques,* qu'on nomme *excitants généraux,* et qui tendent : 1° à accélérer le cours du sang; 2° à donner une nouvelle activité aux organes et plus de développement à la chaleur animale; 3° à augmenter la contractibilité fibrillaire; 4° à fortifier le tissu des organes, sans toutefois produire des phénomènes marqués d'astriction.

Les autres *excitants,* qu'on appelle *spéciaux,* sont : 1° les *purgatifs* et *laxatifs,* qui agissent plus particulièrement sur le tube digestif, et tendent à provoquer ses mouvements péristaltiques, et des déjections alvines; 2° les *vomitifs,* qui agissent plus particulièrement sur l'estomac, tendent à provoquer ses mouvements péristaltiques, et le rejet des matières qu'il contient; 3° les *diurétiques,* qui agissent plus particulièrement sur les reins, et tendent à augmenter la sécrétion des urines; 4° les *emménagogues,* qui agissent plus particulièrement sur l'utérus, et tendent à provoquer des contractions, et par suite la sortie des produits de la conception ; 5° les *narcotiques, sédatifs* et *antispasmodiques,* qui semblent agir plus particulièrement sur le système nerveux, et tendent à modifier son action ; 6° les *fondants,* qui semblent agir plus particulièrement sur le système capillaire général, et tendent à augmenter l'absorption interstitielle ; 7° les *sudorifiques* et les *diaphorétiques,* qui semblent agir plus particulièrement sur la peau, et tendent à modifier ses fonctions ; 8° les *rubéfiants,* les *épispastiques* et les *caustiques,* que l'on applique plus particulièment sur la peau et sur les parties sous-jacentes, pour en obtenir la rubéfaction, la vésication et la cautérisation ; 9° les *vermifuges* et les *anthelmentiques,* qui agissent plus particulièrement en faisant périr les vers intestinaux et en favorisant leur expulsion.

Tous ces médicaments se préparent par cinq procédés généraux qui sont : la division, l'extraction, la solution, le mélange, la combinaison, et dont la plupart comprennent un certain nombre de procédés particuliers; ainsi, la DIVISION s'opère par *concàssation,* en divisant, à l'aide d'un marteau, un corps dur en fragments plus ou moins gros; par *section,* en coupant avec un instrument tranchant; par *limation,* en limant ou râpant un corps dur; par *mouture,* en divisant un corps dur à l'aide d'un moulin; par *pulvérisation,* en réduisant un corps dur en poudre, soit en le pilant dans un mortier ou de toute autre manière.

L'EXTRACTION s'opère par la *calcination,* la *carbonisation,* la *torréfaction,* la *sublimation,* la *clarification,* l'*inspistation,* qui consistent à concentrer sous un petit volume les principes retirés d'une substance médicamenteuse, en faisant évaporer une portion plus ou moins grande du liquide qui les tient en dissolution; par la *pulpation* qui consiste à réduire en pâte les substances végétales, pour en séparer les parties pulpeuses des parties fibreuses; et par la *distillation.*

La SOLUTION s'opère par *macération,* en soumettant à la température de l'air le corps à dissoudre; par *infusion, décoction,* et par la *lixiviation,* qui consiste à verser, sur une substance divisée par couches, un liquide froid ou chaud, qui filtre en entraînant tout ce qu'il rencontre de salubre.

Le MÉLANGE s'opère en mêlant plusieurs substances pour en faire un médicament.

La COMBINAISON est une suite de procédés par lesquels on fait réagir certaines substances les unes sur les autres pour en obtenir des composés nouveaux.

L'action directe des médicaments sur les tissus soumis à leur contact est la plus simple et la plus facile a concevoir, et c'est aussi la plus avantageuse. Mais elle ne borne pas ordinairement ses effets à la seule partie où elle s'exerce en premier lieu ; elle les étend, au contraire, presque toujours à des appareils organiques, plus ou moins éloignés, ce qui a lieu par continuité ou contiguïté d'organes, par absorption et par sympathie. L'influence médicamenteuse transmise par continuité ou contiguïté d'organes paraît dépendre d'une irradiation physiologique. Quoique moins puissante que celle qui a lieu par contact immédiat, elle offre cependant des avantages incontestables. C'est ainsi que les breuvages et les électuaires adoucissants, administrés pour combattre l'inflammation de la muqueuse des voies respiratoires, transmettent leur action calmante à cette membrane, par le fait seul de leur contact avec la muqueuse de l'arrière-bouche. C'est ainsi encore que les cataplasmes émollients, qu'on applique sur les lombes dans le cas d'irritation des reins, étendent leur influence jusqu'à ces organes, à travers les tissus qui les en séparent.

C'est surtout par l'absorption que les médicaments étendent leur action. Un grand nombre de circonstances influent sur la rapidité de l'absorption, et par conséquent sur la facilité avec laquelle les médicaments pénètrent dans le torrent circulatoire. Parmi ces circonstances, les unes dépendent des propriétés physiques et chimiques des médicaments; les autres sont subordonnées à l'état du sujet, à la structure et au mode de vitalité de la partie soumise au contact de ces substances. Considérés sous ce point de vue, les médicaments doivent, en général, réunir deux conditions pour pouvoir pénétrer facilement, par voie d'absorption, dans le torrent circulatoire : il faut qu'ils soient solubles dans l'eau et miscibles avec le sang. Tous les corps médicamenteux pulvérulents et insolubles entrent avec peine dans les vaisseaux absorbants, et souvent même n'y pénètrent pas du tout. On a remarqué que, de même que les diverses exhalations, les différentes absorptions peuvent en quelque sorte se suppléer Ainsi, lorsque l'absorption intestinale est dans toute son activité, celle de la peau diminue, tandis qu'elle devient à son tour plus active le matin, lorsque les animaux sont encore à jeun. Il est donc rationnel de choisir ce moment pour employer les médicaments qui doivent être absorbés par la peau. La structure des différents tissus, leur perméabilité, leur mode de vitalité et les conditions morbides dans lesquelles ils se trouvent, influent aussi puissamment sur les phénomènes de l'absorption. Ces phénomènes ont, toutes choses égales d'ailleurs, beaucoup moins d'activité sur la peau que sur les membranes muqueuses, et encore moins sur ces dernières que sur les séreuses. Cependant, lorsque la peau est dépouillée d'épiderme, l'absorption y devient assez active pour que l'on puisse administrer les médicaments par cette voie. Cette méthode, désignée sous le nom d'*endermi-que*, peut offrir d'utiles ressources, lorsque l'emploi des remèdes à l'intérieur est insuffisant, dangereux ou impossible. Elle consiste à appliquer les médicaments sur la peau, privée d'épiderme par la vésication, et sur les autres tissus accidentellement dénudés.

Les effets des médicaments sont très-variés; on les divise en effets primitifs ou immédiats, et en effets secondaires ou consécutifs. Les premiers sont la conséquence directe de l'action du médicament sur l'organisme animal. Les effets secondaires sont plus variables, plus difficiles à prévoir et à provoquer, parce qu'ils sont subordonnés à un grand nombre de circonstances éventuelles, qui se rattachent principalement à l'état du sujet sur lequel on agit, et aux désordres morbides que l'on doit combattre.

Bien que les effets curatifs des médicaments soient en apparence les seuls qui intéressent le praticien; cependant, comme ils naissent des modifications organiques et vitales que ces agents font éprouver à certains organes, et souvent même à l'économie entière, il devient nécessaire d'étudier ces modifications; on serait exposé, sans cela, à aggraver souvent l'état des malades. C'est d'après des considérations de ce genre qu'on a été porté à établir une ligne de démarcation entre le traitement dit *rationnel* et celui qu'on nomme *empirique*. Dans le premier, on est dirigé par une connaissance plus ou moins complète des effets primitifs des médicaments; tandis que, dans le second, on n'a absolument pour guide que l'observation de certains faits. On administre un remède contre telle ou telle maladie, non parce que l'on sait qu'il agit comme débilitant ou comme excitant; mais simplement parce qu'on sait qu'il a réussi dans des cas analogues. Sans doute l'observation et l'expérience sont les meilleurs guides que l'on puisse suivre dans l'application des médicaments mais il faut que le raisonnement intervienne et transforme en une sorte de doctrine les considérations déduites des faits qui servent de point de départ.

A ces considérations générales, nous croyons devoir faire suivre les formules de médicaments les plus usités dans la pharmacopée vétérinaire.

FORMULES.

MÉDICAMENTS SOLIDES.

Poudres.

Nous avons dit plus haut les divers procédés par lesquels on réduit les substances solides en poudres. Les poudres s'administrent de plusieurs manières : en opiats, en électuaires, en breuvages, en cataplasmes, dans les aliments, etc. Les poudres sont simples ou composées. Les poudres simples employées le plus communément dans la pharmacie vétérinaire sont celles de galanga, gayac, de gentiane, de guimauve, d'iris, de quinquina, de réglisse, de sabine, de séné. Il suffit de pulvériser chacune de ces substances pour en obtenir la poudre.

La poudre de galanga est tonique, stomachique, digestive, carminative et céphalique. — La poudre de gayac est tonique, dépurative et sudorifique. — La poudre de gentiane est un médicament fondant, stomachique, apéritif, fébrifuge et vermifuge.— La poudre de guimauve est émolliente, béchique, adoucissante, humectante et légèrement incisive. — La poudre d'iris est béchique et incisive.—La poudre de quinquina est essentiellement fébrifuge et anti-putride. — La poudre de réglisse est pectorale, humectante, béchique, adoucissante et légèrement incisive. — La poudre de sabine est emménagogue, diurétique, anthelmintique et apéritive. — La poudre de séné est purgative.

Les poudres composées sont nombreuses; voici la manière de préparer celles qui sont le plus communément employées dans la pharmacie vétérinaire.

Poudre adoucissante. — Prenez : Poudre de racine de guimauve, 10 parties; poudre de réglisse, 10 parties; soufre sublimé et lavé, 10 parties; extrait de pavot, 4 parties.

Divisez l'extrait dans la poudre, et passez au tamis de crin. Cette poudre, légèrement incisive, calme la toux et favorise l'expectoration; on la donne à l'animal dans le son mouillé, et mieux encore dans le miel ou de la mélasse en forme d'opiat; la dose est de 60 grammes pour les gros animaux.

Poudre adoucissante avec la gomme. — Prenez : Poudre de réglisse, 4 parties; poudre de gomme arabique, 2 parties.

Mêlez, administrez comme ci-dessus, à la même dose, et réitérez.

Poudre adoucissante incisive. — Prenez : Poudre de réglisse, 6 parties; poudre d'iris, id.; soufre sublimé et lavé, id.

Après avoir bien mêlé les poudres, administrez à la dose de 62 grammes pour les grands animaux.

Poudre adoucissante incisive avec kermés.—Prenez: Poudre de guimauve et d'aunée, de chacune, 6 parties; kermès minéral, 4 parties.

Mêlez exactement ces trois substances, et administrez à la dose de 62 grammes dans le miel, dans le son ou en breuvage. Elle facilite l'expectoration dans les rhumes et sur la fin des maladies de poitrine.

Poudre adoucissante avec les pavots. — Prenez : Poudre de

guimauve, 4 parties; poudre de réglisse, 4 parties; poudre de capsule ou tête de pavot, 2 parties.

Mêlez comme ci-dessus et administrez de même.

Poudre adoucissante tempérante. — Prenez : Poudre de guimauve, 8 parties; poudre de réglisse, 8 parties; nitrate de potasse, 2 parties.

Mêlez et administrez à la dose de 60 grammes plusieurs fois par jour.

Poudre anti-spasmodique. — Prenez : Racine de valériane en poudre, 2 hectogrammes; nitrate de potasse pulvérisé, 31 grammes; opium brut, 16 grammes; camphre, 16 grammes.

Mêlez la valériane avec le nitre; ajoutez l'opium et le camphre à l'aide d'un mortier; divisez la poudre en trois doses, et administrez dans la journée comme ci-dessus.

Poudre astringente. — Prenez : Racine de bistorte, 5 parties; écorce de grenade, 5 parties; fleurs de roses rouges, 2 parties; têtes ou capsules de pavot, 2 parties.

Réunissez ces substances pour être réduites en poudre que vous passerez au tamis; administrez à la dose de 62 grammes dans le son ou la mélasse, pour diminuer les évacuations trop abondantes dans les diarrhées.

Poudre béchique incisive. — Prenez : Poudre de guimauve, 12 parties; poudre de réglisse, 12 parties; poudre d'aunée, 6 parties; extrait de pavot, 6 parties; kermès minéral, 10 parties.

Mêlez ces différentes poudres avec l'extrait ci-dessus; administrez de même, et à la dose de 62 grammes pour le cheval. On l'administre contre la toux, dans les rhumes, les catharres, et pour faciliter la gourme des jeunes chevaux.

Poudre escarrotique. — Prenez : Sulfure rouge de mercure, 33 grammes; résine de sang dragon, 62 grammes; oxide blanc d'arsenic, 4 grammes.

Réduisez ces substances en poudre très-fine sur le porphyre pour en former une seule poudre.

On emploie cette poudre dans les vieilles plaies, les maux de garrot, les ulcères cancéreux et farcineux, pour les faire tomber en escarre. En mêlant cette poudre avec un peu d'eau, on obtient une pâte liquide dont on recouvre l'ulcère à l'aide d'un petit pinceau; le pansement continué pendant huit ou dix jours, la partie se gonfle, se tuméfie, avec accompagnement de douleur; bientôt l'escarre tombe, et la plaie prend un caractère simple, qu'on traite par les moyens ordinaires.

Poudre excitante ou stimulante. — Prenez : Poudre de quinquina jaune, 12 parties; poudre de racine d'aunée, 8 parties: poudre de galanga, 4 parties.

On mêle ces trois substances pour en former une seule poudre, qui est excitante et fortifiante; elle ranime les propriétés vitales affaiblies ou diminuées par les fatigues, les travaux forcés, l'abstinence, les maladies, etc. — La dose pour le cheval est de 62 grammes et de 125 grammes pour le bœuf. On l'administre dans le son, dans le miel ou en breuvage dans le vin; on la réitère plus ou moins longtemps, selon l'état du malade.

POUDRE STIMULANTE CONTRE L'INAPPÉTENCE. — Prenez : Poudre tonique, dite *cordiale*, 16 parties; assa-fœtida, 2 parties; tartrate acide de potasse, 6 parties; oxide d'antimoine (crocus), 4 parties.

Mêlez ces substances, pulvérisez et passez au tamis de crin fin. On administre cette poudre dans le son, le miel ou la mélasse, à la dose 62 grammes. Elle est fort employée.

On peut remplacer au besoin la poudre tonique par celle de gentiane et d'aunée à parties égales.

POUDRE STYPTIQUE, DÉTERSIVE. — Prenez : Sulfate d'alumine, 8 parties; sulfate de fer, 8 parties; sulfate de zinc, 8 parties; sulfate de cuivre, 8 parties; muriate d'ammoniaque, 4 parties; camphre et safran en poudre, de chacune 1 partie 1/2.

On réduit les sulfates et le muriate en poudre, on les fait sécher après pour les priver d'une grande partie de l'eau de cristallisation qu'ils contiennent; on y ajoute ensuite le camphre et le safran réduits en poudre séparément, et qu'on mêle exactement. Cette poudre doit être conservée dans un vase bouché; on en fait dissoudre 48 grammes dans un litre d'eau et 125 grammes d'alcool.

POUDRE SUDORIFIQUE. — Prenez : Espèces aromatiques, 2 parties; sulfure d'antimoine, 3 parties; bois de gayac, 3 parties; racine d'angélique, 3 parties; bois de sassafras, 3 parties; fleurs de sureau, 3 parties.

Mêlez toutes ces substances, réduisez en poudre; passez au tamis de crin fin. La dose pour le cheval est de 62 grammes. On l'administre dans le son, l'avoine et le miel.

POUDRE TONIQUE AMÈRE. — Prenez : Baies de genièvre, 6 parties; poudre de gentiane, 10 parties; oxide brun de fer porphyrisé, 4 parties; noix vomique en poudre fine, 1 partie.

Pilez les baies de genièvre avec la poudre de gentiane et les deux autres substances; passez à travers le tamis de crin, et enfermez la poudre pour être conservée. Elle s'administre au cheval à la dose de 62 grammes; dans le son mouillé, le miel ou la mélasse; on la réitère pendant plusieurs jours.

POUDRE TONIQUE EXCITANTE, dite CORDIALE. — Prenez : Baies de genièvre, 10 parties; écorce d'orange ou de citron, 10 parties; écorce de cannelle, 10 parties; racine d'aunée, 10 parties; racine de réglisse, 6 parties; racine de gentiane, 6 parties; racine d'ocorus calamus, 4 parties; racine de galanga, 4 parties; racine d'iris de Florence, 4 parties; racine de rhubarbe indigène, 4 parties; racine de valériane, 4 parties; racine de gingembre, 4 parties; semence de fenouil, 4 parties; semence de coriandre, 3 parties; semence d'anis vert, 4 parties; feuilles ou sommités fleuries d'absinthe, 4 parties; feuilles de menthe poivrée, 4 parties; feuilles de romarin, 4 parties; feuilles de sauge, 4 parties; oxide brun de fer, 15 parties; alcool à 32 degrés.

On choisit toutes ces substances de bonne qualité; après les avoir mêlées ensemble, on les réduit en poudre qu'on passe au tamis; on ajoute ensuite l'alcool, qu'on a soin de combiner très-exactement. On renferme cette poudre ainsi préparée dans un vase couvert, elle ne doit être employée qu'un mois après; ce temps est nécessaire pour rendre la combinaison des principes plus intime. Cette poudre est excitante, fortifiante, tonique, incisive et appétissante; elle ranime les forces et facilite la gourme; on l'administre aux chevaux fatigués, faibles, dégoûtés et convalescents, à la dose de 60 grammes, dans le son, le miel ou la mélasse, et fort souvent dans le vin. Pour le bœuf, la dose est de 125 grammes, et de 16 grammes pour le mouton.

POUDRE TONIQUE AVEC LE QUINQUINA. — Prenez: Quinquina jaune en poudre, 3 parties; aunée en poudre, 6 parties; oxide brun de fer porphyrisé, 3 parties; muriate d'ammoniaque, 2 parties.

Mêlez exactement ces différentes poudres et administrez à la dose de 31 grammes, comme dessus.

POUDRE TONIQUE AVEC LA RHUBARBE. — Prenez: Baies de genièvre, 6 parties; rhubarbe indigène en poudre, 5 parties; oxide brun de fer porphyrisé, 4 parties; farine d'orge ou de froment, 4 parties.

Mêlez les baies de genièvre avec les trois autres articles pour être réduites en poudre; administrez à la même dose comme ci-devant.

POUDRE TONIQUE CONTRE LA POURRITURE DES MOUTONS. — Prenez : Baies de genièvre, 6 parties; racine de gentiane, 10 parties; farine de froment ou d'orge, 6 parties; oxide brun de fer porphyrisé, 6 parties.

Il faut réduire ces substances en poudre et les passer au tamis de crin fin.

La dose de cette poudre est d'une forte pincée, qu'on mêle dans une poignée de son et qu'on fait manger tous les matins au mouton; on augmente cette dose tous les deux jours, jusqu'à quatre pincées ou 16 grammes, qu'on continue pendant tout le temps que dure le traitement.

POUDRE VERMIFUGE. — Prenez : Soufre sublimé, 6 parties; mercure très-pur, 2 parties; poudre de racine de fougère, 6 parties;

poudre de gentiane, 2 parties; poudre d'absinthe, 2 parties; poudre de tanaisie, 2 parties ; poudre d'aloès, 2 parties.

On combine le soufre avec le mercure pour former une sulfure de mercure, d'après le procédé ordinaire, par la trituration; on ajoute ensuite les autres poudres.

Cette poudre est fort employée : elle s'administre au cheval à la dose de 62 grammes, mêlée dans le son; on en forme aussi des bols avec le miel ou la mélasse ; il faut la réitérer plusieurs jours de suite. La dose pour le mouton est de 16 grammes, mêlée dans une poignée de son.

POUDRE VERMIFUGE POUR LES MOUTONS. — Prenez : Coralline de Corse, 4 parties ; racine de fougère mâle, 4 parties; sommités fleuries de tanaisie, 4 parties; rhubarbe indigène, 4 parties; muriate de mercure doux porphyrisé, 1/4 de partie.

On réduit les quatre premières substances en poudre, dans laquelle on mêle très-exactement le mercure doux.

Même dose que ci-dessus pour le cheval; celle du mouton est de 12 à 16 grammes qu'on administre dans une poignée de son frisé.

Mastigadours.

On désigne sous le nom de mastigadours les médicaments solides que l'on place dans la bouche des animaux. On renferme ces substances dans une enveloppe de toile, de manière à en faire une sorte de bourrelet. On roule ensuite autour d'un petit cylindre de bois; puis, après l'avoir mis assez bas dans la bouche de l'animal pour qu'il puisse, malgré la présence de ce bourrelet, manger et remuer la langue avec facilité, on l'y maintient solidement à l'aide d'une ligature dont les bouts viennent s'attacher sur la tête de l'animal, en forme de têtière. Quelquefois, pour le cheval, on se borne à mettre les médicaments dans un morceau de linge rond ou carré; on en fait une sorte de nouet en ramenant les bords du linge ensemble, et après les avoir liés à leurs extrémités, on fixe le tout au mors du filet ou du bridon. — Voici les formules des mastigadours les plus usités.

MASTIGADOUR ADOUCISSANT. — Prenez : Poudre de guimauve, 31 grammes; poudre de réglisse, 31 grammes ; poudre de gomme arabique, 31 grammes; miel ou mélasse, 62 grammes.

Mêlez les quatre substances, et renfermez-les dans une toile, comme il est dit ci-dessus. Donnez à sucer à l'animal, plusieurs fois dans le jour, pendant une heure.

MASTIGADOUR EXCITANT, APPÉTISSANT.— Prenez : Assa-fœtida en larmes, 31 grammes; muriate de soude (sel marin), 31 grammes; galanga en poudre, 31 grammes.

Mêlez dans un mortier et renfermez dans une toile; donnez à mâcher au cheval pendant une heure tous les matins.

MASTIGADOUR EXCITANT, PRÉSERVATIF. — Prenez : assa-fœtida larmeleux, 48 grammes; sous-carbonate d'ammoniaque (alcali volatil concret), 31 grammes; poudre de galanga, 31 grammes ; sulfure rouge de mercure (cinabre), 31 grammes.

Renfermez ces substances, après les avoir réduites en poudre, dans une double toile claire, pour former le mastigadour. Il faut l'administrer au cheval le matin à jeun, pendant un quart d'heure les deux premiers jours, une demi-heure les trois jours suivants, et ensuite une heure, jusqu'à ce qu'il soit épuisé.

MASTIGADOUR INCRASSANT. — Prenez : poudre de réglisse , 31 grammes; poudre de gingembre, 31 grammes; nitrate de potasse, 31 grammes.

Mêlez ces substances ensemble et formez le mastigadour, que vous administrez au cheval pendant une heure, deux fois dans la journée.

MASTIGADOUR TEMPÉRANT. — Prenez : poudre de guimauve, 31 grammes; poudre de réglisse, 31 grammes; tartrate acidulé de potasse, 1 hectogramme.

Mêlez, préparez et administrez comme le précédent.

MÉDICAMENTS SOUS FORMES MOLLES.

Electuaires ou opiats.

Les électuaires sont des médicaments résultant du mélange de diverses substances dont l'ensemble constitue un corps mou. On appelait autrefois *opiats* les électuaires dans lesquels on faisait entrer l'opium; aujourd'hui on les comprend tous sous la même dénomination. — Voici les électuaires dont les médecins vétérinaires font l'usage le plus fréquent.

Prenez : Poudre adoucissante, 2 hectogr.; miel, 500 grammes.

Mêlez exactement la poudre dans le miel pour former l'électuaire ou opiat. Donnez à prendre à l'animal ou administrez à l'aide de la cuillère ou de la spatule, en trois doses dans la journée; réitérez le lendemain.

ÉLECTUAIRE ADOUCISSANT AVEC BLANC DE BALEINE. — Prenez : Blanc de baleine non rance, 31 grammes; poudre de guimauve, 62 grammes; de réglisse , 62 grammes ; miel ou mélasse, 500 grammes.

Après avoir bien divisé le blanc de baleine avec la poudre, dans un mortier, incorporez ladite poudre dans le miel, pour former l'opiat. Administrez à l'animal en deux doses dans la matinée : réitérez le lendemain.

ÉLECTUAIRE ADOUCISSANT AVEC LA GOMME. — Prenez : Poudre

adoucissante avec la gomme arabique, 2 hectogrammes; miel, 500 grammes.

Mêlez et administrez comme ci-devant, er trois ou quatre doses dans la journée; réitérez le lendemain.

ÉLECTUAIRE ADOUCISSANT AVEC LES PAVOTS. — Prenez : Poudre adoucissante avec les pavots, 6 hectogr.; miel 500 grammes.

Mêlez comme ci-dessus, et administrez de même en trois ou quatre doses.

ÉLECTUAIRE ADOUCISSANT ANODIN. — Prenez : Poudre de guimauve , 125 grammes; de réglisse 130 grammes; extrait de pavot indigène, 62 grammes; huile d'olive ou beurre frais, 125 grammes; miel, 500 grammes.

Après avoir mêlé l'extrait avec le miel, ajoutez l'huile et ensuite la poudre. Administrez à l'animal en quatre doses et en deux jours, le matin à jeun. Cet opiat calme la toux et facilite l'expectoration. On peut remplacer l'extrait de pavot par quatre gros d'opium ordinaire.

ÉLECTUAIRE ADOUCISSANT INCISIF. — Prenez : Poudre adoucissante incisive, 2 hectogrammes; miel ou mélasse, 500 grammes.

Mêlez et administrez en trois doses dans la journée; réitérez au besoin d'après l'état du malade.

ÉLECTUAIRE ADOUCISSANT INCISIF AVEC LE KERMÈS. — Prenez : Poudre adoucissante avec le kermès, 2 hectogrammes; miel ou mélasse, 500 grammes.

Mêlez comme ci-devant, et administrez en trois doses dans la journée.

ÉLECTUAIRE ADOUCISSANT INCISIF AVEC LA MANNE. — Prenez : Manne grasse , 250 grammes; kermès minéral, 31 grammes; miel ou mélasse 500 grammes; poudre de réglisse ou de guimauve, une suffisante quantité pour donner à l'électuaire la consistance nécessaire.

Mêlez exactement les trois premières substances dans un mortier; ajoutez la poudre, s'il y a lieu; administrez à l'animal en deux jours et en quatre doses, le matin à jeun.

ÉLECTUAIRE ADOUCISSANT TEMPÉRANT. — Prenez : Poudre adoucissante tempérante, 2 hectogrammes; miel, 500 grammes.

Mêlez et administrez en trois doses dans la journée.

ÉLECTUAIRE ANTI-SPASMODIQUE. — Prenez : Poudre anti-spasmodique, 2 hectogrammes; miel ou mélasse, 4 hectogrammes.

Mêlez et administrez en deux doses dans la matinée; réitérez le lendemain.

ÉLECTUAIRE ANTI-SPASMODIQUE AVEC L'ASSA-FŒTIDA. — Prenez : Assa-fœtida , 62 grammes; racine de valériane et d'aunée en poudre, de chacune 62 grammes; alcool camphré, 62 grammes; miel ou mélasse, 500 grammes.

Après avoir bien mêlé l'assa-fœtida avec les poudres dans un mortier, ajoutez le miel et l'alcool : administrez en trois fois dans la journée, ou en deux jours, le matin à jeun.

ÉLECTUAIRE ASTRINGENT. — Racine de bistorte, 2 parties; de gentiane, 2 parties; de gingembre, 2 parties; écorces de grenade, 2 parties; d'orange, 2 parties; fleurs mondées de roses rouges, 3 parties; feuilles de scordium, 3 parties; bol d'Arménie préparé, 8 parties; extrait de pavot, 6 parties; miel ou mélasse, 10 parties; vin rouge bonne qualité, suffisante quantité.

Ces substances doivent être choisies avec soin; on les pulvérise ensemble, on passe la poudre au tamis de soie; on la mêle ensuite avec le miel, antérieurement liquéfié sur un feu doux ; on ajoute après la quantité de vin nécessaire pour former un mélange de consistance molle; on opère ce mélange le plus exactement possible. Cet électuaire, en vieillissant, acquiert plus de solidité : les poudres absorbent de plus en plus l'humidité; il est tonique et convient dans les dévoiements et dyssenteries ; on l'administre au cheval, divisé dans le son, en bol, en breuvage, ou en substance par le moyen ordinaire; la dose est de 100 à 125 grammes.

ÉLECTUAIRE ASTRINGENT AVEC LA POUDRE. — Prenez : Poudre astringente, 125 grammes; miel ou mélasse, 250 grammes.

Incorporez la poudre dans le miel et administrez au cheval en deux doses; réitérez tous les matins.

ÉLECTUAIRE BÉCHIQUE INCISIF. — Prenez : Poudre béchique incisive, 125 grammes; miel ou mélasse, 500 grammes.

Mêlez et administrez en deux ou trois doses dans la journée; réitérez le lendemain; même indication que la poudre.

ÉLECTUAIRE DIAPHORÉTIQUE. — Prenez : Poudre diaphorétique, 125 grammes; miel ou mélasse, 250 grammes.

Mêlez et administrez en une seule dose; réitérez.

ÉLECTUAIRE DIURÉTIQUE. — Prenez : Résine en poudre, 62 grammes ; nitrate de potasse, 48 grammes; poudre de réglisse, 95 grammes ; camphre, 1 décigramme; miel ou mélasse, 186 grammes.

Réduisez le camphre en poudre dans un mortier à l'aide de quelques gouttes d'alcool; ajoutez les autres poudres, et ensuite le miel pour former l'opiat. Administrez en deux doses par les moyens ordinaires.

ÉLECTUAIRE DIURÉTIQUE AVEC LE SAVON. — Prenez : Savon blanc râpé, 62 grammes; muriate de soude (sel ordinaire), 125 grammes; poudre de racine d'aunée, 125 grammes; miel ou mélasse, 250 grammes.

Mêlez et administrez en deux doses, comme ci-dessus.

ÉLECTUAIRE DIURÉTIQUE AVEC L'OXYMEL. — Prenez : Muriate

d'ammoniaque, 48 grammes ; poudre de réglisse, 125 grammes; miel, 186 grammes ; vinaigre, 62 grammes.

Mêlez le sel avec la poudre de réglisse, et le miel avec le vinaigre ; réunissez le tout ensemble pour former l'opiat, que vous administrerez en deux doses, avec intervalle, comme les précédentes. Le miel et le vinaigre remplacent l'oxymel.

ÉLECTUAIRE THÉRIAQUE. — Prenez : Baies de laurier, 5 parties; baies de genièvre, 5 parties; écorces de citron, 5 parties ; écorces d'orange, 5 parties ; écorces de canelle, 5 parties ; gomme arabique, 5 parties ; racines d'aunée, 6 parties ; racines d'angélique, 6 parties; racines d'acorus vrai, 6 parties ; racines de gentiane, 6 parties ; racines de galanga mineur, 6 parties ; racines d'iris de Florence, 6 parties ; racines de rhubarbe indigène, 6 parties ; racines de gingembre, 6 parties ; racines de valériane, 6 parties; ognons de scille, 6 parties ; semences d'amome ou maniguette, 4 parties ; semences de fenouil, 5 parties ; semences de coriandre, 5 parties; semences d'anis, 5 parties ; feuilles et sommités fleuries d'absinthe, 4 parties ; feuilles de menthe poivrée, 4 parties ; feuilles de romarin, 4 parties ; feuilles de scordium, 4 parties ; fleurs de roses rouges, 4 parties ; sulfate de fer, 6 parties; galbanum, 2 parties ; myrrhe, 2 parties ; oliban ou encens en larmes, 2 parties ; girofle, 2 parties ; camphre, 2 parties ; térébenthine fine, 8 parties ; extrait de genièvre, 12 parties ; extrait de pavot blanc indigène, 20 parties; miel blanc, deux fois le total de la poudre ; vin rouge de bonne qualité, suffisante quantité pour donner à l'électuaire la consistance requise.

Toutes ces substances doivent être choisies de très-bonne qualité ; on les nettoie, on les monde de tous corps étrangers, on les réunit, on les mêle et on les pile ensemble, non compris la térébenthine, l'extrait de genièvre, l'opium et le miel. La poudre étant passée au tamis de soie, on fait liquéfier le miel dans une bassine ; on ajoute successivement l'extrait de genièvre, l'extrait de pavot, le camphre et la térébenthine, ensuite la poudre par petites portions ; on remue fortement le mélange avec un pilon de bois, jusqu'à ce que toute la poudre soit exactement combinée avec le miel ; alors on verse du vin en suffisante quantité pour donner à l'électuaire la consistance convenable. On doit renfermer la thériaque dans un vase de faïence ou de terre, pour la laisser fermenter ; la combinaison se perfectionne, et elle acquiert, en vieillissant, des qualités supérieures. — La thériaque préparée d'après cette formule convient parfaitement au tempérament du cheval : c'est un excellent tonique, stomachique, chaud, fortifiant, excitant, légèrement sudorifique, incisif et calmant. On l'emploie aussi contre les épizooties, les piqûres des animaux venimeux, pour faciliter l'évacuation de la gourme, pour arrêter le flux dyssentérique, calmer la toux violente et tuer les vers. — La dose pour le cheval est de 30 à 60 grammes, et de 125 grammes pour le bœuf. On l'administre en bol ou opiat, souvent en breuvage, délayée dans une infusion ou dans le vin : on l'applique également en topique confortatif.

Électuaire tonique. — Prenez : Quinquina en poudre, 62 grammes ; racine de gentiane en poudre, 125 grammes ; racine de gingembre, 62 grammes ; miel ou mélasse, 500 grammes.

Mêlez ces quatre substances ensemble, et administrez au cheval, en deux ou trois doses, dans la journée ou en deux jours.

Électuaire tonique avec la canelle. — Prenez : Poudre de canelle, 62 grammes ; poudre de racine d'aunée, 62 grammes ; poudre de racine de gentiane, 62 grammes ; miel ou mélasse, suffisante quantité pour former l'opiat.

Mêlez et administrez en deux doses, dans la matinée ; réitérez le lendemain.

Électuaire tonique avec la poudre. — Prenez : Poudre tonique amère, 250 grammes ; miel ou mélasse, 500 grammes.

Mêlez et administrez comme ci-dessus.

Électuaire tonique excitant. — Prenez : Poudre tonique excitante, 250 grammes ; miel ou mélasse, 125 grammes ; vin rouge, suffisante quantité.

Mêlez, administrez de même, et réitérez.

Bols.

Les bols sont des électuaires d'une consistance molle, mais assez solides pourtant pour pouvoir être roulés, et qu'il soit possible de les faire avaler sans qu'ils se divisent. — On peut faire entrer dans les bols une foule de substances, et leur composition peut varier à l'infini. Nous nous bornerons à indiquer la composition de ceux qui sont le plus en usage dans les divers traitements des maladies dont les animaux peuvent être atteints.

Bols adoucissants. — Prenez : Blanc de baleine, 31 grammes ; gomme arabique en poudre, 31 grammes ; fleurs de soufre, 31 grammes ; extrait de pavot indigène, 31 grammes.

Mêlez ces quatre substances avec suffisante quantité de miel, pour former quatre bols que vous roulerez dans la poudre de réglisse. Administrez au cheval en deux fois dans la journée.

Bols adoucissants incisifs. — Prenez : Poudre adoucissante incisive, 125 grammes ; miel ou mélasse, suffisante quantité.

Faites huit bols d'une consistance solide : administrez en deux jours.

Bols anti-farcineux. — Prenez : Assa-fœtida, 125 grammes ; muriate de mercure doux, 31 grammes ; poudre de galanga, 31 grammes ; onguent mercuriel double, 62 grammes.

Mêlez et pilez fortement ces substances dans un mortier, pour en former une masse que vous diviserez en six bols; roulez dans la poudre de réglisse.

BOLS ANTI-FARCINEUX AVEC LE SULFURE DE MERCURE. — Prenez : Assa-fœtida, 95 grammes; sulfure de mercure (cinabre), 62 grammes; poudre de galanga, 48 grammes; onguent mercuriel double, 95 grammes.

Mêlez et pilez fortement ces substances dans un mortier, pour en former une masse que vous diviserez en six bols; roulez dans la poudre de réglisse.

BOLS OU PILULES CANINES ANTICATHARRALES. — Prenez : Kermès minéral, 4 grammes; opium brut, 2 grammes ; sucre, 31 grammes ; beurre frais, 31 grammes.

Il faut réduire les trois premières substances en poudre et les incorporer dans le beurre. On en donne plusieurs fois par jour, de la grosseur d'un gros pois, roulé dans le sucre en poudre, aux chiens de la plus petite espèce; la dose est augmentée en proportion de la force et de l'âge de l'animal, jusqu'à la grosseur d'une noisette; pour boisson, du lait ou de l'eau miellée.

BOLS OU PILULES CANINES PURGATIVES. — Prenez : Rhubarbe et jalap en poudre, de chaque 8 grammes; sirop de nerprun, suffisante quantité.

Mêlez pour former 25 pilules. La dose est depuis une jusqu'à cinq, proportionnée à l'espèce, l'âge et la force de l'animal. On les enveloppe dans le beurre ou dans la viande, pour les administrer.

BOLS OU PILULES CANINES VERMIFUGES. — Prenez : Savon empyreumatique, 16 grammes; muriate de mercure doux sublimé, 2 grammes; poudre de fougère mâle, 16 grammes.

Faites une masse que vous diviserez en pilules de douze grains. La dose est d'une demi-pilule pour les chiens de la plus petite espèce, et de quatre pilules pour les plus forts. On continue le traitement pendant plusieurs jours. Mode d'administration comme ci-dessus.

BOLS OU PILULES CANINES VOMITIVES. — Prenez : Sous-deuto-sulfate de mercure, 2 grammes; extrait mou de quinquina, 4 grammes; poudre de valériane sauvage, quantité suffisante pour former trente-six pilules.

L'usage plus ou moins continué de ces pilules prévient la maladie qui attaque les jeunes chiens, et soulage ceux qui en sont affectés. La dose est depuis une demi-pilule jusqu'à cinq pour les chiens de la plus forte espèce. Le mode d'administration est le même que ci-dessus.

BOLS DIURÉTIQUES. — Prenez : Nitrate de potasse, 62 grammes; résine en poudre, 62 grammes; poudre de réglisse, 31 grammes; miel ou mélasse, suffisante quantité.

Formez quatre bols , et administrez en deux fois dans la journée.

Bols diurétiques camphrés. — Ajoutez aux pilules ci-dessus : camphre, 8 grammes.

Bols diurétiques savonneux. — Prenez : Savon blanc râpé, 62 grammes; nitrate de potasse, 62 grammes; résine en poudre, 62 grammes; miel ou mélasse, suffisante quantité.

Mêlez pour former six bols que vous roulerez dans de la farine ; administrez le matin en deux ou trois jours.

Bols diurétiques térébenthinés. — Prenez : Térébenthine claire, 125 grammes; sel de nitre, 62 grammes; poudre de réglisse ou farine, suffisante quantité.

Faites six bols que vous administrerez comme ci-devant.

Bols purgatifs. — Prenez : Aloès en poudre, 48 grammes; tartrate acidule de potasse, 31 grammes; anis en poudre, 16 grammes; miel ou mélasse, suffisante quantité.

Formez quatre bols que vous roulerez dans la poudre de réglisse. On les administre le matin à jeun au cheval, après l'avoir préparé pendant quelques jours par l'usage des boissons et des lavements; la dose pour le bœuf est double.

Bols purgatifs fondants. — Prenez : Poudre de gratiole, 62 grammes; poudre d'aloès, 62 grammes; extrait de gentiane, 62 grammes; muriate de mercure doux, 16 grammes ; miel ou mélasse, suffisante quantité.

Mêlez pour former six ou huit bols ; administrez au cheval, en trois ou quatre jours. le matin à jeun.

Bols purgatifs avec la manne. — Prenez : sulfate de magnésie, 62 grammes; tartrate de potasse antimonié (émétique), 6 décigrammes; manne grasse, 125 grammes; poudre de séné, suffisante quantité.

Faites cinq bols; administrez le matin, à jeun, comme dessus.

Bols purgatifs avec la rhubarbe. — Prenez : Rhubarbe indigène en poudre, 31 grammes; aloès en poudre, 31 grammes; sulfate de magnésie (sel d'epsom), 62 grammes; sirop de nerprun, suffisante quantité.

Mêlez dans le mortier pour former une masse pilulaire, divisez en quatre ou cinq bols, roulez dans la poudre de réglisse, et administrez comme dessus, après avoir préparé le cheval.

Bols purgatifs savonneux. — Prenez : Poudre d'aloès, 31 grammes; poudre de jalap, 16 grammes; savon blanc, dit de Marseille, 31 grammes; miel ou mélasse, suffisante quantité.

Divisez cette masse en quatre pilules et administrez au cheval, le matin.

Bols purgatifs avec séné. — Prenez : Poudre de séné, 31 grammes ; poudre de jalap, 31 grammes; poudre de rhubarbe, 31 grammes; sirop de nerprun, suffisante quantité.   16

Mêlez pour former quatre ou cinq bols; administrez au cheval, le matin, à jeun.

Bols stimulants contre l'innappétence. — Prenez : Assa-fœtida
en larmes, 62 grammes; crocus d'antimoine en poudre, 62 grammes; poudre de galanga, 62 grammes; extrait de gentiane ou
de genièvre, suffisante quantité.

Pilez fortement ces substances dans un mortier pour former
une masse pilulaire de consistance solide; divisez en huit bols et
administrez-en au cheval deux tous les matins.

Bols toniques, excitants. — Prenez : Poudre de gingembre,
62 grammes; poudre de cannelle, 62 grammes; poudre d'écorce
d'orange, 62 grammes; extrait de genièvre, suffisante quantité.

Mêlez et faites huit bols; administrez de même que ci-devant.

Bols toniques avec la thériaque. — Prenez : Thériaque vétérinaire, 185 grammes; poudre d'aunée ou de gentiane, suffisante
quantité.

Faites six bols que vous roulerez dans la même poudre; administrez-en deux tous les matins.

Bols vermifuges. — Prenez : Poudre vermifuge composée,
125 grammes; poudre d'aloès, 31 grammes; poudre de gentiane,
31 grammes; onguent mercuriel double, 62 grammes.

Mêlez et pilez fortement ces substances dans un mortier, pour
former la masse pilulaire; divisez en six pilules pour en administrer deux, chaque matin, pendant trois jours de suite.

Bols vermifuges empyreumatiques. — Prenez : Poudre vermifuge composée, 48 grammes; huile empyreumatique, 16 grammes; gentiane en poudre, 16 grammes; miel ou mélasse, suffisante quantité.

Formez quatre bols; administrez au cheval le matin, à jeun,
et réitérez plusieurs jours de suite.

Bols vermifuges avec le savon empyreumatique. — Prenez :
Savon empyreumatique, 125 grammes; aloès en poudre, 31 grammes; muriate de mercure doux, 8 grammes; racine de fougère
mâle en poudre, suffisante quantité.

Mêlez très-exactement pour former quatre ou six pilules, pour
en administrer une au cheval tous les matins à jeun, pendant
quatre jours.

Bols vermifuges purgatifs. — Prenez : Aloès en poudre,
62 grammes; rhubarbe indigène, 62 grammes; sulfure noir de
mercure, 62 grammes; sirop de nerprun, suffisante quantité.

Mêlez pour former huit bols; administrez au cheval en trois
ou quatre jours sans intervalle.

Cataplasmes.

Les cataplasmes sont des préparations composées de diverses

substances dont l'ensemble forme un corps mou, destiné à être appliqué à l'extérieur du corps. On emploie des cataplasmes pour fomenter, fortifier, exciter et ranimer une partie faible; pour adoucir et calmer les irritations et les inflammations, pour ramollir quelques duretés, dissoudre certaines excroissances, mûrir les tumeurs. Les cataplasmes peuvent être émollients, maturatifs, anodins, rubéfiants, calmants, anti-septiques, astringents, excitants, toniques, résolutifs, etc. — On appelle toniques les cataplasmes qui se préparent à froid. Voici les cataplasmes les plus usités par les praticiens :

CATAPLASME ADOUCISSANT. — Prenez : Mie de pain fraisée, 3 poignées; farine de lin, 2 poignées; décoction de six têtes de pavot écrasées, suffisante quantité.

Mêlez et faites cuire le cataplasme pour lui donner une consistance un peu ferme; après l'avoir retiré du feu, ajoutez 62 grammes d'onguent populeum, d'althea ou de baume tranquille; mêlez exactement, appliquez chaud sur la partie, et renouvelez après douze heures.

CATAPLASME ASTRINGENT. — Prenez : Poudre aromatique, 2 poignées; poudre de tan ou écorce de chêne, 2 poignées; sulfate d'alumine en poudre (alun), 62 grammes; vinaigre ou lie de vin, suffisante quantité.

Mêlez les poudres avec le vin pour former le cataplasme; appliquez froid sur une partie articulaire faible ou par suite de distension.

CATAPLASME ASTRINGENT AVEC LA POUDRE. — Prenez : Poudre astringente composée, 4 poignées; eau ordinaire, suffisante quantité.

Mêlez et appliquez comme dessus.

CATAPLASME ÉMOLLIENT. — Prenez : Farine de graine de lin, 4 poignées; eau ordinaire ou décoction émolliente, suffisante quantité.

Mêlez et faites cuire un instant en remuant continuellement pour donner au cataplasme la consistance d'une bouillie épaisse; après l'avoir disposé convenablement sur une toile, appliquez chaud sur la partie, renouvelez deux fois dans la journée.

Nota. On remplace au besoin la farine de lin par de la mie de pain fraisée.

CATAPLASME ÉMOLLIENT AVEC LA POUDRE. — Prenez : Poudre émolliente composée, 4 poignées; eau commune ou lait, suffisante quantité.

Préparez comme ci-dessus et appliquez de même.

CATAPLASME ÉMOLLIENT AVEC LES MAUVES. — Prenez : Feuilles de mauves, 6 poignées; farine de lin, d'orge ou de seigle, 2 poignées.

Faites cuire les plantes dans une très-petite quantité d'eau ; laissez égoutter un instant sans les exprimer, et après les avoir pilées et réduites en forme de pâte, ajoutez la farine ; appliquez chaud sur la partie, renouvelez dans la journée.

On augmente ou on diminue chacune des substances proportionnellement à la quantité de cataplasmes qu'on se propose de préparer.

CATAPLASME ÉMOLLIENT ANODIN. — Prenez : Farine de lin, 4 à 6 poignées ; décoction de deux poignées de feuilles de morelle ou de jusquiame, suffisante quantité.

Après avoir fait cuire le cataplasme, appliquez chaud sur la partie malade ; réitérez.

CATAPLASME ÉMOLLIENT ANODIN AVEC LA THÉRIAQUE. — Prenez : Même cataplasme que ci-dessus ; après l'avoir disposé sur l'appareil, recouvrez sa surface avec la thériaque, et appliquez.

CATAPLASME ÉMOLLIENT MATURATIF. — Prenez : Cataplasme émollient simple préparé avec la farine de lin et d'une consistance un peu solide, 500 grammes ; ajoutez : ongent basilicum, 125 gr.

Mêlez et appliquez sur une tumeur, abcès ou phlegmon ; réitérez.

CATAPLASME ÉMOLLIENT MATURATIF AVEC L'OSEILLE. — Prenez : Feuilles d'oseille cuite dans l'eau et exprimée, 250 grammes ; oignons cuits sous la cendre, 125 grammes ; vieux levain, 125 grammes ; onguent basilicum, 62 grammes.

Mêlez et pilez les trois premières substances pour les réduire en forme de pulpe ou de pâte d'une consistance un peu ferme ; ajoutez après l'onguent basilicum ; appliquez chaud comme ci-dessus, et réitérez.

CATAPLASME ÉMOLLIENT NARCOTIQUE. — Prenez : Farine de graine de lin et mie de pain fraisée, de chacune 2 poignées ; teinture anodine, (laudanum liquide), 31 grammes.

Après avoir préparé le cataplasme par le moyen ordinaire, et lorsqu'il sera disposé sur l'appareil, ajoutez le laudanum liquide que vous mêlerez superficiellement, appliquez de suite sur la partie.

CATAPLASME CRU OU TOPIQUE ANTISEPTIQUE. — Prenez : Feuilles de ciguë fraîches pilées et réduites en pâte, 250 grammes ; quinquina en poudre, 125 grammes ; alcool ou eau-de-vie camphrée, 250 grammes ; charbon végétal en poudre fine, une suffisante quantité pour donner au cataplasme ou topique la consistance convenable.

Mêlez et appliquez sur une plaie cancéreuse, putride ou de mauvais caractère.

CATAPLASME ANTISEPTIQUE AVEC LES CAROTTES. — Prenez : Racine de carotte râpée, 250 grammes ; alcool camphré, 125 grammes ; poudre de ciguë, suffisante quantité.

Mêlez et appliquez de même que ci-dessus; réitérez.

CATAPLASME OU TOPIQUE EXCITANT, FORTIFIANT. — Prenez : Styrax liquide, une quantité suffisante pour en recouvrir, par une couche un peu épaisse, un morceau de peau ou de forte toile d'une grandeur proportionnée au topique qu'on se propose d'appliquer. Après avoir coupé ou rasé le poil de la partie lésée, appliquez sur l'engorgement, effort ou distension articulaire ; laissez l'appareil pendant plusieurs jours et renouvelez au besoin.

CATAPLASME OU TOPIQUE EXCITANT, RÉSOLUTIF. — Prenez : Farine de lin, 3 poignées; poudre de ciguë, 2 poignées ; hydrochlorate d'amm. en poudre, 125 grammes ; vinaigre ordinaire, suffisante quantité.

Mêlez les trois premières substances en poudre; ajoutez le vinaigre pour former le cataplasme; appliquez sur les engorgements des mamelles, les glandes sous l'auge, etc.

CATAPLASME RÉSOLUTIF AVEC LA TÉRÉBENTHINE. — Prenez : Farine de lin ou poudre aromatique, 4 poignées ; vinaigre ordinaire, suffisante quantité.

Après avoir préparé le cataplasme ou topique par le procédé ordinaire, ajoutez : térébenthine, 95 grammes. Mêlez, et après qu'il sera posé sur l'appareil, vous le saupoudrerez avec sel marin en poudre, 65 à 95 grammes. Appliquez sur la partie comme ci-dessus.

CATAPLASME OU TOPIQUE IRRITANT. — Prenez : Farine de moutarde noire, 3 poignées; farine de lin, 1 poignée ; euphorbe en poudre, 31 grammes; vinaigre, suffisante quantité.

Mêlez les trois premières substances, ajoutez le vinaigre et appliquez le topique pour produire sur la partie une irritation locale.

CATAPLASME IRRITANT AVEC LA TEINTURE DE CANTHARIDES. — Prenez : Poudre aromatique, 3 poignées; résine en poudre, 125 grammes ; teinture de cantharides, 125 grammes; vinaigre, suffisante quantité.

Mêlez et appliquez à froid.

CATAPLASME OU SINAPISME RUBÉFIANT. — Prenez : Farine ou poudre de moutarde, 5 poignées ; muriate de soude (sel de cuisine), 125 grammes ; eau ou vinaigre, suffisante quantité.

Mêlez la moutarde avec le sel réduit en poudre; ajoutez l'eau ou le vinaigre pour former le sinapisme ou topique d'une consistance un peu ferme. Appliquez sur la partie après en avoir rasé le poil et qu'elle a été frictionnée avec le vinaigre.

CATAPLASME, SINAPISME AVEC L'AIL. — Prenez : Farine de moutarde, 4 à 5 poignées; bulbe d'ail, 8 à 10 gousses; sel marin, 125 grammes ; eau ou vinaigre, suffisante quantité.

Après avoir mondé les gousses d'ail de leurs enveloppes, vous les pilerez dans un mortier avec une petite portion de farine de moutarde ; lorsqu'elles seront réduites en forme de pâte, ajoutez le restant de la farine, puis le sel et l'eau pour former le sinapisme, appliquez de suite sur la partie en suivant les mêmes moyens indiqués ci-dessus.

CATAPLASME, SINAPISME AVEC LE RAIFORT. — Prenez : Farine de moutarde. 4 à 6 poignées ; racine fraîche de raifort sauvage, 150 à 200 grammes ; sel de cuisine, 125 grammes ; eau ou vinaigre, suffisante quantité.

Réduisez par le moyen d'une râpe ou par le pilon dans un mortier la racine de raifort en forme de pulpe, ajoutez à mesure et par petites portions la moutarde; après le sel et le vinaigre, disposez le topique sur l'appareil, et appliquez de suite comme les précédents.

CATAPLASME EMPLASTIQUE VÉSICANT. — Prenez : Onguent vésicatoire, quantité suffisante.

Étendez trois ou quatre lignes d'épaisseur de cet onguent sur un morceau de peau ou sur une forte toile d'une dimension convenable à l'emplâtre que vous vous proposez d'appliquer, vous le saupoudrerez après avec de la poudre de cantharides et vous l'appliquerez sur la partie après en avoir rasé le poil et frictionné avec le vinaigre; vous fixerez l'emplâtre avec un bandage, et vous le laisserez jusqu'à ce qu'il ait produit son effet vésicant. Pour favoriser ou entretenir plus ou moins longtemps la suppuration des vésicatoires, on les panse tous les jours avec la pommade exutoire.

CATAPLASME VÉSICANT AVEC LE LEVAIN. —Prenez : Vieux levain, la quantité que vous jugerez nécessaire pour préparer l'emplâtre ; après l'avoir disposé sur l'appareil, vous le recouvrirez avec une forte couche de cantharides en poudre que vous comprimerez avec les doigts pour en amalgamer une partie dans la pâte; arrosez l'emplâtre ainsi préparé avec du vinaigre et appliquez sur la partie en observant les moyens indiqués ci-devant.

Sinapismes (Voyez *Cataplasmes*).

Pommades.

Les pommades ne diffèrent des onguents que par leur consistance, qui est un peu moins ferme, et parce que l'on n'admet pas dans leur composition des résines solides, lesquelles sont admises dans les onguents Voici les principales pommades en usage dans la médecine vétérinaire.

POMMADE ANTI-PSORIQUE POUR LES CHEVAUX. — Prenez : Mercure cru, 6 parties; soufre sublimé, 6 parties; cantharides en poudre, 2 parties ; axonge de porc ou graisse, 30 parties.

On éteint le mercure avec une petite portion d'axonge et de

soufre; on fait chauffer les cantharides dans une partie de la graisse; on mêle ensuite successivement le restant du soufre, de l'axonge et le mercure éteint, pour former un composé selon les règles de l'art.

POMMADE ANTI-PSORIQUE AVEC LE SEL MARIN. — Prenez : Axonge, 310 grammes; soufre sublimé, 95 grammes; muriate de soude très-sec, 95 grammes.

Réduisez le sel en poudre très-fine après l'avoir fait décrépiter; vous le mêlez avec le soufre, et incorporez ce mélange avec la graisse. Employez de même que ci-dessus.

POMMADE ANTI-PSORIQUE AVEC LE SAVON. — Prenez : Pommade mercurielle double, 186 grammes; savon vert, 62 grammes; soufre sublimé, 62 grammes.

Mêlez et employez de même.

POMMADE ANTI-PSORIQUE POUR LES CHIENS. — Prenez : Sulfure de potasse, 6 parties; savon vert, 4 parties; onguent mercuriel double, 5 parties; axonge ou graisse, 24 parties.

Mêlez ces diverses substances pour former la pommade.

POMMADE ANTI-OPHTALMIQUE. — Prenez : Oxide rouge de mercure, 4 grammes; oxide de zinc (tuthie), 4 grammes; sulfate calciné, 4 grammes; deuto-chlorure de mercure, 3 décigrammes; axonge ou cérat, 31 grammes.

Broyez les quatre premières substances sur le porphyre, après les avoir réduites en poudre impalpable, ajoutez l'axonge; continuez à porphyriser jusqu'à ce que vous ayez un mélange très-homogène. On applique une très-petite portion de cette pommade sous la paupière inférieure de l'œil, et on la frotte légèrement avec le doigt. On réitère le pansement tous les jours. C'est un bon détersif et dessiccatif dans les ulcères chroniques des paupières.

POMMADE ANTI-OPHTALMIQUE CAMPHRÉE. — Prenez : Beurre frais ou cérat blanc, 31 grammes; oxide rouge de mercure, 2 grammes; acétate de plomb (sel de saturne), 4 grammes; camphre, 3 décigrammes.

Même mode de préparation et d'administration que la précédente.

POMMADE OU CÉRAT DIT DE GALIEN. — Les cérats ont pour base de composition douze parties d'huile d'amande douce ou d'olive, trois de cire blanche ou jaune, et deux de rose distillée. La consistance des cérats est un peu moindre que celle des pommades par lesquels ils peuvent être remplacés, en laissant au domaine de la pharmacie humaine les propriétés adoucissantes, rafraîchissantes et même cosmétiques de ce médicament.

POMMADE D'HYDRIODATE DE POTASSE. — Prenez : Axonge ou graisse de porc, 4 parties; suif de mouton, 1 partie; hydriodate de potasse, 1 partie.

Il faut commencer par bien diviser l'ydriodate dans un mortier de verre ou de porcelaine, avec une petite quantité de graisse, ajouter ensuite le reste en continuant de triturer pour obtenir une pommade homogène. La pommade d'hydriodate de potasse peut être employée comme résolutive et fondante, contre les engorgements froids, lymphatiques, glanduleux, et particulièrement le goître des chiens.

POMMADE DE LAURIER. — Prenez : Huile de laurier pure, 4 parties; axonge de porc, 3 parties; suif de mouton, 2 parties; feuilles récentes de laurier, suffisante quantité pour fournir à l'onguent une couleur verte.

On fait fondre dans une bassine l'axonge; on la colore avec les feuilles, pour suppléer à celle de l'huile de laurier, qui est trop faible; on ajoute l'huile, on fait liquéfier à un degré de chaleur très-modéré. On passe ensuite l'onguent à travers une toile, et on le conserve dans un vase fermé. La pommade de laurier est un bon stimulant, résolutif, qui calme les douleurs; on en frictionne les engorgements froids, les muscles, les nerfs et les tissus articulaires, pour exciter etdonner du ton à ces mêmes parties.

POMMADE MERCURIELLE DOUBLE (onguent mercuriel). — Prenez : Mercure très-pur, 10 parties; axonge ou graisse de porc, 10 parties.

Mettez le mercure dans une chaudière de fer, ajoutez 1/16 d'onguent anciennement préparé pour un entier de mercure; commencez à mélanger avec le cinquième de la graisse, triturez avec un pilon de bois jusqu'à parfaite extinction du mercure. Pour s'assurer que le mercure est parfaitement éteint, on prend une très-petite quantité du mélange, et on l'étend fortement sur du papier gris : si, à l'aide d'une loupe, il n'apparaît plus aucun globule de mercure, la combinaison est complète. Alors on fait liquéfier le reste de l'axonge, qu'on verse graduellement dans la chaudière, on triture encore pendant un certain temps, et l'opération est terminée; on renferme l'onguent dans un pot pour l'usage. La pommade mercurielle double est un médicament fort usité, c'est un puissant résolutif fondant, qui favorise la résolution des engorgements chroniques, des ganglions lymphatiques et glanduleux, un fort bon anti-psorique et anti-dartreux; il fait partie de différents onguents, des pommades, et s'administre dans divers cas à l'intérieur.

POMMADE MERCURIELLE SIMPLE (Onguent gris). — Prenez : Pommade mercurielle double, 4 parties; axonge ou graisse, 16 parties.

Mêlez exactement les deux substances. Cette pommade n'est usitée que dans les maladies pédiculaires, pour détruire les poux qui surviennent aux animaux.

POMMADE DE PEUPLIER (Onguent populéum). — Prenez : Bourgeons secs de peuplier noir, 6 parties ; feuilles récentes de pavot, 2 parties ; feuilles de jusquiame noire, 2 parties ; feuilles de bardane, 2 parties ; feuilles de belladone, 2 parties ; feuilles de morelle noire, 10 parties ; axonge ou graisse de porc préparée, 36 parties.

Lorsque l'on emploie le peuplier vert, on met quinze parties au lieu de six, ce moyen est préférable au premier. Il faut se procurer les plantes à l'époque de leur plus grande vigueur. Après les avoir séparées de leurs tiges, on les pile jusqu'à ce qu'elles soient réduites en pâte ; on les met alors dans une bassine avec la graisse liquéfiée ; on fait évaporer sur un feu modéré, en agitant, par intervalle, le mélange avec une spatule, pour empêcher que les plantes ne s'attachent au fond de la bassine, et pour faciliter l'action de la graisse sur la partie colorante. On ajoute les germes du peuplier, lorsque l'évaporation a enlevé les trois quarts de l'humidité ; il faut avoir soin de les humecter légèrement : on continue à chauffer pendant quelques instants, ensuite on laisse macérer pendant deux à trois heures ; enfin on retire la bassine du feu, on passe l'onguent à travers une toile, et on met le résidu à la presse. On mêle le produit obtenu par la filtration à celui provenant de la pression ; on laisse déposer quelques heures et on verse l'onguent, par l'inclinaison, dans le vase destiné à le recevoir. Le populéum, ainsi préparé, réunit toutes les propriétés particulières à cet onguent : sa couleur est verte ; il conserve l'arome du peuplier et des autres plantes qui entrent dans sa composition. L'onguent de peuplier est un médicament très-connu et généralement employé. Bien préparé et de bonne qualité, il est anodin, émollient et adoucissant. Il calme les douleurs, les inflammations et irritations du tissu cellulaire, fibreux et musculaire, etc. ; il nourrit la peau, guérit les crevasses et fait pousser le poil : on en graisse les parties sur lesquelles on a appliqué le feu. On le fait aussi entrer dans les cataplasmes, dans différentes pommades et onguents composés, et dans les lavements pour calmer certaines irritations intestinales.

POMMADE DE ROSAT. — Cette pommade, qui se prépare avec six parties de roses pâles, une partie de roses rouges et douze parties d'axonge avec un peu d'écorces de racine d'orcanette pour la colorer en rose, est adoucisante, légèrement siccative et résolutive dans les inflammations des paupières : elle est généralement fort peu employée.

POMMADE DE SATURNE. — Prenez : Onguent populéum, 6 parties ; acétate de plomb liquide (extrait de saturne) 1 partie.

Mêlez exactement à froid.

Cette pommade est résolutive, adoucissante et siccative; elle calme les inflammations et irritations superficielles, cicatrise les plaies simples, les écorchures, et convient dans les brûlures.

Onguents.

Les onguents ont pour bases la cire, les graisses et les résines; ils ne diffèrent des pommades, ainsi que nous l'avons dit plus haut, que parce que les résines ne sont point admises dans ces dernières, d'où il résulte que les onguents sont moins mous que les pommades. Le nombre des onguents était considérable autrefois; beaucoup ont été abandonnés comme faisant double emploi; voici ceux qui sont demeurés en usage.

ONGUENT ADOUCISSANT ANODIN. — Prenez : Onguent populéum, 4 parties; d'althæa, 3 parties; de laurier, 3 parties.

Mêlez exactement. — Cet onguent est émollient et adoucissant; il convient pour calmer les douleurs ou irritations des muscles, des tendons; il donne de la souplesse à la peau et aux différentes parties articulaires, qu'on frictionne deux ou trois fois par jour.

ONGUENT D'ALTHÆA. — Prenez : Huile d'olives, 4 parties; de lin, 4 parties; semence de fenu-grec concassé, 2 parties; cire jaune coupée, 2 parties; poix résine écrasée, 2 parties; térébenthine claire, 2 parties.

Mêlez les huiles avec les semences de fenu-grec, faites chauffer légèrement, laissez macérer pendant environ deux heures, ajoutez la cire et la poix résine, faites dissoudre, retirez du feu, versez la térébenthine, passez à travers une toile, laissez déposer un instant et renfermez pour l'usage. L'onguent d'althæa participe beaucoup des propriétés du précédent; il est nerval, résolutif et adoucissant; il ramollit les tumeurs; on en frictionne la peau pour adoucir ou calmer certaines irritations de ce tissu.

ONGUENT D'ARCÆUS. — Prenez : Suif de mouton, 4 parties; térébenthine claire, 3 parties; résine élémi, 3 parties; axonge de porc, 2 parties.

Cet onguent, généralement peu employé, sert à préparer quelques digestifs pour favoriser la suppuration de certaines plaies.

ONGUENT BASILICUM OU SUPPURATIF. — Prenez : Poix noire, 10 parties; colophane, 8 parties; cire jaune, 8 parties; suif, 2 parties; huile ordinaire, 35 parties.

On écrase la poix; on la met ensuite dans une bassine pour la faire fondre sur un feu très-doux, en la remuant avec une spatule de bois; on ajoute après l'huile par petites portions, ensuite le suif et la cire coupée par morceaux; on fait liquéfier, et on coule après l'onguent au travers d'une toile claire; on l'enferme dans un vase pour l'usage. L'onguent basilicum est fréquemment employé, c'est un excellent maturatif, suppuratif et digestif; il excite la suppuration des plaies, des sétons et des vésicatoires ; on le fait entrer dans les cataplasmes émollients et maturatifs, dans les digestifs, etc.

ONGUENT CAUSTIQUE OU SCARROTIQUE. — Prenez : Onguent basilicum, 125 grammes; sulfure rouge de mercure, 125 grammes; oxide de cuivre brut, 125 grammes; sublimé corrosif, 8 grammes.

Réduisez les trois dernières substances en poudre très-fine sur le porphyre avant que de les incorporer dans l'axonge. — Cet onguent nettoie les vieilles plaies, déterge les ulcères fongueux, et détruit, par son application, diverses excroissances qui surviennent sur la peau et qu'on désigne sous différents noms.

ONGUENT DESSICCATIF ASTRINGENT. — Prenez : Oxyde de cuivre brut, 1 partie; sulfate de zinc, 3 parties; alumine calciné, 3 parties; camphre, 2 parties; onguent populéum, 30 parties.

Il faut réduire les quatre premières substances en poudre fine, les mêler ensuite avec l'onguent. — Cet onguent astringent, détersif et siccatif, nettoie et cicatrise les différentes plaies humides et baveuses, notamment celles qu'on désigne particulièrement par le nom d'eaux aux jambes; on l'emploie concurremment avec les diurétiques qu'on administre intérieurement.

ONGUENT DÉTERSIF, dit ONGUENT BRUN. — Prenez : Onguent basilicum, 10 parties; oxyde rouge de mercure, 1 partie.

Réduisez l'oxyde de mercure en poudre très-fine, et mêlez exactement avec l'onguent.

Il ronge les chairs baveuses, déterge les vieux ulcères, nettoie les plaies et facilite la suppuration. On peut augmenter ou diminuer son action détersive en modifiant la dose de l'oxyde.

ONGUENT DÉTERSIF CONTRE LE PIÉTIN DES MOUTONS. — Prenez : Alun calciné, 2 parties; acétate de cuivre (vert-de-gris), 1/2 partie; camphre, 1/2 partie; onguent populéum, 8 parties.

On réduit les trois premières substances en poudre fine, et on les incorpore dans l'onguent. — Après avoir nettoyé l'ulcère, on le recouvre avec une petite quantité de cet onguent, que l'on maintient avec un petit tampon d'étoupes assujéti par un bandage.

ONGUENT DIGESTIF ANIMÉ. — Prenez : Onguent d'arcœus, 95 grammes; térébenthine claire, 95 grammes; teinture de cantharides, 62 grammes. .

Mêlez ces trois substances dans un mortier.

On peut remplacer la teinture de cantharides par celle d'aloès, par l'alcool camphré, ou par de l'essence de térébenthine. Cet onguent est employé pour favoriser ou entretenir la suppuration des plaies et des sétons.

ONGUENT DIGESTIF SIMPLE. — Prenez : Térébenthine claire, 62 grammes; jaunes d'œufs, 62 grammes; huile d'olive, suffisante quantité.

Mêlez ces substances comme ci-dessus. — On emploie ce digestif de la même manière et pour les mêmes indications que le précédent; il est susceptible d'être animé de même par l'addition des substances alcooliques ou l'essence de térébenthine; il faut, dans ce cas, supprimer l'huile d'olives.

ONGUENT ÉGYPTIAC OU OXYMELLITE DE CUIVRE. — Ce n'est pas véritablement un onguent, mais une combinaison d'acide acétique et d'oxyde de cuivre dans le miel; voici la préparation de ce médicament pour l'usage vétérinaire.

Prenez : Oxyde de cuivre brut (vert-de-gris), 4 parties; oxyde blanc d'arsenic, 1 partie; acide acétique (vinaigre), 4 parties; miel de consistance ferme, 8 parties.

Mettez dans une bassine de cuivre l'oxyde et l'arsenic réduits en poudre séparément, ajoutez le vinaigre, faites bouillir un instant en agitant le mélange, ajoutez ensuite le miel, et continuez à remuer avec une spatule de bois, jusqu'à ce que l'onguent cesse de se boursouffler, et qu'il ait acquis une consistance mielleuse un peu ferme, ce qu'on reconnaît après en avoir fait refroidir séparément une petite quantité. — Cet onguent est un excellent détersif pour nettoyer les ulcères fongueux, ronger les chairs baveuses dans les plaies de mauvais caractère.

ONGUENT ÉPISPASTIQUE. — Prenez : Onguent vésicatoire, 1 partie; onguent basilicum ou populéum, 8 parties.

Mêlez très-exactement.

Cet onguent est destiné à favoriser et à entretenir la suppuration des vésicatoires ainsi que des sétons. On l'applique légèrement sur la surface de ces exutoires, ou on en graisse les linges qui servent à les panser. On peut varier les proportions de ces onguents pour augmenter ou diminuer le degré d'action qu'on veut lui donner.

ONGUENT ÉPISPASTIQUE AVEC LES CANTHARIDES. — Prenez : Onguent basilicum, 5 parties; poudre de cantharides, 1/2 partie.

Mêlez et employez de même que ci-dessus.

On peut remplacer l'onguent basilicum par la térébenthine, par l'axonge, ou par ces deux substances réunies ensemble.

ONGUENT FONDANT AVEC LE SUBLIMÉ. — Prenez : Deutochlorure de mercure (sublimé corrosif), 1 partie; térébenthine, 2 parties; axonge ou suif, 2 parties.

Réduisez le sublimé en poudre très-fine dans un mortier de verre; ajoutez, par petites portions, la térébenthine mêlée avec l'onguent, et employez de même que l'onguent résolutif fondant.

ONGUENT RÉSOLUTIF FONDANT. — Prenez : Onguent vésicatoire,
16 parties ; onguent mercuriel double, 8 parties ; savonule de
potasse, 2 parties ; huile de laurier pure, 5 parties ; cire jaune,
3 parties.

Faites fondre la cire sur un feu très-doux, ajoutez les autres
substances, retirez le vase du feu, remuez le mélange jusqu'à ce
qu'il ait acquis la consistance d'onguent. Cet onguent est généralement employé pour opérer la résolution des glandes de l'auge,
les boutons de farcin, les engorgements froids et indolents qui
surviennent sur le garrot, ainsi que les différentes tumeurs de
même nature et qu'on désigne sous divers noms, etc. On en frictionne une ou deux fois par jour la partie malade, et on la recouvre par le moyen d'un bandage.

ONGUENT NERVIN. — Prenez : Onguent d'althæa, 10 parties ;
huile épaisse de laurier, 10 parties ; styrax liquide, 4 parties ;
cire jaune, 6 parties ; huile volatile de lavande, 1 partie ; huile
de romarin, 1 partie ; de thym, 1 partie.

Coupez la cire par petits morceaux, mettez-la dans une bassine avec l'onguent d'althæa, l'huile de laurier et le styrax ;
faites liquéfier à un feu très-doux, passez le mélange à travers
un linge ; laissez refroidir aux deux tiers ; ajoutez les huiles ou
essences après les avoir mêlées avec le camphre en poudre. Il
faut remuer le mélange avec une spatule jusqu'à ce que l'onguent ait pris de la consistance. — L'onguent nervin fortifie les
nerfs, donne du ton et de la force aux muscles ; on l'emploie
avec succès dans les faiblesses, les douleurs d'articulations, les
foulures, les atrophies des membres, et pour ranimer la contrac-
tilité musculaire.

ONGUENT DE PIED. — Prenez : Huile ordinaire, 1 partie ; cire
jaune, 1 partie ; térébenthine, 1 partie ; axonge de porc, 2 parties.

Coupez la cire par morceaux, faites-la fondre dans l'huile avec
l'axonge ; après avoir retiré la bassine du feu, ajoutez la térébenthine ; laissez refroidir l'onguent en ayant soin de l'agiter par
intervalle. — L'onguent de pied sert à entretenir la corne du
sabot et la couronne dans un état de souplesse convenable ; il
favorise son accroissement, prévient et guérit les crevasses ; on
en graisse souvent cette partie. On noircit à volonté cet onguent
avec le noir de fumée.

ONGUENT VÉSICATOIRE. — Prenez : Poix noire, 4 parties ; poix
résine, 4 parties ; cire jaune, 3 parties ; huile d'olive, 12 parties ;
cantharides en poudre, 6 parties ; euphorbe en poudre fine,
2 parties.

Écrasez les poix, coupez la cire en petits morceaux, faites
fondre dans une bassine, ajoutez l'huile d'après le mode indiqué

pour l'onguent basilicum, passez à travers une toile claire ou un tamis de crin, mettez les cantharides et l'euphorbe dans la bassine, humectez légèrement avec très-peu d'eau ; ajoutez la moitié à peu près du mélange liquéfié, chauffez pour faire évaporer la plus grande partie de l'humidité ; ajoutez sur la fin le reste du mélange, faites chauffer encore un instant, retirez du feu, laissez refroidir.

Il faut avoir attention de remuer l'onguent jusqu'à ce qu'il ait acquis assez de consistance pour retenir en suspension les poudres, qui, sans cette précaution, se précipiteraient au fond de la bassine.

L'onguent vésicatoire est un médicament extrêmement utile dans la médecine vétérinaire ; son application sur une partie extérieure du corps, après en avoir rasé le poil, produit sur la peau une irritation qui détermine bientôt une sécrétion séreuse plus ou moins abondante ; l'épiderme se détache, se soulève et forme une phlyctène qu'on enlève. On panse cette plaie avec le même onguent mêlé avec du basilicum ou du populeum, dans la proportion d'un huitième, pour activer ou entretenir plus ou moins longtemps la suppuration de cet émonctoire. L'onguent vésicatoire est encore employé pour déterminer, entretenir ou augmenter la suppuration des sétons. C'est un puissant résolutif fondant.

Cérats (Voyez Pommades).

Emplâtres (Voyez Cataplasmes, Pommades, Onguents).

MÉDICAMENTS LIQUIDES.

Boissons.

L'eau est la boisson ordinaire de tous les animaux ; on y mêle souvent des substances médicamenteuses. L'eau ainsi modifiée conserve le nom de boisson tant que l'animal à qui on la présente la boit de son plein gré ; les boissons qu'on est obligé de faire avaler de force prennent le nom de breuvages. Voici les boissons médicinales les plus usitées.

BOISSON ACIDULÉE. — On acidule généralement les boissons par l'addition d'une suffisante quantité de vinaigre ordinaire, par l'acide acétique distillé, par l'acide sulfurique ou par l'alcool sulfurique. C'est par le moyen de la dégustation qu'il convient de régler la juste proportion d'acide qu'on admet dans les boissons ; il faut que le degré d'acidité soit agréable au goût. Les boissons ainsi acidulées sont en général rafraîchissantes, tempérantes, toniques et diurétiques.

BOISSON BLANCHE. — Cette boisson se prépare par divers moyens : on mêle ou on délaye assez généralement cinq ou six poignées de son de froment dans huit ou dix litres d'eau ordinaire ou dans toute autre boisson composée; souvent on remplace le son par trois ou quatre poignées de farine de froment, d'orge ou de seigle; dans beaucoup de cas, on édulcore ces boissons avec 250 grammes de miel; on peut également les aciduler comme nous l'avons indiqué ci-dessus, et on les présente tièdes à l'animal.

Boisson gélatineuse. — Prenez: 125 grammes de gélatine que vous ferez dissoudre dans huit litres d'eau; ajoutez à cette dissolution 125 grammes de sel marin ordinaire (sel de cuisine). On peut remplacer la gélatine par le bouillon préparé avec les pieds ou les têtes de mouton et de veau, dont le prix peu élevé permet d'en continuer l'usage plus ou moins longtemps. Cette boisson analeptique convient à la suite de différents cas d'atonie causés par suite de longues maladies.

Boisson gommeuse. — Mêlez dans six ou huit litres d'eau tiède 125 grammes de gomme arabique en poudre. On peut l'édulcorer avec le miel et blanchir avec la farine par les moyens indiqués précédemment.

Boisson avec la graine de lin. — La semence de lin fournit dans l'eau une grande quantité de principes mucilagineux; pour préparer cette boisson, on prend deux poignées de ladite semence, on la fait bouillir pendant quelques minutes dans huit ou dix litres d'eau, on passe la décoction et on l'édulcore avec 500 grammes de miel.

Boisson avec la racine de carotte. — Après avoir mondé, lavé et coupé par morceaux un kilogramme de racine de carotte, on la fait cuire dans huit ou dix litres d'eau; on passe la décoction et on la donne tiède au cheval. On peut ajouter à cette boisson adoucissante, nutritive, de la farine d'orge, du sel marin, du nitre, ou l'aciduler au besoin.

Boisson avec la crème de tartre. — Faites dissoudre dans six ou huit litres d'eau chaude 125 grammes de crème de tartre soluble avec 250 grammes de miel. Elle est rafraîchissante et laxative.

Boisson ferrugineuse. — Faites dissoudre 31 grammes de tartrate de potasse et de fer (boule de mars) dans huit litres d'eau chaude, passez la liqueur et édulcorez la boisson avec un demi-kilogramme de miel; ajoutez deux ou trois poignées de farine d'orge ou de froment. Cette boisson tonique et astringente convient dans la diarrhée ou dyssenterie des chevaux, et dans la pourriture des moutons.

Boisson au petit-lait. — On nomme lait de beurre ou petit-lait le liquide qu'on obtient après avoir séparé la partie butireuse et caséeuse ou fromage du lait. Cette boisson tient en dis-

solution les principes solubles et les différents sels contenus dans
le lait; on clarifie au besoin le lait de beurre pour le rendre
très-clair, par le moyen de l'ébullition, après y avoir mêlé de
l'albumine ou blanc d'œuf. Cette boisson est rafraîchissante,
tempérante et légèrement laxative; on la fait prendre à volonté
aux animaux.

BOISSON AVEC L'ORGE. — Faites bouillir dans une certaine quantité d'eau, jusqu'a ce qu'il soit crevé, quatre poignées d'orge
mondé pour obtenir huit litres de breuvage. Passez la décoction
avec expression au travers d'une toile claire, et après l'avoir édulcorée avec le miel, vous la présenterez à l'animal. — La boisson
d'orge est adoucissante et nutritive; elle forme souvent la base
des boissons acides. Pour préparer l'orge mondé, on le fait tremper quelques instants dans l'eau chaude, jusqu'à ce que la balle
ou enveloppe du grain se détache; on le sépare alors très-facilement.

BOISSON AVEC LA GUIMAUVE. — C'est avec la racine de la plante
qu'on prépare cette boisson. On fait bouillir, dans six ou huit
litres d'eau, 125 grammes de racine sèche de guimauve mondée
et coupée par morceaux; on passe la décoction après un quart-
d'heure d'ébullition, et on la donne tiède au cheval. Si on emploie la racine fraîche, on en double la dose. — Cette boisson,
très-adoucissante, peut être édulcorée avec un 1/2 kilogramme
de miel, et nitrée au besoin.

BOISSON MIELLÉE. — On fait dissoudre 1/2 kilogramme de miel
de bonne qualité dans six à huit litres d'eau ordinaire ou dans
toute autre boison composée qu'on juge convenable d'édulcorer,
soit pour en faciliter l'usage au malade, ou pour augmenter ses
effets thérapeutiques. Fort souvent on acidule ou on blanchit
cette boison; on y ajoute aussi du nitrate de potasse ou du sel
marin, suivant l'indication qu'on se propose de remplir.

BOISSON AVEC LE NAVET. — Cette boisson se prépare par les mêmes moyens que celle avec la carotte, et peut remplir les mêmes
indications.

BOISSON NITRÉE. — Ajoutez, dans huit à dix litres d'une boisson
simple ou composée, 62 grammes de nitrate de potasse, donnez
à boire au cheval en une ou en plusieurs doses; réitérez au besoin comme diurétique.

BOISSON AVEC LE RIZ. — Cette boisson nutritive et astringente
se prépare de même que celle d'orge; on l'édulcore avec le sucre
brut, et on l'acidule pour augmenter sa tonicité.

BOISSON SALÉE. — L'usage du muriate de soude, ou sel marin
ordinaire, est reconnu très-salutaire pour les animaux domestiques; on leur en donne fréquemment dans les boissons blanches,
miellées et autres. La dose de ce sel est de 125 grammes dans
huit à dix litres de boisson.

Breuvages.

Les breuvages sont des médicaments liquides qui diffèrent des boissons, en ce qu'ils faut les faire avaler aux animaux à l'aide d'une bouteille, d'une corne ou d'un entonnoir. Les breuvages sont, en général, des médicaments magistraux, c'est-à-dire qui ne se préparent que d'après l'ordonnance du médecin vétéririnaire. Voici les plus usités.

BREUVAGE ADOUCISSANT. — Prenez : Racine de guimauve, 62 grammes ; racine de réglisse, 62 grammes ; miel, 125 grammes.

Faites bouillir les racines, après les avoir coupées, dans un litre d'eau ; passez, et ajoutez à la décoction le miel ; faites prendre au cheval en une dose, et réitérez.

BREUVAGE ADOUCISSANT AVEC LES FIGUES. — Prenez : Figues sèches de Provence, 125 grammes ; miel, 125 grammes; eau, suffisante quantité pour un litre de décoction.

Après avoir coupé les figues par morceaux, vous les ferez bouillir un demi-quart d'heure ; passez avec expression ; ajoutez le miel, et administrez le breuvage tiède au cheval ; réitérez.

BREUVAGE ADOUCISSANT AVEC LA GOMME. — Prenez : Gomme arabique en poudre, 62 grammes ; miel, 125 grammes ; eau ordinaire, 1 litre.

Après avoir fait dissoudre la gomme dans l'eau chaude, ajoutez le miel, et faites prendre au cheval en une seule dose.

BREUVAGE ADOUCISSANT AVEC LA GRAINE DE LIN. — Prenez : Semences de lin, 48 grammes ; miel, 125 grammes; eau, 1 litre.

Faites infuser pendant un quart d'heure, en remuant par intervalle la semence de lin dans l'eau bouillante ; passez l'infusion, ajoutez le miel ; administrez en une dose, et réitérez.

BREUVAGE ADOUCISSANT ANODIN. — Prenez : Têtes ou capsules de pavot blanc, 6 têtes ; gomme arabique en poudre, 31 grammes; huile d'olives, 95 grammes ; jaunes d'œufs, 3 ; miel, 125 grammes ; eau ordinaire, suffisante quantité pour un litre de breuvage.

Écrasez les têtes de pavots, faites-les infuser une demi-heure dans l'eau bouillante, passez l'infusion, et ajoutez à la colature, à l'aide d'un mortier, les quatre autres substances que vous aurez préalablement mêlées ensemble; administrez tiède au cheval et réitérez. — On peut remplacer les têtes de pavots par l'extrait d'opium indigène ou la teinture alcoolique d'opium.

BREUVAGE ADOUCISSANT, INCISIF. — Ajoutez à un des breuvages adoucissants ci-dessus : kermès minéral, 16 grammes.

BREUVAGE ADOUCISSANT, NUTRITIF. — Prenez : Gélatine concassée, 62 grammes.

Faites dissoudre dans un litre d'eau chaude et administrez. —

On peut remplacer la gélatine par du bouillon de pieds et têtes de mouton ou de veau.

BREUVAGE ANTI-SEPTIQUE. — Prenez : Quinquina jaune concassé, 62 grammes; acétate d'ammoniaque, 95 grammes; camphre, 4 grammes; eau, 1 litre.

Après avoir fait la décoction du quinquina dans l'eau et l'avoir passée, on y ajoute, lorsqu'elle est refroidie, l'acétate et ensuite le camphre, qu'il faut diviser auparavant dans un jaune d'œuf ou dans du miel.

Ce breuvage excitant convient dans les atonies, les affections putrides, charbonneuses et malignes.

BREUVAGE ANTI-SEPTIQUE AVEC THÉRIAQUE. — Prenez : Thériaque vétérinaire, 95 grammes; acétate d'ammoniaque, 190 grammes; eau commune, 1 litre 1/2.

Divisez, a . aide d'un mortier, la thériaque dans l'eau, ajoutez après l'acétate d'ammoniaque; administrez au cheval en deux fois dans la journée, et au bœuf en une seule dose; réitérez le lendemain, d'après l'état du malade.

BREUVAGE ANTI-SPASMODIQUE. — Prenez : Racine de valériane, 31 grammes; têtes de pavot blanc, 31 grammes; camphre purifié, 8 grammes; huile empyreumatique animale, 12 grammes; nitrate de potasse, 16 grammes; éther sulfurique, 31 grammes.

Faites bouillir les têtes de pavot dans une suffisante quantité d'eau pour avoir un litre de décoction , ajoutez la valériane, que vous laisserez infuser une demi-heure; passez, et ajoutez dans la colature le camphre et l'huile empyreumatique, après avoir divisé ces substances dans un mortier avec deux jaunes d'œufs, ensuite le nitrate de potasse et l'éther. Mêlez le tout bien exactement, et administrez au cheval en une dose ou en deux, à une heure d'intervalle. Dans ce dernier cas, il faut que la décoction soit d'un litre et demi.

BREUVAGE ASTRINGENT OU ANTI-DYSSENTÉRIQUE. — Prenez : Espèces astringentes, 125 grammes.

Faites bouillir pendant un quart d'heure dans une suffisante quantité d'eau pour avoir deux litres de décoction; passez et ajoutez :

Gomme arabique en poudre, 62 grammes; sucre brut ou mélasse, 125 grammes; alcool sulfurique (eau de Rabel), 16 grammes.

Administrez au cheval en deux fois dans la journée; réitérez le lendemain.

BREUVAGE ASTRINGENT AVEC LA THÉRIAQUE. — Prenez : Thériaque vétérinaire, 62 grammes; vin rouge de bonne qualité, 1 litre.

Délayez la thériaque dans le vin, faites prendre au cheval, et réitérez.

BREUVAGE CARMINATIF. — Prenez : Espèces carminatives, 125 grammes ; eau bouillante, 2 litres.

Faites infuser dans un vaisseau couvert jusqu'à parfait refroidissement ; passez et ajoutez à la colature : éther sulfurique (52 degrés), 95 grammes.

Administrez au cheval en deux doses, avec intervalle d'une à deux heures, d'après l'état du malade, et au bœuf en une seule dose ; réitérez au besoin.

BREUVAGE CARMINATIF DIGESTIF. — Prenez : Elixir calmant contre les coliques et les indigestions, 125 grammes ; vin de bonne qualité, 1 litre.

Mêlez et administrez au cheval en une seule fois ; la dose pour le bœuf est double. Ce breuvage est très-usité.

BREUVAGE CARMINATIF AVEC L'AMMONIAQUE. — Prenez : Ammoniaque liquide (22 degrés), 31 grammes ; miel, 125 grammes ; décoction légère de deux onces de graine de lin, 2 litres.

Faites dissoudre le miel dans la décoction froide, ajoutez l'ammoniaque ; administrez au cheval en deux fois dans la journée, et au bœuf en une seule dose.

BREUVAGE DIAPHORÉTIQUE OU SUDORIFIQUE. — Prenez : Thériaque vétérinaire, 95 grammes ; camphre sublimé, 4 grammes ; sous-carbonate d'ammoniaque, 48 grammes ; vin rouge, 1 litre 1/2.

Réduisez le camphre en poudre dans un mortier, avec quelques gouttes d'alcool, ajoutez le carbonate d'ammoniaque réduit aussi en poudre ; mêlez avec la thériaque et délayez le tout dans le vin. Le mélange étant bien exact, administrez au cheval en deux doses, à deux heures d'intervalle, et au bœuf en une seule dose.

BREUVAGE DIAPHORÉTIQUE AVEC L'ACÉTATE D'AMMONIAQUE. — Prenez : Bois de sassafras haché, 125 grammes ; eau, 1 litre ; vin blanc, 1/2 litre ; acétate d'ammoniaque liquide, 125 grammes ; miel, 125 grammes.

Après avoir fait infuser pendant une heure le bois de sassafras dans l'eau bouillante, passez l'infusion, ajoutez le miel, et, lorsqu'elle sera refroidie, l'acétate. Administrez comme dessus, en deux doses.

BREUVAGE DIURÉTIQUE. — Prenez : Semences de lin, 1 poignée ; nitrate de potasse (sel de nitre), 95 grammes ; eau commune, 3 litres.

Faites bouillir quelques minutes la semence dans l'eau, passez la décoction, et ajoutez le sel de nitre.

Administrez au cheval en trois doses, et au bœuf en deux fois, après quelques heures de distance.

BREUVAGE DIURÉTIQUE ACIDULÉ—Prenez : Décoction de racine de carotte, 4 litres ; nitrate de potasse, 125 grammes ; miel, 250 grammes ; vinaigre de bonne qualité, suffisante quantité.

Après avoir fait dissoudre le nitre et le miel dans la décoction, ajoutez le vinaigre pour donner au breuvage un degré d'acidité agréable à la dégustation. Administrez comme ci-dessus, et réitérez au besoin.

BREUVAGE DIURÉTIQUE ÉMÉTISÉ. — Prenez : Eau blanche préparée avec deux poignées de farine de froment, 3 litres ; nitrate de potasse, 95 grammes ; émétique, 1/2 gramme ; miel, 250 grammes.

Faites dissoudre le miel dans l'eau, ajoutez le nitre et l'émétique ; administrez au cheval en trois doses dans la journée, et en deux au bœuf.

BREUVAGE DIURÉTIQUE VINEUX. — Prenez : Nitrate de potasse, 125 grammes ; miel, 250 grammes ; vin blanc et eau ordinaire, de chaque 2 litres.

Mêlez l'eau et le vin, faites dissoudre le nitre et le miel ; administrez en quatre doses au cheval, et en deux pour le bœuf, dans la journée.

BREUVAGE DIT FONDANT DÉPURATIF. — Prenez : Bois de gaïac râpé, 62 grammes ; bois de sassafras haché, 31 grammes.

Faites bouillir le gaïac, infuser le sassafras dans une suffisante quantité d'eau pour obtenir un litre de liquide, passez et ajoutez : deuto-chlorure de mercure (sub. corr.), 10 décigrammes ; sel ammoniac, 16 grammes.

Faites dissoudre ces deux substances dans un peu d'alcool, ajoutez à la décoction, mêlez et administrez au cheval le matin à jeun. Continuez plus ou moins longtemps ce traitement. Ce breuvage a été recommandé contre les affections farcineuses.

BREUVAGE FONDANT MUCILAGINEUX. — Prenez : Décoction de graine de lin, 1 litre ; sublimé corrosif, 10 décigrammes ; sel ammoniac, 16 grammes.

Faites dissoudre les sels comme ci-dessus, administrez de même et pour le même usage.

BREUVAGE INCISIF AVEC LE KERMÈS. — Prenez : Poudre d'aunée et de guimauve, de chaque 62 grammes ; kermès minéral, 31 grammes ; miel, 125 grammes ; eau, 2 litres.

Faites dissoudre le miel dans l'eau, ajoutez les poudres, mêlez exactement, et administrez au cheval en deux fois, en une seule au bœuf.

BREUVAGE INCISIF FONDANT. — Prenez : Gomme ammoniaque, 31 grammes ; sulfate de potasse, 31 grammes ; kermès minéral, 24 grammes ; miel, 125 grammes ; eau commune, 1 litre 1/2.

Mêlez les poudres avec le miel, ajoutez l'eau peu à peu, remuez, et administrez au cheval en deux fois dans la journée, et en une seule dose au bœuf.

BREUVAGE NUTRITIF. — Prenez : Gélatine concassée, 62 grammes ; muriate de soude (tin), sel marin, 48 grammes.

Faites dissoudre la gélatine avec le sel dans une infusion aromatique chaude. Administrez au cheval, tiède, et réitérez. On peut remplacer la gélatine par du bouillon provenant de la cuisson des pieds et têtes de mouton ou de veau.

BREUVAGE PURGATIF ORDINAIRE. — Prenez : Aloès en poudre, 48 grammes ; miel ou mélasse, 125 grammes ; eau ordinaire, 1 litre.

Faites dissoudre l'aloès dans l'eau tiède, ajoutez le miel, administrez au cheval le matin à jeun, en une seule dose.

BREUVAGE PURGATIF AVEC ALOÈS ET SEL D'EPSOM. — Prenez : Aloès en poudre, 31 grammes ; sel d'epsom de Lorraine, 125 grammes ; anis en poudre, 16 grammes ; eau tiède, un litre.

Après avoir fait dissoudre l'aloès et le sel dans l'eau, ajoutez l'anis, et administrez de même que ci-dessus.

BREUVAGE PURGATIF AVEC ALOÈS ET SÉNÉ. — Prenez : Aloès en poudre, 31 grammes ; feuilles de séné, 31 grammes ; eau, 1 litre.

Faites infuser le séné dans l'eau bouillante pendant une heure, passez l'infusion avec expression, faites dissoudre l'aloès, et administrez tiède au cheval. Les feuilles de séné peuvent être remplacées avec économie par les grabeaux, sans diminuer l'effet purgatif.

BREUVAGE PURGATIF AVEC SIROP DE NERPRUN. — Prenez : Sirop de nerprun, 125 grammes ; sel d'epsom, 125 grammes ; eau tiède, 1 litre.

Faites dissoudre le sirop et le sel dans l'eau et administrez en une dose.

BREUVAGE PURGATIF AVEC RHUBARBE. — Prenez : Rhubarbe et séné en poudre, de chaque 31 grammes ; sulfate de magnésie, 186 grammes.

Mêlez ces trois substances dans un litre d'eau tiède, remuez et administrez.

BREUVAGE TEMPÉRANT. — Prenez : Décoction de deux poignées d'orge mondé, 2 litres ; nitrate de potasse, 48 grammes ; miel ou mélasse, 250 grammes.

Faites bouillir l'orge jusqu'à ce qu'elle soit crevée : passez la décoction ; ajoutez le miel, le nitre, et administrez en deux fois.

BREUVAGE TEMPÉRANT AVEC LA CAROTTE. — Prenez : Racine de carotte 500 grammes ; après l'avoir coupée par morceaux, faites-la cuire dans une suffisante quantité d'eau pour obtenir deux litres de décoction; passez, et ajoutez oxymel simple, 250 grammes.

Mêlez, administrez comme ci-dessus ; réitérez. Dans ce breuvage, on peut remplacer la racine de carotte par celle de navet, l'oxymel par le miel, et l'aciduler par les moyens indiqués précédemment.

Breuvage tempérant avec la laitue. — Faites bouillir pendant quelques minutes deux ou trois laitues dans deux litres d'eau, passez la décoction, ajoutez du miel, acidulez comme ci-devant, et administrez.

Breuvage tonique. — Prenez : Extrait de genièvre, 62 grammes ; canelle en poudre, 31 grammes ; vin rouge bonne qualité, 1 litre.

Délayez exactement l'extrait dans le vin, ajoutez la cannelle, administrez au cheval en une dose, et réitérez. On peut remplacer au besoin l'extrait de genièvre par deux poignées de baies, qu'on fait infuser dans le vin après les avoir écrasées.

Breuvage tonique amer. — Prenez : Racines sèches de gentiane et d'aunée, de chaque 62 grammes ; eau simple, 2 litres ; alcool ou eau-de-vie, 125 grammes.

Après avoir coupé les racines par morceaux, faites-en la décoction dans l'eau ; laissez refroidir, passez, ajoutez l'alcool, et administrez en deux doses dans la journée. On peut remplacer la décoction par la poudre de ces mêmes racines.

Breuvage tonique avec tartrate de fer. — Prenez : infusion aromatique, 2 litres ; tartrate de potasse et de fer (boule de mars), 16 grammes ; alcool simple, 125 grammes.

Après avoir préparé l'infusion dans l'eau bouillante et dans un vase fermé, passez avec expression, ajoutez l'acool, faites dissoudre le tartrate, et administrez en deux fois dans la journée.

Breuvage vermifuge ou anthelmintique. — Prenez : Huile empyreumatique animale non rectifiée, 48 grammes ; jaunes d'œufs, 125 grammes ; miel ou mélasse, 125 grammes ; eau ordinaire, suffisante quantité.

Divisez l'huile dans les jaunes d'œufs, ajoutez le miel ou la mélasse, mêlez dans l'eau pour avoir un litre de breuvage ; administrez au cheval en une dose, le matin à jeun, et réitérez au besoin plusieurs jours de suite.

Breuvage vermifuge savonneux. — Prenez : Décoction de 125 grammes de racine de fougère mâle concassée, 1 litre ; savon blanc ordinaire, 31 grammes ; huile empyreumatique, 31 grammes ; miel ou mélasse, 125 grammes.

Ramollissez le savon avec une petite quantité de décoction chaude, ajoutez le miel et ensuite l'huile, mêlez après dans la décoction pour former un litre de breuvage ; administrez de même que ci-dessus. On peut remplacer la racine de fougère par la mousse de Corse, par les sommités fleuries de tanaisie ou par l'absinthe.

Breuvage vermifuge contre le ténia. — Prenez : Écorce de racine de grenadier sauvage en poudre, 62 grammes ; eau chaude, 1 litre.

Après avoir laissé infuser la poudre dans l'eau pendant une heure et l'avoir agitée plusieurs fois, administrez au cheval en une dose ; réiterez pendant trois fois ce breuvage dans la matinée à une heure d'intervalle ; laissez le malade à la diète jusqu'au lendemain au matin, et vous le purgerez avec : aloès en poudre, 16 grammes ; semences de ricin non mondé, 80 grammes.

Ecrasez, et divisez exactement les semences dans l'aloès à l'aide d'un mortier, et administrez dans une bouteille de liquide.

Pour assurer les bons effets des breuvages purgatifs, il convient que l'animal soit préparé deux jours d'avance par un régime alimentaire, par des boissons adoucissantes, et des lavements émollients.

Teintures.

On nomme teinture la dissolution colorée d'une ou plusieurs substances simples ou composées, végétales ou animales, extraites par une menstrue, alcooliques, aqueuses, vineuses ou éthérées, après une macération plus ou moins prolongée. — Voici les teintures les plus usitées.

Teinture anodine ou vin d'opium composé (*Laudanum liquide*). — Prenez : Opium brut, 125 grammes ; safran gâtinois, 62 grammes ; canelle, 8 grammes ; girofle, 8 grammes ; vin d'Espagne, 1 kilogramme.

Écrasez bien l'opium, concassez le safran, le girofle et la cannelle ; mêlez le tout ensemble dans un vaisseau convenable ; ajoutez le vin, couvrez le vase, et laissez en macération, soit au soleil, soit dans une étuve modérément chauffée, pendant plusieurs jours, ayant soin d'agiter le mélange par intervalle. Après cette époque, passez avec expression, et filtrez la liqueur à travers le papier gris.

Teinture d'aloès. — Prenez : Aloès succotrin en poudre, 6 parties ; alcool à 20 degrés, 32 parties.

On introduit les deux substances dans un vase dont la capacité surpasse d'environ un tiers la masse du mélange, on l'agite par intervalle, et, lorsque la dissolution est achevée, on la filtre à travers un papier non collé. La teinture d'aloès est d'un usage commun dans la chirurgie vétérinaire : elle cicatrise et conso-

lide les plaies récentes; elle est anti-pudride, déterge, nettoie et
fortifie les chairs dans les ulcères baveux, favorise l'exfoliation
des parties osseuses et tendineuses.

TEINTURE DE CANTHARIDES, OU EAU-DE-VIE VÉSICANTE. — Prenez :
Cantharides en poudre fine, 4 parties; euphorbe en poudre,
1 partie; alcool à 22 degrés, 24 parties.

On mêle ces trois substances dans un vaisseau de grandeur
convenable : il doit rester environ un tiers de vide; on le bouche
légèrement, on l'expose pendant plusieurs jours à une température
de vingt à vingt-un degrés, on l'agite par intervalle. C'est un médicament très-irritant; il ne doit être administré qu'à l'extérieur;
à petite dose, il est résolutif, très-pénétrant, fondant et fortifiant;
à une dose supérieure, il devient rubéfiant et épispastique.

TEINTURE D'IODE. — Prenez: Alcool à 36 degrés, 125 grammes;
iode, 12 grammes.

Triturez l'iode dans un mortier de verre ou de porcelaine
pour le dissoudre dans l'alcool. Il est bon de ne pas préparer
cette teinture trop longtemps à l'avance, parce que l'iode se précipite et cristallise au fond du flacon.

Huiles.

Les huiles sont végétales ou animales. On appelle *fixes* ou
grasses celles qui ne se volatilisent qu'à un degré de chaleur
bien supérieur à celui de l'eau bouillante ; les huiles dites *volatiles* sont celles qui se volatisent et s'enflamment même au simple
contact de l'air atmosphérique. Nous allons mentionner les propriétés des huiles le plus en usage dans la médecine vétérinaire.

HUILE CAMPHRÉE. — Cette huile n'est qu'une simple dissolution
d'une partie de camphre dans six à huit parties d'huile ordinaire qu'on opère à l'aide d'un mortier. Elle est employée au
même usage et de la même manière que les liniments camphrés.

HUILE DE CANTHARIDES. — On prend une partie de cantharides
en poudre qu'on mêle dans douze parties d'huile ordinaire; on
fait digérer le mélange dans un vaisseau fermé pendant huit à
dix heures sur une chaleur moindre que celle de l'eau bouillante, en ayant soin de l'agiter par intervalle. Après l'avoir laissé
refroidir, on passe sur un linge avec expression et on filtre ensuite si on veut obtenir l'huile parfaitement claire. Cette huile
appliquée sur la peau est rubéfiante; elle agit comme résolutive
et fondante sur les engorgements froids et indolents; elle n'est
pas souvent employée.

HUILE EMPYREUMATIQUE ANIMALE. — C'est un des produits des
substances animales obtenu par la distillation. Cette huile vola-

tile s'obtient sous trois états différents. La première est légère, assez fluide et peu colorée; la deuxième acquiert une couleur noirâtre et plus de consistance; la troisième est plus épaisse et beaucoup plus noire que les deux autres. Ces huiles pyrogénées n'existent pas dans les corps organiques, mais elles se forment par leur décomposition : elles sont très-fétides, épaisses, noires, et contiennent toujours une certaine quantité de sous-carbonate d'ammoniaque en dissolution. L'huile empyreumatique est communément employée dans la médecine vétérinaire. La dose pour le cheval est de 16 grammes jusqu'à 62 grammes. Ce médicament, étant très-dégoûtant par son odeur et son extrême âcreté, doit toujours être employé avec quelques correctifs. On l'administre sous forme de bol.

Huile de jusquiame. — C'est avec les feuilles de cette plante qu'on prépare cette huile. On contuse dans un mortier trois parties de ces mêmes feuilles, que l'on mêle dans un vaisseau fermé avec six parties d'huile ordinaire; après environ vingt-quatre heures de macération sur les cendres chaudes ou dans un bain-marie, on passe le mélange avec expression; on laisse déposer jusqu'à refroidissement et on décante l'huile pour l'avoir claire et privée d'humidité. On la conserve pour l'usage.

Cette huile est adoucissante, émolliente et narcotique; elle est employée en frictions pour calmer certaines douleurs musculeuses ou tendineuses ; elle peut, au besoin, remplacer le baume tranquille.

On prépare par le même procédé les huiles de morelle, de ciguë, de rhue, de camomille, etc.

Huile de laurier. — C'est le produit immédiat des baies du laurier aromatique (*laurus mobilis*), connu sous le nom de *laurier franc* ou *laurier sauce*; il croît en Italie et dans nos départements méridionaux.

L'huile de laurier est d'une couleur vert-pâle, tirant sur le jaune, d'une odeur assez agréable quoique forte; sa consistance est celle d'une graisse molle, granulée : elle est fortifiante, nervale, émolliente et résolutive. On l'emploie dans les douleurs d'articulations et dans la fourbure; elle forme la base de l'onguent ou pommade de laurier.

Huile de lavande. — Cette huile volatile porte le nom de la plante (*lavandula spica*) qui la fournit.

L'huile volatile de lavande ne s'administre presque jamais intérieurement; elle est très-échauffante et même irritante; on l'emploie à l'extérieur comme fortement stimulante, nervale, excitante, pénétrante et résolutive. La chirurgie vétérinaire en fait fréquemment usage ; on l'applique avec beaucoup de succès en frictions sur les engorgements froids, les maux de garrot, les articulations, les extrémités attaquées de fourbure, les mollettes et vessigons ; elle entre dans la composition des charges fortifiantes, sert à préparer l'alcool de lavande et quelques liniments.

Huile de lin. — Cette huile, du genre des huiles fixes, est adoucissante et émolliente ; on la fait entrer dans plusieurs compositions officinales et dans les lavements. Elle est un produit immédiat retiré par expression de la semence du lin réduite en poudre. L'opération se fait presque toujours à chaud.

Huile narcotique, dite **baume tranquille.** Ce baume n'est véritablement qu'une huile composée. — Prenez : Feuilles récentes et mondées de morelle, 6 parties ; de belladone, 2 parties ; de nicotiane, 2 parties ; de jusquiame, 2 parties ; de pavot blanc, 2 parties ; huile d'olive, 30 parties ; huile volatile ou essence vulnéraire, 1 partie.

Les plantes doivent être employées au moment de leur plus grande vigueur ; on les pile dans un mortier pour en former une pâte ; on les mêle ensuite dans une bassine avec l'huile d'olive ; on fait évaporer les trois quarts de l'humidité à un feu modéré ; l'huile dissout la matière colorante, et, se combinant avec la partie narcotique des plantes, prend une belle couleur verte ; on la laisse refroidir, on la passe à travers un linge avec expression, on laisse déposer et on y ajoute l'essence vulnéraire, qu'on mêle très-exactement. Il faut conserver cette huile dans un vase fermé.

Le baume tranquille, ainsi préparé, mérite l'attention des praticiens. Il est résolutif, fortifiant, anodin et calmant : on l'emploie dans les foulures, les efforts, les douleurs d'articulation, etc. On y ajoute, pour le rendre plus actif, de l'ammoniaque, de l'alcool vulnéraire ou camphré, et même du camphre. On l'administre aussi dans les lavements, à la dose de 125 grammes, pour le cheval ; il est adoucissant, émollient, carminatif et anodin.

Huile d'oeillette. — On la retire de la semence du pavot blanc qu'on écrase et qu'on exprime. Comme médicament, elle peut, dans beaucoup de cas, remplacer l'huile d'olive. On l'emploie à la même dose ; elle ne participe point aux propriétés narcotiques et assoupissantes de la plante.

Huile d'olive. — L'huile d'olive sert de base à plusieurs préparations pharmaceutiques, spécialement aux emplâtres métalliques. On la donne aussi en nature comme médicament.

Les huiles douces, et notamment celle d'olive, sont émollientes, adoucissantes et laxatives. On les administre quelquefois seules, mais plus généralement on les combine ou on les mêle avec le miel, les mucilages, la gomme arabique, le lait ou des infusions et décoctions mucilagineuses qu'on administre en opiat, en breuvages ou en lavements, dans différents cas d'irritation, de coliques et d'empoisonnement. La dose pour l'usage intérieur est depuis un hectogramme jusqu'à cinq. Pour l'usage externe, les huiles douces sont très-propres pour calmer et adoucir certaines irritations qui surviennent sur la peau ; on les administre à cet effet en nature ou en friction.

HUILE DE PÉTROLE. — Bitume liquide qu'on a désigné sous les différents noms d'huile minérale, d'huile de pierre, de naphte, etc. Il est liquide, gras, onctueux, de couleur plus ou moins noire, presque opaque, plus léger que l'eau, très-inflammable. d'une odeur forte, susceptible d'être distillé sans éprouver d'altération.

L'huile de pétrole s'emploie en friction comme irritante et excitante, dans les cas de paralysie ; elle est aussi fortifiante, donne du ton aux muscles et aux nerfs affaiblis. Elle entre dans les charges composées.

HUILE DE ROMARIN. — Cette huile a les mêmes propriétés que celle de lavande ; on l'emploie aux mêmes usages, mais moins fréquemment, parce qu'elle est d'un prix plus élevé. Le procédé pour l'obtenir est également le même ; on la retire des sommités fleuries de l'arbrisseau qui lui donne son nom (*rosmarinus officinalis*).

HUILE ou ESSENCE DE TÉRÉBENTHINE. — Produit résultant de la distillation dans l'eau du galipot ou de la térébenthine commune.

L'huile volatile de térébenthine, administrée à l'intérieur, est diurétique et vermifuge ; mais son extrême âcreté permet rarement son emploi, même à une faible dose. Son usage pour l'extérieur la rend beaucoup plus utile ; c'était autrefois le remède universel des maréchaux. Cette huile, administrée en frictions sur une partie affectée de rhumatisme chronique, sur les engorgements froids et indolents, les tumeurs synoviales et quelques plaies de mauvaise nature, produit des effets prompts et salutaires comme excitante, résolutive et détersive.

Vins.

La médecine vétérinaire fait fréquemment usage du vin comme tonique fortifiant et excitant. Il entretient les forces vitales, les ranime lorsqu'elles sont abattues par la fatigue ou par un travail forcé ; facilite la transpiration insensible ; on l'associe avec les amers et autres cordiaux ; il constitue les vins médicinaux, et sert de base à plusieurs médicaments magistraux, notamment aux breuvages ; il entre dans la thériaque, dans l'électuaire contre la toux, etc.

Vin d'absinthe. — Prenez : Feuilles sèches de grande absinthe, 2 poignées ; vin rouge ou blanc de bonne qualité, 2 litres ; alcool à 22 degrés, 125 grammes.

Mêlez l'alcool avec le vin, faites macérer l'absinthe pendant deux jours dans un vaisseau fermé, passez avec expression, et filtrez après la liqueur à travers le papier non collé. Le vin d'absinthe est un excellent stomachique amer, tonique et vermifuge. On en administre une bouteille au cheval en une ou deux fois en forme de breuvage.

Vin aromatique. — Prenez : Espèces aromatico-vulnéraires sèches, 3 poignées ; vin rouge bonne qualité, 2 litres ; alcool ou eau-de-vie, 125 grammes.

Mêlez et préparez de même que le vin d'absinthe.

Vin martial ou de chalibé. — Prenez : Tartrate de potasse et de fer (boule de mars), 16 grammes ; vin blanc, 1 litre ; alcool, eau-de-vie, 62 grammes.

Faites dissoudre le tartrate dans un mortier, filtrez la dissolution au papier, et administrez au cheval en une dose. Ce vin est excitant, diurétique, tonique et astringent. On peut augmenter la dose du tartrate jusqu'à une once pour les grands animaux.

Vin de quinquina. — Prenez : Quinquina de bonne qualité et en poudre, 31 grammes ; vin rouge, 1 litre ; alcool ou eau-de-vie à 22 degrés, 62 grammes.

Mêlez les deux liquides, ajoutez le quinquina, agitez le mélange par intervalle : après vingt-quatre heures de macération, filtrez à travers le papier, et administrez au cheval en une dose.

Vin stomachique amer. — Prenez : Quinquina, 31 grammes ; racine d'aunée, 31 grammes ; racine de gentiane, 31 grammes ; écorces d'oranges id.; baies de genièvre, id.; feuilles d'absinthe, id.; vin de bonne qualité, 3 litres ; alcool ou eau-de-vie, 205 grammes.

Faites macérer les substances bien concassées ensemble dans le vin et l'alcool pendant plusieurs jours ; filtrez après et conservez le vin dans les bouteilles pour l'usage. C'est un très-bon stomachique, fortifiant et vermifuge, qui excite l'appétit ; on l'administre au cheval à la dose de 500 grammes à 1 kilogramme, le matin à jeun.

Sirops.

Les sirops sont peu en usage dans la médecine vétérinaire ; les seuls qu'elle emploie sont les sirops de quinquina, de nerprun, et les oxymels.

Sirop de nerprun. — Prenez : Suc de baies de nerprun fermenté, sucre brut, de chaque, parties égales.

On fait dissoudre le sucre dans le suc de nerprun; on clarifie
et on fait évaporer jusqu'à consistance de sirop bien cuit. Le suc
de nerprun doit être extrait des baies bien mûres, et avoir fermenté à la manière des sucs vineux. Ces deux dispositions sont
également indispensables; elles influent sensiblement sur les qualités physiques et les propriétés médicinales du sirop; sa couleur
est d'un brun noir; il est amer; c'est un très-bon purgatif hydra-
gogue : on l'administre rarement aux chevaux, mais communément aux chiens, quelquefois aux chats. La dose varie proportionnellement à leur grosseur et à leur force; elle peut être
depuis 125 grammes jusqu'à 1 kilogramme pour le cheval; on le
mêle avec d'autres purgatifs; elle est de 16 à 62 grammes pour
ie chien, on le lui fait avaler tout pur, ou mieux encore mêlé avec
une partie d'eau ou de lait.

Sɪʀᴏᴘ ᴅᴇ ǫᴜɪɴǫᴜɪɴᴀ. — Ce sirop se prépare avec une forte décoction aqueuse de deux parties de quinquina concassé, et de
seize parties de sucre; on le clarifie avec des blancs d'œufs, et on
le fait cuire à consistance requise. Le sirop de quinquina n'est
employé que pour les chiens; c'est un remède contre la maladie
qui les attaque pendant leur jeunesse; des expériences faites à
l'école d'Alfort par M. le professeur Dupuy confirment l'efficacité
de ce remède. La dose est d'une à deux cuillerées à bouche
qu'on fait avaler chaque jour à l'animal; on continue ce traitement plus ou moins longtemps, selon l'état de la maladie.

Collyres.

On donne le nom de *collyres* à tous les médicaments externes
employés pour guérir les maladies des yeux et destinés à être appliqués sur l'œil ou sur la conjonctive. On en admet plusieurs
espèces. On les distingue en collyres secs, en collyres liquides et
en collyres gras; les premiers ne sont communément que des
substances simples, réduites en poudre, qu'on souffle dans les
yeux au moyen d'un chalumeau, d'un tuyau de plume ou d'un
tube de verre. Le sucre cristallisé, la tutie, les sulfates de zinc,
de cuivre, d'alumine, le muriate d'ammoniaque, l'iris, etc., soit
séparément, soit mêlés ensemble et réduits en poudre très-fine,
forment le plus souvent les collyres secs.

Les collyres gras sont l'onguent rosat, le cérat ou l'axonge
mêlés avec la poudre de tutie, l'oxide rouge de mercure, le sel
de saturne, etc.

Les collyres liquides sont d'un usage plus fréquent; on les prépare avec les mêmes substances que les collyres secs, mêlés dans
l'eau simple, l'eau distillée de rose, l'infusion de sureau, de mélilot,
etc. On y fait entrer aussi le safran oriental, l'acétate de plomb

liquide et cristallisé, l'alcool simple et l'alcool vulnéraire. La dissolution de la pierre divine ou ophthalmique forme également des
collyres. On détermine leur composition suivant la nature et le
degré de la maladie. Voici différents exemples de collyres composés.

COLLYRE ADOUCISSANT. — Prenez : Fleurs de mauve ou de mélilot, 3 pincées; eau commune, 1/2 kilogramme.

Faites infuser dans l'eau chaude pendant une heure, passez
l'infusion sur un linge fin, imbibez des compresses dans la liqueur, et appliquez chaud sur les yeux malade; renouvelez souvent dans la journée.

COLLYRE ADOUCISSANT, ÉMOLLIENT.—Prenez : Semences de coings
ou de lin, 16 grammes; eau chaude, 1/2 kilogramme.

Faites infuser les semences dans l'eau en agitant par intervalle
le mélange; passez et appliquez des compresses tièdes de même
que ci-dessus.

COLLYRE ADOUCISSANT OU TOPIQUE. — Prenez : Pomme de rei-
nette ou racine de carotte une suffisante quantité. Râpez une de
ces deux substances; appliquez la pulpe sur l'œil malade, et renouvelez plusieurs fois dans la journée.

COLLYRE ANODIN AVEC LE LAUDANUM. — Prenez : Décoction de
31 grammes de guimauve fraîche, 1/2 kilogramme. Passez et
ajoutez : laudanum liquide, 4 grammes.

Mêlez et appliquez des compresses comme ci-dessus.

COLLYRE ASTRINGENT. — Prenez : Décoction légère de feuilles
de plantin, 1/2 kilogramme; acétate de plomb liquide (extrait de
saturne), 8 grammes; alcool ou eau-de-vie, 16 grammes.

Mêlez et employez froid en agitant chaque fois la bouteille.

COLLYRE DÉTERSIF. — Prenez : Sulfate de zinc, 4 grammes;
iris de Florence en poudre, 16 grammes; eau de rose distillée,
1/2 kilogramme.

Mêlez ces trois substances ensemble, et appliquez des compresses sur l'œil malade. Ce collyre est employé contre les ophthalmies chroniques (par atonie); on en introduit quelques gouttes
dans l'œil.

COLLYRE DÉTERSIF, dit DE LANFRANC. — Prenez : Vin blanc,
1/2 kilogramme; eau distillée de rose, 25 grammes; sulfure
jaune d'arsenic, 12 grammes; oxyde vert de cuivre, 6 grammes;
myrrhe, 4 grammes; aloès, 4 grammes.

Après avoir réduit ces quatre dernières substances en poudre
fine, faites-en le mélange avec le vin et l'eau de rose dans un
mortier de verre; enfermez le tout dans un flacon bouché, pour
l'usage. Il faut agiter ce collyre chaque fois que l'on veut s'en
servir. Il est employé pour corroder les ulcères et aphtes, qui
surviennent particulièrement dans la bouche, pour nettoyer les

plaies fongueuses, et dans des injections très-détersives. Lorsqu'on veut s'en servir pour les yeux, on ne doit l'employer que très-clair, par gouttes, et avec beaucoup de ménagement. Il déterge les taies et les ulcérations chroniques.

COLLYRE DÉTERSIF AVEC L'ALOÈS. — Prenez : Teinture d'aloès, 31 grammes; eau de rose, 250 grammes.

Mêlez pour l'usage. Ce collyre déterge les croûtes farineuses et les petits ulcères des paupières.

COLLYRE ÉMOLLIENT RÉSOLUTIF. — Prenez : Infusion de fleurs de mauve et de sureau, 1/2 kilogramme; muriate d'ammoniaque, 8 grammes.

Mêlez, et appliquez des compresses sur l'œil.

COLLYRE EXCITANT RÉSOLUTIF. — Prenez : Infusion de fleurs de sureau, 375 grammes; vin blanc, 125 grammes; alcool camphré, 12 grammes.

Mêlez, et appliquez des compresses sur l'œil, dans le cas de faiblesse de cet organe, soit par suite de longues ophthalmies, ou dans l'amaurose commençante.

COLLYRE IRRITANT dit EAU CÉLESTE. — Prenez : Sulfate de cuivre, 12 décigrammes; eau distillée de rose, 1/2 kilogramme.

Faites dissoudre le sulfate dans l'eau, ajoutez quelques gouttes d'ammoniaque pour le précipiter, augmentez la dose de l'ammoniaque pour en obtenir la dissolution, jusqu'à ce qu'elle devienne claire et de couleur bleue. Ce collyre irritant déterge les taies de la cornée; on en introduit quelques gouttes dans l'œil une fois par jour.

COLLYRE AVEC LA PIERRE DIVINE. — Prenez : Pierre divine ophthalmique, 16 grammes; eau commune, 1/2 kilogramme.

Faites dissoudre la pierre divine dans l'eau, et appliquez des compresses sur l'œil malade. Ce collyre convient dans la rougeur, l'inflammation et l'engorgement des paupières, lorsqu'elles sécrètent une humeur muqueuse: on en introduit aussi des gouttes dans l'œil pour déterger les taies de la cornée.

Lotions.

On appelle lotions, des remèdes liquides, employés à laver, déterger, cicatriser les plaies et blessures; ramollir, dissoudre les engorgements; diviser et répercuter les tumeurs; prévenir les épanchements et l'extravasion du sang dans les contusions ; stimuler ou exciter les parties faibles. Les lotions sont simples ou complexes. L'eau, le vin, le vinaigre, etc., peuvent être employés comme lotions simples. Voici la plupart des lotions composées, employées en médecine vétérinaire :

LOTION ADOUCISSANTE.— Prenez : Racine de guimauve fraîche, 125 grammes; eau ordinaire, 3 litres.

Coupez la racine par morceaux, faites-la bouillir un quart d'heure ; passez la décoction , et employez chaud. Lorsqu'on emploie la racine sèche, on diminue la dose de moitié, et on prolonge l'ébullition jusqu'à une demi-heure.

LOTION ADOUCISSANTE ANODINE. — Prenez : Décoction adoucissante, préparée avec 125 grammes de racine de guimauve, ou avec une poignée de semences de lin, 3 litres ; faites dissoudre à l'aide d'un mortier ; opium ordinaire, 31 grammes.

Employez tiède.

LOTION ADOUCISSANTE AVEC LA GRAINE DE LIN. — Prenez : Semences de lin, 1 poignée; feuilles de mauve, 2 poignées; eau, 3 litres.

Faites bouillir un demi-quart d'heure ; passez, et employez de même que ci-dessus.

LOTION ADOUCISSANTE AVEC LA MORELLE. — Prenez: Feuille de morelle noire, 2 poignées ; feuilles de mauve ou de guimauve, 2 poignées; eau commune, 4 litres.

Après avoir fait la décoction, passez, et employez tiède.

LOTION ADOUCISSANTE AVEC LE SON. — Prenez : Feuilles de laitue, 3 poignées; son de froment, 1 poignée ; eau ordinaire, 2 litres.

Après avoir fait la décoction de la laitue, ajoutez le son; continuez l'ébullition quelques minutes, passez, et employez la lotion tiède comme à l'ordinaire.

LOTION ANTI-DARTREUSE OU ANTI-HERPÉTIQUE.—Prenez : Deuto-chlorure de mercure (sublimé corrosif), 4 grammes; sous-acétate de cuivre, 4 grammes ; eau très-pure ou eau distillée, 3 litres.

Faites dissoudre ces deux substances dans un mortier de verre. Comme une portion de l'oxyde de cuivre, qui est insoluble, se précipite dans l'eau, il faut avoir la précaution d'agiter le vase qui renferme la liqueur chaque fois qu'on veut s'en servir. On bassine une fois par jour les parties affectées de tubercules : on peut, au besoin, activer ou affaiblir l'effet de cette lotion, en diminuant ou en augmentant la dose de l'eau, qui sert de véhicule.

LOTION ANTI-PSORIQUE. — Prenez : Feuilles de tabac, 95 grammes; sel marin ou sel de cuisine, 125 grammes; savon noir, 95 grammes; eau commune, 2 litres 1/2.

Après avoir fait la décoction de tabac, faites dissoudre le sel et le savon; passez et lotionnez deux fois par jour les parties affectées.

LOTION ANTI-PSORIQUE SAVONNEUSE. — Prenez : sulfure de potasse, 125 grammes; savon noir, 250 grammes; eau, 4 litres.

Faites dissoudre le sulfure et le savon dans l'eau comme ci-
dessus; renfermez la lotion de même dans un vaisseau, et employez pour le même usage.

LOTION ANTI-PSORIQUE AVEC LE CHLORURE. — Prenez : sous-carbonate de soude, 62 grammes; chlorure de chaux sec, 62 grammes; eau pure, 1 litre 1/2.

On fait dissoudre le carbonate dans l'eau; on ajoute après le
chlorure, par petites portions, en agitant la liqueur. On laisse
précipiter les parties non solubles, et on décante ou on filtre
pour séparer le précipité; lotionnez les parties malades plusieurs
fois dans la journée.

LOTION ASTRINGENTE. — Prenez : Espèces astringentes, 125
grammes; sulfate d'alumine (alun), 62 grammes; eau, 2 litres 1/2.

Faites la décoction des espèces; passez, ajoutez le sulfate pour
être dissous, et employez.

LOTION RÉSOLUTIVE VULNÉRAIRE. — Prenez : Plantes ou espèces
aromatiques, 3 poignées; alcool ordinaire, 1/2 litre; muriate
d'ammoniaque (sel ammoniac), 62 grammes; eau, 3 litres.

Faites infuser les plantes dans l'eau bouillante, à vaisseau couvert, jusqu'à refroidissement; passez l'infusion, ajoutez l'alcool,
et mêlez pour l'usage.

Fomentations.

On peut définir la fomentation : un bain local dans une liqueur simple ou composée. Elle diffère de la lotion en ce que
cette dernière s'emploie simplement pour laver, tandis que la
fomentation s'applique sur la partie à l'aide de compresses imbibées qu'on renouvelle à mesure qu'elles se dessèchent. La fomentation s'emploie ordinairement chaude; elle se compose à
peu près avec les mêmes ingrédiens et de la même manière que
la lotion : l'usage seul en détermine le nom.

On peut cependant dire, en général, que la fomentation, étant
destinée à séjourner sur la partie, doit produire un plus grand
effet que la lotion ou simple lavage. — Toutes les lotions peuvent
être employées en fomentations.—Voyez *Lotions.*

Injections.

On appelle injection un médicament liquide, destiné à être
introduit, à l'aide d'une seringue ou de tout autre instrument approprié, dans quelques cavités du corps : on peut le considérer
comme un bain ou lotion interne qu'on applique le plus ordi-

nairement dans les divers organes creux, tels que les fosses nasales, le canal de l'urètre, la tunique vaginale, le conduit auditif,
les abcès, et quelquefois aussi dans une fistule, un ulcère fistuleux. Les injections sont simples ou composées; parmi ces dernières, voici les plus généralement employées.

Injection adoucissante. — Prenez : Semences de lin, 31 grammes; têtes ou capsules de pavot, 4 grammes; eau, 1 litre.

Faites la décoction de ces deux substances; passez et employez
pour l'usage.

Injection astringente. — Prenez : Espèces astringentes, 125
grammes; sulfate d'alumine (alun), 31 grammes; eau, 1 lit. 1/2.

Après avoir fait la décoction des espèces et l'avoir passée, faites
dissoudre l'alun et employez.

Injection astringente avec l'alcool sulfurique. — Prenez :
Décoction préparée avec 62 grammes d'orge, 1 litre; alcool sulfurique (eau de Rabel), 48 grammes; miel ordinaire, 125 grammes.
Mêlez l'alcool et le miel dans la décoction après l'avoir passée, et
employez pour injection.

Injection astringente résolutive.—Prenez : Acétate de plomb,
liquide (extrait de saturne), 31 grammes; alcool ou eau-de-vie,
125 grammes; eau ordinaire, 1 litre.

Mêlez les trois substances ensemble, et agitez le mélange avant
de vous en servir.

Injection détersive. — Prenez : Vin rouge, 1 litre; alcool
camphré, 48 grammes; teinture d'aloès, 48 grammes.

Mêlez et employez comme ci-devant.

Injection émolliente. — Prenez : Feuilles de mauve ou de
guimauve, 2 poignées; semences de lin, 31 grammes; têtes de
pavots écrasées, 4 ; eau, 1 litre 1/2.

Après avoir fait bouillir ces trois substances dans l'eau pendant un demi-quart d'heure, passez la décoction et employez.

Lavements.

Le lavement est une véritable injection liquide; mais ce mot
s'applique exclusivement au remède qu'on injecte, par la voie de
l'anus, dans le gros intestin. Les lavements sont des médicaments magistraux très-usités dans la pratique vétérinaire. Il en
est de simples et de composés. Les lavements sont émollients,
irritants, calmants, purgatifs, etc.

Lavement adoucissant.—Prenez : Graine de lin, 62 grammes;
huile ordinaire ou beurre frais, 125 grammes; eau commune,
suffisante quantité, 2 à 3 litres.

Faites bouillir pendant huit à dix minutes la semence de lin dans l'eau; passez la décoction, ajoutez l'huile, administr tiède, et réitérez.

LAVEMENT ADOUCISSANT AVEC LE SON.—Prenez: Son de froment, 3 poignées; huile ou beurre frais, 125 grammes; eau, 2 litres et demi.

Après avoir fait la décoction du son, passez avec expression, et, au moment d'administrer, ajoutez l'huile ou le beurre.

LAVEMENT ASTRINGENT. — Faites bouillir pendant un quart d'heure, dans une suffisante quantité d'eau, 185 grammes d'espèces astringentes, passez la décoction, et administrez tiède.

LAVEMENT ASTRINGENT ADOUCISSANT. — Ajoutez à la même décoction que pour le précédent : Son de froment, 2 poignées.

Passez, et administrez de même.

LAVEMENT CARMINATIF. — Prenez: Espèces carminatives, 125 grammes; eau ordinaire, 2 litres.

Faites infuser les espèces dans l'eau bouillante, pendant une heure, dans un vase fermé; passez l'infusion, et après qu'elle sera refroidie au degré convenable, administrez comme dessus.

LAVEMENT DIURÉTIQUE. — Prenez : Semences de lin, 62 grammes; nitrate de potasse, 62 grammes; émétique, 4 grammes; eau, 2 litres et demi.

Après avoir fait la décoction de la graine de lin et l'avoir passée, ajoutez à la colature le nitre et l'émétique; administrez chaud, et réitérez.

LAVEMENT DIURÉTIQUE CAMPHRÉ. — Prenez : Même décoction que ci-devant, à laquelle vous ajouterez : Savon noir, 62 grammes; sel de nitre, 62 grammes; camphre, 12 grammes.

Il faut réduire le camphre en poudre, avec quelques gouttes d'alcool; le mêler ensuite avec le savon et ajouter le tout dans la décoction avec le nitre. Administrez, et réitérez au besoin.

LAVEMENT ÉMOLLIENT. — Prenez: Feuilles mondées de mauve ou de guimauve, 3 poignées; semence de lin, 31 grammes; eau ordinaire, 3 litres.

Faites une décoction, passez; administrez tiède, et réitérez.

LAVEMENT IRRITANT.— Prenez : Feuilles de tabac, 62 grammes; savon noir, 95 grammes; sel marin ordinaire, 125 grammes; eau, 3 litres.

Après avoir fait la décoction de tabac, faites dissoudre le savon et le sel; administrez en une ou deux fois.

LAVEMENT NARCOTIQUE. — Prenez : Feuilles de jusquiame noire, 186 grammes; eau simple, 2 litres 1/2.

Après avoir fait la décoction de la jusquiame et l'avoir passée, ajoutez miel commun, 250 grammes.

Administrez en une seule dose. On peut remplacer la jusquiame par la morelle, qu'on se procure plus aisément. Administrez comme ci-dessus.

Lavement nutritif. — Prenez : Lait ordinaire, 3 litres; farine de froment, 125 grammes; jaunes d'œufs, 6.

Faites chauffer le lait; lorsqu'il sera prêt à bouillir, ajoutez la farine que vous aurez délayée dans un verre de lait froid; faites donner quelques bouillons en remuant; retirez du feu, et, après avoir laissé refroidir convenablement, délayez les jaunes d'œufs, administrez en une ou deux fois, avec intervalle, et réitérez.

Lavement purgatif. — Prenez : Feuilles de séné, 62 grammes; sulfate de soude (sel d'Epsom), 186 grammes; miel commun, 125 grammes; eau, 2 litres.

Faites bouillir le séné deux à trois minutes, passez la décoction, ajoutez le sel et le miel, administrez tiède.

Lavement purgatif avec aloès. — Prenez : Aloès en poudre, 62 grammes; sel d'Epsom, 125 grammes; miel commun, 125 grammes; eau chaude, quantité suffisante.

Après avoir fait dissoudre les trois substances dans l'eau, administrez à l'ordinaire.

Lavement tempérant. — Prenez : Feuilles d'oseille, 2 poignées; feuilles de laitue, 2 poignées; eau, 3 litres.

Faites bouillir pendant un quart d'heure, passez et ajoutez : Miel commun, 250 grammes.

Administrez et réitérez.

Lavement vermifuge. — Prenez : Espèces vermifuges, 125 grammes; savon noir, 62 grammes; sel marin, 125 grammes; eau, 3 litres.

Après avoir fait bouillir les espèces dans l'eau pendant un demi-quart d'heure, passez la décoction, ajoutez le savon et le sel pour être dissous, et administrez chaud.

Lavement vermifuge empyreumatique. — Prenez : Feuilles d'absinthe ou sommités fleuries de tanaisie, 2 poignées; savon noir, 62 grammes; huile empyreumatique animale, 62 grammes; eau ordinaire, 3 litres.

Après avoir fait infuser l'absinthe dans l'eau bouillante pendant une demi-heure, passez l'infusion et ajoutez le savon, que vous aurez auparavant combiné avec l'huile. Administrez en une fois et réitérez au besoin le lendemain.

Lavement vermifuge purgatif. — Prenez même infusion que ci-devant, dans laquelle vous ferez dissoudre : Aloès en poudre, 62 grammes; sel marin, 95 grammes.

Administrez de même et réitérez.

Gargarismes.

Les gargarismes sont des médicaments liquides qui servent à laver la bouche et la gorge des animaux. Leur usage n'est pas commun; ils sont cependant utiles dans beaucoup de cas, tels que dans l'angine, l'esquinancie, l'inflammation de la bouche et de la gorge. Lenr composition varie suivant l'indication que l'on se propose de remplir; on les administre de deux manières : en forme d'injection avec une petite seringue, par le moyen d'une éponge ou de linge fin et souple qu'on adapte au bout d'un bâton. Voici quelques exemples de gargarismes.

GARGARISME ADOUCISSANT. — Prenez : Racine de guimauve, 62 grammes; figues grasses, coupées par morceaux, 31 grammes.

GARGARISME ASTRINGENT. — Prenez : Orge brut, 1 poignée; écorce de grenade, 62 grammes ; roses rouges, 1 poignée.

Faites un litre de décoction, passez : ajoutez 125 grammes de miel et suffisante quantité d'acide nitrique, pour donner au médicament une acidité supportable à la bouche; administrez. Il déterge les aphtes qui viennent dans la bouche du cheval et du mouton.

GARGARISME EXCITANT, APPÉTISSANT. — Prenez : Vin rouge, 1 litre; assa-fœtida, 62 grammes; muriate de soude (sel marin), 62 grammes.

Faites dissoudre l'assa-fœtida et le sel dans le vin ; passez pour l'usage et réitérez

GARGARISME RAFRAICHISSANT. — Prenez : Orge brut, 1 poignée; miel, 125 grammes ; vinaigre, 125 grammes.

Il faut faire crever l'orge dans un litre d'eau, passer la décoction, et ajouter le miel et le vinaigre.

Bains.

La médecine vétérinaire, à raison de la difficulté qu'il y aurait à administrer des bains généraux aux grands animaux, ne fait usage que des bains de rivière ; elle remplace les bains locaux par des lotions et des fomentations.

Douches.

On nomme douche une colonne de liquide dirigée avec une certaine force sur une partie quelconque du corps. L'appareil des douches et leur mode d'administration sont variables suivant le but qu'on se propose. Les douches liquides sont chaudes ou froides. La médecine vétérinaire n'en fait que bien rarement usage.

MÉDICAMENTS SOUS FORMES GAZEUZES.

Fumigations.

On nomme fumigation l'action de brûler quelque aromate pour

en répandre la fumée, opération dont l'objet est le dégagement d'un gaz ou d'une vapeur propre à purifier l'air vicieux d'un local quelconque. La médecine vétérinaire emploie les fumigations pour purifier les écuries, étables et bergeries : c'est un moyen de salubrité en général trop négligé. L'air vicié par la respiration, les sécrétions animales et les matières végétales en putréfaction, occasionne de nombreuses et fréquentes maladies, qu'on préviendrait en le désinfectant par des fumigations. On appelle aussi fumigation les vapeurs qu'on dirige sur quelques parties affectées du corps de l'animal : ces fumigations, sont en général, aqueuses ; on les rend émollientes, aromatiques, alcooliques, etc., par l'addition de quelques plantes analogues ou de l'alcool.

FUMIGATION GUYTONIENNE. —Prenez : muriate de soude (sel marin), 500 grammes ; peroxyde de manganèse en poudre, 95 grammes ; acide sulfurique concentré, 312 grammes.

Cette dose est déterminée pour une écurie de vingt-cinq à cinquante chevaux ; on la diminue et on l'augmente dans les mêmes proportions, suivant l'étendue du local. Après avoir fait sortir les animaux, on place au centre de l'écurie une terrine de grès vernissée ; on y met le sel marin et l'oxyde de manganèse mêlés ensemble ; on verse par-dessus l'acide sulfurique, on ferme les portes et les fenêtres, et on ne les rouvre que plusieurs heures après. Si on place le vase qui contient le mélange sur des charbons ardents, l'opération est plus prompte et plus parfaite ; mais dans ce cas il faut ajouter au mélange 125 à 150 grammes d'eau. Si l'on mêle dans six parties d'acide muriatique ordinaire une partie de peroxyde de manganèse en poudre, il s'en dégage aussitôt une grande quantité de chlore qui réunit les mêmes propriétés et produit les mêmes effets.

Vapeur.

Les bains de vapeur s'administrent à l'aide d'une grande couverture ou enveloppe de laine assez ample pour couvrir tout le corps de l'animal et traîner jusqu'à terre ; on dirige sous le ventre de l'animal, par une des parties litérales, la vapeur d'eau très-chaude, que l'on entretient plus ou moins longtemps. On peut rendre ces bains émollients, aromatiques, sulfureux, etc., selon l'indication qu'on se propose de remplir.

PLANTES MÉDICINALES.

La vente des plantes médicinales n'est permise qu'aux pharmaciens et aux herboristes; mais on ne saurait empêcher les particuliers d'en recueillir et même d'en cultiver pour leur usage ; c'est même à peu près le seul moyen, dans les campagnes, de s'en procurer et de les avoir toujours sous la main, en cas de besoin. Il y a une foule de cas où, sans avoir besoin de recourir au vétérinaire, un cultivateur intelligent peut administrer en breuvages ou d'une manière externe la plus grande partie de ces plantes. Il est donc utile, nous pourrions dire indispensable, aux cultivateurs, et particulièrement à ceux qui dirigent de grandes exploitations, d'en connaître la nature, la culture et la propriété. C'est pourquoi nous allons ranger, par ordre alphabétique, celles de ces plantes d'un usage fréquent qui se produisent spontanément sous notre climat ou que l'on peut y cultiver à peu de frais.

Absinthe. — Cette plante, qui s'élève de 75 centimètres à un mètre de hauteur, croît dans les sols arides et incultes; on peut la multiplier par semence et par drageons; elle n'exige aucun soin. Elle contient deux principes amers et une huile éthérée fort aromatique, et elle a des propriétés toniques et stimulantes très-prononcées; elle est à la fois vermifuge et fébrifuge. On l'administre en forme d'infusion dans les maladies vermineuses et pour faciliter les digestions et stimuler l'appétit. — On fait aussi une préparation appelée *vin d'absinthe* : on coupe pour cela les sommités d'absinthe séchées, on les met dans un vase et l'on verse dessus du vin blanc dans la proportion de 30 grammes d'absinthe pour un litre de vin; le vase étant ensuite bien couvert on laisse infuser pendant quarante-huit heures dans un lieu bien frais, puis on passe la liqueur dans un linge, on exprime le marc et on filtre. Ce vin, ainsi préparé et mis en bouteille, peut se conserver longtemps sans rien perdre de ses propriétés. — On n'administre cette préparation aux bestiaux qu'en petite quantité et dans les cas seulement où il importe que le médicament agisse avec promptitude; dans tous les autres cas l'infusion de l'absinthe dans l'eau doit être préférée.

Ail. — Plante potagère, originaire de la Sicile, naturalisée en France depuis des siècles, et connue de tout le monde. Il n'est pas de jardin potager où elle ne soit cultivée; elle est vivace et fleurit de juin à juillet. Les bulbes de l'ail renferment une huile volatile très-âcre dans laquelle résident ses propriétés stimulantes. On croyait autrefois que l'ail était un préservatif

des maladies contagieuses; mais l'expérience a souvent prouvé
que, sous ce rapport, il est fort au-dessous de sa réputation. Il
n'en est pas de même de ses propriétés vermifuges, et on l'administre toujours avec succès dans les maladies déterminées
par les vers, notamment dans celles causées par les ascarides et
les lombricoïdes, vulgairement appelées vers ronds. On donne
l'ail cru aux animaux ou par infusion mêlée d'un peu de lait, ou
blanchie avec un peu de farine de froment.

ANIS. — Plante annuelle, originaire du Levant, et dont les
graines entrent dans le commerce. Il s'en fait une très-grande
consommation en Europe, tant pour les prescriptions médicinales que pour des préparations de pur agrément. Cette plante
réussit assez bien dans nos provinces méridionales. Sa culture
en grand a lieu en Espagne, et surtout aux Echelles du Levant.
L'*anis* de Malte est fort estimé. Dans l'intérieur de la France, on
ne cultive guère l'*anis* que dans les jardins ; il réussirait difficilement en plein champ. Il demande une terre légère, sablon-
neuse, et malgré cela bien amendée ; enfin, une exposition
très-chaude. Au printemps, lorsqu'on ne craint plus les gelées
tardives ou les pluies froides, on sème la graine, qui germe facilement ; et si on veut hâter sa germination, il suffit de la mettre
tremper dans l'eau pendant quelques heures. Les graines fraîches
valent beaucoup mieux pour semer ; et, en général, on ne peut
faire aucun usage de celles qui ont plus de trois ans. Lorsque la
jeune plante est sortie de terre, il faut arracher les plantes sur-
numéraires, et espacer celles qui restent à 16 centimètres l'une
de l'autre. On aura grand soin de les délivrer de la voracité des
mauvaises herbes, et de piocheter la terre de temps en temps.
Ces petits labours sont très-profitables pour les plantes. Lorsque
la graine commence à être dure, c'est l'époque à laquelle il convient de couper la plante à 27 millimètres près de terre ; elle repousse au printemps suivant, et elle est plus forte et plus nourrie. Si on ne coupait pas la tige, la plante ne subsisterait qu'un
an, parce qu'elle s'épuiserait pour faire acquérir à la semence
une maturité complète : cette opération rend la plante *bienne*.
Les tiges nouvellement coupées sont exposées pendant quelques
jours au soleil, ensuite battues, et la graine conservée dans un
lieu sec.

Cette graine a une saveur chaude, aromatique, et des propriétés excitantes très-utiles en médecine. On l'administre le
plus ordinairement en infusion, dans les cas de météorisation
(voir *Coliques*, *Tranchées*, au chapitre VI de ce volume), c'est-à-
dire dans les cas où des gaz étant accumulés dans les intestins,
causent, en les distendant, de vives douleurs. Avant d'en faire
usage, il faut bien s'assurer que la colique à laquelle on veut re-

médier est causée par les gaz ou vents; car si, au contraire, les coliques étaient dues à une cause inflammatoire, l'usage de l'*anis* serait contraire, et pourrait produire de graves accidents.

BETTE. — Plante bisannuelle, de la famille des *arroches*, et l'une des plus communes dans les potagers. Elle croît naturellement dans l'Europe méridionale, particulièrement sur les bords de la mer. Il y a deux variétés de cette plante : *la blanche* et *la rouge*. La première est la seule qui soit employée dans les aliments et en médecine. La culture de cette plante est fort aisée : on la sème en bordures, en planches, par rayons, ou à la volée, soit à demeure, et alors on éclaircit les plants; soit pour être repiquée lorsque les plants ont acquis assez de force.

Cette plante contient un principe émollient qui la rend très-propre à servir de topique dans les pansements des vésicatoires et de la gourme; mais il faut avoir le soin, avant d'en appliquer les feuilles sur la plaie, d'en écraser les nervures qui, à cause de leur grosseur, produiraient une pression douloureuse.

CAMOMILLE. — Plante vivace à fleur blanche, que l'on trouve à l'état sauvage dans les bois; mais ses propriétés sont plus prononcées quand elle est cultivée. Cette plante est stimulante et antispasmodique. Ses fleurs sont d'un grand usage en médecine. Après les épizooties putrides, alors que les symptômes d'inflamation ont disparu, l'usage de ces fleurs est très-salutaire aux animaux, soit qu'on les mêle en petite quantité à leur fourrage, ou qu'on la leur donne en infusion. En distillant la camomile, on en obtient une huile volatile bleue. On peut aussi faire du *vin de camomille* comme on fait du vin d'absinthe (voir plus haut); mais, en général, on ne l'emploie qu'en infusion. Une douzaine de ces fleurs suffisent pour un litre d'eau. Le meilleur moyen pour conserver les fleurs de camomille est, après les avoir fait dessécher à l'ombre, de les comprimer dans des boîtes garnies intérieurement de papier bien collé, et de les placer dans un lieu sec et obscur : malgré leur parfaite dessication, la lumière les colore et l'humidité les moisit.

Cette plante est vivace; elle se plaît dans les terres fortes et à l'exposition du midi. On la multiplie par marcottes, et elle fleurit en juin et juillet.

CARTHAME. — Cette plante, qu'on nomme aussi *safran bâtard*, est originaire d'Egypte, et parfaitement acclimatée chez nous; elle est même cultivée en grand dans quelques parties de l'Europe. Ses fruits ont une propriété purgative assez prononcée, ce qui n'empêche pas qu'ils soient employés avec succès pour engraisser la volaille, qui en est très-friande. On peut extraire de ses fleurs une huile passable, et un beau rouge végétal connu dans le commerce sous le nom de *vermillon d'Espagne*. Le carthame demande une terre un peu légère et une exposition au midi; il fleurit en mai. Les fleurs se succèdent pendant près de deux mois. On doit les cueillir à mesure qu'elles paraissent et s'ouvrent. On les fait sécher à l'ombre, et on les tient ensuite à l'abri de l'humidité, renfermées dans des caisses.

CHICORÉE SAUVAGE. — C'est une plante connue de tout le monde, et qui croît partout en France sans culture. Ses propriétés dépuratives sont très-prononcées. Ses feuilles seules sont employées; on en fait des infusions qui sont toujours d'un excellent effet dans les maladies lymphatiques et les maladies de la peau. — La chicorée sauvage, bien qu'elle croisse naturellement chez nous, est aussi cultivée dans les jardins, et même en grand, pour être consommée comme fourrage. Elle se multiplie par graine que l'on sème dru et à la volée, dans une terre bien préparée, en mars et en avril.

CHIENDENT. — Cette plante, de la famille des graminées, est un véritable fléau pour le cultivateur; elle pousse de tous côtés une multitude de racines qui s'étendent au loin sous le sol, sans que rien ne puisse les arrêter. Par une compensation très-faible, cette plante a des propriétés curatives fort connues. Les chiens et les chats se purgent en en mangeant les feuilles, et l'on fait, avec ses racines des décoctions mucilagineuses et diurétiques d'un très-bon effet dans les maladies inflammatoires, dans celles surtout où les animaux sont tourmentés d'une soif ardente. On choisit parmi ces racines, qui abondent partout, les plus jeunes; on les lave pour les débarrasser de la terre et de la pellicule qui les recouvre, et l'on en fait de petites bottes qui peuvent sécher et se conserver à l'ombre, sans que la plante perde rien de ses propriétés.

GENÉVRIER. — Ce genre de végétal se compose de plusieurs espèces; celle appelée *sabine* est la plus employée en médecine (voir plus loin *Sabine*). Le genévrier commun croît naturellement sur les hauteurs, dans les plus mauvais sols de la France. Les liquoristes font de ses fruits ou baies une liqueur fermentée; on en fait aussi des extraits, des sirops qui ont des propriétés excitantes et diurétiques. Les baies du genévrier sont aussi employées en fumigations pour purifier l'air des habitations, des écuries, étables, etc.; mais ses propriétés désinfectantes sont très-douteuses; le chlore et la ventilation sont toujours préférables, dans ce cas, aux fumigations, qui ne font que masquer les miasmes impurs sans les détruire.

GUIMAUVE. — Plante vivace, dont la racine est forte, pivotante; les tiges sont droites, garnies de feuilles blanches ou cendrées; ses fleurs sont blanchâtres. Toute la plante, et surtout la racine, est remplie d'un mucilage très-gluant. La guimauve croît spontanément dans tous les lieux humides, en France; mais elle est d'un si grand usage qu'il est toujours bon d'en cultiver quelques pieds dans les jardins, afin d'en avoir toujours sous la main. La guimauve est la base d'une foule de préparations pharmaceutiques; nous ne nous occupons ici que de celles qui sont communément employées dans la médecine vétérinaire. Ses feuilles sont employées comme espèces émollientes pour préparer des bains, des fomentations et des cataplasmes émollients; sa racine entre dans la composition des tisanes adoucissantes; on en fait aussi des décoctions pour laver les plaies et en faire disparaître l'inflammation.

HOUBLON. — Plante vivace, à tiges sarmenteuses, grimpantes, herbacées, s'attachant à tout ce qu'elles rencontrent. La racine est traçante et pousse un grand nombre de drageons. Les feuilles sont en forme de cœur à quatre ou cinq lobes, rudes au toucher, ainsi que les tiges. Il croît spontanément dans les terrains sablonneux un peu humides et dans les haies. La plante est vivace par ses racines, et les tiges meurent chaque année. On cultive le houblon en grand pour faire de la bière, et dans les jardins comme plante d'agrément.

Le houblon est un tonique stimulant; on l'emploie en décoction avec succès dans les maladies du système lymphatique; dans certaines plaies, surtout dans celles situées près des grandes articulations. Bien que la décoction de houblon soit souvent recommandée, l'infusion lui est préférable; ce sont les sommités seulement du houblon qu'on emploie, dans la proportion de 30 grammes de ces sommités pour deux litres d'eau bouillante. Le houblon est aussi diurétique et convient, en conséquence, dans les maladies de la vessie et des organes de la génération.

HYSOPE. — Plante vivace, de la famille des labiées; elle pousse des tiges nombreuses, dures et hautes de 40 à 50 centimètres; les feuilles sont longues, étroites et pointues; les fleurs naissent au sommet de la tige, en épi d'un seul côté, et leur couleur est blanche ou rouge. L'hysope croît naturellement dans les contrées méridionales de la France, et on le cultive dans les jardins, où il forme, à l'époque de sa floraison, un joli buisson qui exhale une odeur aromatique agréable.

L'hysope est employé avec succès dans les maladies du poumon, et particulièrement dans la pousse ou asthme du cheval; on l'emploie en infusion à forte dose, et ce breuvage peut être administré plusieurs fois par jour, selon l'intensité du mal.

LAITUE. — Tout le monde connaît cette plante potagère, aliment sain et agréable; mais ses propriétés médicales sont moins connues. On sait qu'en faisant des incisions à la tige des laitues, surtout quand elles sont montées et près de fleurir, il s'en écoule un suc laiteux, amer et assez abondant. Ce suc, auquel les gens de l'art ont donné le nom de *thridace*, est un calmant très-puissant, qui a, sur l'opium, l'avantage de n'être jamais narcotique. Comme il faudrait trop de temps et trop de soins pour recueillir ce suc au moyen d'incisions faites à la plante, on pile tout simplement les laitues dans un mortier de marbre; on passe dans un linge le suc qu'on obtient, et on fait évaporer à l'étuve l'eau qu'il contient. Ce remède s'administre en potions dans les convulsions, l'épilepsie et toutes les maladies nerveuses. — Les feuilles fraîches de la laitue peuvent aussi être employées comme cataplasmes rafraîchissants dans le pansement des plaies qui présentent de l'inflammation.

Lichen. — La famille des lichens est très-nombreuse. Ces plantes sont des excroissances foliacées ou pulvérulentes, que l'on trouve sur les rochers, sur les pierres et sur les troncs des arbres. Le lichen d'Islande est particulièrement estimé, et il peut avoir de très-bons effets dans les catarrhes chroniques, la phthisie pulmonaire, et toutes les maladies inflammatoires; on l'emploie aussi avec avantage dans la diarrhée chronique et dans la dyssenterie. On l'administre en boissons chaudes. Il faut d'abord faire bouillir le lichen dans de l'eau pendant quelques minutes, pour lui enlever son amertume; puis on jette cette première eau et l'on fait bouillir le lichen pendant une heure dans une eau nouvelle. La proportion est de 30 grammes de lichen pour 4 litres d'eau.

Mélilot. — Plante aromatique vivace, qui a quelque ressemblance avec le trèfle et qui croît naturellement, en France, au bord des fossés, dans les prairies, dans les haies. Sa tige est grêle, rameuse, droite, haute de 30 centimètres environ; elle porte des feuilles à trois folioles, ovales, obtuses et denticulées; ses fleurs sont petites, jaunes, odorantes, nombreuses, disposées en épis à l'extrémité des ramifications de la tige. Le parfum de cette plante se conserve très-longtemps; elle est même plus odorante étant sèche que lorsqu'elle est sur pied. — On l'emploie en infusion à l'intérieur dans les inflammations, et particulièrement dans les ophthalmies; mais le plus communément, dans cette dernière maladie, on l'emploie en décoction pour lotions et fomentations, quelquefois même pour lavements.

Mélisse. — Plante vivace, dont l'odeur agréable a quelque rapport avec celle du citron, ce qui lui fait donner aussi les noms de *citronade*, de *citronelle* et d'*herbe de citron*. On la connaît encore sous les dénominations de *poncirade* et de *piment des mouches à miel*. Elle fleurit pendant tout l'été; ses fleurs sont petites, de couleur blanche, assez nombreuses, et ordinairement tournées toutes du même côté: à chaque fleur succèdent quatre graines un peu oblongues, collées ensemble. Elle ne se multiplie communément que de plants enracinés, quoiqu'elle vienne également de graine. On sépare les rejetons des vieux pieds qui en produisent beaucoup, et on les plante au mois de mars en bonne terre, bien fumée et en situation un peu ombragée; elle réussit parfaitement autour des arbres fruitiers. — La mélisse s'emploie en infusions dans les affections spasmodiques, pituiteuses, et surtout dans les débilités de l'estomac et pour faciliter la digestion.

MENTHE. — Genre nombreux de plantes vivaces de la famille des *labiées*, dont toutes les espèces sont aromatiques. Elles sont indigènes de l'Europe, et se plaisent dans les terrains humides, exposés au soleil. La plupart croissent près des eaux stagnantes et dans les marais fangeux, où elles couvrent quelquefois de grands espaces. On les regarde comme inutiles pour l'agriculture; mais, dans l'économie générale de la nature, elles ont leur utilité : elles rendent le sol plus ferme par l'entrelassement de leurs racines nombreuses et traçantes; elles contribuent puissamment à le dessécher par l'énorme quantité d'eau qu'elles absorbent pour leur végétation, et qu'elles rendent en air pur à l'atmosphère; elles donnent par la décomposition de leurs feuilles et de leurs tiges beaucoup de terre végétale; elles diminuent les funestes effets des vapeurs malfaisantes qui s'élèvent des marais, et corrigent l'insalubrité de l'air par les émanations aromatiques qu'elles répandent en abondance.

Les diverses espèces de *menthes* ne sont vivaces que par leurs racines; elles perdent leurs tiges en hiver. La menthe poivrée est, de toutes les espèces, celle qui a les propriétés les plus prononcées; elle est antispasmodique, tonique et fortement excitante; on l'administre particulièrement, en infusions, dans les digestions difficiles.

MOUTARDE BLANCHE. — La moutarde blanche est cultivée en grand dans plusieurs contrées de la France; les graines de cette plante sont d'un blanc jaunâtre et de la grosseur du millet. Cette graine est enveloppée d'une couche de matière soluble dans l'eau, et qui contient une certaine quantité de soufre; c'est un laxatif assez puissant, et qui a l'avantage de ne pas échauffer l'estomac; mais elle est assez difficile à faire prendre aux animaux, attendu qu'elle doit être avalée entière dans de l'eau, aussi est-elle très-peu usitée dans la médecine vétérinaire.

MOUTARDE NOIRE. — On fait avec la farine de graine de moutarde noire, en médecine vétérinaire, des sinapismes et des cataplasmes rubéfiants. — Pour faire des sinapismes, on délaye la farine de moutarde avec de l'eau chauffée à cinquante degrés centigrades, on l'étend sur un linge, et on l'applique sur la partie qui doit être sinapisée, où elle ne doit jamais rester plus d'une heure; quant aux cataplasmes sinapisés, ils se composent de farine de lin délayée avec de l'eau chaude, et d'un peu de farine de moutarde dont on saupoudre la surface du cataplasme.

NERPRUN. — Cet arbrisseau, dont le bois est tendre, ne s'élève guère à plus de deux mètres; ses fleurs sont verdâtres, et il leur succède des baies, d'abord rougeâtres, qui deviennent noires en mûrissant. On prépare, avec ces baies, un sirop purgatif d'une grande énergie, et que, à cause de cela, on n'administre guère qu'aux chevaux et aux chiens, dans les cas de paralysie et d'hydropisie. Ce sirop doit être rangé au nombre des médicaments que les gens de l'art peuvent seuls employer sans danger.

PAVOT. — On connaît deux espèces de cette plante, qui est originaire d'Orient : le pavot rouge ou coquelicot, et le pavot somnifère; c'est ce dernier que l'on emploie en médecine, à cause de ses propriétés narcotiques. On en cultive deux variétés, le *pavot noir* et le *pavot blanc*. La première de ces variétés a une propriété somnifère beaucoup plus énergique que l'autre; le pavot noir est celui dont on extrait l'opium en Orient. On le cultive en grand en Allemagne et dans les départements du nord de la France, à cause de l'huile qu'on tire de sa graine, et qui est connue dans le commerce sous les noms *d'œillette* ou *d'huile blanche*. — La propriété narcotique du pavot blanc est beaucoup moins énergique que celle du pavot noir ; on emploie sa décoction en cataplasmes calmants et en lotions sédatives.

RÉGLISSE. — Cette plante, qui appartient à la famille des légumineuses, est originaire d'Espagne; elle réussit très-bien dans les contrées méridionales de la France, et elle peut être cultivée dans tous les jardins, à l'exposition du midi. Ses racines sont traçantes, ramifiées, cylindriques, de la grosseur du petit doigt; elles sont revêtues d'un épiderme brunâtre qui se ride lorsqu'on les fait sécher, et elles sont composées intérieurement de couches ligneuses d'un jaune clair. La tige est droite, d'un mètre environ de hauteur ; les feuilles ressemblent à celles de l'acacia; les fleurs papillacées et violettes sont disposées en épis axillaires.

La racine de la réglisse est très-employée en médecine, à cause des principes sucrés et mucilagineux qu'elle contient; on s'en sert surtout pour édulcorer les tisanes et les boissons rafraîchissantes, mais il faut avant de la faire infuser ou bouillir, la ratisser pour enlever la pellicule qui la couvre et qui est d'une saveur âcre.

ROSE DE PROVINS. — Il est aisé de distinguer cette rose de toutes les autres par la couleur de ses pétales peu nombreux, d'un beau rouge éclatant, et jaune doré dans le cœur. La fleur est simple, large, son odeur est forte et agréable. L'arbrisseau pousse beaucoup de tiges par ses racines qui talent et allongent leurs drageons. Les tiges sont peu élevées et peu épineuses. — Les roses de Provins ont une propriété astringeante très-prononcée; on les emploie avec succès en lotions et en injections dans les maladies lymphatiques et les hémorrhagies.

Rose sauvage. — Les baies du rosier sauvage ou églantier ont une propriété astringeante presque aussi active que celle des feuilles de roses de Provins; quand ces baies sont mûres et que la gelée a passé dessus, on en fait une pulpe qu'on emploie avec succès dans les diarrhées, à la dose de 100 à 120 grammes pour les grands animaux.

Sabine. — Cette plante est une des espèces du genévrier; c'est un arbrisseau d'environ deux mètres de hauteur, qui croît spontanément sur les montagnes méridionales de l'Europe; ses feuilles sont très-petites; les fruits noirs et charnus sont de la grosseur des petits pois; ils contiennent deux noyaux. La sabine, qui contient de la résine et une huile essentielle très-âcre, a des propriétés très-irritantes. On l'emploie en poudre, à l'extérieur, pour réprimer les bourgeons charnus de mauvaise nature et les chairs baveuses qui se montrent sur les ulcères; à l'intérieur elle agit à peu près comme le seigle ergoté (voir plus haut), mais avec moins d'énergie; cependant cette substance pouvant, à certaine dose, déterminer l'empoisonnement, doit être rangée au nombre de celles dont l'administration exige l'intervention du vétérinaire.

Safran. — Plante bulbeuse de la famille des iridées. Ses feuilles sont longues et très-étroites, et ses fleurs d'un bleu plus ou moins foncé, avec les stigmates d'un aurore vif et très-odorants. Ces stigmates, triés et séchés avec soin, forment la substance connue, dans le commerce, sous le nom de *safran*. — Le safran est un tonique qu'on emploie contre la débilité d'estomac; on l'administre en poudre ou en infusion. Les doses, qui peuvent s'élever jusqu'à 160 grammes en poudre pour les grands animaux, doivent être, dans tous les cas, proportionnées à la force de l'animal; et comme c'est une substance très-énergique, qui porte particulièrement sur le système nerveux, et peut déterminer le vertige, il est sage de ne l'employer que sur les prescriptions des hommes de l'art.

Sauge. — Cette plante, qui appartient à la famille des labiées, croît naturellement dans les contrées méridionales de l'Europe; en France, on la cultive dans les jardins. Ses feuilles, d'une saveur amère, et très aromatiques, ont des propriétés stimulantes très-prononcées. On les emploie en infusion dans les catarrhes chroniques, dans les pneumonies, les diarrhées et les digestions difficiles; on en fait aussi des lotions sur les parties tuméfiées et œdématiées.

Scille. — C'est une espèce d'oignon allongé, appartenant à la famille des lilliacées, et qui croît spontanément en Normandie et en Bretagne, sur les bords de la mer. Cet oignon est revêtu de plusieurs tuniques rougeâtres qui servent d'enveloppes à d'autres tuniques d'un rose pâle. Ces dernières ont des propriétés tellement irritantes, qu'il suffit de les poser sur la peau pour déterminer la vésication. Cette substance facilite l'expectoration ; elle est très-diurétique, et on l'emploie avec succès dans l'hydropisie et dans les engorgements chroniques avec œdème. On peut, dans certains cas, l'employer en infusion ; mais, le plus ordinairement, on l'administre en poudre dans un peu d'eau. — La dose doit être proportionnée à l'animal, ce qui rend l'intervention d'un vétérinaire indispensable.

Seigle ergoté. — Le seigle est sujet à une maladie qu'on appelle l'*ergot* ; ce sont des corps longs de 27 millimètres qui remplacent un ou deux grains dans l'épi ; ces excroissances de couleur violette donnent une farine grise détériorée, qui communique au pain un goût détestable et une qualité malfaisante. On ne sait pas encore ce qui occasionne cette maladie, qui n'est point contagieuse et qui ne se manifeste pas tous les ans ; on en trouve indistinctement dans les années sèches ou pluvieuses, chaudes ou froides. On croit que l'ergot est occasionné par la moisissure du grain en terre quand il ne germe pas assez promptement.

L'ergot du seigle peut être employé avec succès dans la paralysie ; mais il est surtout d'un grand secours dans les parturitions laborieuses, alors que, les forces manquant à la mère, le fœtus ne peut être expulsé. Ce médicament s'administre en poudre, dans un breuvage quelconque, et la dose doit être proportionnée aux forces de l'animal. — Ce médicament étant très-énergique, il fait bon d'en avoir chez soi, quand on a des troupeaux nombreux ; mais il serait très-dangereux de l'administrer sans recourir aux lumières d'un homme de l'art.

Sorbier. — Le sorbier dit des *oiseleurs* est un bel arbrisseau de six à sept mètres de hauteur ; ses fruits sont d'un beau rouge vif, rassemblés en grand nombre sur la même grappe. Dans certaines parties de la France on fait, avec ces fruits, une boisson qui ressemble beaucoup au cidre ; on en fait aussi de l'eau-de-vie, et un sirop qui est d'un excellent effet contre la dyssenterie et la diarrhée chronique.

Soude. — On peut extraire la soude d'une grande quantité de plantes marines, et particulièrement des *varecs*, qui sont si abondants sur nos côtes. On obtient la soude par la combustion et la calcination des cendres de ces plantes. — La soude peut être employée comme caustique ; mais, en général, on lui préfère la potasse, dont les principes sont les mêmes, et qui agit avec plus d'énergie. — La soude entre dans la composition du savon, des cristaux et du verre ordinaire.

SUREAU. — Le sureau est un petit arbre dont les jeunes pousses sont souples et pliantes, remplies d'une moelle blanche; l'écorce extérieure des troncs est blanche, épaisse, rude, gercée; l'intérieure fine et verte; les fleurs au sommet des tiges; les baies, rougeâtres avant la maturité, deviennent rouges, puis noirés en mûrissant.

Les fleurs de sureau, séchées à l'ombre et conservées dans un lieu sec, servent à faire des infusions qu'on emploie en lotions rafraîchissantes, particulièrement dans les maladies des yeux. Les baies de cet arbrisseau peuvent être employées comme purgatif doux; on en fait aussi une sorte de gelée qui est à la fois purgative et sudorifique. Pour obtenir cette gelée, on écrase les baies de sureau dans un tamis, sur une terrine; on laisse reposer le jus obtenu, on le passe dans un linge fin, puis on le met dans une bassine, sur un feu doux que l'on entretient jusqu'à ce que ce suc ait pris la consistance de gelée.

TABAC. — Cette plante, qui s'élève de 1 mètre 50 centimètres à 2 mètres de hauteur, et dont les fleurs sont purpurines, est originaire de la Virginie.— Bien que le monopole du tabac appartienne à l'Etat, il est cependant permis à chacun d'en cultiver pour son usage particulier. On sème dans le mois de février sur couche ou sous châssis une quantité suffisante de graines nouvelles, ou de deux ans au plus : dès qu'il n'y a plus de gelée à craindre, et que le tabac a deux pouces, on le plante à deux pieds de distance dans une terre de première qualité qui ait reçu deux ou trois labours profonds et des engrais de première qualité et analogues à la nature du sol. Cette plantation doit être faite par un temps de pluie, autant que possible, afin de ne pas être obligé d'arroser en plantant. La plantation faite, il faut arroser, s'il fait sec, donner trois à quatre binages pour détruire les herbes à mesure qu'elles paraissent et *chausser* chaque pied de tabac, c'est-à-dire amonceler la terre à la partie inférieure de la tige, comme on *butte* le maïs et les pommes de terre; dès qu'on aperçoit les indices de la fleur au sommet de la tige, on l'étète en pinçant et coupant la partie qui allait se jeter à fleurs, on ne laisse que douze à quinze feuilles; la plante est ainsi réduite à deux pieds : cet étêtement donne lieu à la formation d'un grand nombre de bourgeons qui naissent aux aisselles des feuilles, qu'il faut supprimer dès qu'ils paraissent, afin de concentrer la sève dans les feuilles, qui sont l'objet essentiel.

Les feuilles seront cueillies quand on les verra jaunir, se pencher vers la terre, se couvrir de taches, et lorsqu'on sentira l'odeur qu'elles laissent échapper à cette époque, et que leurs nervures perdent leur élasticité et se cassent au lieu de ployer sous les doigts.

Les feuilles inférieures mûrissent les premières; on les cueille, et c'est la troisième qualité de *tabac*; celles du milieu, qui mûrissent ensuite, forment la seconde qualité, et les supérieures composent la première qualité; on met les trois qualités séparément, et les feuilles de chaque qualité sont mises sur-le-champ les unes sur les autres, portées au séchoir, enfilées avec du gros fil, de la ficelle, ou de longues et petites baguettes de bois, de manière qu'elles ne se touchent pas; suspendues en l'air elles se dessèchent; on les met ensuite en bottes et on les place dans un endroit sec, pour s'en servir au besoin.

Le tabac est un poison très-actif; il ne doit donc être employé qu'avec beaucoup de prudence, surtout comme médicament intérieur. On l'administre en lavements dans la paralysie et les maladies nerveuses; on fait, avec sa décoction et de la farine de lin, des cataplasmes qui ont souvent du succès dans les affections rhumatismales. On l'emploie aussi en lotions et en fomentations dans la dyssenterie et les maladies vermineuses.

TANAISIE. — La tanaisie est une plante herbacée qui croît naturellement en Europe dans les lieux incultes et sur le bord des chemins; ses fleurs ont une odeur de camphre très-forte; leur saveur est amère. On l'emploie avec succès dans les maladies vermineuses. Elle s'administre en poudre, à la dose de 8 à 10 grammes pour les gros animaux; et en tisane, à la dose de 15 à 18 grammes pour un litre d'eau.

TILLEUL. — Arbre dont la tige est haute, droite, la tête belle, l'écorce du tronc gercée, celle des tiges d'un gris verdâtre, les fleurs portées sur de longs pédicules ayant à leur base une stipule, une feuille colorée, longue, étroite, arrondie par le bout; les fleurs ont une odeur douce et agréable. Tout le monde connaît les propriétés de ces fleurs; l'infusion qu'on en fait est un calmant très-doux qu'on peut administrer en toute sécurité aux sujets les plus débiles. Les fleurs du tilleul doivent être récoltées avec soin; il faut les débarrasser des feuilles qui y sont attachées, les faire sécher à l'ombre et les conserver dans des boîtes, à l'abri de toute humidité. — On peut aussi se servir de la seconde écorce du tilleul pour faire des cataplasmes émollients, qui sont toujours d'un bon effet, particulièrement sur les tumeurs goutteuses.

LEGISLATION ET JURISPRUDENCE

RELATIVES AUX

ANIMAUX DOMESTIQUES.

CHAPITRE PREMIER.

Dispositions générales.

LOI SUR LES VICES RÉDHIBITOIRES.

Avant de donner le texte de cette loi, portant la date du 20 mai 1833, et promulguée le 26 du même mois, nous croyons devoir reproduire les articles du Code qui font comprendre ce qu'on entend par *vices rédhibitoires.*

CODE CIVIL.— *De la garantie des défauts de la chose vendue.*

ART. 1641. Le vendeur est tenu de la garantie à raison des défauts cachés de la chose vendue qui la rendent impropre à l'usage auquel on la destine, ou qui diminuent tellement cet usage, que l'acheteur ne l'aurait pas acquise, ou n'en aurait donné qu'un moindre prix, s'il les avait connus.

1642. Le vendeur n'est pas tenu des vices apparents et dont l'acheteur a pu se convaincre lui-même.

1643. Il est tenu des vices cachés, quand même il ne les aurait pas connus, à moins que, dans ce cas, il n'ait stipulé qu'il ne sera obligé à aucune garantie.

1644. Dans le cas des articles 1641 et 1643, l'acheteur a le droit de rendre la chose et de se faire restituer le prix, ou de garder la chose et de se faire rendre une partie du prix, telle qu'elle sera arbitrée par les experts.

1645. Si le vendeur connaissait les vices de la chose, il est tenu, outre la restitution du prix qu'il a reçu, de tous les dommages et intérêts envers l'acheteur.

1646. Si le vendeur ignorait les vices de la chose, il ne sera tenu qu'à la restitution du prix, et à rembourser à l'acquéreur les frais occasionnés par la vente.

1647. Si la chose qui avait des vices a péri par suite de sa mauvaise qualité, la perte est pour le vendeur, qui sera tenu envers l'acheteur à la restitution du prix et autres dédommagements expliqués dans les deux articles précédents. Mais la perte arrivée par cas fortuit, sera pour le compte de l'acheteur.

1648. L'action résultant des vices rédhibitoires, doit être intentée par l'acquéreur dans un bref délai, suivant la nature des vices rédhibitoires, et l'usage du lieu où la vente a été faite.

1649. Elle n'a pas lieu dans la vente faite par autorité de justice.

Voici maintenant le texte de la loi :

ART. 1er. Sont réputés vices rédhibitoires et donneront seuls ouverture à l'action résultant de l'article 1641 du Code civil, dans les ventes ou échanges des animaux domestiques ci-dessous dénommés, sans distinction des localités où les ventes et échanges auront eu lieu, les maladies ou défauts ci-après, savoir :

Pour le cheval, l'âne ou le mulet : la fluxion périodique des yeux ; l'épilepsie ou le mal caduc ; la morve ; le farcin ; les maladies anciennes de poitrine ou vieilles courbatures ; l'immobilité ; la pousse ; le cornage chronique ; le tic sans usure des dents ; les hernies inguinales intermittentes ; la boiterie intermittente pour cause de vieux mal.

Pour l'espèce bovine : la phthisie pulmonaire ou pommelière ; l'épilepsie ou mal caduc ; les suites de la non-délivrance ; le renversement du vagin ou de l'utérus après le part chez le vendeur.

Pour l'espèce ovine : la clavelée : cette maladie reconnue chez un seul animal entraînera la rédhibition de tout le troupeau. La rédhibition n'aura lieu que si le troupeau porte la marque du vendeur. Le sang de rate : cette maladie n'entraînera la rédhibition du troupeau qu'autant que, dans le délai de la garantie, sa perte constatée s'élèvera au quinzième au moins des animaux achetés. Dans ce dernier cas, la rédhibition n'aura lieu également que si le troupeau porte la marque du vendeur.

Art. 2. L'action en réduction du prix, autorisée par l'article 1644 du Code civil, ne pourra être exercée dans les ventes et échanges d'animaux énoncés dans l'art. 1er ci dessus.

Art. 3. Le délai pour intenter l'action rédhibitoire sera, non compris le jour fixé pour la livraison, de trente jours pour le cas de fluxion périodique des yeux et d'épilepsie ou mal caduc ; de neuf jours pour tous les autres cas.

Art. 4. Si la livraison de l'animal a été effectuée ou s'il a été conduit dans les délais ci-dessus hors du lieu du domicile du vendeur, les délais seront augmentés d'un jour par cinq myriamètres de distance du domicile du vendeur au lieu où l'animal se trouve.

Art. 5. Dans tous les cas, l'acheteur, à peine d'être non recevable, sera tenu de provoquer, dans les délais de l'article 3, la nomination d'experts chargés de dresser procès - verbal ; la requête sera présentée au juge de paix du lieu où se trouvera l'animal. Ce juge nommera immédiatement, suivant l'exigence des cas, un ou trois experts, qui devront opérer dans le plus bref délai.

Art. 6 La demande sera dispensée du préliminaire de conciliation, et l'affaire instruite et jugée comme matière sommaire.

Art. 7 Si, pendant la durée des délais fixés par l'article 3, l'animal vient à périr, le vendeur ne sera pas tenu de la garantie, à moins que l'acheteur ne prouve que la perte de l'animal provient de l'une des maladies spécifiées dans l'article 1er.

Art. 8. Le vendeur sera dispensé de la garantie résultant de la morve et du farcin pour le cheval, l'âne et le mulet, et de la clavelée pour l'espèce ovine, s'il prouve que l'animal, depuis la livraison, a été mis en contact avec des animaux atteints de ces maladies.

Il n'y a pas de vices rédhibitoires pour les animaux autres que ceux désignés dans la loi précédente. C'est ce qui résulte d'un arrêt de la Cour de cassation du 17 avril 1855 ainsi conçu:

Attendu que la loi du 20 mai 1838 s'applique d'une manière générale aux vices rédhibitoires dans les ventes et échanges d'animaux domestiques ; qu'elle est limitative, en ce sens qu'elle n'admet comme vices rédhibitoires donnant lieu, lors de la vente de ces animaux, à l'action résultant de l'art. 1641 du Code Napoléon, que les maladies et défauts qu'elle désigne spécialement; qu'elle est limitative également, en ce sens qu'elle détermine spécialement les espèces d'animaux dans lesquels ces vices et ces défauts cachés donnent lieu à cette action ; qu'ainsi, elle ne lui donne ouverture que pour les animaux des espèces chevaline, bovine et ovine; d'où il suit qu'en décidant qu'il n'y avait pas lieu à exercer l'action rédhibitoire pour la ladrerie du porc, le jugement attaqué n'a fait qu'une juste application de cette loi.

La Cour rejette.

La loi du 20 mai 1838 n'a pas abrogé les anciens règlements et ordonnances qui déclarent les marchands forains de Poissy et de Sceaux responsables envers les bouchers de Paris pour la mort des bœufs par eux vendus, si elle arrive dans les neuf jours de la vente, et quelle que soit la maladie. Voici ces arrêts et ordonnances :

ARRÊT DU 13 JUILLET 1699 :

Les marchands forains seront garants envers les marchands bouchers, dans les neuf jours depuis la vente, pour les bœufs, de quelque pays qu'ils viennent, et pour toute sorte de maladies, ainsi qu'il s'est pratiqué jusqu'à présent, à la charge que les marchands bouchers les feront conduire de Sceaux à Paris, en troupes médiocres, et par un nombre suffisant de personnes; les nourriront convenablement, et que les bouveries où ils les hébergeront seront nettes, bien couvertes et en bon état de réparations, en sorte que la mort desdits bœufs ne puisse être causée par la faute desdits marchands bouchers, ou de ceux qu'ils préposeront à leur conduite ; et que les visites et rapports, en cas de mort dans les neuf jours, seront faits en la manière accoutumée de l'ordonnance du lieutenant de police, etc.

Cet arrêt, qui fixe à neuf jours, et pour toute espèce de maladies, la responsabilité des herbagers envers les bouchers, a été renouvelé par *l'ordonnance de police du 25 mars 1830*, dont l'art. **178** est ainsi conçu .

Si un bœuf vient à mourir dans les neuf jours de la vente il sera procédé, d'après les règles établies en l'art. 7, au constatement des causes de la mort, par un procès-verbal, pour assurer l'action en garantie contre le vendeur. Dans les art. 101. 201 et 202, la même ordonnance prescrit les précautions à prendre pour la conduite des bestiaux achetés sur les marchés de Sceaux et de Poissy, afin que la mort arrivant dans les neuf jours de la vente, il puisse être constaté qu'elle ne vient pas du fait de l'acquéreur.

ARRÊT DU 16 JUILLET 1784

(maintenu par le Code pénal art. 184):

Fait Sa Majesté défense, sous les mêmes peines (500 livres d'amende), à tous marchands de chevaux et autres de détenir, sous quelque prétexte que ce soit, vendre ou exposer en vente, dans les foires et marchés, ou partout ailleurs, des chevaux ou bestiaux atteints ou suspectés de morve ou de maladies contagieuses, etc.

ARRÊTÉ RELATIF AUX ÉPIZOOTIES.

L'arrêté du directoire exécutif, en date du 27 messidor an V, est encore en vigueur pour ce qui concerne les maladies contagieuses. A ce titre, nous croyons devoir le reproduire.

Il règne sur les bêtes à cornes des départements du nord et de l'est une épizootie meurtrière qui s'est annoncée d'abord par des symptômes peu alarmants. Je n'en ai pas plus tôt été instruit, que j'ai envoyé de Paris des artistes vétérinaires éclairés pour en prendre connaissance. Des instructions rédigées par eux sur les lieux et à leur retour ont été publiées et répandues dans tous les pays qu'ils avaient parcourus. La maladie a paru se ralentir pendant quelque temps; mais elle reprend avec plus de force : la rapidité de ses progrès et le nombre effrayant des animaux qu'elle tue ne permettent plus de douter qu'elle ne soit contagieuse au plus haut degré. Cet objet étant de la plus grande importance, et les moyens de police étant les seuls capables d'empêcher la communication, j'ai cru qu'il était de mon devoir de rappeler l'esprit des lois et règlements rendus en pareilles circonstances, et qui n'ont point été abrogés ; je n'ai eu qu'à concilier les dispositions de ces lois avec l'ordre constitutionnel ; j'y ajouterai une courte instruction sur la manière reconnue comme la plus propre à prévenir cette maladie, et à la guérir dans les animaux affectés.

Mesures de police pour arrêter la communication.

Tout propriétaire ou détenteur de bêtes à cornes, à quelque titre que ce soit, qui aura une ou plusieurs bêtes malades ou suspectes, sera obligé, sous peine de cinq cents francs d'amende, d'en avertir sur-le-champ l'agent de sa commune, qui les fera visiter par l'expert le plus prochain, ou par celui qui aura été désigné par le département ou le canton. (*Arrêt du parlement du 24 mars 1745 ; arrêt du conseil du 19 juillet 1746. art. 3 ; autre du 16 juillet 1784, art. 1.*)

Lorsque, d'après le rapport de l'expert, il sera constaté qu'une ou plusieurs bêtes seront malades, l'agent veillera à ce que ces animaux soient séparés des autres et ne communiquent avec aucun animal de la commune. Les propriétaires, sous quelque prétexte que ce soit, ne pourront les faire conduire dans les pâturages ni aux abreuvoirs communs, et ils seront tenus de les nourrir dans des lieux renfermés, sous peine de 100 francs d'amende. (*Arrêt du conseil du* 19 *juillet* 1746, *art.* 2.)

L'agent en informera dans le jour le commissaire du directoire exécutif du canton, auquel il indiquera le nom du propriétaire et le nombre des bêtes malades. Le commissaire du directoire exécutif fera part du tout à l'administration centrale du département. (*Arrêt du conseil du* 19 *juillet* 1746.)

Aussitôt qu'il sera prouvé à l'agent que l'épizootie existe dans une commune, il en instruira tous les propriétaires de bestiaux de ladite commune, par une affiche posée aux lieux où se placent les actes de l'autorité publique, laquelle affiche enjoindra auxdits propriétaires de déclarer à l'agent le nombre de bêtes à cornes qu'ils possèdent, avec désignation d'âge, de taille, de poil, etc. Copie de ces déclarations sera envoyée au commissaire du directoire exécutif près l'administration municipale du canton, et par celui ci à l'administration centrale du département. (*Arrêt du conseil du* 19 *juillet* 1746, *art.* 4.)

En même temps, l'agent municipal fera marquer sous ses yeux toutes les bêtes à cornes de sa commune avec un fer chaud, représentant la lettre M. Quand l'administration centrale du département sera assurée que l'épizootie n'a plus lieu dans son ressort, elle ordonnera une contre-marque telle qu'elle jugera à propos, afin que les bêtes puissent aller et être vendues partout sans qu'on ait rien à en craindre. (*Arrêt du conseil du* 19 *juillet* 1746, *et arrêt du conseil du* 16 *juillet* 1784.)

Afin d'éviter toute communication des bestiaux de pays infestés avec ceux de pays qui ne le sont pas, il sera fait de temps en temps des visites chez les propriétaires de bestiaux, dans les communes infestées, pour s'assurer qu'aucun animal n'en a été distrait. (*Arrêt du* 24 *mars* 1745, *art.* 1.)

Si, au mépris des dispositions précédentes, quelqu'un se permet de vendre ou d'acheter aucune bête marquée, dans un pays infesté, pour la conduire dans un marché ou une foire, ou même chez un particulier de pays non infesté, il sera puni de cinq cents francs d'amende. Les propriétaires de bêtes qui les feront conduire par leurs domestiques ou autres personnes dans les marchés ou foires, ou chez des particuliers de pays non infestés seront responsables du fait de ces conducteurs. (*Art.* 5 *et* 6 *de l'arrêt du conseil du* 19 *juillet* 1746.)

Il est enjoint à tout fonctionnaire public qui trouvera sur les chemins, ou dans les foires ou marchés, des bêtes à cornes marquées de la lettre M. de les conduire devant le juge de paix, lequel les fera tuer sur-le-champ en sa présence. (*Art.* 7 *de l'arrêt du conseil du* 19 *juillet* 1746.)

Pourront néanmoins les propriétaires de bêtes saines en pays infesté, en faire tuer chez eux ou en vendre aux bouchers de leurs com-

munes, mais aux conditions suivantes : 1° Il faudra que l'expert ait
constaté que ces bêtes ne sont point malades; 2° le boucher n'entrera point
dans l'étable ; 3° le boucher tuera les bêtes dans les vingt-quatre heures;
4° le propriétaire ne pourra s'en dessaisir, et le boucher les tuer, qu'ils
n'en aient la permission par écrit de l'agent, qui en fera mention sur
son état. Toute contravention à cet égard sera punie de deux cents
francs d'amende, le propriétaire et le boucher demeurant solidaires.
(*Art. 8 de l'arrêt du conseil du* 19 *juillet* 1746.)

Il est ordonné de tenir, dans les lieux infestés, tous les chiens à l'attache, et de tuer tous ceux qu'on trouverait divaguants. (*Loi du* 19 *juillet* 1791.)

Tout fonctionnaire public qui donnera des certificats et attesta-
tions contraires à la vérité, sera condamné à mille francs d'amende,
même poursuivi extraordinairement. (*Art. 4 de l'arrêt du* 24 *mars*
1745.) Dans tous les cas où les amendes pour des objets relatifs à l'épizootie seront appliquées, aucun juge ne pourra les remettre ni les modérer; les jugements qui interviendront en conséquence, seront exécutés
par provision, et les délinquants, au surplus, seront soumis aux lois
de la police correctionnelle. (*Art. 7 et 8 de l'arrêt du parlement
de* 1745 ; *art* 15 *de celui du conseil de* 1746; *et art.* 12 *de celui de*
1784) Aussitôt qu'une bête sera morte, au lieu de la traîner, on la
transportera à l'endroit où elle doit être enterrée, qui sera, autant que
possible, au moins à cinquante toises des habitations; on la jettera
seule dans une fosse de huit pieds de profondeur, avec toute sa peau
tailladée en plusieurs parties, et on la recouvrira de toute la terre
sortie de la fosse. Dans le cas où le propriétaire n'aurait pas la facilité
d'en faire le transport, l'agent municipal en requerra un autre, et même
les manœuvriers nécessaires, à peine de cinquante francs contre les
refusants. Dans les lieux où il y a des chevaux, on préférera de faire
traîner par eux les voitures chargées de bêtes mortes, lesquelles voitures seront lavées à l'eau chaude après le transport. Il est défendu de
les jeter dans les bois, dans les rivières ou à la voirie, et de les enterrer
dans les étables, cours et jardins, sous peine de trois cents francs d'a-
mende et de tous dommages et intérêts. (*Art. 5 de l'arrêt du parlement de* 1745 ; *et art.* 6 *de celui du conseil de* 1784.)

Enfin, les corps administratifs, conformément au décret du 28 septembre 1791, emploieront tous les moyens de prévenir et d'arrêter l'épizootie, et, en conséquence, le gouvernement compte sur leur zèle pour
faire faire des patrouilles, mettre la plus grande célérité dans l'exécution des lois, et ne rien épargner, soit pour préserver le pays de la
contagion, soit pour en arrêter les progrès. Lorsque l'épizootie sera
déclarée dans leur ressort, ils sont chargés d'en informer les administrations des départements voisins, et je leur recommande très-ex-
pressément de m'en faire part sur-le-champ, ainsi que des progrès que
pourra faire la maladie.

Ce n'est qu'en suivant avec une rigueur très-scrupuleuse les mesures
que j'ai indiquées qu'il sera possible de prévenir dans la plupart des
départements, et d'arrêter dans ceux qui sont infestés, les effets
d'une contagion ruineuse pour l'agriculture en général, et pour les
propriétaires.

Caractère de la maladie.

Dans tous les lieux où règne l'épizootie, les hommes de l'art qui l'ont observée s'accordent à la regarder comme une inflammation générale, qui se termine toujours par celle du poumon ou du foie, le plus souvent par la première.

Causes de la maladie.

L'altération des fourrages par l'effet des pluies qui régnèrent l'année dernière et occasionnèrent le débordement des ruisseaux et des rivières à l'époque de la récolte des foins, doit sans doute être considérée comme une des causes principales de l'épizootie. C'est sur les bords de la Meuse, de la Moselle, du Rhin, de la Nah, et de quelques autres rivières dont les prairies ont été submergées, qu'elle s'est d'abord déclarée. Averti des effets funestes que devait produire une submersion aussi générale, je fis répandre, sur les moyens de les prévenir, une instruction dont je ne puis trop recommander la lecture aux cultivateurs qui se trouvent cette année dans le même cas.

Traitement de la maladie.

Dès qu'une tête à cornes paraît affectée de la maladie régnante, on ne doit point hésiter à soumettre au traitement toutes celles de l'étable, quel qu'en puisse être le nombre.

L'expérience ayant constamment prouvé que les animaux qui guérissaient sans autres secours que ceux de la nature, devaient leur guérison à une éruption dont leur corps se couvrait, toutes les vues de l'art doivent se diriger vers les moyens d'amener cette éruption ou de la suppléer.

Ce serait en vain qu'on attendrait ces effets des cordiaux qu'on emploie presque exclusivement dans ces sortes de maladies. Le vin, l'eau-de-vie, le cidre, la bière, le poivre, la cannelle, le girofle, la noix muscade, le gingembre, l'orviétan, le mithridate, la thériaque, le quinquina, et un grand nombre d'autres médicaments échauffants ne produisent sur les bêtes à cornes aucun effet à petites doses ; à grandes doses, ils augmentent considérablement l'inflammation et précipitent la perte des animaux.

Ce n'est que par les applications extérieures qu'on peut se flatter d'obtenir ces dépôts si conformes aux vœux de la nature.

Le séton chargé d'un caustique remplit parfaitement le double objet d'attirer au dehors l'humeur qui tend à se porter sur le poumon ou le foie, et d'en favoriser l'évacuation.

Le fanon, que dans quelques lieux on nomme la *lampe*, la *nappe*, est la partie qu'on doit préférer pour y placer le séton.

Il doit être placé de manière que les deux ouvertures se répondent de haut en bas, afin que l'humeur puisse s'écouler aisément.

Pour établir un point d'irritation capable d'attirer brusquement cette humeur au dehors, on attache sur le milieu du séton un morceau d'ellébore noir, ou l'on fixe, avec un peu de linge, du sublimé ou de l'arsenic en poudre.

Lorsque l'engorgement a acquis le volume d'une tête humaine, on retourne le séton pour en retirer l'ellébore ou autre caustique dont on l'a chargé.

Dans le cas où le séton, ainsi préparé, ne produirait pas, dans l'espace de quinze à vingt heures, un engorgement aussi considérable, on appliquera sur les deux côtés de la poitrine, après avoir rasé le poil, un large cataplasme vésicatoire, composé avec une once de mouches cantharides et une once d'euphorbe, étendues dans une suffisante quantité de levain, qu'on maintiendra avec un bandage et qu'on entretiendra jusqu'à parfaite guérison.

On placera tous les jours, une heure le matin et autant le soir, dans la gueule de l'animal, un billot autour duquel on aura disposé et maintenu avec un linge, de l'ail, du poivre, de l'assa-fœtida, des racines de poivre d'eau, d'arum ou pied de veau, des feuilles ou des racines de grand raifort, des feuilles de tabac; le tout haché et pilé. Une seule de ces substances peut suppléer toutes les autres.

On donnera, autant qu'il sera possible, des aliments de la meilleure qualité; il sera bon de les asperger d'eau, dans un seau de laquelle on aura fait dissoudre une poignée de sel.

Lorsqu'il sera possible de faire boire les animaux à l'étable, on blanchira leur eau avec un peu de son, et on y mettra un verre de vinaigre sur dix pintes ou environ.

Le bouchonnement très-souvent répété, l'évaporation d'eau chaude sous le ventre, les bains de rivière, même lorsque l'eau sera échauffée, favorisent puissamment la transpiration; les lavements avec l'eau légèrement vinaigrée produisent aussi de très-bons effets.

La propreté des étables, le soin de les tenir très-aérées, sont des conditions également essentielles. Lorsqu'il y aura un des animaux malades, on se gardera bien d'en remettre des sains avant de les avoir purifiées.

Désinfection des étables.

Les fumigations aromatiques ou autres tant vantées, ainsi que le simple blanchissage avec la chaux, sont des moyens insuffisants pour purifier des étables infectées; c'est de l'eau et du feu, et surtout de leur combinaison, qu'on peut attendre cet effet; les murs, les mangeoires, les râteliers seront lavés très-exactement avec de l'eau bouillante, et on les râtissera avec des balais de bruyère, de genêt, et mieux encore avec de fortes brosses quand on pourra s'en procurer. On ne blanchira jamais à la chaux qu'après avoir ainsi lavé et râtissé. Si l'étable est pavée, il faudra laver avec l'eau bouillante et râtisser également les pavés. Si le sol est en terre, on en enlèvera une couche de deux ou trois pouces, qu'on brûlera ou qu'on enfouira dans une fosse dont la terre qu'on en aura retirée remplacera celle enlevée de l'étable. On aura soin de battre le sol pour l'unir, l'affermir et s'opposer à l'évaporation qui pourrait s'élever des couches inférieures. On tiendra pendant quelque temps les écuries ouvertes jour et nuit, et l'on n'y remettra des animaux que lorsqu'elles seront parfaitement sèches.

ORDONNANCE DE POLICE CONCERNANT LES BESTIAUX MALADES.

Cette ordonnance, rendue le 5 fructidor an XI, et suivie d'une instruction, est relative aux bestiaux malades, et notamment à ceux atteints :

Art. 1er. Les propriétaires ou dépositaires de moutons, de bêtes à cornes et chevaux atteints de maladie, sont tenus d'en faire sur-le-champ la déclaration aux maires de leurs communes respectives, et d'en indiquer exactement le nombre, à peine de cent francs d'amende.

2. Pour s'assurer si les propriétaires ou dépositaires de bestiaux se sont conformés à l'article précédent, les animaux malades seront visités, en présence du maire, par des experts nommés à cet effet.

3. Les animaux malades seront séparés dans les bergeries, étables ou écuries particulières, suivant les circonstances.

4. Il est expressément défendu de laisser vaguer les animaux malades dans les parcours et sur les routes, et de les laisser communiquer avec les animaux qui sont sains.

5. Les animaux malades qui seront rencontrés au pâturage, sur les terres de parcours et de vaine pâture, seront saisis par les gardes-champêtres, et même par toutes autres personnes, et conduits dans l'endroit qui sera indiqué par le maire.

6. Il est défendu d'amener sur les marchés de Sceaux et de Poissy, de la Chapelle-Saint-Denis, de la Maison-Blanche, à la halle aux veaux de Paris, au marché aux chevaux et à la foire Saint-Denis, des animaux atteints de maladie, à peine de 300 fr. d'amende.

7. Les animaux amenés sur ces marchés seront visités par des experts avant leur exposition en vente sur lesdits marchés.

8. Si, en contravention aux deux articles précédents, des animaux atteints de maladies sont amenés sur les marchés, ils seront traités dans des endroits particuliers, aux frais des propriétaires.

9. Les bergeries, bouveries et écuries dans lesquelles auront séjourné des animaux malades ne pourront servir qu'après avoir été désinfectées, sous la surveillance des maires, *d'après les procédés indiqués à la suite de la présente ordonnance.*

10. Les animaux morts seront enfouis dans le jour, avec leurs peau et laine, à 1 mètre 34 centim. de profondeur (4 pieds), hors de l'enceinte des communes, le tout aux frais des propriétaires.

11. Il sera pris envers les contrevenants aux dispositions ci-dessus telle mesure de police administrative qu'il appartiendra, sans préjudice des poursuites à exercer contre eux pardevant les tribunaux, conformément à la loi du 6 octobre 1791, et aux arrêts des 19 juillet 1746, 23 décembre 1778 et 16 juillet 1784.

Instruction.

Le charbon suit constamment les grandes chaleurs et les grandes sécheresses. Il est le résultat d'une nourriture trop échauffante ou mal conditionnée, d'une mauvaise boisson, de travaux forcés, et de la malpropreté des logements des animaux.

Il les attaque tous indistinctement, mais plus particulièrement les moutons, les bœufs et les chevaux.

Quelques animaux en ont déjà été affectés dans plusieurs communes du département de la Seine et dans les marchés. Les animaux qui en sont atteints meurent quelquefois sur-le-champ, et avant qu'on ait pu s'apercevoir qu'ils étaient malades. Il est très-dangereux de saigner, de fouiller ou de dépouiller les animaux malades ou morts. Plusieurs personnes sont mortes ou ont été grièvement malades pour s'être livrées à ces opérations. Dans les circonstances actuelles, les ravages de cette maladie étant à craindre, il est important de les prévenir; les moyens en sont simples, peu dispendieux et à la portée de tous les habitants des campagnes.

1° Il sera urgent, de la part des propriétaires, de se conformer à l'article premier de l'ordonnance ci-dessus, et de faire appeler sur-le-champ le vétérinaire pour constater la maladie et ordonner le traitement convenable, si l'animal en est susceptible. — 2° S'il n'est pas possible de donner de la nourriture verte aux animaux, il faudra avoir soin d'asperger leurs fourrages avec de l'eau dans laquelle on aura fait fondre une poignée de sel de cuisine par seau, et où l'on ajoutera un verre de vinaigre — 3° Dans les saisons et les lieux où l'eau est mauvaise, il faut la corriger avant de la faire boire, en y mêlant du son de froment ou de la farine d'orge, avec une bonne pincée de sel et un demi verre de vinaigre par seau. — 4° Les animaux qui vont aux champs n'y seront conduits que le matin et le soir ; on les rentrera dans le milieu du jour. — 5° Il faudra éviter, le plus possible, les bords des grandes routes, où ils respirent constamment une poussière épaisse et étouffante. — 6° Ceux qui travaillent seront ménagés : souvent les travaux de la moisson ont été interrompus parce que les propriétaires avaient forcé leurs animaux, trop peu nombreux, pour se hâter de rentrer leur récolte. — 7° Les habitations des animaux seront nettoyées, lavées, s'il en est besoin, bien aérées, et on y répandra du vinaigre une ou deux fois par jour, surtout lorsqu'ils y rentreront pendant la chaleur. — 8° Enfin celles où il y aura eu des animaux malades ou morts seront désinfectées de la manière suivante :

Désinfection des bergeries, bouveries, écuries, etc.

La propreté, la libre circulation de l'air, le lavage à grande eau et les fumigations minérales sont les bases de toute désinfection. — On balayera l'aire, les murs et les planchers des bergeries, bouveries et écuries ; on n'y laissera ni fumier, ni fourrages, ni toiles d'araignées, ni aucune matière combustible. On ouvrira les portes et les fenêtres pour faciliter la libre circulation de l'air; on pratiquera même des ouvertures si celles qui existent ne suffisent pas. — Les murs à la hauteur d'un mètre (trois pieds) seront lavés à grande eau, avec des balais, jusqu'à ce qu'ils soient parfaitement nettoyés. — La terre de l'aire des bergeries, bouveries et écuries, sera enlevée de six centimètres (deux pouces) d'épaisseur, renouvelée et rebattue. On y fera ensuite la fumigation suivante : on portera dans les bergeries, bouveries et écuries, un réchaud rempli de charbons allumés, sur lequel on mettra une terrine à moitié pleine de cendre. On posera sur cette cendre une autre terrine ou un vase large quelconque, dans lequel on mettra 120 grammes (quatre onces environ) de sel commun un peu humide ; on versera 90 grammes (trois onces environ) d'huile de vitriol (acide sulfurique); on fermera les portes et les fenêtres, et on se retirera aussitôt, pour ne pas respirer la vapeur très-abondante qui se dégage, et qui bientôt remplira tout le local. On n'ouvrira que lorsque la vapeur sera entièrement dissipée ; on pourra alors y faire entrer les animaux.

Cette fumigation peut être faite pendant que les animaux seront aux champs ; il suffira d'ouvrir les portes et les fenêtres un moment avant que les animaux rentrent dans les bergeries, bouveries et écuries.

Toutes autres fumigations de plantes aromatiques sont inutiles ; elles ne servent qu'à déplacer une odeur par une autre.

EXTRAIT DU CODE PÉNAL.

Loi décrétée le 12 février 1812, promulguée le 22 du même mois, au titre II, chapitre II, section 3, articles 459 et suivants :

Art. 459. Tout détenteur ou gardien d'animaux ou bestiaux soupçonnés d'être infectés de maladies contagieuses, qui n'aura pas averti sur-le-champ le maire de la commune où il se trouve, et qui même, avant que le maire ait répondu à l'avertissement, ne les aura pas tenus renfermés, sera puni d'un emprisonnement de six jours à deux mois, et d'une amende de seize francs à deux cents francs.

Art. 460. Seront également punis d'un emprisonnement de deux mois à six mois, et d'une amende de cent francs à cinq cents francs, ceux qui, au mépris des défenses de l'administration, auront laissé leurs animaux ou bestiaux infectés communiquer avec d'autres.

Art. 461. Si de la communication mentionnée au précédent article il est résulté une contagion parmi les autres animaux, ceux qui auront contrevenu aux défenses de l'autorité administrative, seront punis d'un emprisonnement de deux ans à cinq ans, et d'une amende de cent francs à mille francs ; le tout sans préjudice de l'exécution des lois et réglements relatifs aux maladies épizootiques, et de l'application des peines y portées.

Art. 462. Si les délits de police correctionnelle, dont il est parlé au présent chapitre, ont été commis par des gardes-champêtres ou forestiers, ou des officiers de police, à quelque titre que ce soit, la peine d'emprisonnement sera d'un mois au moins, et d'un tiers au plus en sus de la peine la plus forte qui serait appliquée à un autre coupable du même délit.

Dispositions générales.

Art. 463. Dans tous les cas où la peine de l'emprisonnement est portée par le présent Code, si le préjudice causé n'excède pas vingt-cinq francs, et si les circonstances paraissent atténuantes, les tribunaux sont autorisés à réduire l'emprisonnement, même au-dessous de six jours, et l'amende même au-dessous de seize francs. Ils pourront aussi prononcer séparément l'une ou l'autre de ces peines, sans qu'en aucun cas elle puisse être au-dessous des peines de simple police.

ORDONNANCE DU 27 JANVIER 1815.

Cette ordonnance contient des mesures propres à prévoir la contagion des maladies épizootiques :

Art. Ier. Dans tous les lieux où a pénétré l'épizootie, et dans ceux où elle pénétrera par la suite, les préfets continueront de faire exécuter strictement les dispositions des arrêts des 10 avril 1714, 24 mars 1745, 19 juillet 1746, 18 décembre 1774, 30 janvier 1775 et 16 juillet 1784, et de l'arrêté du Directoire exécutif du 27 messidor an V, concernant les épizooties.

2. Sur la demande des autorités administratives, les gardes nationales, la gendarmerie, les gardes-champêtres, et, au besoin, les troupes de ligne, seront employés pour assurer l'exécution des dispositions rappelées et indiquées dans le précédent article, et notamment pour former des cordons, et empêcher la communication des animaux suspects avec les animaux sains.

3. Dans les départements où la maladie n'a pas encore pénétré, les préfets ordonneront la visite des étables aussi souvent qu'ils le jugeront utile ; ils exerceront une surveillance active, et feront les dispositions nécessaires pour que l'on puisse exécuter sur-le-champ et partout où besoin sera, toutes les mesures propres à arrêter les progrès de l'épizootie, si elle venait à se manifester.

4. A la première apparition de symptômes de contagion dans une commune, il y sera envoyé des vétérinaires chargés de visiter les bestiaux, et de reconnaître ceux qui doivent être abattus, aux termes des règlements cités en l'article 1er. L'abattage aura lieu sans délai, sur l'ordre des maires ou des commississaires délégués par les préfets.

5. Il sera dressé des procès-verbaux à l'effet de constater le nombre, l'espèce et la valeur des animaux qui ont été ou qui seront abattus, pour arrêter les progrès de la contagion ; les extraits de ces procès-verbaux seront transmis par les préfets à notre directeur général de l'agriculture et du commerce, qui fera établir l'état des indemnités auxquelles les propriétaires de ces animaux auront droit, d'après les bases déterminées par les arrêts du Conseil des 18 décembre 1774 et 30 janvier 1775.

CODE RURAL.

On donne ce nom à la loi du 23 décembre 1791. Nous en extrayons les dispositions qui se rapportent aux animaux domestiques :

SECTION III.

Des diverses propriétés rurales.

Art. 1er. Nul agent de l'agriculture employé avec des bestiaux au labourage, ou à quelque travail que ce soit, ou occupé à la garde des troupeaux, ne pourra être arrêté, sinon pour crime, avant qu'il n'ait été pourvu à la sûreté desdits animaux; et en cas de poursuites criminelles, il y sera également pourvu immédiatement après l'arrestation, et sous la responsabilité de ceux qui l'auront exercée.

2. Aucun engrais ni ustensile, ni autre meuble utile à l'exploitation des terres, et aucuns bestiaux servant au labourage, ne pourront être saisis ni vendus pour contributions publiques; et ils ne pourront l'être pour aucune cause de dettes, si ce n'est au profit de la personne qui aura fourni lesdits effets ou bestiaux, ou pour l'acquittement de la créance du propriétaire envers son fermier; et ce seront toujours les derniers objets saisis, en cas d'insuffisance d'autres objets mobiliers.

3. La même règle aura lieu pour les ruches; et pour aucune raison, il ne sera permis de troubler les abeilles dans leurs courses et leurs travaux; en conséquence, même en cas de saisie légitime, une ruche ne pourra être déplacée que dans les mois de décembre, janvier et février.

4. Les vers à soie sont de même insaisissables pendant leur travail, ainsi que la feuille du mûrier qui leur est nécessaire pendant leur éducation.

5. Le propriétaire d'un essaim a le droit de le réclamer et de s'en ressaisir, tant qu'il n'a point cessé de le suivre; autrement l'essaim appartient au propriétaire du terrain sur lequel il s'est fixé.

SECTION IV.

Des troupeaux, des clôtures, du parcours, et de la vaine pâture.

Art. 1er. Tout propriétaire est libre d'avoir chez lui telle quantité et telle espèce de troupeaux qu'il croit utile à la culture et à l'exploitation de ses terres, et de les y faire pâturer exclusivement; sauf ce qui sera réglé ci-après relativement au parcours et à la vaine pâture.

2. La servitude réciproque de paroisse à paroisse, connue sous le nom de *parcours*, et qui entraîne avec elle le droit de vaine pâture, continuera provisoirement d'avoir lieu avec les restrictions déterminées à la présente section, lorsque cette servitude sera fondée sur un titre ou sur une possession autorisée par les lois et les coutumes. A tous autres égards, elle est abolie.

3. Le droit de vaine pâture dans une paroisse, accompagné ou non de la servitude du parcours, ne pourra exister que dans les lieux où il est fondé sur un titre particulier, ou autorisé par la loi ou par un usage local immémorial, et à la charge que la vaine pâture n'y sera exercée que conformément aux règles et usages locaux qui ne contrarieront point les réserves portées dans les articles suivants de la présente section.

4. Le droit de clore et de déclore ses héritages résulte essentiellement de celui de propriété, et ne peut être contesté à aucun propriétaire. L'Assemblée nationale abroge toutes lois et coutumes qui peuvent contrarier ce droit.

5. Le droit de parcours et le droit simple de vaine pâture ne pourront, en aucun cas, empêcher les propriétaires de clore leurs héritages ; et tout le temps qu'un héritage sera clos de la manière qui sera déterminée par l'article suivant, il ne pourra être assujéti ni à .l'un ni à l'autre droit ci-dessus.

6. L'héritage sera réputé clos, lorsqu'il sera entouré d'un mur de quatre pieds de hauteur avec barrière ou porte, ou lorsqu'il sera exactement fermé et entouré de palissades ou de treillages, ou d'une haie vive, ou d'une haie sèche faite avec des pieux ou cordelée avec des branches, ou de toute autre manière de faire les haies en usage dans chaque localité ; ou enfin d'un fossé de quatre pieds de large au moins à l'ouverture, et de deux pieds de profondeur.

7. La clôture affranchira de même du droit de vaine pâture réciproque ou non réciproque entre particuliers, si ce droit n'est pas fondé sur un titre. Toutes lois et tous usages contraires sont abolis.

8. Entre particuliers, tout droit de vaine pâture fondé sur un titre, même dans les bois, sera rachetable à dire d'experts, suivant l'avantage que pourrait en retirer celui qui avait ce droit, s'il n'était pas réciproque, ou eu égard au désavantage qu'un des propriétaires aurait à perdre la réciprocité, si elle existait ; le tout sans préjudice du droit de cantonnement, tant pour les particuliers que pour les communautés, confirmé par l'article 8 du décret des 16 et 17 septembre 1790.

9. Dans aucun cas et dans aucun temps le droit de parcours, ni celui de vaine pâture, ne pourront s'excercer sur les prairies artificielles, et ne pourront avoir lieu sur aucune terre ensemencée ou couverte de quelque production que ce soit, qu'après la récolte.

10. Partout où les prairies naturelles sont sujettes au parcours ou à la vaine pâture, ils n'auront lieu provisoirement que dans le temps autorisé par les lois et coutumes, et jamais tant que la première herbe ne sera pas récoltée.

11. Le droit dont jouit tout propriétaire de clore ses héritages, a lieu, même par rapport aux prairies, dans les paroisses où, sans titre de propriété, et seulement par l'usage, elles deviennent communes à tous les habitants, soit immédiatement après la récolte de la première herbe, soit dans tout autre temps déterminé.

12. Dans les pays de parcours ou de vaine pâture soumis à l'usage du troupeau en commun, tout propriétaire ou fermier pourra renoncer à cette communauté, et faire garder par troupeau séparé, un nombre de têtes de bétail proportionné à l'étendue des terres qu'il exploitera dans la paroisse.

13. La quantité de bétail, proportionnellement à l'étendue du terrain, sera fixée dans chaque paroisse, à tant de bêtes par arpent, d'après les règlements et usages locaux ; et à défaut de documents positifs à cet égard, il y sera pourvu par le conseil général de la commune.

14. Néanmoins, tout chef de famille domicilié, qui ne sera ni propriétaire ni fermier d'aucun des terrains sujets au parcours ou à la vaine pâture, et le propriétaire ou fermier à qui la modicité de son exploitation

n'assurerait pas l'avantage qui va être déterminé, pourront mettre sur lesdits terrains, soit par troupeau séparé, soit en troupeau en commun, jusqu'au nombre de six bêtes à laine et d'une vache avec son veau, sans préjudicier aux droits desdites personnes sur les terres communales s'il y en a dans la paroisse, et sans entendre rien innover aux lois, coutumes ou usages locaux ou de temps immémorial qui leur accorderaient un plus grand avantage.

15. Les propriétaires ou fermiers exploitant des terres sur les paroisses sujettes ou au parcours ou à la vaine pâture, et dans lesquelles ils ne seraient pas domiciliés, auront le même droit de mettre dans le troupeau commun, ou de faire garder par troupeau séparé, une quantité de têtes de bétail proportionnée à l'étendue de leur exploitation, et suivant les dispositions de l'article 13 de la présente section; mais dans aucun cas, ces propriétaires ou fermiers ne pourront céder leurs droits à d'autres.-

16. Quand un propriétaire d'un pays de parcours ou de vaine pâture aura clos une partie de sa propriété, le nombre de têtes de bétail qu'il pourra continuer d'envoyer dans le troupeau commun, ou par troupeau séparé, sur les terres particulières des habitants de la communauté, sera restreint proportionnellement, et suivant les dispositions de l'article 13 de la présente section.

17. La communauté dont le droit de parcours sur une paroisse voisine sera restreint par des clôtures faites de la manière déterminée à l'article 6 de cette section, ne pourra prétendre à cet égard à aucune espèce d'indemnité, même dans le cas où son droit serait fondé sur un titre; mais cette communauté aura le droit de renoncer à la faculté réciproque qui résultait de celui de parcours entre elle et la paroisse voisine: ce qui aura également lieu, si le droit de parcours s'exerçait sur la propriété d'un particulier.

18. Par la nouvelle division du royaume, si quelques sections de paroisse se trouvent réunies à des paroisses soumises à des usages différents des leurs, soit relativement au parcours ou à la vaine pâture, soit relativement au troupeau en commun, la plus petite partie dans la réunion suivra la loi de la plus grande, et les corps administratifs décideront des contestations qui naîtraient à ce sujet. Cependant, si une propriété n'était point enclavée dans les autres, et qu'elle ne gênât pas le droit provisoire du parcours ou de vaine pâture auquel elle n'était point soumise, elle serait exceptée de cette règle.

19. Aussitôt qu'un propriétaire aura un troupeau malade, il sera tenu d'en faire la déclaration à la municipalité; elle assignera sur le terrain du parcours ou de vaine-pâture, si l'un ou l'autre existe dans la paroisse, un espace où le troupeau malade pourra pâturer exclusivement, et le chemin qu'il devra suivre pour se rendre au pâturage. Si ce n'est point un pays de parcours ou de vaine pâture, le propriétaire sera tenu de ne point faire sortir de ses héritages son troupeau malade.

20. Les corps administratifs emploieront constamment les moyens de protection et d'encouragement qui sont en leur pouvoir pour la multiplication des chevaux, des troupeaux et de tous bestiaux de race étrangère qui seront utiles à l'amélioration de nos espèces, et pour le soutien de tous les établissements de ce genre. Ils encourageront les habitants

des campagnes par des récompenses, et suivant les localités, à la destruction des animaux malfaisants qui peuvent ravager les troupeaux, ainsi qu'à la destruction des animaux et des insectes qui peuvent nuire aux récoltes. Ils emploieront particulièrement tous les moyens de prévenir et d'arrêter l'épizootie et la contagion de la morve des chevaux.

TITRE II.

De la police rurale.

Art. 11. Celui qui achètera des bestiaux hors des foires et marchés, sera tenu de les restituer gratuitement au propriétaire, en l'état où ils se trouveront, dans le cas où ils auraient été volés.

12. Les dégâts que les bestiaux de toute espèce, laissés à l'abandon, feront sur les propriétés d'autrui, soit dans l'enceinte des habitations, soit dans un enclos rural, soit dans les champs ouverts, seront payés par les personnes qui ont la jouissance des bestiaux ; si elles sont insolvables, ces dégâts seront payés par celles qui en ont la propriété. Le propriétaire qui éprouvera les dommages aura le droit de saisir les bestiaux, sous l'obligation de les faire conduire, dans les vingt-quatre heures, au lieu du dépôt qui sera désigné à cet effet par la municipalité.

Il sera satisfait aux dégâts par la vente des bestiaux, s'ils ne sont pas réclamés, ou si le dommage n'a point été payé dans la huitaine du jour du délit. Si ce sont des volailles, de quelque espèce que ce soit, qui causent le dommage, le propriétaire, le détenteur ou le fermier qui l'éprouvera, pourra les tuer, mais seulement sur le lieu, au moment du dégât.

13. Les bestiaux morts seront enfouis dans la journée, à quatre pieds de profondeur par le propriétaire, et dans son terrain, ou voiturés à l'endroit désigné par la municipalité, pour y être également enfouis, sous peine, par le délinquant, de payer une amende de la valeur d'une journée de travail, et les frais de transport et d'enfouissement.

18. Dans les lieux qui ne sont sujets ni au parcours ni à la vaine pâture, pour toute chèvre qui sera trouvée sur l'héritage d'autrui, contre le gré du propriétaire de l'héritage, il sera payé une amende de la valeur d'une journée de travail, par le propriétaire de la chèvre. Dans les pays de parcours ou de vaine pâture, où les chèvres ne sont pas rassemblées et conduites en troupeau commun, celui qui aura des animaux de cette espèce, ne pourra les mener aux champs qu'attachés, sous peine d'une amende de la valeur d'une journée de travail par tête d'animal. En quelque circonstance que ce soit, lorsqu'elles auront fait du dommage aux arbres fruitiers ou autres, haies, vignes, jardins, l'amende sera double, sans préjudice du dédommagement dû au propriétaire.

22. Dans les lieux de parcours ou de vaine pâture, comme dans ceux où ces usages ne sont point établis, les pâtres et les bergers ne pourront mener les troupeaux d'aucune espèce dans les champs moissonnés et ouverts, que deux jours après la récolte entière, sous peine d'une amende de la valeur d'une journée de travail ; l'amende sera double, si les bestiaux d'autrui ont pénétré dans un enclos rural.

23. Un troupeau atteint de maladie contagieuse qui sera rencontré au pâturage sur les terres du parcours ou de la vaine pâture, autres que

celles qui auront été désignées pour lui seul, pourra être saisi par les gardes-champêtres, et même par toute personne ; il sera ensuite mené au lieu de dépôt qui sera indiqué à cet effet par la municipalité. Le maître de ce troupeau sera condamné à une amende de la valeur d'une journée de travail par tête de bêtes à laine, et à une amende triple par tête d'autre bétail. Il pourra en outre, suivant la gravité des circonstances, être responsable du dommage que son troupeau aurait occasionné, sans que cette responsabilité puisse s'étendre au-delà des limites de la municipalité. A plus forte raison cette amende et cette responsabilité auront lieu, si ce troupeau a été saisi sur les terres qui ne sont point sujettes au parcours ou à la vaine pâture.

24. Il est défendu de mener sur le terrain d'autrui des bestiaux d'aucune espèce, et en aucun temps dans les prairies artificielles, dans les vignes, oseraies, dans les plants de câpriers, dans ceux d'oliviers, de mûriers, de grenadiers, d'orangers et arbres du même genre, dans tous les plants ou pépinières d'arbres fruitiers ou autres, faits de main d'homme, où l'amende encourue par le délit sera une somme de la valeur du dédommagement dû au propriétaire ; l'amende sera double si le dommage a été fait dans un endroit rural ; et suivant les circonstances, il pourra y avoir lieu à la détention de police municipale.

25. Les conducteurs de bestiaux revenant des foires, ou les menant d'un lieu à un autre, même dans les pays de parcours ou de vaine pâture, ne pourront les laisser pacager sur les terres des particuliers, ni sur les communaux, sous peine d'une amende de la valeur de deux journées de travail, en outre du dédommagement. L'amende sera égale à la somme du dédommagement, si le dommage est fait sur terrain ensemencé, ou qui n'a pas été dépouillé de sa récolte, ou dans un enclos rural. A défaut de paiement, les bestiaux pourront être saisis et vendus jusqu'à concurrence de ce qui sera dû pour l'indemnité, l'amende et autres frais relatifs ; il pourra même y avoir lieu, envers les conducteurs, à la détention de police municipale, suivant les circonstances.

26. Quiconque sera trouvé gardant à vue ses bestiaux dans les récoltes d'autrui, sera condamné, en outre du paiement du dommage, à une amende égale à la somme du dédommagement, et pourra l'être, suivant les circonstances, à une détention qui n'excédera pas une année.

27. Celui qui entrera à cheval dans les champs ensemencés, si ce n'est le propriétaire ou ses agents, paiera le dommage et une amende de la valeur d'une journée de travail : l'amende sera double, si le délinquant y est entré en voiture. Si les blés sont en tuyau, et que quelqu'un y entre même à pied, ainsi que dans tout autre récolte pendante, l'amende sera au moins de la valeur de trois journées de travail, et pourra être d'une somme égale à celle due pour dédommagement au propriétaire.

30. Toute personne convaincue d'avoir, de dessein prémédité, méchamment, sur le territoire d'autrui, blessé ou tué des bestiaux ou chiens de garde, sera condamnée à une amende double de la somme du dédommagement. Le délinquant pourra être détenu un mois, si l'animal n'a été que blessé : et six mois, si l'animal est mort de sa blessure, ou en est resté estropié. la détention pourra être du double si le délit a été commis la nuit, ou dans une étable ou dans un enclos rural.

38. Les dégâts faits dans les bois taillis des particuliers ou des communautés, par des bestiaux ou troupeaux, seront punis de la manière suivante. Il sera payé d'amende pour une bête à laine, une livre; pour un cochon, une livre ; pour une chèvre, deux livres; pour un cheval, ou autre bête de somme, deux livres: pour un bœuf, une vache ou un veau, trois livres. Si les bois taillis sont dans les six premières années de leur croissance, l'amende sera double. Si les dégâts sont commis en présence du pâtre, et dans les bois taillis de moins de six années, l'amende sera triple. S'il y a récidive dans l'année, l'amende sera double; et s'il y a réunion des deux circonstances précédentes, ou récidive avec une des deux circonstances, l'amende sera quadruple. Le dédommagement dû au propriétaire sera estimé de gré à gré ou à dire d'experts.

42. Le voyageur qui, par la rapidité de sa voiture ou de sa monture, tuera ou blessera des bestiaux sur les chemins, sera condamné à une amende égale à la somme du dédommagement dû au propriétaire des bestiaux.

INFRACTIONS ET PEINES EN MATIÈRE D'ANIMAUX DOMESTIQUES.

Les articles suivants sont extraits du Code pénal :

ANIMAUX EMPOISONNÉS. — Quiconque aura empoisonné des chevaux ou autres bêtes de voitures, de monture ou de charge, des bestiaux à cornes, des moutons, chèvres ou porcs, ou des poissons dans des étangs, viviers ou réservoirs, sera puni d'un emprisonnement d'un an à cinq ans, et d'une amende de seize francs à trois cents francs. Les coupables pourront être mis, par l'arrêt ou le jugement, sous la surveillance de la haute police pendant deux ans au moins et cinq ans au plus. (Art. 452.)

ANIMAUX BLESSÉS OU TUÉS. — Ceux qui, sans nécessité, auront tué l'un des animaux mentionnés au précédent article, seront punis ainsi qu'il suit : — Si le délit a été commis dans les bâtiments, enclos et dépendances, ou sur les terres dont le maître de l'animal tué était propriétaire, locataire, colon ou fermier, la peine sera un emprisonnement de deux mois à six mois. — S'il a été commis dans les lieux dont le coupable était propriétaire, locataire, colon ou fermier, l'emprisonnement sera de six jours à un mois. — S'il a été commis dans tout autre lieu, l'emprisonnement sera de quinze jours à six semaines. — Le maximum de la peine sera toujours prononcé en cas de violation de clôture. (Art. 453.)

Quiconque aura, sans nécessité, tué un animal domestique dans un lieu dont celui à qui cet animal appartient est propriétaire, locataire, colon ou fermier, sera puni d'un emprisonnement de six jours au moins et de six mois au plus. — S'il y a eu violation de clôture, le maximum de la peine sera prononcé. (Art. 454.)

Dans les cas prévus par les articles 444 et suivants, jusqu'au précédent article inclusivement, il sera prononcé une amende qui ne pourra excéder le quart des restitutions et dommages-intérêts, ni être au-dessous de 16 francs. (Art. 455.)

Seront punis d'une amende de onze à quinze francs inclusivement :
— Ceux qui auront occasionné la mort ou la blessure des animaux ou bestiaux appartenant à autrui, par l'effet de la divagation des fous ou furieux, ou d'animaux malfaisants ou féroces, ou par la rapidité, ou la mauvaise direction ou le chargement excessif des voitures, chevaux, bêtes de trait, de charge ou monture ; — ceux qui auront occasionné les mêmes dommages par l'emploi ou l'usage d'armes, sans précaution ou avec maladresse, ou par jet de pierres ou d'autres corps durs ; — ceux qui auront causé les mêmes accidents par la vétusté, la dégradation, le défaut de réparation ou d'entretien des maisons ou édifices, ou par l'encombrement ou l'excavation, ou telles autres œuvres dans ou près les rues, chemins, places ou voies publiques, *sans les précautions ou signaux ordonnés ou d'usage*. (Art. 479, n°ˢ **2, 3, 4.**)

Bris de parcs de bestiaux.

Toute rupture, toute destruction d'instruments d'agriculture, de parcs de bestiaux, de cabanes de gardiens, sera punie d'un emprisonnement d'un mois au moins, d'un an au plus. (Art 451.)

CHARRETIERS ET CONDUCTEURS D'ANIMAUX. — Seront punis d'amende, depuis six francs jusqu'à dix francs inclusivement, les rouliers, charretiers, conducteurs de voitures quelconques ou de bêtes de charge, qui auraient contrevenu aux règlements par lesquels ils sont obligés de se tenir constamment à portée de leurs chevaux, bêtes de trait ou de charge et de leurs voitures, et en état de les guider et conduire ; d'occuper un seul côté des rues, chemins ou voies publiques ; de se détourner ou ranger devant toutes autres voitures, et, à leur approche, de leur laisser libre au moins la moitié des rues, chaussées, routes et chemins ; — ceux qui auront fait ou laissé courir les chevaux, bêtes de trait, de charge ou de monture, dans l'intérieur d'un lieu habité, ou violé les règlements contre le chargement, la rapidité ou la mauvaise direction des voitures. (Art. 475, n°ˢ 3 et 4.)

DIVAGATION D'ANIMAUX. — Seront punis d'amende, depuis six francs jusqu'à dix francs inclusivement, ceux qui auraient laissé divaguer des fous ou des furieux étant sous leur garde, ou des animaux malfaisants ou féroces ; ceux qui auront excité ou n'auront pas retenu leurs chiens lorsqu'ils attaquent ou poursuivent les passants, quand même il n'en serait résulté aucun mal ni dommage. (Art. 475, n° 7.)

ENCLOS. — Les parcs mobiles destinés à contenir du bétail dans la campagne, de quelque matière qu'ils soient faits, sont aussi réputés enclos ; et lorsqu'ils tiennent aux cabanes mobiles ou autres abris destinés aux gardiens, ils sont réputés dépendants de maison habitée. (Art. 392.)

PACAGE DE BESTIAUX. — Seront punis d'une amende de onze à quinze francs, inclusivement ceux qui mèneront sur le terrain d'autrui des bestiaux, de quelque nature qu'ils soient, et notamment dans les prairies artificielles, dans les vignes, oseraies, dans les plants de câpriers, dans ceux d'oliviers, de mûriers, de grenadiers, d'orangers, et d'arbres du même genre, dans tous les plants ou pépinières d'arbres fruitiers ou autres, faits de main d'homme. (Art. 479, n° 10.)

PASSAGE SUR TERRAIN ENSEMENCÉ. — Seront punis d'amende, depuis six francs jusqu'à dix francs inclusivement, ceux qui auraient fait ou laissé passer des bestiaux, animaux de trait, de charge ou de monture, sur le terrain d'autrui, ensemencé ou chargé d'une récolte, en quelque saison que ce soit, ou dans un bois taillis appartenant à autrui. (Art. 495, n° 10.)

Vol de bestiaux. — Celui qui aura volé ou tenté de voler dans les champs des chevaux ou bêtes de charge, de voiture ou de monture, gros et menus bestiaux, sera puni d'un emprisonnement d'un an au moins, de cinq ans au plus, et d'une amende de 16 francs à 500 francs. (Art. 388.)

LOI DU 2 JUILLET 1836.

Cette loi est relative aux douanes. Nous en extrayons l'article 22 qui se rapporte au pacage du bétail en-deçà et au-delà de la frontière :

Art. 22. Le pacage du bétail de toute espèce, d'un côté à l'autre de la frontière, ne pourra avoir lieu qu'à la condition de remporter ou de réexporter les mêmes troupeaux en nombre et en espèce, sans addition des jeunes bêtes mises bas pendant le pacage, lesquelles seront assujéties aux tarifs et règlements en vigueur pour l'importation et l'exportation, si on la réclame. — Les pertes, pendant le pacage, sont aux risques des soumissionnaires. — Toutefois, il pourra être fait exception aux dispositions ci-dessus, en ce qui concerne le droit de sortie et d'admission du croît des troupeaux durant le pacage à l'étranger.

PATURAGE DANS LES FORÊTS OU BOIS DE L'ÉTAT.

Les articles suivants sont extraits du Code Forestier :

SECTION III.

Des adjudications de coupes.

17. Aucune vente ordinaire ou extraordinaire ne pourra avoir lieu dans les bois de l'État que par voie d'adjudication publique, laquelle devra être annoncée au moins quinze jours d'avance par des affiches apposées dans le chef-lieu du département, dans le lieu de la vente, dans la commune de la situation des bois, et dans les communes environnantes.

18. Toute vente faite autrement que par adjudication publique sera considérée comme vente clandestine et déclarée nulle. Les fonctionnaires et agents qui auraient ordonné ou effectué la vente seront condamnés solidairement à une amende de 3,000 francs au moins et de 6,000 au plus, et l'acquéreur sera puni d'une amende égale à la valeur des bois vendus.

19. Sera de même annulée, quoique faite par adjudication publique, toute vente qui n'aura point été précédée des publications et affiches

prescrites par l'article 17, ou qui aura été effectuée dans d'autres lieux ou à un autre jour que ceux qui auront été indiqués par les affiches ou les procès-verbaux de remise de vente. — Les fonctionnaires ou agents qui auraient contrevenu à ces dispositions seront condamnés solidairement à une amende de 1,000 à 3.000 francs, et une amende pareille sera prononcée contre les adjudicataires, en cas de complicité.

20. (*Ainsi modifié. Loi du 4 mai* 1837.) Toutes les contestations qui pourront s'élever pendant les opérations d'adjudication, soit sur la validité desdites opérations, soit sur la solvabilité de ceux qui auront fait des offres avec leurs cautions, seront décidées immédiatement par le fonctionnaire qui présidera la séance d'adjudication.

21. Ne pourront prendre part aux ventes, ni par eux-mêmes ni par personnes imposées, directement ou indirectement, soit comme parties principales, soit comme associés ou cautions : — 1° Les agents et gardes forestiers et les agents forestiers de la marine dans toute l'étendue du royaume; les fonctionnaires chargés de présider ou de concourir aux ventes, et les receveurs du produit des coupes dans toute l'étendue du territoire où ils exercent leurs fonctions.—En cas de contravention, ils seront punis d'une amende qui ne pourra excéder le quart ni être moindre du douzième du montant de l'adjudication, et ils seront en outre passibles de l'emprisonnement et de l'interdiction qui sont prononcés par l'art. 175 du Code pénal; — 2° Les parents et alliés en ligne directe, les frères et beaux-frères, oncles et neveux, des agents et gardes forestiers et des agents forestiers de la marine, dans toute l'étendue du territoire pour lequel ces agents ou gardes sont commissionnés.—En cas de contravention, ils seront punis d'une amende égale à celle qui est prononcée par le paragraphe précédent;—3° Les conseillers de préfecture, les juges, officiers du ministère public et greffiers des tribunaux de première instance, dans tout l'arrondissement de leur ressort.—En cas de contravention, ils seront passibles de tous dommages-intérêts s'il y a lieu.— Toute adjudication qui serait faite en contravention aux dispositions du présent article sera déclarée nulle.

22. Toute association secrète ou manœuvre entre les marchands de bois ou autres, tendant à nuire aux enchères, à les troubler ou à obtenir les bois à prix réduits, donnera lieu à l'application des peines portées par l'art 412 du Code pénal, indépendamment de tous dommages-intérêts; et si l'adjudication a été faite au profit de l'association secrète ou des auteurs desdites manœuvres, elle sera déclarée nulle.

23. Aucune déclaration de command ne sera admise si elle n'est faite immédiatement après l'adjudication. et séance tenante.

24. Faute par l'adjudicataire de fournir les cautions exigées par le cahier des charges dans le délai prescrit, il sera déclaré déchu de l'adjudication par un arrêté du préfet, et il sera procédé, dans les formes ci-dessus prescrites, à une nouvelle adjudication de la coupe à sa folle enchère. — L'adjudicataire déchu sera tenu, par corps, de la différence entre son prix et celui de la revente, sans pouvoir réclamer l'excédant s'il y en a.

25. (*Ainsi modifié. Loi du 4 mai* 1837.) Toute adjudication sera définitive du moment où elle sera prononcée, sans que, dans aucun cas, il puisse y avoir lieu à surenchère.

26. (*Supprimé et remplacé ainsi. Loi du 4 mai* 1837.) Les divers modes d'adjudication seront déterminés par une ordonnance royale : ces adjudications auront toujours lieu avec publicité et libre concurrence.

27. (*Ainsi modifié. Loi du 4 mai* 1837) Les adjudicataires sont tenus, au moment de l'adjudication, d'élire domicile dans le lieu où l'adjudication aura été faite ; à défaut de quoi, tous actes postérieurs leur seront valablement signifiés au secrétariat de la sous-préfecture.

28. Tout procès-verbal d'adjudication emporte exécution parée et contrainte par corps pour les adjudicataires, leurs associés et cautions, tant pour le paiement du prix principal de l'adjudication que pour accessoires et frais.—Les cautions sont en outre contraignables, solidairement et par les mêmes voies, au paiement des dommages, restitutions et amendes qu'aurait encourus l'adjudicataire.

SECTION VII.

Des adjudications de glandée, panage et paisson.

53. Les formalités prescrites par la section III du présent titre seront observées pour les adjudications de glandée, panage et paisson.—Toutefois, dans les cas prévus par les art. 18 et 19, l'amende infligée aux fonctionnaires et agents sera de 100 fr. au moins et de 1,000 fr. au plus, et celle qui aura été encourue par l'acquéreur sera égale au montant du prix de la vente.

54. Les adjudicataires ne pourront introduire dans les forêts un plus grand nombre de porcs que celui qui sera déterminé par l'acte d'adjudication, sous peine d'une amende double de celle qui est prononcée par l'art. 199.

55. Les adjudicataires seront tenus de faire marquer les porcs d'un fer chaud, sous peine d'une amende de 3 fr. par chaque porc qui ne serait point marqué.—Ils devront déposer l'empreinte de cette marque au greffe du tribunal, et le fer servant à la marque au bureau de l'agent forestier local, sous peine de 50 fr. d'amende.

56. Si les porcs sont trouvés hors des cantons désignés par l'acte d'adjudication, ou des chemins indiqués pour s'y rendre, il y aura lieu, contre l'adjudicataire, aux peines prononcées par l'art. 199. En cas de récidive, outre l'amende encourue par l'adjudicataire, le pâtre sera condamné à un emprisonnement de cinq à quinze jours.

57. Il est défendu aux adjudicataires d'abattre, de ramasser ou d'emporter des glands, faînes ou autres fruits, semences ou productions des forêts, sous peine d'une amende double de celle qui est prononcée par l'art. 144.

SECTION VIII.

Des droits d'usage dans les bois de l'Etat.

61. Ne seront admis à exercer un droit d'usage quelconque dans les bois de l'Etat, que ceux dont les droits auront été, au jour de la promulgation de la présente loi, reconnus fondés, soit par des actes du gouvernement, soit par des jugements ou arrêts définitifs, ou seront reconnus tels par suite d'instances administratives ou judiciaires actuellement engagées, ou qui seraient intentées devant les tribunaux dans le délai de deux ans, à dater du jour de la promulgation de la présente loi, par des usagers actuellement en jouissance.

62. Il ne sera plus fait à l'avenir, dans les forêts de l'État, aucune concession de droits d'usage, de quelque nature et sous quelque prétexte que ce puisse être.

63. Le gouvernement pourra affranchir les forêts de l'État de tout droit d'usage en bois, moyennant un cantonnement qui sera réglé de gré à gré, et, en cas de contestation, par les tribunaux. — L'action en affranchissement d'usage par voie de cautionnement n'appartiendra qu'au gouvernement, et non aux usagers.

64. Quant aux autres droits d'usage quelconques et aux pâturage, panage et glandée dans les mêmes forêts, ils ne pourront être convertis en cantonnement; mais ils pourront être rachetés moyennant des indemnités qui seront réglées de gré à gré, ou, en cas de contestation, par les tribunaux.—Néanmoins, le rachat ne pourra être requis par l'administration dans les lieux où l'exercice du droit de pâturage est devenu d'une absolue nécessité pour les habitants d'une ou de plusieurs communes. Si cette nécessité est contestée par l'administration forestière, les parties se pourvoiront devant le conseil de préfecture, qui, après une enquête *de commodo et incommodo*, statuera, sauf le recours au conseil d'Etat.

65. Dans toutes les forêts de l'État qui ne seront point affranchies au moyen du cautionnement ou de l'indemnité, conformément aux articles 63 et 64 ci-dessus, l'exercice des droits d'usage pourra toujours être réduit par l'administration, suivant l'état et la possibilité des forêts, et n'aura lieu que conformément aux dispositions contenues aux articles suivants.—En cas de contestation sur la possibilité et l'état des forêts, il y aura lieu à recours au conseil de préfecture.

66. La durée de la glandée et du panage ne pourra excéder trois mois. L'époque de l'ouverture en sera fixée chaque année par l'administration forestière.

67. Quels que soient l'âge ou l'essence des bois, les usagers ne pourront exercer leurs droits de pâturage et de panage que dans les cantons qui auront été déclarés défensables par l'administration forestière, sauf le recours au conseil de préfecture, et ce, nonobstant toutes possessions contraires.

68. L'administration forestière fixera, d'après les droits des usagers, le nombre des porcs qui pourront être mis en panage et des bestiaux qui pourront être admis au pâturage.

69. Chaque année, avant le 1er mars pour le pâturage, et un mois avant l'époque fixée par l'administration forestière pour l'ouverture de la glandée et du panage, les agents forestiers feront connaître aux communes et aux particuliers, jouissant des droits d'usage, les cantons déclarés défensables, et le nombre des bestiaux qui seront admis au pâturage et au panage. — Les maires seront tenus d'en faire la publication dans les communes usagères.

70. Les usagers ne pourront jouir de leurs droits de pâturage et de

panage que pour les bestiaux à leur propre usage, et non pour ceux dont ils font commerce, à peine d'une amende double de celle qui est prononcée par l'article 199.

71. Les chemins par lesquels les bestiaux devront passer pour aller au pâturage ou au panage, et en revenir, seront désignés par les agents forestiers.—Si ces chemins traversent des taillis ou des recrus de futaies non défensables, il pourra être fait, à frais communs entre les usagers et l'administration, et d'après l'indication des agents forestiers, des fossés suffisamment larges et profonds, ou toute autre clôture, pour empêcher les bestiaux de s'introduire dans les bois.

72. Le troupeau de chaque commune ou section de commune devra être conduit par un ou plusieurs pâtres communs, choisis par l'autorité municipale : en conséquence, les habitants des communes usagères ne pourront ni conduire eux-mêmes, ni faire conduire leurs bestiaux à garde séparée, sous peine de 2 francs d'amende par tête de bétail.—Les porcs ou bestiaux de chaque commune ou section de commune usagère formeront un troupeau particulier et sans mélange de bestiaux d'une autre commune ou section, sous peine d'une amende de 5 à 10 francs contre le pâtre, et d'un emprisonnement de cinq à dix jours en cas de récidive.—Les communes et sections de commune seront responsables des condamnations pécuniaires qui pourront être prononcées contre lesdits pâtres ou gardiens, tant pour les délits et contraventions prévus par le présent titre que pour tous autres délits forestiers commis par eux pendant le temps de leur service et dans les limites du parcours.

73. Les porcs et bestiaux seront marqués d'une marque spéciale. —Cette marque devra être différente pour chaque commune ou section de commune usagère.—Il y aura lieu, par chaque tête de porc ou de bétail non marqué, à une amende de 3 francs.

74. L'usager sera tenu de déposer l'empreinte de la marque au greffe du tribunal de première instance, et le fer servant à la marque, au bureau de l'agent forestier local; le tout sous peine de 50 fr. d'amende.

75. Les usagers mettront des clochettes au cou de tous les animaux admis au pâturage, sous peine de 2 francs pour chaque tête qui serait trouvée sans clochette dans les forêts.

76. Lorsque les porcs et bestiaux des usagers seront trouvés hors des cantons déclarés défensables, ou désignés pour le panage, ou hors des chemins indiqués pour s'y rendre, il y aura lieu contre le pâtre à une amende de 3 à 30 francs. En cas de récidive, le pâtre pourra être condamné en outre à un emprisonnement de cinq à quinze jours.

77. Si les usagers introduisent au pâturage un plus grand nombre de bestiaux, ou au panage un plus grand nombre de porcs que celui qui aura été fourni par l'administration, conformément à l'art. 68, il y aura lieu, pour l'excédant, à l'application des peines prononcées par l'art. 199.

78. Il est défendu à tous usagers, nonobstant tous titres et possessions contraires, de conduire ou faire conduire des chèvres, brebis ou moutons dans les forêts ou sur les terrains qui en dépendent, à peine, contre les propriétaires, d'une amende qui sera double de celle qui est

prononcée par l'art. 199, et contre les pâtres ou bergers, de 15 francs d'amende. En cas de récidive, le pâtre sera condamné, outre l'amende, à un emprisonnement de cinq à quinze jours. Ceux qui prétendraient avoir joui du pacage ci-dessus en vertu d'une possession équivalente à titre, pourront, s'il y a lieu, réclamer une indemnité qui sera réglée de gré à gré, ou, en cas de contestation, par les tribunaux. Le pacage des moutons pourra néanmoins être autorisé, dans certaines localités, par des ordonnances du roi.

TITRE XII.

Des peines et condamnations pour tous les bois et forêts en général.

Art. 199. Les propriétaires d'animaux trouvés en délit dans les bois de dix ans et au-dessus seront condamnés à une amende de : 1 franc pour un cochon; 2 francs pour une bête à laine; 3 francs pour un cheval ou autre bête de somme; 4 francs pour une chèvre; 5 francs pour un bœuf, une vache ou un veau. L'amende sera double si les bois ont moins de dix ans; sans préjudice, s'il y a lieu, des dommages-intérêts.

200. Dans les cas de récidive, la peine sera toujours doublée. Il y a récidive lorsque, dans les douze mois précédents, il a été rendu contre le délinquant ou contrevenant un premier jugement pour délit ou contravention en matière forestière.

PROTECTION DES ANIMAUX DOMESTIQUES CONTRE LA SAISIE.

Les articles 522 et 524 du Code civil, et 592 du Code de procédure civile protégent les animaux domestiques contre la saisie. Nous croyons utile de les reproduire :

CODE CIVIL.

Art. 522. Les animaux que le propriétaire du fonds livre au fermier, ou au métayer, pour la culture, estimés ou non, sont censés immeubles tant qu'ils demeurent attachés au fonds par l'effet de la convention. Ceux qu'il donne à cheptel à d'autres qu'au fermier ou métayer sont meubles. — 524. Les objets que le propriétaire d'un fonds y a placés pour le service et l'exploitation de ce fonds, sont immeubles par destination. Ainsi sont immeubles par destination, quand ils ont été placés par le propriétaire pour le service et l'exploitation du fonds: les animaux attachés à la culture; les ustensiles aratoires ; les semences données aux fermiers ou colons partiaires; les pigeons des colombiers ; les lapins de garennes ; les ruches à miel ; les poissons des étangs, les pailles et engrais. — Sont aussi immeubles par destination tous effets mobiliers que le propriétaire a attachés au fonds à perpétuelle demeure.

CODE DE PROCÉDURE CIVILE.

Art. 592. Ne pourront être saisis : 1° les objets que la loi déclare immeubles par destination ; 2° le coucher nécessaire des saisis ; ceux de leurs enfants vivant avec eux : les habits dont les saisis sont vêtus et couverts ; 3° les livres relatifs à la profession du saisi, jusqu'à la somme de 300 francs à son choix ; 4° les machines et instruments servant à l'enseignement pratique ou exercice des sciences et arts, jusqu'à concurrence de la même somme, et au choix du saisi ; 5° les équipements des militaires, suivant l'ordonnance et le grade ; 6° les outils des artisans, nécessaires à leurs occupations personnelles ; 7° les farines et menues denrées nécessaires à la consommation du saisi et de sa famille pendant un mois ; 8° enfin, une vache ou trois brebis, ou deux chèvres, au choix du saisi, avec les pailles, fourrages et grains nécessaires pour la litière et la nourriture desdits animaux pendant un mois.

Loi répressive des mauvais traitements exercés envers les animaux domestiques, du 2 juillet 1850.

L'Assemblée nationale a adopté la loi dont la teneur suit :

Article *unique.* Seront punis d'une amende de 5 à 15 francs, et pourront l'être d'un à 5 jours de prison ceux qui auront exercé publiquement et abusivement de mauvais traitements envers les animaux domestiques. La peine de la prison sera toujours appliquée en cas de récidive. L'art. 483 du Code pénal sera toujours applicable.

Les président et secrétaires, DUPIN, ARNAUD (de l'Ariége), LACAZE, CHAPOT, PEUPIN, HEECKEREN, BÉRARD.

La présente loi sera promulguée et scellée du sceau de l'Etat.

Le président de la République, LOUIS-NAPOLÉON BONAPARTE.
Le garde des sceaux, ministre de la justice, E. ROUHER.

DU BAIL A CHEPTEL.

Les articles suivants sont extraits du Code civil :

SECTION Iʳᵉ.
Dispositions générales.

1800. Le bail à cheptel est un contrat par lequel l'une des parties donne à l'autre un fonds de bétail pour le garder, le nourrir et le soigner, sous les conditions convenues entre elles.

1801. Il y a plusieurs sortes de cheptels : Le cheptel simple ou ordinaire ; le cheptel à moitié ; le cheptel donné au fermier ou au colon partiaire. Il y a encore une quatrième espèce de contrat improprement appelée cheptel.

1802. On peut donner à cheptel toute espèce d'animaux susceptibles de croit ou de profit pour l'agriculture ou le commerce.

1803. A défaut de conventions particulières, ces contrats se règlent par les principes qui suivent :

SECTION II.
Du Cheptel simple.

1804. Le bail à cheptel simple est un contrat par lequel on donne à un autre des bestiaux à garder, nourrir et soigner, à condition que le preneur profitera de la moitié du croît, et qu'il supportera aussi la moitié de la perte.

1805. L'estimation donnée au cheptel dans le bail n'en transporte pas la propriété au preneur : elle n'a d'autre objet que de fixer la perte ou le profit qui pourra se trouver à l'expiration du bail.

1806. Le preneur doit les soins d'un bon père de famille à la conservation du cheptel.

1807. Il n'est tenu du cas fortuit que lorsqu'il a été précédé de quelque faute de sa part, sans laquelle la perte ne serait pas arrivée.

1808. En cas de contestation, le preneur est tenu de prouver le cas fortuit, et le bailleur est tenu de prouver la faute qu'il impute au preneur.

1809. Le preneur qui est déchargé par le cas fortuit est toujours tenu de rendre compte des peaux de bêtes.

1810. Si le cheptel périt en entier sans la faute du preneur, la perte en est pour le bailleur. S'il n'en périt qu'une partie, la perte est supportée en commun, d'après le prix de l'estimation originaire et celui de l'estimation à l'expiration du cheptel.

1811. On ne peut stipuler que le preneur supportera la perte totale du cheptel, quoique arrivée par cas fortuit et sans sa faute ; ou qu'il supportera dans la perte une part plus grande que dans le profit ; ou que le bailleur prélèvera, à la fin du bail, quelque chose de plus que le cheptel qu'il a fourni. Toute convention semblable est nulle. Le preneur profite seul des laitages, du fumier et du travail des animaux donnés à cheptel. La laine et le croît se partagent.

1812. Le preneur ne peut disposer d'aucune bête du troupeau, soit du fonds, soit du croît, sans le consentement du bailleur, qui ne peut lui-même en disposer sans le consentement du preneur.

1813. Lorsque le cheptel est donné au fermier d'autrui, il doit être notifié au propriétaire de qui se fermier tient, sans quoi il peut le saisir et le faire vendre pour ce que son fermier lui doit.

1814. Le preneur ne pourra tondre sans en prévenir le bailleur.

1815. S'il n'y a pas de temps fixé par la convention pour la durée du cheptel, il est censé fait pour trois ans.

1816. Le bailleur peut en demander plus tôt la résolution si le preneur ne remplit pas ses obligations.

1817. A la fin du bail ou lors de sa résolution, il se fait une nouvelle estimation du cheptel. Le bailleur peut prélever des bêtes de chaque espèce, jusqu'à concurrence de la première estimation, l'excédant se partage. S'il n'existe pas assez de bêtes pour remplir la première estimation, le bailleur prend ce qui reste, et les parties se font raison de la perte.

SECTION III.

Du Cheptel à moitié.

1818. Le cheptel à moitié est une société dans laquelle chacun des contractants fournit la moitié des bestiaux, qui demeurent communs pour le profit ou pour la perte.

20.

1819. Le preneur profite seul, comme dans le cheptel simple, des laitages, du fumier et des travaux des bêtes. Le bailleur n'a droit qu'à moitié des laines et du croit. Toute convention contraire est nulle, à moins que le bailleur ne soit propriétaire de la métairie dont le preneur est fermier ou colon partiaire.

1820. Toutes les autres règles du cheptel simple s'appliquent au cheptel à moitié.

SECTION IV.

Du Cheptel donné par le propriétaire à son fermier ou colon partiaire.

§ 1er. — *Du Cheptel donné au fermier.*

1821. Ce cheptel (aussi appelé *cheptel de fer*) est celui par lequel le propriétaire d'une métairie la donne à ferme, à la charge qu'à l'expiration du bail le fermier laissera des bestiaux d'une valeur égale au prix de l'estimation de ceux qu'il aura reçus.

1822. L'estimation du cheptel donné au fermier ne lui en transfère pas la propriété, mais néanmoins le met à ses risques.

1823. Tous les profits appartiennent au fermier pendant la durée de son bail, s'il n'y a convention contraire.

1824. Dans les cheptels donnés au fermier, le fumier n'est point dans les profits personnels des preneurs, mais appartient à la métairie, à l'exploitation de laquelle il doit être uniquement employé.

1825. La perte même totale, et par cas fortuit, est en entier pour le fermier, s'il n'y a convention contraire.

1826. A la fin du bail, le fermier ne peut retenir le cheptel en en payant l'estimation originaire, il doit en laisser un de valeur pareille à celui qu'il a reçu. S'il y a eu du déficit, il doit le payer ; et c'est seulement l'excédant qui lui appartient.

§ 2. — *Du cheptel donné au colon partiaire.*

1827. Si le cheptel périt en entier sans la faute du colon, la perte est pour le bailleur.

1828. On peut stipuler que le colon délaissera au bailleur sa part de la toison à un prix inférieur à la valeur ordinaire ; que le bailleur aura une plus grande part du profit ; qu'il aura la moitié des laitages ; mais on ne peut pas stipuler que le colon sera tenu de toute la perte.

1829. Ce cheptel finit avec le bail à métairie.

1830. Il est d'ailleurs soumis à toutes les règles du cheptel simple.

SECTION V.

Du contrat improprement appelé Cheptel.

1831. Lorsqu'une ou plusieurs vaches sont données pour les loger et les nourrir, le bailleur en conserve la propriété ; il a seulement le profit des veaux qui en naissent.

Assurance contre la mortalité des bestiaux.

M. Basse a fondé à Paris une société d'assurance contre la mortalité des bestiaux, ayant pour dénomination : *l'Agriculture.* Cette société s'est réunie à la *Générale*, fondée à Marseille par M. Roullet de Franclieu. Les deux sociétés réunies sont passées sous la direction de M. Bonnal. Elles ont un capital social de 7,500,000 fr. Leur siége social est à Paris, boulevard Poissonnière, 2. — Le but de la Compagnie est de garantir les propriétaires ou possesseurs de bestiaux contre les accidents et la mortalité de ces bestiaux, moyennant une prime fixe. — La société garantit les propriétaires ou possesseurs de bestiaux :

1° Contre la mortalité naturelle ou accidentelle ; — 2° Contre les accidents nécessitant l'abattage ou la vente pour la boucherie ; — 3° Contre les accidents résultant de la castration des animaux.

Les risques que prend sur elle la Compagnie et la proportion dans laquelle elle en indemnise l'assuré sont fixés, selon les différentes espèces d'accidents ou maladies, par la police d'assurance. — La Compagnie peut fournir à ses assurés les meilleurs instruments aratoires avec des facilités de paiement. Elle fournit aux mêmes conditions des engrais concentrés.

Caisses de prêt pour achat de bestiaux.

Pour se débarrasser du fléau de l'usure, les communes, dans plusieurs pays de l'Allemagne, se sont substituées aux spéculateurs en créant des caisses de prêt pour les achats des bestiaux. Quelques membres des plus influents d'une commune ou de plusieurs communes réunies s'entendirent entre eux. Dès que l'on fut en nombre suffisant, on emprunta un capital de 5,000 fr. pour le moins, de quelques centaines de mille fr. au plus, que la commune garantissait ; ou bien on se fit ouvrir un compte à un établissement de crédit plus étendu. Cet emprunt est fait, soit par les membres fondateurs de l'association, soit par des personnes étrangères, et à un taux qui dépasse rarement 3 ou 3 1/2 pour 0/0. Comme l'association n'a besoin de rien demander à aucun de ses membres, et qu'elle est, au contraire, utile à tout le monde, tous les habitants qui entretiennent des bestiaux ont intérêt à en faire partie ; il n'y a pour cela d'autre formalité que d'aller se faire inscrire sur la liste des membres. On nomme alors quatre administrateurs et un comptable, dont les fonctions sont gratuites. Peut-être serait-il préférable d'avoir un directeur comptable salarié, qui serait responsable et placé sous la surveillance d'un conseil de quatre à six membres. Lorsqu'un membre, ayant besoin de bestiaux, n'a pas d'argent à sa disposition ou désire recourir à un emprunt, il s'adresse au directeur, qui achète, aux frais de l'association, les animaux demandés. Ceux-ci restent la propriété de l'association jusqu'à l'entier remboursement des avances. L'emprunteur paye 4, 4 1/2, et jusqu'à 6 p. 0/0 par an, selon les localités. Libre à lui de se libérer en une seule fois ou par des à-compte successifs. Si l'emprunteur ne paye pas les intérêts exactement, ou qu'il laisse l'animal s'amoindrir chez lui, l'association a le droit de le lui retirer et de le faire vendre aux enchères, pour se rembourser sur le prix qu'elle en obtient. Tout membre de l'association qui a du bétail à vendre doit en informer le directeur, afin qu'il l'achète s'il en a besoin, ou le fasse vendre le plus avantageusement possible.

Voilà tout ce qu'on peut dire relativement aux statuts de ces sociétés ; tout y est simple et facile à comprendre, le but comme les détails. Il serait fort à désirer que partout où il existe des sociétés ou comices agricoles actifs, on sollicitât leur appui et leur intervention pour l'établissement des caisses de prêt en question.

Le premier effet de l'existence d'une caisse de ce genre dans une commune, c'est d'abaisser immédiatement le taux exorbitant des petits prêts à court terme, de rendre disponib'es tous les capitaux livrés jusqu'alors à l'usure, et de faire disparaître l'usure elle-même presque subitement. D'autres bienfaits encore ne tardent pas à naître de ceux-là : un plus grand soin préside au choix des races ; les animaux sont mieux entretenus et le nombre en augmente ; les cultures fourragères prennent de l'extension, et en même temps s'accroît la fertilité du sol : on a moins de peine à prélever les impôts ; le lait, le beurre, le fromage et les viandes deviennent plus abondants, et peu à peu l'aisance finit par pénétrer dans toutes les familles de la commune. L'Etat trouve à cela son profit tout aussi bien que le cultivateur.

Il ne faut pas, d'ailleurs, croire que l'abaissement général du taux des placements fasse fuir les capitaux ; l'Allemagne a fait l'expérience du contraire. Cela se comprend, car la certitude de rentrer dans leurs fonds est, pour les capitalistes des campagnes surtout, une considération plus puissante que l'élévation du taux des prêts, quand cette élévation peut leur inspirer quelque crainte. Aussi les capitaux affluent-ils généralement dans les caisses de prêts au taux de 3 1/2 p. 0/0 et même de 3 p. 0/0.

Disons enfin qu'il n'y a aucune nécessité, pour le moment du moins, d'établir des liaisons entre ces caisses ; elles peuvent très-bien fonctionner isolément, sous la surveillance de l'autorité.

CHAPITRE II.

DISPOSITIONS PARTICULIÈRES.

—

Race chevaline.

Ordonnance du 24 octobre 1840, concernant les haras.

Art. 1er. Le nombre et le classement des haras et dépôts d'étalons sont désormais ainsi fixés :

Deux haras de première classe, un haras de seconde classe, sept dépôts de première classe, dix dépôts de seconde classe, et un dépôt de remontes avec station à Paris.

2. Le personnel de l'administration des haras sera composé de :

Un inspecteur général chargé de la division de l'agriculture et des haras, et de la vice-présidence du conseil, trois inspecteurs généraux, un inspecteur général adjoint, deux préposés aux remontes.

Un directeur. . . . .   ⎫
Un administrateur du domaine.. .   ⎪
Un inspecteur particulier. . . . .   ⎬   Au haras du **Pin**.
Un agent chargé de la comptabilité.   ⎪
Un vétérinaire. . . . .   ⎭

Un directeur. . . . .
Un inspecteur particulier. . . . . } Au haras de Pompadour.
Un agent spécial. . . . .
Un vétérinaire. . . . .

Un directeur. . . . .
Un agent spécial. . . . . } Au haras de Rosières et aux dépôts de Tarbes et de Langonnet.
Un vétérinaire. . . . .

Un directeur. . . . . } Dans les autres dépôts d'étalons.
Un agent spécial. . . . . . .

Un directeur. . . . . } Au dépôt des remontes de Paris.

3. Les inspecteurs généraux, l'inspecteur général adjoint, les directeurs et les inspecteurs particuliers seront nommés par nous, sur la proposition de notre ministre de l'agriculture et du commerce. — Les autres officiers et employés des haras et des dépôts seront nommés par arrêté de notre ministre de l'agriculture et du commerce.

4. A partir du 1er janvier 1843, nul ne pourra être nommé officier des haras, s'il n'a suivi les cours de l'école des haras pendant le temps prescrit par les règlements, et s'il n'a, à la suite de ces cours, obtenu un diplôme d'aptitude. — A cet effet, une école de haras sera établie au haras du Pin, sous la direction du chef de cet établissement. Notre ministre de l'agriculture et du commerce fixera, par un arrêté réglementaire, le programme et la durée de l'enseignement, les conditions d'admission et des examens, l'organisation du personnel enseignant, etc.

5. Il y aura, près de notre ministre de l'agriculture et du commerce, et sous sa présidence, ou, à son défaut, sous celle du sous-secrétaire d'État, un conseil des haras, composé de l'inspecteur général, chargé de la division de l'agriculture et des haras, vice-président ; des inspecteurs généraux des haras, de l'inspecteur général adjoint et de l'inspecteur général des écoles vétérinaires. Le directeur du dépôt des remontes et le chef du bureau des haras y seront admis avec voix consultative ; ce dernier y remplira les fonctions de secrétaire.

6. Les traitements sont fixés ainsi qu'il suit :

Inspecteur général, chargé de la division de l'agriculture et des haras, et de la vice-présidence du conseil. . . . . 10,000 fr.
   Inspecteurs généraux.. 8,800
   Inspecteur général adjoint. 6.000
   Préposés aux remontes. 4.000

	1re classe.	2e classe.
Directeurs de haras.	6,000 fr.	5,000 fr.
Administrateur du domaine.	3,600	»
Directeurs de dépôts.	3,000	2,700
Inspecteurs particuliers.	2.700	»
Agents spéciaux dans les haras..	2,400	2,100
Agents spéciaux dans les dépôts.	1.800	1,500
Vétérinaires des haras.	2,000	1,800
Vétérinaires des dépôts..	1,000	»

7. Les directeurs des haras du Pin et et de Pompadour, et celui du dépôt des remontes auront droit à deux rations de fourrages. Tous les autres directeurs, ainsi que les inspecteurs particuliers, l'administrateur du domaine du Pin et les vétérinaires du Pin et de Pompadour, auront droit à une seule ration de fourrages. Ils seront tenus de se monter à leurs frais, et ne toucheront de rations qu'autant que leurs chevaux seront présents.

8. Les étalons des haras et dépôts seront répartis tous les ans, à l'époque de la monte, en un certain nombre de stations, suivant les besoins des localités. Ils seront placés, autant que possible, chez les propriétaires ou cultivateurs les plus habiles dans l'art d'élever les chevaux.

9 Tout propriétaire qui destinera un cheval à la monte, pourra le soumettre à l'approbation. Si cet étalon est jugé capable d'améliorer l'espèce, il sera, sur la proposition d'un inspecteur général, approuvé par le ministre.

10. Le propriétaire d'un étalon approuvé, qui aura rempli les conditions prescrites par les règlements, recevra, chaque année, une prime de :

300 à 500 francs pour un étalon de pur sang,

200 à 400 francs pour un étalon de demi-sang,

100 à 200 pour un étalon de gros trait.

11. Les juments de pur sang, inscrites au Stud-Book français, pourront obtenir annuellement des primes de deux cents à quatre cents francs, si elles réunissent, à une taille d'un mètre quarante-neuf centimètres, mesurée à la potence, les qualités exigées d'une bonne poulinière. — Ces primes ne seront accordées que si la jument est suivie de son poulain de l'année, issu d'un étalon de pur sang, appartenant à l'administration ou approuvé. — Il pourra aussi être accordé des primes de deux cents à trois cents francs aux juments de demi-sang, réunissant aux qualités exigées d'une bonne poulinière, une taille d'un mètre cinquante-deux centimètres, lorsque ces juments seront suivies de leur poulain de l'année, provenant d'un étalon de race pure, appartenant à l'administration ou approuvé.

12. Les primes ci-dessus seront accordées, quand il y aura lieu, par notre ministre de l'agriculture et du commerce, sur la proposition des inspecteurs généraux.

13. Notre ministre de l'agriculture et du commerce assignera des fonds pour les courses, et pourra décerner des prix en concours public aux juments de selle et de carrosse. — Il arrêtera et publiera les règlements et instructions sur le régime des haras, les courses de chevaux et les primes d'encouragement.

14. Toutes les dispositions contraires à la présente ordonnance seront rapportées. — Néanmoins les suppressions d'emploi et réductions de traitement à opérer en vertu des art. 2 et 6 n'auront lieu qu'à mesure des extinctions ou remplacements des titulaires actuels.

Un *Règlement du 25 décembre* 1840, sur les haras, dépôts et stations d'étalons, contient les articles suivants :

69. Les directeurs, après s'en être entendus avec leur inspecteur gé-

néral, adresseront, chaque année, au ministre, dans les premiers jours de décembre, le projet de répartition des étalons pour la monte prochaine. — Toute proposition qui tendrait à apporter un changement dans la répartition de l'année précédente devra être soigneusement motivée. — Les stations seront de préférence de trois ou quatre étalons.

70. A moins de circonstances urgentes, dont il sera rendu compte, les directeurs ne pourront faire aucun changement à l'état de répartition arrêté par le ministre.

71. Immédiatement après avoir reçu cet état, les directeurs en enverront un extrait à chacun des préfets de leur circonscription, en les invitant à le faire insérer dans le *Mémorial administratif* de leur département.

72. A la même époque, les directeurs de dépôts et les inspecteurs particuliers dans les haras disposeront leur itinéraire pour la tournée des stations; ils préviendront en temps utile les maires et les éleveurs des différentes localités, qu'à tel jour fixé les juments qui devront être saillies à telle station devront y être réunies pour l'admission à la monte. — Les directeurs ou inspecteurs particuliers examineront chaque poulinière présentée; et, s'ils la reconnaissent bonne, ils délivreront au propriétaire une carte d'admission, sur laquelle ils inscriront le signalement exact de la jument et le nom de l'étalon qui devra lui être donné. — Chaque carte est extraite d'un registre à souche, portant le même numéro que le certificat de saillie, délivré plus tard par le garde-étalon ou par le palefrenier. Au moment de la monte, les juments sont de nouveau examinées, et, quoique admises, la saillie peut leur être refusée, si, depuis la première visite, elles se trouvent affectées d'une maladie contagieuse. Pour chaque jument saillie, les garde-étalons ou les chefs de station délivrent, en échange de la carte d'admission, un certificat constatant que la monte a eu lieu. Cette carte doit, comme celle d'admission, contenir le nom de l'étalon, le signalement de la jument, et le pays où elle est née; le nom et la demeure du propriétaire, ainsi que la somme payée pour le saut, pourboire compris. Les certificats de saillie sont détachés d'un registre à souche, numéroté et paraphé à l'avance, sur chaque feuillet, par le directeur, et présentant le même numéro et les mêmes indications que le certificat. Les registres à talons de chaque année sont conservés avec soin. — Dès qu'une poulinière, servie par un étalon royal, met bas son produit, le maître en informe le chef de la station où la jument a été conduite. Il consigne, sur la carte de saillie qui a dû lui être délivrée alors, sa déclaration constatant la naissance du jeune animal, son sexe et sa robe. Cette déclaration, signée de lui et certifiée par le maire de la commune, est remise par le chef de la station au directeur, qui, en échange, adresse au propriétaire un acte de naissance. — Voici maintenant les articles qui concernent les *étalons approuvés* :

CHAPITRE IX.

Étalons approuvés.

118. Aucun cheval entier ne sera admis au nombre des étalons approuvés, s'il n'est exempt de tares et de maladies transmissibles, s'il

ne réunit pas les qualités propres à améliorer la race du pays où il doit faire la monte, et s'il n'est spécialement, et non accidentellement, consacré à la reproduction. — Aucun cheval ne pourra être approuvé pour faire la monte, s'il n'a au moins quatre ans.

119. Aucun étalon ne pourra être approuvé au-dessous de 1m,49 pour les chevaux de pur sang, 1m,55 pour les chevaux de demi-sang, 1m,55 pour les chevaux de trait.

120. L'approbation sera accordée pour cinq années consécutives ; elle sera, toutefois, révocable dans le cours des cinq années, si quelque tare ou maladie héréditaire venait à se manifester dans l'étalon approuvé.—L'approbation pourra être prolongée au-delà des cinq années, d'après le rapport de l'inspecteur général.

121. Le titre constatant l'approbation sera délivré par le ministre, qui, sur la proposition de l'inspecteur général, fixera en même temps la quotité de la prime à allouer au propriétaire de l'étalon. — Cette quotité pourra être augmentée ou diminuée les années suivantes, selon le degré d'utilité de l'étalon.

122. Les étalons approuvés ne doivent être employés à la monte que dans l'arrondissement déterminé par le titre même qui constate l'approbation.

123. Indépendamment de l'inspection qui en sera faite pendant la monte par les chefs d'établissements, les étalons approuvés devront être visités par un inspecteur général ou un officier délégué, qui se fera remettre, pour chaque étalon approuvé, deux états en double, certifiés par le propriétaire de l'étalon, et visés par le maire de la commune où la monte aura eu lieu, et par le préfet ou sous-préfet. Sur l'un de ces états seront enregistrées les juments saillies dans l'année par l'étalon ; sur l'autre, les résultats de la monte de l'année précédente. — Si l'approbation doit être maintenue, il en sera fait mention sur le titre ; si elle ne devait pas être continuée, le titre serait retiré et renvoyé au ministre.

124. La totalité de la prime d'approbation ne sera due qu'autant que l'étalon approuvé aura sailli au moins trente juments. — Dans le cas où ce nombre ne serait pas atteint, la prime ne serait payée que dans les proportions suivantes : au-dessus de vingt juments, les deux tiers : au-dessus de quinze, la moitié. — Les juments du propriétaire de l'étalon compteront dans le nombre.

125. Si l'étalon approuvé est de ceux qui sont concédés par les départements aux propriétaires, la prime à payer sera mise à la disposition du préfet, pour être employée conformément aux vues que le conseil général du département aura arrêtées à cet égard.

126. Le directeur de chaque établissement tiendra un registre ues étalons approuvés, où seront consignés, par ordre de date, les titres d'approbation, à mesure qu'ils auront été délivrés, et les indications portées à ces titres. On y mentionnera aussi sommairement les renseignements qui auront été fournis sur le nombre des juments saillies par ces animaux, et sur leurs productions.

CHAPITRE X.

registre d'observations.

188. Il sera tenu dans chaque établissement, et pour chacun des départements de la circonscription, un registre destiné à recevoir les observations et les renseignements que le directeur pourra faire ou recueillir concernant l'éducation des chevaux et l'amélioration des races. — Ce registre d'observations sera divisé en quatre parties ou chapitres, ainsi qu'il suit : — Chapitre Ier. Statistique équestre raisonnée (comprenant le nombre des chevaux, la nature des pâturages, le système de culture. — Chapitre II. Reproduction et amélioration. — Chapitre III. Éducation et emploi des chevaux. — Chapitre IV. Commerce de chevaux.

189. Chaque année, le chef de l'établissement remettra à l'inspecteur général, lors de sa revue, deux copies exactes des renseignement- portés au registre d'observations. Une *de ces copies* sera transmise au ministre par l'inspecteur général.

RACE BOVINE. — *Loi du 10 mai 1846, sur la perception au poids du droit d'octroi à l'entrée des villes.*

Art. 1er. A partir du 1er janvier 1847, les droits d'octroi sur les bestiaux de toute espèce seront établis à raison du poids des animaux et perçus au kilogr. — Néanmoins, ces mêmes droits pourront continuer à être fixés par tête pour les octrois où la taxe des bœufs n'excéde par 8 fr. — 2. La conversion du droit par tête en droit au poids ne devra donner lieu à aucune augmentation du produit annuellement perçu. Cette disposition sera applicable aux communes qui auront opéré la transformation et augmenté leurs tarifs avant la promulgation de la présente loi. — 3. A l'égard des villes ou bourgs dont les octrois sont affermés, la conversion de la taxe au poids ne pourra avoir lieu avant l'expiration des baux, qu'avec le consentement du fermier de l'octroi. — 4. A dater de la promulgation de la présente loi, aucune adjudication d'octroi n'aura lieu, sauf l'exception établie par le § 2 de l'art. 1, que sur un tarif par lequel les bestiaux seront imposés au poids. — 5. La viande dite à la main ou par quartiers ne pourra pas être soumise, à l'entrée dans les villes, à un droit supérieur aux droits d'abattoirs et d'octroi sur les bestiaux de toute espèce. — 6. Un tableau présentant le produit total des octrois par chapitres de perception et par communes, sera annexé annuellement aux comptes généraux du ministre de l'intérieur, il comprendra : 1° le nombre et les quantités de chaque espèce de bestiaux ayant acquitté le droit d'octroi ; 2° le montant du produit des droits perçus sur chaque espèce de viande ; 3° le prix de vente au consommateur.

Ordonnance concernant le transport et l'exposition en vente des veaux. — Paris, le 4 novembre 1854. — Nous, préfet de police, Vu : 1° les arrêtés du gouvernement des 12 messidor an VIII (1er juillet 1800) et 3 brumaire an IX) 25 octobre 1800) ; 2° la loi du 2 juillet 1850, relative aux mauvais traitements exercés envers les animaux domestiques.

Ordonnons ce qui suit :

Art. 1er, A partir du 1er janvier 1855, les veaux seront transportés, dans le ressort de la préfecture de police, et exposés en vente sur les marchés d'approvisionnement de Paris et autres marchés dudit ressort, debout, sans entraves ni ligatures. — Art. 2. Les contraventions à la présente ordonnance seront constatées par des procès-verbaux ou rapports, et poursuivies conformément aux lois.

RACE OVINE. — *Décret du 8 mars 1811, prescrivant des mesures pour l'amélioration des bêtes à laine.*

§ 1ᵉʳ. — *Formation de dépôts de Béliers mérinos.*

ART. 1ᵉʳ. Dans le cours des années 1811 et 1812, il sera formé soixante dépôts de béliers mérinos.

2. Chacun de ces dépôts sera de cent cinquante béliers au moins et de deux cent cinquante au plus.

3. Ils seront confiés à des propriétaires ou fermiers, lesquels les entretiendront, nourriront, profiteront de la toison et recevront, s'il y a lieu, selon les localités et le prix des fourrages, une indemnité annuelle qui sera réglée à l'avance par notre ministre.

4. Au temps de la monte, les béliers seront distribués gratuitement aux propriétaires de troupeaux indigènes, qui les soigneront et en répondront, sauf les accidents non provenant de leur part. Ces béliers, après la monte, rentreront au dépôt.

5. Le nombre des dépôts sera augmenté chaque année, pendant sept ans, et porté jusqu'à cinq cents.

6. Leur placement sera déterminé par notre ministre de l'intérieur, selon les besoins et les lieux.

§ 2. — *De la manière de former les Dépôts.*

7. Pour former les dépôts de béliers on prendra : 1° tous les béliers qui existent au-dessus des besoins dans nos bergeries impériales ; 2° tous ceux qui en proviendront à l'avenir ; 3° tous les béliers qui se trouveront dans les troupeaux qui seront extraits d'Espagne, d'après nos ordres ; 4° les béliers qui seront achetés de gré à gré dans les troupeaux des particuliers, reconnus, par les inspecteurs dont il sera parlé ci-après, pour être de race pure et sans mélange.

§ 3. — *Règles de police.*

8. En conséquence, il est défendu à tout propriétaire de troupeau de race reconnue pure, comme il est dit ci-dessus, de faire châtrer aucun bélier sans que l'un desdits inspecteurs ait examiné les animaux anciens, antenois ou de l'année, ne lui en ait donné attestation, n'ait fait le choix des béliers pour les dépôts, et permis la castration de ceux qu'il aura laissés comme défectueux ou trop faibles, lesquels il marquera à cet effet. Le surplus sera acheté de gré à gré pour le compte du gouvernement.

9. Tout propriétaire de troupeau métis qui sera à portée d'un dépôt de béliers mérinos, et à qui ce dépôt pourra fournir des béliers pour sa monte, sera tenu de faire châtrer tous ses mâles.

10. La contravention aux articles précédents sera constatée par les inspecteurs des troupeaux, ou, sur leur réquisition, par les officiers de police, et punie : 1° de la confiscation des animaux châtrés, dans le cas

de l'article 8, ou non châtrés, dans le cas de l'article 9 ; 2° d'une amende qui ne pourra être au-dessous de cent francs, ni au-dessus de mille francs, et double en cas de récidive.

§ 4. — *Des Inspecteurs généraux et particuliers.*

11. Il y aura, pour la surveillance et l'inspection des dépôts de béliers, pour faire les achats et exercer la police, quatre inspecteurs généraux et un inspecteur particulier par chaque arrondissement, dont notre ministre de l'intérieur réglera l'étendue.

12. Les inspecteurs généraux seront chargés : 1° de visiter, une fois par an, tous les dépôts et tous les troupeaux de race pure ou améliorée, chacun dans la partie de l'Empire qui lui sera assignée ; 2° de faire les achats de béliers au compte du gouvernement ; 3° de correspondre avec les inspecteurs particuliers, et de former des états annuels des bêtes pures et améliorées ; 4° de recueillir et transmettre, sur la branche d'économie rurale dont ils sont chargés, tous les renseignements nécessaires.

13. Les inspecteurs particuliers surveilleront les dépôts de béliers, en feront la répartition au moment de la monte, visiteront les troupeaux où ils seront pendant la monte, prescriront et feront exécuter les mesures sanitaires, visiteront, inspecteront les troupeaux de race pure et améliorée, correspondront avec le ministre de l'intérieur, le préfet et l'inspecteur général sous lequel ils auront été placés.

§ 5. — *Des Traitements.*

14. Les inspecteurs généraux auront un traitement de huit mille francs, et quatre mille francs de frais de tournée.

15. Les inspecteurs particuliers auront deux mille quatre cents francs de traitement, et douze cents francs de frais de tournée.

§ 6. — *Des Fonds.*

16. Pour pourvoir à l'exécution des dispositions précédentes, il sera mis à la disposition de notre ministre de l'intérieur un fonds de six cent mille francs pour 1811, et successivement ceux nécessaires pour porter au complet et entretenir les dépôts, jusqu'à ce que le système de l'amélioration des races de bêtes à laine soit complet.

17. Nos ministres de l'intérieur, des finances et du trésor, sont chargés, chacun en ce qui le concerne, de l'exécution du présent décret, qui sera inséré au *Bulletin des Lois.*

RACE CANINE. — *Loi établissant une taxe sur les Chiens.*

Art. 1er. A partir du 1er janvier 1856, il sera établi dans toutes les communes, et à leur profit, une taxe sur les chiens. — Art. 2. Cette taxe en pourra excéder 10 francs, ni être inférieure à 1 franc. — Art. 3. Des décrets rendus en conseil d'État régleront, sur la proposition des conseils municipaux, et après avis des conseils généraux, les tarifs à appliquer dans chaque commune. A défaut de présentation de tarifs par la commune ou d'avis émis par le conseil général, il est statué d'office sur la proposition du préfet. — Art 4. Les tarifs établis en exécution de l'article 2 pourront être révisés à la fin de chaque période de trois ans. — Art. 5. Un règlement d'administration publique déterminera les formes à suivre pour l'assiette dé l'impôt et les cas où l'infraction à ces dispositions donnera lieu à un accroissement de taxe. Cet accroissement ne pourra s'élever à plus du quadruple de la taxe fixée par les tarifs. — Art. 6. Le recouvrement des taxes autorisées par la présente loi aura lieu comme en matière de contributions directes. »

VOLAILLE. — *Extrait de la loi du* 28 *septembre* 1791. Titre II, art. 3.

Tout délit rural, ci-après mentionné, sera punissable d'une amende ou d'une détention soit municipale, soit correctionnelle, ou de détention et d'amende réunies, suivant les circonstances et la gravité du délit, sans préjudice de l'indemnité qui pourra être due à celui qui aura souffert du dommage. — Art. 12. Les dégâts que les bestiaux de toute espèce, laissés à l'abandon, feront sur les propriétés d'autrui, seront payés par toutes les personnes qui ont la jouissance des bestiaux... Si ce sont des volailles de quelque espèce que ce soit, qui causent le dommage, le propriétaire, le détenteur, ou le fermier qui l'éprouvera, pourra les tuer, mais seulement sur les lieux, au moment du dégât. » Si la loi réprime les dégâts commis par les volailles, elle n'a pas négligé de leur accorder protection. Celui qui les tuerait sans cause commettrait une action entraînant, d'une part, les poursuites du ministère public, de l'autre, l'action en dommages-intérêts.

LAPINS. — *Extrait du décret du* 4 *août* 1789.

Art. 5. Le droit exclusif de la chasse et des *garennes ouvertes* est aboli, et tout propriétaire a le droit de détruire et faire détruire, seulement sur ses possessions, toute espèce de gibier, en se conformant aux lois sur la chasse.

CODE CIVIL. — Art. 564, *sur la propriété des lapins.* — Les pigeons, lapins, poissons, qui passent dans un autre colombier, garenne ou étang, appartiennent au propriétaire de ces objets, pourvu qu'ils n'y aient point été attirés par fraude et artifice.

PIGEONS. — *Extrait du décret du* 4 *août* 1789.

Art. 2. Le droit exclusif des fuies et des colombiers est aboli. Les pigeons seront enfermés aux époques fixées par les communautés, et dans ce temps ils seront regardés comme gibier, et chacun aura le droit de les tuer sur son terrain.

ABEILLES. — *Extraits de la loi du* 28 *septembre* 1781. Titre 1er, section 3, art. 5.

Le propriétaire d'un essaim a le droit de le réclamer et de s'en saisir tant qu'il n'a pas cessé de le suivre, autrement, l'essaim appartient au propriétaire du terrain sur lequel il s'est fixé. — Les ruches ne peuvent être saisies ni vendues pour contributions publiques, ni pour aucune cause de dettes, si ce n'est au profit de la personne qui aura fourni lesdites ruches, ou pour l'acquittement de la créance du propriétaire envers son fermier.... Pour aucune raison il ne sera permis de troubler les abeilles dans leurs courses et leurs travaux. En conséquence, même en cas de saisie légitime, une ruche ne pourra être déplacée que dans les mois de septembre, janvier et février. L'arrêté consulaire du 16 thermidor an VIII dit, art. 52 : « les abeilles ne seront saisissables, pour le payement des contributions directes, que dans les temps déterminés par les lois, sur les biens et usages ruraux. »

Vers a soie. — *Extrait de la loi du* 21 *septembre* 1791. Section III, art. 4.

Les vers à soie sont insaisissables pendant leur travail, ainsi que la feuille du mûrier qui leur est nécessaire pendant leur éducation.

CAISSE GÉNÉRALE D'ASSURANCES AGRICOLES.

Le *Moniteur* du 23 juillet 1857 recommande à l'attention publique le projet d'une caisse générale des assurances agricoles. Voici en résumé le texte de ce projet dans ses dispositions les plus essentielles :

Quatre fléaux désolent l'agriculture : *la grêle, la gelée, les inondations, la mortalité des bestiaux.* La stastique de nos valeurs agricoles et des pertes qu'elles ont subies par ces quatre fléaux, dans un espace de trente années, fournit les résultats suivants : — Les pertes causées par la grêle, la gelée, les inondations et la mortalité des animaux, s'élèvent à une moyenne annuelle de *quatre-vingts* à *quatre-vingt-dix millions,* dont trente à quarante pour la *grêle,* huit à dix pour la *gelée,* dix à douze pour les *inondations,* et trente à trente-cinq pour la *mortalité du bétail.* — Les valeurs agricoles de la France exposées à ces fléaux peuvent être évaluées de six à sept milliards pour les récoltes, et de deux à trois milliards pour les bestiaux ; total, huit à dix milliards, ayant à supporter annuellement une perte d'environ quatre-vingts millions. — L'auteur du projet pense que si cette perte était proportionnellement répartie entre les dix milliards de valeurs agricoles, elle serait à peu près insensible. — Le seul remède au mal est, selon lui, dans une assurance universelle, qui divise entre tous les propriétaires et cultivateurs de France le fardeau qui écrase ceux qui le portent. — Il propose, pour arriver à ce résultat, l'institution d'une *Caisse générale des assurances agricoles, divisée en autant de caisses qu'il y a d'assurances distinctes.*

Elle comprendrait :

Une caisse contre la grêle ;

Une contre la gelée ;

Une contre les inondations ;

Une autre, enfin, contre la mortalité du bétail.

Chacune de ces quatre caisses aurait sa comptabilité à part, et disposerait de ses propres ressources, sans solidarité avec les autres caisses. — Les maires des communes ou leurs délégués, et à leur défaut des agents de la caisse générale, recevraient les déclarations d'assurance, puis les inscriraient sur un registre spécial, indiquant, pour chaque assuré, la quantité, la classe et la valeur de ses récoltes et de ses bestiaux, ainsi que la contribution à payer annuellement pour son assurance. — Cette contribution serait recouvrée par les soins du percepteur, également chargé de payer les indemnités, en cas de sinistre. — L'appréciation des dommages serait faite par des experts de la caisse générale et de l'assuré. — L'institution serait administrée par un directeur général, assisté d'un conseil supérieur de surveillance, dont le président et les membres seraient à la nomination de l'Empereur. — Il y aurait, dans chaque arrondissement, un directeur particulier, assisté aussi d'un conseil de surveillance, composé de membres de la chambre consultative d'agriculture, du conseil général et du conseil de l'arrondissement. — Les différentes valeurs agricoles n'étant pas toutes, soit par leur position, soit par leur nature, également exposées aux sinistres, la justice exigeait qu'elles fussent divisées en un certain nombre de classes et de zones, dont chacune doit payer une contribution plus ou moins forte, selon le degré de ses risques. Dans chacune des quatre assurances, les valeurs agricoles sont divisées en quatre assurances, dont la première renferme les valeurs les moins menacées; la seconde, celles qui le sont un peu plus; la troisième, celles qui le sont plus que les précédentes, et la quatrième, les valeurs qui se trouvent le plus longtemps et le plus gravement exposées à la grêle, à la gelée, à l'inondation ou à l'épizootie.

Dans l'assurance contre la grêle, les récoltes ont été divisées en quatre zones distinctes, dont la première comprend les départements du nord-ouest, où ce fléau est moins fréquent; la deuxième, les départements du centre, qui sont un peu plus exposés; la troisième, les départements de l'est, plus souvent frappés que les précédents; enfin la quatrième, les départements du sud-ouest, où la grêle est à la fois plus fréquente et plus désastreuse.

L'état actuel de la statistique n'a pas permis d'établir la division par zones dans les assurances contre la gelée, l'inondation et la mortalité du bétail; mais, comme les valeurs assurées contre ces fléaux y sont diversement exposées, elles ont été divisées en deux degrés de risques. Celles du premier degré supportent la contribution minimum, et celles du deuxième degré la contribution maximum de la classe à laquelle elles appartiennent.

L'institution embrassant la France entière, il suffit, d'après l'auteur du projet, d'une contribution modérée pour indemniser de toutes les pertes, quelle qu'en soit la gravité. Une taxe moyenne annuelle, d'environ cinquante centimes pour cent francs de valeurs assurées, réparerait les dommages de la grêle; il ne faudrait pas une plus forte taxe contre la gelée et les inondations; enfin, la mortalité des bestiaux pourrait être couverte par une contribution moyenne d'un franc cinquante centimes pour cent. — La prudence exige sans doute de prévoir les années désastreuses. Aussi la Caisse des assurances disposera-t-elle d'une réserve composée de tout ce qui n'aura pas été dépensé dans les années ordinaires, et des secours, dons et legs qu'elle pourra recevoir du gouvernement, des départements, des communes et des particuliers. Avec cette réserve, la Caisse sera, au bout de quelques années, en état de parer aux éventualités les plus malheureuses; et si, à son début, elle éprouvait de ces pertes extraordinaires qu'elle ne pourrait réparer intégralement, mieux vaudrait encore pour l'assuré recevoir une indemnité de 70 à 80 0|0 que de subir une ruine complète. — Les frais de gestion de cette grande assurance nationale aggraveront peu ses charges : quatre ou cinq centimes par cent francs de valeurs assurées couvriront toutes les dépenses de l'administration.

Tel est en substance le projet pris en sérieuse considération par le gouvernement, et soumis aux délibérations du conseil d'État.

FIN

TABLE DES MATIÈRES.

—

DEUXIÈME PARTIE.

———

Pages.

FIN DE LA TABLE DU DEUXIÈME ET DERNIER VOLUME.

Paris. — Imprimerie WALDER, rue Bonaparte, 44.

9 782329 599021